2025

Industrial Engineer Industrial Safety

산업안전산업기사 실기
필답형+작업형
4주완성

경국현 저

명인북스
Myungin Books

머/리/말

산업안전산업기사

본서는 산업안전산업기사 실기를 준비하는 수험생들에게 단기간에 가장 효율적인 학습이 될 수 있도록 구성하였고 수험자가 반드시 알아야 할 중요한 내용을 요약·정리하였으며 엄선된 기출문제를 선정 수록하여 산업안전산업기사 실기시험에 대비할 수 있도록 최선을 다하였다.

본 교재의 특징

- ▶ 핵심이론을 요약하여 시간을 절약할 수 있도록 하였다.
- ▶ 수험자가 단기간에 완성할 수 있도록 한국산업인력공단의 출제 기준안에 맞도록 체계적으로 요약 정리하였다
- ▶ 연도별 엄선된 기출문제와 함께 상세한 해설을 수록하였다.
- ▶ 수험생 스스로 문제를 해결할 수 있도록 기출문제 해설에 최선을 다하였다.

본 교재를 충분히 활용하여 산업안전산업기사 실기를 준비하는 수험생 모두에게 합격의 영광이 있기를 기원하며 차후 변경되는 출제경향 및 과년도 문제 등을 추가로 수록하여 계속 보완하도록 하겠습니다.

끝으로 본서를 출간함에 있어 도움을 주시고 지도하여 주신 모든 선·후배님들께 감사드립니다.

저자

출제기준(실기)

산업안전산업기사

직무분야	안전관리	중직무분야	안전관리	자격종목	산업안전산업기사	적용기간	2024.1.1. ~ 2026.12.31.

○ 직무내용 : 제조 및 서비스업 등 각 산업현장에 소속되어 산업재해 예방계획의 수립에 관한사항을 수행하며, 작업환경의 점검 및 개선에 관한 사항, 사고사례 분석 및 개선에 관한 사항, 근로자의 안전교육 및 훈련 등을 수행하는 직무이다.

○ 수행준거
1. 사업장의 안전한 작업환경을 구성하기 위해 산업안전계획과 재해예방계획, 안전보건관리 규정을 수행하는 산업안전관리 매뉴얼을 개발할 수 있다.
2. 근로자 안전과 관련한 보호구와 안전장구를 관련법령, 기준, 지침에 따라 관리할 수 있다.
3. 작업환경관리 및 근로자 건강관리 능력을 향상시켜 산업재해를 예방하고 관리하기 위해 근로자에게 산업보건에 관한 지식을 제공하고 유익한 태도를 지니게하여 바람직한 행동의 변화를 가져오도록 지도할 수 있다.
4. 안전의식을 높이고 사고 및 재해를 예방하기 위하여 사업장 여건에 맞는 산업안전교육훈련을 실시할 수 있다.
5. 근로자 안전과 관련한 안전시설을 관련법령과 기준, 지침에 따라 관리 할 수 있다.
6. 안전점검계획 수립과 점검표 작성을 통해 안전점검을 실행하고 이를 평가할 수 있다.
7. 산업현장에서 기계를 사용하면서 발생할 수 있는 안전사고를 방지하기 위해 안전점검계획을 수립하고 안전점검표에 따라 안전점검을 실행하며 안전점검 내용을 평가할 수 있다.
8. 작업 중 발생할 수 있는 전기사고로부터 근로자를 보호하기 위해 안전하게 전기작업을 수행하도록 지원하고 예방할 수 있다.
9. 전기 설비에서 발생할 수 있는 전기화재 사고를 예방하기 위하여 전기 화재 위험 요소를 파악하고 예방할 수 있다.
10. 작업장에서 발생할 수 있는 관련 사고를 예방하기 위해 관련 요소를 파악하고 계획을 수립할 수 있다.
11. 화학물질에 대한 유해·위험성을 파악하고, MSDS를 활용하여 제반 안전활동을 수행할 수 있다.
12. 화학공정 시설에서 발생할 수 있는 안전사고를 방지하기 위해 안전점검계획을 수립하고 안전점검표에 따라 안전점검을 실행하며 안전점검 결과를 평가할 수 있다.
13. 근로자 안전과 관련한 건설현장 안전시설을 관련법령과 기준, 지침에 따라 관리하는 능력이다.
14. 건설현장에서 발생할 수 있는 안전사고를 방지하기 위해 안전점검계획을 수립하고 안전점검표에 따라 안전점검을 실행하며, 안전점검 결과를 평가할 수 있다.
15. 작업에 잠재하고 있는 위험요인을 파악하고 실현가능한 개선대책을 제시하여 건설현장 내 안전사고를 관리할 수 있다.

실기검정방법	복합형	시험시간	2시간 정도 (필답형: 1시간, 작업형 : 1시간 정도)

실기과목명	주요항목	세부항목	세세항목
산업안전실무	1. 산업안전관리계획 수립	1. 산업안전계획 수립하기	1. 사업장의 안전보건경영방침에 따라 안전관리 목표를 설정할 수 있다. 2. 설정된 안전관리 목표를 기준으로 안전관리를 위한 대상을 설정할 수 있다. 3. 설정된 안전관리 대상별 인력, 예산, 시설 등의 사항을 계획할 수 있다. 4. 안전관리 대상별 안전점검 및 유지 보수에 관한 사항을 계획할 수 있다. 5. 계획된 내용을 보고서로 작성하여 산업안전보건위원회에 심의를 받을 수 있다. 6. 산업안전보건위원회에서 심의된 안전보건계획을 이사회 승인 후 안전관리 업무에 적용할 수 있다.

실기 과목명	주요항목	세부항목	세세항목
산업 안전 실무	1. 산업안전 관리계획 수립	2. 산업재해예방계획 수립하기	1. 사업장에서 발생가능한 유해·위험요소를 선정할 수 있다. 2. 유해·위험요소별 재해 원인과 사례를 통해 재해 예방을 위한 방법을 결정할 수 있다. 3. 결정된 방법에 따라 세부적인 예방 활동을 도출할 수 있다. 4. 산업재해예방을 위한 소요 예산을 계상할 수 있다. 5. 산업재해예방을 위한 활동, 인력, 점검, 훈련 등이 포함된 계획서를 작성할 수 있다.
		3. 안전보건관리규정 작성하기	1. 산업안전관리를 위한 사업장의 특성을 파악할 수 있다. 2. 안전보건관리규정 작성에 필요한 기초자료를 파악할 수 있다. 3. 안전보건경영방침에 따라 안전보건관리규정을 작성할 수 있다. 4. 산업안전보건 관련 법령에 따라 안전보건관리규정을 관리할 수 있다.
		4. 산업안전관리 매뉴얼 개발하기	1. 사업장 내 설비와 유해·위험요인을 파악할 수 있다. 2. 안전보건관리규정에 따라 산업안전관리에 필요 절차를 파악할 수 있다. 3. 사업장 내 안전관리를 위한 분야별 매뉴얼을 개발할 수 있다.
	2. 산업안전 보호장비 관리	1. 보호구 관리하기	1. 산업안전보건법령에 기준한 보호구를 선정할 수 있다. 2. 작업 상황에 맞는 검정 대상 보호구를 선정하고 착용상태를 확인할 수 있다. 3. 사용설명서에 따른 올바른 착용법을 확인하고, 작업자에게 착용 지도할 수 있다. 4. 보호구의 특성에 따라 적절하게 관리하도록 지도할 수 있다.
		2. 안전장구 관리하기	1. 산업안전보건법령에 기준한 안전장구를 선정할 수 있다. 2. 작업 상황에 맞는 검정 대상 안전장구를 선정하고 착용상태를 확인할 수 있다. 3. 사용설명서에 따른 올바른 착용법을 확인하고, 작업자에게 착용 지도할 수 있다. 4. 안전장구의 특성에 따라 적절하게 관리하도록 지도할 수 있다.
	3. 사업장 산업 보건 교육	1. 산업보건교육 요구 사정하기	1. 사업장 산업보건교육 요구 파악에 필요한 자료를 수집할 수 있다. 2. 수집한 자료를 근거로 사업장의 유해위험 요인과 근로자의 질병위험 요인 간 관계를 검토할 수 있다. 3. 교육 종류에 따라 교육대상에 대한 지침이나 기준을 확인할 수 있다. 4. 사업장의 산업보건교육 우선순위를 결정하고, 사회적 관심, 행·재정, 자원 활용 등에 따라 사업장 산업보건교육의 타당성을 검토할 수 있다.
		2. 산업보건교육 계획하기	1. 교육종류에 따라 산업보건교육의 연간일정 계획을 수립할 수 있다. 2. 사업장 산업보건교육의 원리에 따라 산업보건교육 계획안을 작성할 수 있다. 3. 산업보건교육 평가기준을 마련하고, 목표달성 정도가 반영되는 평가도구를 선정할 수 있다. 4. 관리담당자와 산업보건교육 계획 일정을 논의하고 조정할 수 있다. 5. 노사협의회, 안전보건위원회, 경영 팀과 협의하여 보건교육을 홍보하고 예산지원을 구성할 수 있다.

실기 과목명	주요항목	세부항목	세세항목
	3. 사업장 산업 보건 교육	3. 산업보건교육 수행하기	1. 산업보건교육 연간계획표를 제공하고, 산업보건교육대상자를 확인할 수 있다. 2. 산업보건교육의 날을 인트라넷 등에 알리고, 경영지도자를 참여시킬 수 있다. 3. 산업보건교육 계획에 따라 산업보건교육실시에 필요한 준비 사항을 확인할 수 있다. 4. 산업보건교육 계획 안에 따라 교육을 실시하거나 지원할 수 있다. 5. 안전보건관리책임자, 관리감독자 및 특별교육대상자의 교육이수를 점검할 수 있다. 6. 추후 산업보건교육에 대해 논의할 수 있다.
		4. 산업보건교육 평가하기	1. 산업보건교육 계획에서 제시한 평가도구를 활용하여 산업보건교육 실시 결과를 평가할 수 있다. 2. 산업보건교육 실시 후 결과를 토대로 산업보건교육 평가 요약서를 제시할 수 있다. 3. 산업보건교육을 통해 수립된 자료를 바탕으로 산업보건교육실시 결과 보고서를 작성할 수 있다. 4. 산업보건교육 실시 기록을 문서화하여 관리할 수 있다.
	4. 산업안전 교육	1. 산업안전교육 사전 준비하기	1. 관련 법령, 기준, 지침에 따라 교육의 횟수, 대상 등을 결정할 수 있다. 2. 사업장의 안전의식 및 안전 주요 이슈별 안전교육의 내용을 도출할 수 있다. 3. 협력업체의 안전교육 경력과 작업의 위험성을 파악하여 안전교육의 내용을 도출할 수 있다. 4. 안전교육 운영을 위한 인적, 물적 자원 현황을 파악할 수 있다. 5. 사업장의 여건을 고려하여 도출된 교육 필요점을 중심으로 교육계획을 수립할 수 있다.
		2. 산업안전교육 제공하기	1. 산업안전교육에 필요한 매체를 활용할 수 있다. 2. 산업안전교육의 연간 계획에 따라 교육할 수 있다. 3. 모든 관계자와 작업자가 안전관리의 중요성을 인식하고, 이행할 수 있다. 4. 근로자의 의식과 행동에 변화를 가져올 때까지 지속적 교육을 할 수 있다. 5. 사고·재해를 예방하기 위한 실무·실습교육을 실시할 수 있다. 6. 효과가 우수한 기법이나 재해예방기술을 우수사례 발표를 제공할 수 있다.
		3. 산업안전교육 평가하기	1. 교육실시 결과에 따른 교육효과를 평가하기 위하여 필기시험, 실기시험, 실습, 구술, 면담, 설문 등의 객관적인 교육평가 절차를 수립할 수 있다. 2. 교육결과에 대한 설문조사 시에 교육평가방법, 평가항목 등의 적합여부를 확인할 수 있다. 3. 교육자와 피교육자 모두 평가에 대한 피드백을 받을 수 있는 의사소통 채널을 구축할 수 있다. 4. 교육훈련 활동의 적정성 평가와 보완을 위하여 교육평가 결과보고서를 작성할 수 있다. 5. 교육대상자 평가 후 일정수준 이하의 피교육자들에 대한 재교육·훈련을 할 수 있다.

실기과목명	주요항목	세부항목	세세항목
	4. 산업안전 교육	4. 산업안전교육 사후관리하기	1. 교육평가 절차서에 따라 교육 사후관리 계획서를 작성, 검토, 개정할 수 있다. 2. 교육평가 절차서에 따라 교육생의 자격요건, 평가결과 관리, 사후관리 이력사항 등을 확인할 수 있다. 3. 교육평가 절차서에 따라 교육평가결과를 기록하고 피드백된 부분을 보완 관리할 수 있다. 4. 피교육자의 수준을 계속 업데이트하여 교육과정에 반영할 수 있다. 5. 사후관리 요건에 따라 교육평가 절차서 내용에 대하여 정기적으로 적합성평가를 할 수 있다.
	5. 기계안전 시설 관리	1. 안전시설 관리 계획하기	1. 작업공정도와 작업표준서를 검토하여 작업장의 위험성에 따른 안전시설 설치 계획을 작성할 수 있다. 2. 기 설치된 안전시설에 대해 측정 장비를 이용하여 정기적인 안전점검을 실시할 수 있도록 관리계획을 수립할 수 있다. 3. 공정진행에 의한 안전시설의 변경, 해체 계획을 작성할 수 있다.
		2. 안전시설 설치하기	1. 관련법령, 기준, 지침에 따라 성능검정에 합격한 제품을 확인할 수 있다. 2. 관련법령, 기준, 지침에 따라 안전시설물 설치기준을 준수하여 설치할 수 있다. 3. 관련법령, 기준, 지침에 따라 안전보건표지를 설치할 수 있다. 4. 안전시설을 모니터링하여 개선 또는 보수 여부를 판단하여 대응할 수 있다.
		3. 안전시설 관리하기	1. 안전시설을 모니터링하여 필요한 경우 교체 등 조치할 수 있다. 2. 공정 변경 시 발생할 수 있는 위험을 사전에 분석하여 안전 시설을 변경·설치할 수 있다. 3. 작업자가 시설에 위험 요소를 발견하여 신고시 즉각 대응할 수 있다. 4. 현장에 설치된 안전시설보다 우수하거나 선진 기법 등이 개발되었을 경우 현장에 적용할 수 있다.
	6. 사업장 안전 점검	1. 산업안전 점검계획 수립하기	1. 작업공정에 맞는 점검 방법을 선정할 수 있다. 2. 안전점검 대상 기계·기구를 파악할 수 있다. 3. 위험에 따른 안전관리 중요도에 대한 우선순위를 결정할 수 있다. 4. 적용하는 기계·기구에 따라 안전장치와 관련된 지식을 활용하여 안전점검 계획을 수립할 수 있다.
		2. 산업안전 점검표 작성하기	1. 작업공정이나 기계·기구에 따라 발생할 수 있는 위험요소를 포함한 점검항목을 도출할 수 있다. 2. 안전점검 방법과 평가기준을 도출할 수 있다. 3. 안전점검계획을 고려하여 안전점검표를 작성할 수 있다.
		3. 산업안전 점검 실행하기	1. 안전점검표의 점검항목을 파악할 수 있다. 2. 해당 점검대상 기계·기구의 점검주기를 판단할 수 있다. 3. 안전점검표의 항목에 따라 위험요인을 점검할 수 있다. 4. 안전점검결과를 분석하여 안전점검 결과보고서를 작성할 수 있다.
		4. 산업안전 점검 평가하기	1. 안전기준에 따라 점검내용을 평가하여 위험요인을 도출할 수 있다. 2. 안전점검결과 발생한 위험요소를 감소하기 위한 개선방안을 도출할 수 있다. 3. 안전점검결과를 바탕으로 사업장내 안전관리 시스템을 개선할 수 있다.

실기 과목명	주요항목	세부항목	세세항목
	7. 기계안전 점검	1. 기계 위험요인 파악하기	1. 작업공정에 따른 기계의 점검주기와 방법을 파악할 수 있다. 2. 작업과 관련한 법령, 기준, 지침에 따라 기계 위험요인을 도출할 수 있다. 3. 기계설비와 관련한 작업자의 작업행동 및 방법에 대한 위험을 인식할 수 있다.
		2. 안전점검계획 수립하기	1. 관련법령에 따라 자율안전확인대상 기계·기구와 안전검사대상 유해·위험기계로 구분하여 안전점검계획에 적용할 수 있다. 2. 안전점검표를 활용하여 안전장치의 종류에 따른 점검주기, 점검방법을 포함한 안전점검계획을 수립할 수 있다.
		3. 안전점검표 작성하기	1. 작업공정이나 기계·기구에 따라 발생할 수 있는 위험요소를 포함한 점검항목을 도출할 수 있다. 2. 안전관리 중요도 우선순위와 점검방법 및 기준을 도출할 수 있다. 3. 안전점검계획에 따라 안전점검표를 작성할 수 있다.
		4. 안전점검 실행하기	1. 작업과 관련한 작업행동, 작업방법 준수여부를 점검할 수 있다. 2. 관련법령, 기준, 지침에 따라 기계·전기 등 설비에 대한 안전점검을 적절한 방법으로 시행할 수 있다. 3. 사고 또는 재해로 인한 대처방법을 점검할 수 있다. 4. 안전점검표에 점검결과를 작성할 수 있다. 5. 안전점검계획에 따라 안전점검 후 설비를 최상의 상태로 유지관리할 수 있다.
		5. 안전점검 평가하기	1. 안전점검표를 통하여 기계안전상태를 파악할 수 있다. 2. 안전기준에 따라 안전상태를 평가하고, 위험요인을 도출할 수 있다. 3. 점검결과에 따라 기계의 사용, 유지보수, 폐기 등의 조치를 할 수 있다. 4. 점검결과를 바탕으로 문제가 발생하지 않도록 해당 시스템을 개선할 수 있다.
	8. 전기작업 안전 관리	1. 전기작업 위험성 파악하기	1. 전기안전사고 발생 형태를 파악할 수 있다. 2. 전기안전사고 주요 발생 장소를 파악할 수 있다. 3. 전기안전사고 발생 시 피해정도를 예측할 수 있다. 4. 전기안전관련 법령에 따라 전기안전사고를 예방할 목적으로 설치된 안전보호장치의 사용 여부를 확인할 수 있다. 5. 전기안전사고 예방을 위한 안전조치 및 개인보호장구의 적합여부를 확인할 수 있다.
		2. 정전작업 지원하기	1. 안전한 정전작업 수행을 위한 안전작업계획서를 수립할 수 있다. 2. 정전작업 중 안전사고가 우려 시 작업중지를 결정할 수 있다. 3. 정전작업 수행 시 필요한 보호구와 방호구, 작업용 기구와 장치, 표지를 선정하고 사용할 수 있다.
		3. 활선작업 지원하기	1. 안전한 활선작업 수행을 위한 안전작업계획서를 수립할 수 있다. 2. 활선작업 중 안전사고가 우려 시 작업중지를 결정할 수 있다. 3. 활선작업 수행 시 필요한 보호구와 방호구, 작업용 기구와 장치, 표지를 선정하고 사용할 수 있다.
		4. 충전전로 근접작업 안전지원하기	1. 가공 송전선로에서 전압별로 발생하는 정전·전자유도 현상을 이해하고 안전대책을 제공할 수 있다. 2. 가공 배전선로에서 필요한 작업 전 준비사항 및 작업 시 안전대책, 작업 후 안전점검 사항을 작성할 수 있다. 3. 전기설비의 작업 시 수행하는 고소작업 등에 의한 위험요인을 적용한 사고 예방대책을 제공할 수 있다. 4. 특고압 송전선 부근에서 작업 시 필요한 이격거리 및 접근한계거리, 정전유도 현상을 숙지하고 안전대책을 제공할 수 있다. 5. 크레인 등의 중기작업을 수행할 때 필요한 보호구, 안전장구, 각종 중장비 사용 시 주의사항을 파악할 수 있다.

실기 과목명	주요항목	세부항목	세 세 항 목
	9. 전기 화재 위험관리	1. 전기 화재 사고 예방 계획 수립하기	1. 전기화재가 발생할 수 있는 위험장소의 점검 계획을 수립할 수 있다. 2. 전기화재의 점화원을 구분하여 전기화재 방지 계획을 수립할 수 있다. 3. 전기 점화원에 의해 화재가 발생할 수 있는 위험물질의 관리 방안을 수립할 수 있다. 4. 전기화재를 예방하기 위해 계측설비 운용에 관한 계획을 수립할 수 있다. 5. 사고사례를 통한 점화원을 분석하고 전기작업 시 체크리스트 항목을 정하여 전기화재 사고 방지의 점검 계획을 수립할 수 있다.
		2. 전기 화재 사고 위험요소 파악하기	1. 전기화재 발생 메커니즘을 적용하여 전기화재 위험성을 파악할 수 있다. 2. 전기화재가 발생할 수 있는 작업조건, 작업 장소, 사용물질을 파악할 수 있다. 3. 전기적 과전류, 단락, 누전, 정전기 등 점화원을 점검, 파악할 수 있다. 4. 점화원에 의해 화재가 발생할 수 있는 위험물질의 관리대상을 파악할 수 있다.
		3. 전기 화재 사고 예방하기	1. 전기화재 사고형태별 원인을 분석하여 전기화재 사고를 예방할 수 있다. 2. 전기화재 점화원을 점검, 관리하여 전기 화재 사고를 예방할 수 있다. 3. 전기화재를 방지하기 위하여 방폭전기설비를 도입하여 화재사고를 예방할 수 있다.
	10. 화재· 폭발· 누출사고 예방	1. 화재·폭발·누출 요소 파악하기	1. 화학공장 등에서 위험물질로 인한 화재·폭발·누출로 인한 사고를 예방하기 위하여 현장에서 취급 및 저장하고 있는 유해·위험물의 종류와 수량을 파악할 수 있다. 2. 화학공장 등에서 위험물질로 인한 화재·폭발·누출로 인한 사고를 예방하기 위하여 현장에 설치된 유해·위험 설비를 파악할 수 있다. 3. 유해·위험 설비의 공정도면을 확인하여 유해·위험 설비의 운전방법에 의한 위험 요인을 파악할 수 있다. 4. 유해·위험 설비, 폭발 위험이 있는 장소를 사전에 파악하여 사고 예방활동용의 필요점을 파악할 수 있다.
		2. 화재·폭발·누출 예방 계획수립 하기	1. 화학공장 내 잠재한 사고 위험 요인을 발굴하여 위험등급을 결정할 수 있다. 2. 유해·위험 설비의 운전을 위한 안전운전지침서를 개발할 수 있다. 3. 화재·폭발·누출 사고를 예방하기 위하여 설비에 관한 보수 및 유지 계획을 수립할 수 있다. 4. 유해·위험 설비의 도급 시 안전업무 수행실적 및 실행결과를 평가하기 위하여 도급업체 안전관리 계획을 수립할 수 있다. 5. 유해·위험 설비에 대한 변경시 변경요소관리계획을 수립할 수 있다. 6. 산업사고 발생 시 공정 사고조사를 위하여 조사팀 및 방법 등이 포함된 공정 사고조사 계획을 수립할 수 있다. 7. 비상상황 발생 시 대응할 수 있도록 장비, 인력, 비상연락망 및 수행내용을 포함한 비상조치 계획을 수립할 수 있다.
		3. 화재·폭발·누출 사고 예방활동 하기	1. 유해·위험 설비 및 유해·위험물질의 취급시 개발된 안전지침 및 계획에 따라 작업이 이루어지는지 모니터링 할 수 있다. 2. 3작업허가가 필요한 작업에 대하여 안적작업허가 기준에 부합된 절차에 따라 작업허가를 할 수 있다. 3. 화재·폭발·누출 사고 예방을 위한 제조공정, 안전운전지침 및 절차 등을 근로자에게 교육을 할 수 있다. 4. 안전사고 예방활동에 대하여 자체 감사를 실시하여 사고 예방 활동을 개선할 수 있다.

실기과목명	주요항목	세부항목	세세항목
	11. 화학물질 안전관리 실행	1. 유해·위험성 확인하기	1. 화학물질 및 독성가스 관련 정보와 법규를 확인할 수 있다. 2. 화학공장에서 취급하거나 생산되는 화학물질에 대한 물질안전보건자료(MSDS: Material Safety Data Sheet)를 확인할 수 있다. 3. MSDS의 유해·위험성에 따라 적합한 보호구 착용을 교육할 수 있다. 4. 화학물질의 안전관리를 위하여 안전보건자료(MSDS: Material Safety Data Sheet)에 제공되는 유해·위험 요소 등을 파악할 수 있다.
		2. MSDS 활용하기	1. 화학공장에서 취합하는 화학물질에 대한 MSDS를 작업현장에 부착할 수 있다. 2. MSDS 제도를 기준으로 취급하거나 생산한 화학물질의 MSDS의 내용을 교육을 실시할 수 있다. 3. MSDS의 정보를 표지판으로 제작 및 부착하여 근로자에게 화학물질의 유해성과 위험성 정보를 제공할 수 있다. 4. MSDS내에 있는 정보를 활용하여 경고 표지를 작성하여 작업현장에 부착할 수 있다.
	12. 화공안전점검	1. 안전점검계획 수립하기	1. 공정운전에 맞는 점검 주기와 방법을 파악할 수 있다. 2. 산업안전보건법령에서 정하는 안전검사 기계·기구를 구분하여 안전점검 계획에 적용할 수 있다. 3. 사용하는 안전장치와 관련된 지식을 활용하여 안전점검 계획을 수립할 수 있다.
		2. 안전점검표 작성하기	1. 공정운전이나 기계·기구에 따라 발생할 수 있는 위험요소를 포함하도록 점검항목을 작성할 수 있다. 2. 공정운전이나 기계·기구에 따라 발생할 수 있는 위험요소를 포함하도록 점검항목을 작성할 수 있다. 3. 위험에 따른 안전관리 중요도 우선순위를 결정할 수 있다. 4. 객관적인 안전점검 실시를 위해서 안전점검 방법이나 평가기준을 작성할 수 있다. 5. 안전점검계획에 따라 공정별 안전점검표를 작성할 수 있다.
		3. 안전점검 실행하기	1. 공정 순서에 따라 작성된 화학 공정별 작업절차에 의해 운전할 수 있다. 2. 측정 장비를 사용하여 위험요인을 점검할 수 있다. 3. 점검주기와 강도를 고려하여 점검을 실시할 수 있다. 4. 안전점검표에 의하여 위험요인에 대한 구체적인 점검을 수행할 수 있다.
		4. 안전점검 평가하기	1. 안전기준에 따라 점검 내용을 평가하고, 위험요인을 산출할 수 있다. 2. 점검 결과 지적사항을 즉시 조치가 필요 시 반영 조치하여 공사를 진행할 수 있다. 3. 점검 결과에 의한 위험성을 기준으로 공정의 가동중지, 설비의 사용금지 등 위험요소에 대한 조치를 취할 수 있다. 4. 점검 결과에 의한 지적사항이 반복되지 않도록 해당 시스템을 개선할 수 있다.
	13. 건설현장 안전시설 관리	1. 안전시설 관리 계획하기	1. 공정관리계획서와 건설공사 표준안전지침을 검토하여 작업장의 위험성에 따른 안전시설 설치 계획을 작성할 수 있다. 2. 현장점검시 발견된 위험성을 바탕으로 안전시설을 관리할 수 있다. 3. 기 설치된 안전시설에 대해 측정 장비를 이용하여 정기적인 안전점검을 실시할 수 있도록 관리계획을 수립할 수 있다. 4. 안전시설 설치방법과 종류의 장·단점을 분석할 수 있다. 5. 공정 진행에 따라 안전시설의 설치, 해체, 변경 계획을 작성할 수 있다.

실기 과목명	주요항목	세부항목	세세항목
	13. 건설현장 안전시설 관리	2. 안전시설 설치하기	1. 관련법령, 기준, 지침에 따라 안전인증에 합격한 제품을 확인할 수 있다. 2. 관련법령, 기준, 지침에 따라 안전시설물 설치기준을 준수하여 설치할 수 있다. 3. 관련법령, 기준, 지침에 따라 안전보건표지를 설치기준을 준수하여 설치할 수 있다. 4. 설치계획에 따른 건설현장의 배치계획을 재검토하고, 개선사항을 도출하여 기록할 수 있다. 5. 안전보호구를 유용하게 사용할 수 있는 필요 장치를 설치할 수 있다.
		3. 안전시설 관리하기	1. 기 설치된 안전시설에 대해 관련법령, 기준, 지침에 따라 확인하고, 수시로 개선할 수 있다. 2. 측정 장비를 이용하여 안전시설이 제대로 유지되고 있는지 확인하고, 필요한 경우 교체할 수 있다. 3. 공정의 변경 시 발생할 수 있는 위험을 사전에 분석하고, 안전 시설을 변경·설치할 수 있다. 4. 설치계획에 의거하여 안전시설을 설치하고, 불안전 상태가 발생되는 경우 즉시 조치할 수 있다.
		4. 안전시설 적용하기	1. 선진기법이나 우수사례를 고려하여 안전시설을 건설현장에 맞게 도입할 수 있다. 2. 근로자의 제안제도 등을 활용하여 안전시설을 건설현장에 적합하도록 자체개발 또는 적용할 수 있다. 3. 자체 개발된 안전시설이 관련법령에 적합한지 판단할 수 있다. 4. 개발된 안전시설을 안전관계자 또는 외부전문가의 검증을 거쳐 건설현장에 사용할 수 있다.
	14. 건설현장 안전점검	1. 안전점검계획 수립하기	1. 작업공정에 맞게 안전점검 계획을 수립할 수 있다. 2. 작업공정에 맞는 점검 방법을 선정하여 안전점검 계획을 수립할 수 있다. 3. 산업안전보건법령에서 정하는 자체검사 기계·기구를 구분하여 안전점검 계획에 적용할 수 있다. 4. 사용하는 기계·기구에 따라 안전장치와 관련된 지식을 활용하여 안전점검 계획을 수립할 수 있다.
		2. 안전점검표 작성하기	1. 작업공정이나 기계·기구에 따라 발생할 수 있는 위험요소를 포함하도록 점검항목을 작성할 수 있다. 2. 위험에 따른 안전관리 중요도 우선순위를 결정하고, 결정된 순위에 따라 안전점검표를 작성할 수 있다. 3. 객관적인 안전점검 실시를 위해서 안전점검 방법이나 평가기준을 작성할 수 있다. 4. 안전점검 항목에 대해 점검자가 쉽게 대상 및 상태를 확인하기 위해 안전점검표를 작성할 수 있다. 5. 안전점검 계획을 고려하여 공정별로 안전점검표를 작성할 수 있다.
		3. 안전점검 실행하기	1. 안전점검계획에 따라 작성된 공종별 또는 공정별 안전점검표에 의해 점검할 수 있다. 2. 측정 장비를 사용하여 위험요인을 점검할 수 있다. 3. 점검주기와 강도를 고려하여 점검을 실시할 수 있다. 4. 안전점검표에 의하여 위험요인에 대한 구체적인 점검을 수행할 수 있다.
		4. 안전점검 평가하기	1. 안전기준에 따라 점검 내용을 평가하고, 위험요인을 산출할 수 있다. 2. 점검 결과 지적사항을 즉 시 조치가 필요 시 반영 조치하여 공사를 진행할 수 있다. 3. 점검 결과에 의한 위험성을 기준으로 작업의 중지, 기계기구의 사용금지 등 위험요소에 대한 조치를 취할 수 있다. 4. 점검 결과에 의한 지적사항이 반복되지 않도록 해당 시스템을 개선, 적용할 수 있다.

실기 과목명	주요항목	세 부 항 목	세 세 항 목
	15. 건설현장 유해·위험 요인관리	1. 건설현장 위험요인 예측하기	1. 건설현장 작업과 관련한 작업공정을 파악할 수 있다. 2. 건설현장 작업과 관련한 법령, 기준, 지침에 따라 위험요인을 사전에 파악할 수 있다. 3. 근로자의 작업행동 및 방법에 대한 위험을 인식할 수 있다. 4. 건설현장 작업에 잠재하고 있는 위험요인을 예측할 수 있다. 5. 위험요인 확인시 필요한 개인 보호장구를 사전에 준비할 수 있다.
		2. 건설현장 위험요인 확인하기	1. 근로자의 작업행동, 작업방법 준수여부를 확인할 수 있다. 2. 건설현장 작업 관련한 위험요인을 확인할 수 있다. 3. 근로자의 생명에 영향을 줄 수 있다고 판단할 경우 작업 중지를 요청할 수 있다. 4. 건설현장 위험요인 확인을 안전하고 건강한 방법으로 시행할 수 있다. 5. 건설현장 위험요인 사고로 인한 대처방법을 확인할 수 있다.
		3. 건설현장 위험요인 개선하기	1. 건설현장의 위험요인 파악에 따른 대책을 수립할 수 있다. 2. 작업으로 인한 위험요인 제거와 관리방안을 제시할 수 있다. 3. 건설현장 위험요인 저감 대책을 제시하여 작업장 환경을 개선할 수 있다. 4. 실현 가능한 건설현장 위험요인 관리대책을 제시할 수 있다. 5. 개선된 건설현장 환경을 유지·관리할 수 있다.

차/례

PART 01 산업안전실기 요점정리

1. 안전관리 — 2
  (1) 안전관리조직 — 2
  (2) 안전보건관리 규정 및 계획 — 4
  (3) 산업재해발생 및 재해조사 — 6
  (4) 안전점검 및 작업분석 — 12
  (5) 보호구 및 안전표지 — 15

2. 안전교육 및 심리 — 24
  (1) 안전교육 — 24
  (2) 산업심리 — 29

3. 인간공학 및 시스템 위험분석 — 34
  (1) 인간공학 — 34
  (2) 시스템 위험분석 — 41

4. 기계 및 운반안전 — 46
  (1) 기계안전 일반 — 46
  (2) 운반안전 일반 — 59

5. 전기 및 화공안전 — 63
  (1) 감전재해 유해요소 — 63
  (2) 화공안전 일반 — 77
  (3) 작업환경안전 일반 — 86

6. 건설 안전 — 89
  (1) 산업안전 일반 — 89
  (2) 가설공사 안전 — 96
  (3) 토공사 안전 — 103
  (4) 구조물공사 안전 — 110
  (5) 건설기계·기구 안전 — 115
  (6) 사고형태별 안전 — 125

PART 02 실기 필답형 - 산업안전산업기사

◆ **2013년** 제1회 — 130
  2013년 제2회 — 137
  2013년 제3회 — 143
◆ **2014년** 제1회 — 149
  2014년 제2회 — 154
  2014년 제3회 — 160
◆ **2015년** 제1회 — 165
  2015년 제2회 — 169
  2015년 제3회 — 175
◆ **2016년** 제1회 — 179
  2016년 제2회 — 184
  2016년 제3회 — 189
◆ **2017년** 제1회 — 195
  2017년 제2회 — 201
  2017년 제3회 — 207
◆ **2018년** 제1회 — 213
  2018년 제2회 — 220
  2018년 제3회 — 227

◆ **2019년** 제1회 ·············· 232
2019년 제2회 ·············· 238
2019년 제3회 ·············· 243
◆ **2020년** 제1회 ·············· 249
2020년 제2회 ·············· 255
2020년 제3회 ·············· 261
2020년 제4회 ·············· 267
◆ **2021년** 제1회 ·············· 273
2021년 제2회 ·············· 278
2021년 제3회 ·············· 283

◆ **2022년** 제1회 ·············· 289
2022년 제2회 ·············· 295
2022년 제3회 ·············· 301
◆ **2023년** 제1회 ·············· 307
2023년 제2회 ·············· 313
2023년 제3회 ·············· 319
◆ **2024년** 제1회 ·············· 325
2024년 제2회 ·············· 337
2024년 제3회 ·············· 346

PART 03   실기 작업형 - 산업안전산업기사

◆ **2013년** 제1회(A형) ·············· 2
2013년 제1회(B형) ·············· 7
2013년 제2회 ·············· 12
2013년 제3회 ·············· 17
◆ **2014년** 제1회 ·············· 22
2014년 제1회 ·············· 26
2014년 제2회 ·············· 30
2014년 제2회 ·············· 35
2014년 제3회 ·············· 40
2014년 제3회 ·············· 45
◆ **2015년** 제1회 ·············· 50
2015년 제2회 ·············· 55
2015년 제3회 ·············· 60
◆ **2016년** 제1회 ·············· 64
2016년 제2회 ·············· 69
2016년 제3회 ·············· 73
◆ **2017년** 제1회 ·············· 78
2017년 제2회 ·············· 84
2017년 제3회 ·············· 90
◆ **2018년** 제1회 ·············· 97
2018년 제2회 ·············· 102
2018년 제3회 ·············· 107

◆ **2019년** 제1회 ·············· 113
2019년 제2회 ·············· 120
2019년 제3회 ·············· 125
◆ **2020년** 제1회 ·············· 131
2020년 제2회 ·············· 136
2020년 제3회 ·············· 141
2020년 제4회 ·············· 146
◆ **2021년** 제1회 ·············· 151
2021년 제2회 ·············· 156
2021년 제3회 ·············· 161
◆ **2022년** 제1회 ·············· 166
2022년 제2회 ·············· 171
2022년 제3회 ·············· 176
◆ **2023년** 제1회 ·············· 181
2023년 제2회 ·············· 186
2023년 제3회 ·············· 190
◆ **2024년** 제1회 ·············· 195
2024년 제2회 ·············· 200
2024년 제3회 ·············· 205

산업안전산업기사

작업형 실기시험 수험준비요령

▶ 수험준비 전 수검자 숙지사항(수검자 유의사항)

1. 동영상의 문제 자료화면은 건설기계·기구, 건설공사안전, 안전기준 및 표준 안전작업 지침 분야로 구성되어져 있다.

2. 답안 작성시 유의사항
   - 문제에서 요구한 항목수(예 ~의 작업상황에 대한 위험요인을 3가지만 쓰시오) 이상을 답란에 표기한 경우에는 답란 기재 순으로 요구한 항목 수(가지 수)만 채점만 채점한다. 따라서 답을 작성할 때에는 정확하게 문제에서 요구한 항목 수만 기재한다.
   - 답안 내용은 간단, 명료하게 작성하여야 하며, 답란에 불필요한 낙서나 특이한 기록사항 등 부정의 목적이 있다고 판단될 경우에는 모든 득점이 0점으로 처리된다.
   - 계산문제의 답안작성
     ① 계산문제는 계산식(계산과정)과 답을 동시에 기재하여야 한다(계산식이 없는 답은 0점 처리).
     ② 계산과정에서 소수점 처리는 문제의 요구사항에 따르고 요구사항이 없으면 소수점 이하 셋째자리에서 반올림하여 소수점 둘째자리까지만 표기한다.
     [예] 298.7598 → 298.76
     ③ 계산문제의 요구사항에서 단위가 주어졌을 때는 계산식 및 답에서 단위가 생략되어도 되나, 기타의 경우에는 계산식 및 답란에 단위를 기재하지 않을 경우 오답으로 처리된다.
   - 기타 답안작성 시 유의사항은 시험시작 전에 정확하게 숙지하여 실수하지 않도록 명심한다.

▶ 문제유형(출제경향) 및 문제유형에 따른 학습방법

1. **동영상 화면의 작업상황(작업조건, 재해개요 등)에 대한 위험요인 및 안전대책을 작성하는 문제가 출제된다.**
   (1) 위험요인을 작성하는 문제는 위험의 point(핵심위험요인), 사고(재해) 발생원인, 불안전한 요소 등을 묻는 문제와 같은 유형 또는 비슷한 유형의 문제이며, 안전대책을 작성하는 문제는 안전작업수칙, 안전작업방법, 위험방지조치사항, ~에 대한 준수사항 등을 묻는 문제와 같은 유형 또는 비슷한 유형의 문제이다.
   (2) 학습요령
      ① 동영상 화면도(사진 또는 그림)와 문제에서 작업상황을 충분히 이해하고 무엇을 묻는 문제인지를 정확하게 파악한다.
      ② 동영상 화면에서 눈에 보이는 위험요인과 눈에 보이지 않는 잠재적인 위험요인 등을 다음 조건의 부합 여부를 고려하여 찾아낸다.
         - 작업자(근로자)의 작업방법의 문제점, 불안전한 행동, 안전수칙 미준수 등에 기인한 위험요인 등
         - 안전시설 및 방호장치 등의 설치 및 미설치 여부 등
         - 작업 상황에 대한 위험방지 조치의 소홀, 미흡정도 및 법 규정 준수여부 등
         - 작업자의 보호구 착용 및 미착용 여부
         - 기타
      ③ 위험요인을 작성하는 문제는 작업상황에 대한 문제점의 핵심을 간략하게 쓸 수 있도록 충분히 연습하여야 하며 또한 새로운 문제가 출제되더라도 답안을 작성할 수 있도록 응용력을 키워야 한다.
      ④ 안전대책을 작성하는 문제는 위험요인을 찾으면 그것에 따라 답안을 작성하면 된다.
      ⑤ 위험요인과 안전대책에 관한 문제의 답안작성은 본서의 해답 및 모범답안과 똑같지 않아도 문맥과 의미만 같으면 정답으로 인정된다.

2. **법규(법령·시행령·시행규칙), 안전기준 및 보건기준에 관한 규칙(안전규칙 및 보건규칙), 표준안전작업지침(노동부고시) 등 법 규정에 관한 문제가 출제된다.**
   (1) 법 규정에 관한 문제는 동영상의 화면과 관계가 없는 문제이다(문제지만 보면 동영상의 화면은 관계없이 답안작성이 가능하다.

(2) 학습요령
① 문제의 내용을 충분히 이해하고 무엇을 묻는 문제인지를 정확하게 파악한다.
② 해답(정답)의 내용을 2~3회 정도 꼼꼼히 읽어본 후 반복적으로 쓰면서 완전하게 암기하여 해답을 보지 않고 답안을 작성할 수 있도록 한다.
③ 법 규정 문제의 답안작성은 해답과 똑같이 쓸 수 있도록 하여야 한다.

3. 과목별로 안전공학(기술)적 사항에 관한 이론내용 및 계산문제가 출제된다.

(1) 과목(항목)별로 사고가 많이 발생되는 위험기계·기구 및 설비와 위험한 작업상황에 대한 이론내용의 숙지정도 및 계산문제의 적응도를 묻는 문제 등이 출제된다.

(2) 학습요령
① 동영상 화면을 충분히 이해하고 문제에서 무엇을 묻는 문제인지를 정확하게 파악한다.
② 법 규정에 관한 문제의 학습요령과 같은 방법으로 학습하도록 한다.
③ 계산문제는 공식을 정확하게 암기하고 계산과정 및 소수점처리 및 단위에 유의하여 학습하도록 한다(수검자 유의사항 및 답안지작성요령 참고).

P.A.R.T

01

산업안전실기
요점정리

안전관리

1. 안전관리조직

01 안전관리조직의 유형별 특징

(1) 라인형(직계형) 조직의 특성

　1) 장점
　　① 안전에 관한 지시나 명령계통이 철저하다.
　　② 명령과 보고가 상하관계이므로 간단명료하다.
　　③ 안전대책의 실시가 신속하다.

　2) 단점
　　① 안전에 관한 전문지식이 부족하다.
　　② 안전의 정보가 불충분하다.
　　③ 라인에 과중한 책임을 지우기 쉽다.

(2) 스탭형(참모식) 조직의 특징

　1) 장점
　　① 안전전문가가 안전계획을 세워 안전에 관한 전문적인 문제해결 방안을 모색하고 조치한다.
　　② 경영자에게 조언과 자문역할을 할 수 있다.
　　③ 안전 정보수집이 빠르다.

　2) 단점
　　① 안전지시나 명령이 작업자에게까지 신속·정확하게 하달되지 못한다.
　　② 생산부분은 안전에 대한 책임과 권한이 없다.
　　③ 권한다툼이나 조정 때문에 시간과 노력이 소모된다.

(3) 라인 · 스탭형(직계 · 참모식)의 특징

1) 장점
   ① 안전활동이 생산과 잘 협조가 된다.
   ② 생산라인의 각 계층에서도 안전업무를 겸임하게 할 수 있다.
   ③ 안전대책은 staff 부문에서 기획조사, 입안, 연구하고 line을 통하여 실시하도록 한다.
   ④ 전 근로자가 안전활동에 참여할 기회가 부여된다.

2) 단점
   ① 명령계통과 조언, 권고적 참여가 혼동되기 쉽다.
   ② 라인이 스탭에만 의존하거나 또는 활용하지 않는 경우가 있다.
   ③ 스탭의 월권행위의 경우가 있다.

02 안전관리조직의 업무 · 직무 등

(1) 안전보건관리책임자의 업무내용

① 산업재해 예방계획의 수립에 관한 사항
② 안전보건관리규정의 작성 및 변경에 관한 사항
③ 근로자의 안전 · 보건교육에 관한 사항
④ 작업환경측정 등 작업환경의 점검 및 개선에 관한 사항
⑤ 근로자의 건강진단 등 건강관리에 관한 사항
⑥ 산업재해의 원인조사 및 재발방지대책의 수립에 관한 사항
⑦ 산업재해에 관한 통계의 기록 및 유지에 관한 사항
⑧ 안전 · 보건과 관련된 안전장치 및 보호구 구입 시 적격품 여부 확인에 관한 사항
⑨ 그 밖에 근로자의 유해 · 위험예방 조치에 관한 사항으로서 「고용노동부령으로 정하는 사항」 (위험성 평가의 실시에 관한 사항과 안전보건규칙에서 정하는 근로자의 위험 또는 건강장해의 방지에 관한 사항)

(2) 안전관리자의 업무내용

① 산업안전보건위원회 또는 안전 · 보건에 관한 노사협의체에서 심의 · 의결한 업무와 해당 사업장의 안전보건관리규정 및 취업규칙에서 정한 업무
② 안전인증대상 기계 · 기구 등과 자율안전확인대상 기계 · 기구 등의 구입시 적격품의 선정에 관한 보좌 및 조언 · 지도
③ 위험성 평가에 관한 보좌 및 지도 · 조언
④ 해당 사업장 안전교육계획의 수립 및 안전교육 실시에 관한 보좌 및 지도 · 조언
⑤ 사업장 순회점검 · 지도 및 조치의 건의
⑥ 산업재해 발생의 원인조사 · 분석 및 재발방지를 위한 기술적 보좌 및 지도 · 조언

⑦ 산업재해에 관한 통계의 유지·관리·분석을 위한 기술적 보좌 및 지도·조언
⑧ 법 또는 법에 따른 명령으로 정한 안전에 관한 사항의 이행에 관한 보좌 및 지도·조언
⑨ 업무수행 내용의 기록·유지
⑩ 그 밖에 안전에 관한 사항으로서 고용노동부장관이 정하는 사항

(3) 안전보건총괄책임자의 직무

① 작업의 중지 및 재개
② 도급사업 시의 안전·보건조치
③ 수급인의 산업안전보건관리비의 집행 감독 및 그 사용에 관한 수급인 간의 협의·조정
④ 안전인증대상 기계·기구 등과 자율안전확인대상 기계·기구 등의 사용여부 확인
⑤ 위험성 평가의 실시에 관한 사항

03 산업안전보건위원회의 구성

(1) 근로자위원(10명)

① 근로자대표(노동조합의 대표자 또는 근로자 과반수를 대표하는 사람)
② 근로자대표가 지명하는 1명 이상의 명예감독관
③ 근로자대표가 지명하는 9명 이내의 해당사업장의 근로자(명예감독관 수만큼 제외)

(2) 사용자위원(10명)

① 해당 사업의 대표자(다른 지역에 사업장의 있는 경우 그 사업장의 최고책임자)
② 안전관리자 1명
③ 보건관리자 1명
④ 산업보건의(선임되어 있는 경우로 한정)
⑤ 해당 사업의 대표자가 지명하는 9명 이내의 해당사업장 부서의 장

2. 안전보건관리 규정 및 계획

01 안전보건관리규정

(1) 법상 안전보건관리규정에 포함시켜야 할 사항

① 안전·보건 관리조직과 그 직무에 관한 사항
② 안전·보건 교육에 관한 사항
③ 작업장 안전관리에 관한 사항
④ 작업장 보건관리에 관한 사항
⑤ 사고 조사 및 대책 수립에 관한 사항

⑥ 그 밖에 안전·보건에 관한 사항

(2) 안전관리규정 작성시 유의사항
① 규정된 기준은 법정기준을 상회하도록 할 것
② 관리자층의 직무와 권한, 근로자에게 강제 또는 요청한 부분을 명확히 할 것
③ 관계법령의 개·제정에 따라 즉시 개정되도록 라인활용에 쉬운 규정이 되도록 할 것
④ 작성 또는 개정시에 현장의 의견을 충분히 반영시킬 것
⑤ 규정의 내용은 정상시는 물론, 이상시, 사고시, 재해발생시의 조치와 기준에 관해서도 규정할 것

02 안전·보건개선계획

(1) 법상의 안전·보건개선계획 대상 사업장 18/2 산
① 산업재해율이 같은 업종의 규모별 평균산업재해율보다 높은 사업장
② 안전보건조치 의무를 이행하지 아니하여 중대재해가 발생한 사업장
③ 대통령령으로 정하는 수 이상의 직업성 질병자가 발생한 사업장
④ 유해인자의 노출기준을 초과한 사업장

(2) 법상의 안전보건진단을 받아 개선계획을 수립, 제출해야 되는 사업장
① 사업주가 필요한 안전보건 조치를 이행하지 아니하여 중대재해가 발생한 사업장
② 산업재해율이 같은 업종 평균산업재해율의 2배 이상인 사업장
③ 직업병에 걸린 사람이 연간 2명 이상(상시근로자 1000명 이상은 3명 이상)인 사업장
④ 작업환경불량, 화재·폭발 또는 누출사고 등으로 사업장 주변까지 피해가 확산된 사업장으로서 고용노동부장관이 정하는 사업장

(3) 법상의 안전·보건 개선계획서에 포함해야 되는 내용
① 시설
② 안전·보건교육
③ 안전·보건관리체제
④ 산업재해예방 및 작업환경의 개선을 위하여 필요한 사항

3. 산업재해발생 및 재해조사

01 중대재해·산업재해의 정의 및 발생보고

(1) 중대재해(시행규칙 제2조) 18/2 기

1) 사망자가 1명 이상 발생한 재해
2) 3개월 이상의 요양이 필요한 부상자가 동시에 2명 이상 발생한 재해
3) 부상자 또는 직업성질병자가 동시에 10명 이상 발생한 재해

(2) 산업재해의 정의 및 발생보고 등

1) **산업재해의 정의**(법 제2조 제1호) : 근로자가 업무에 관계되는 건설물·설비·원재료·가스·증기·분진 등에 의하거나 작업 또는 그 밖의 업무로 인하여 사망 또는 부상하거나 질병에 걸리는 것을 말한다.

2) **산업재해 발생보고**(시행규칙 제4조)
   ① 산업재해조사표 작성·제출 : 사망자가 발생하거나 3일 이상의 휴업이 필요한 부상을 입거나 질병에 걸린 사람이 발생한 경우에는 해당 산업재해가 발생한 날부터 1개월 이내에 산업재해조사표를 작성하여 관할 지방고용노동관서의 장에게 제출하여야 한다.
   ② 중대재해 발생시 보고사항 : 중대재해가 발생한 사실을 알게 된 경우 지체없이 다음 각 호의 사항을 관할 지방고용노동관서의 장에게 전화·팩스, 또는 그 밖에 적절한 방법으로 보고하여야 한다.
      ㉠ 발생개요 및 피해상황   ㉡ 조치 및 전망
      ㉢ 그 밖의 중요한 사항

02 재해발생의 메커니즘(3가지 구조적 요소)

① 단순자극형(집중형) : 상호자극에 의해 순간적으로 재해가 발생하는 유형
② 연쇄형 : 하나의 사고요인이 또 다른 요인을 발생시키며 재해를 발생하는 유형
③ 복합형 : 연쇄형과 단순자극형의 복합적인 발생 유형

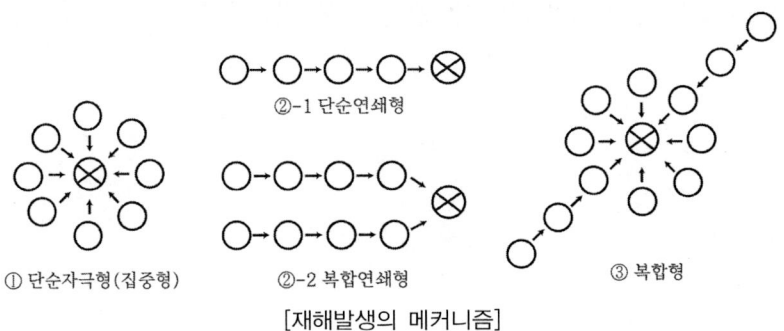

[재해발생의 메커니즘]

03 재해발생시의 조치사항

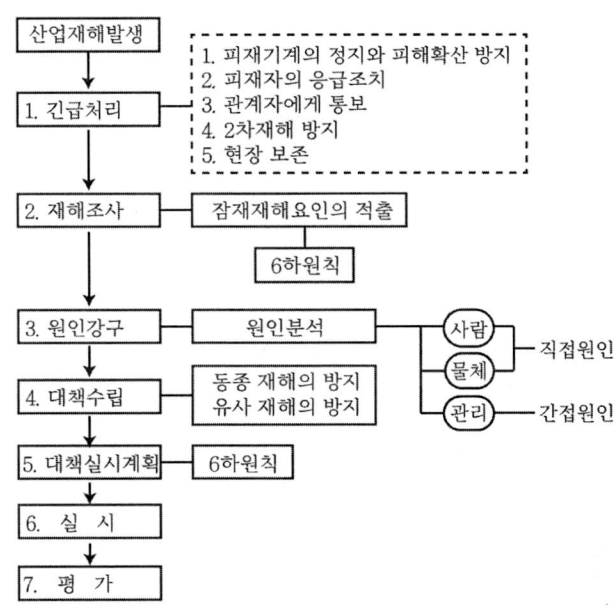

04 재해조사

(1) 재해조사의 목적
① 동종재해 및 유사재해의 재발 방지
② 원인의 규명 및 예방대책 자료 수집

(2) 재해조사시의 유의사항
① 사실을 수집한다. 이유는 뒤에 확인한다.
② 목격자 등이 증언하는 사실 이외의 추측의 말은 참고로만 한다.
③ 조사는 신속하게 행하고 긴급조치하여, 2차재해의 방지를 도모한다.
④ 사람, 기계설비 양면의 재해요인을 모두 도출한다.
⑤ 객관적인 입장에서 공정하게 조사하며, 조사는 2인 이상이 한다.
⑥ 책임추궁보다 재발방지를 우선하는 기본태도를 갖는다.
⑦ 피해자에 대한 구급조치를 우선한다.
⑧ 2차재해의 예방과 위험성에 대한 보호구를 착용한다.

05 사고연쇄성 이론

(1) 하인리히의 사고연쇄성 이론(사고 domino이론)
① 1단계 : 사회적 환경 및 유전적 요소
② 2단계 : 개인적인 결함
③ 3단계 : 불안전한 행동 및 불안전한 상태(사고방지를 위해 중점적으로 배제시켜야 할 단계)
④ 4단계 : 사고
⑤ 5단계 : 재해

(2) 버드의 최신 사고연쇄성 이론(버드의 관리모델)
① 1단계 : 통제부족 - 관리소홀(사고방지를 위해 중점적으로 관리해야 할 단계)
② 2단계 : 기본원인 - 기원
③ 3단계 : 직접원인 - 징후
④ 4단계 : 사고 - 접촉
⑤ 5단계 : 상해 - 손해 - 손실

(3) 아담스의 사고연쇄성 이론
① 1단계 : 관리구조
② 2단계 : 작전적 에러
③ 3단계 : 전술적 에러
④ 4단계 : 사고
⑤ 5단계 : 상해 - 손실

06 재해예방의 4원칙

① 손실우연의 원칙 : 재해손실은 사고발생시 사고대상의 조건에 따라 달라지므로 사고의 결과로서 생긴 재해손실은 우연성에 의해 결정된다.
② 원인계기의 원칙 : 사고와 원인관계는 필연적으로, 재해발생은 반드시 원인이 있다.
③ 예방가능의 원칙 : 재해는 원칙적으로 원인만 제거되면 예방이 가능하다.
④ 대책선정의 원칙 : 재해예방을 위한 안전대책은 반드시 존재한다.

07 (하인리히)사고예방대책의 기본원리 5단계

단계별 과정	내 용
1단계 : 조직	① 경영층의 참여 ② 안전관리자의 임명 ③ 안전의 라인 및 참모조직 구성 ④ 안전활동 방침 및 계획 수립 ⑤ 조직을 통한 안전활동
2단계 : 사실의 발견	① 사고 및 안전활동 기록 검토　② 작업분석 ③ 안전점검 및 안전진단　　　　④ 사고조사 ⑤ 안전회의 및 토의　　　　　　⑥ 근로자의 제안 및 여론조사 ⑦ 관찰 및 보고서의 연구 등을 통하여 불안전요소 발견
3단계 : 분석평가	① 사고보고서 및 현장조사 ② 사고기록 및 인적·물적 조건의 분석 ③ 작업공정 분석 ④ 교육훈련 분석 등을 통하여 사고의 직접원인 및 간접원인을 규명
4단계 : 시정방법의 선정	① 기술적 개선　　　　　　　　② 인사조정 ③ 교육훈련의 개선　　　　　　④ 안전행정의 개선 ⑤ 규정 및 수칙 작업표준 제도의 개선 ⑥ 확인 및 통제체제 개선
5단계 : 시정책의 적용 (SE 적용)	① 기술적(engineering) 대책 ② 교육적(education) 대책 ③ 단속적(enforcement) 대책

08 재해율 등 산정식

(1) 연천인율(年天人率) : 근로자 1,000명당 1년간에 발생하는 사상자수

$$\therefore 연천인율 = \frac{사상자수}{연평균 근로자수} \times 1,000$$

(2) 도수율(Frequency Rate of Injury, FR) : 연근로시간 합계 100만 시간당의 재해발생건수

$$\therefore 도수율 = \frac{재해발생건수}{연근로시간수} \times 10^6$$

(3) 연천인율과 도수율과의 관계

$$\therefore 연천인율 = 도수율 \times 2.4$$

$$\therefore 도수율 = \frac{연천인율}{2.4}$$

(4) 강도율(Severity Rate of Injury, SR) : 연근로시간 1,000시간당 재해에 의해서 잃어버린 근로손실일수

$$\therefore 강도율 = \frac{근로손실일수}{연근로시간수} \times 1,000$$

▶ 근로손실일수의 산정기준(국제기준)
① 사망 및 영구 전노동불능(신체장해등급 : 1 ~ 3) : 7,500일
② 영구 일부노동불능(신체장해등급 : 4~14) : 다음과 같다.

신체장해등급	4	5	6	7	8	9	10	11	12	13	14
근로손실일수	5,500	4,000	3,000	2,200	1,500	1,000	600	400	200	100	50

③ 일시 전노동불능 : 휴업일수 × 300/365

(5) 환산도수율 및 환산강도율

① 환산도수율(FR) = $\dfrac{도수율}{10}$

② 환산강도율(SR) = 강도율 × 100

(6) 종합재해지수(도수강도치, FSI)

∴ 도수강도치(FSI) = $\sqrt{도수율(FR) \times 강도율(SR)}$

(7) Safe T. Score(세이프 티 스코어)

① 뜻 : 과거와 현재의 안전성적을 비교, 평가하는 방법으로 단위가 없으며 계산결과 (+)이면 나쁜 기록, (-)이면 과거에 비해 좋은 기록으로 본다.

② 공식

∴ Safe T. Score = $\dfrac{빈도율(현재) - 빈도율(과거)}{\sqrt{\dfrac{빈도율(과거)}{연간근로시간수(현재)} \times 10^6}}$

③ 판정
  ㉠ +2.00 이상인 경우 : 과거보다 심각하게 나쁘다.
  ㉡ +2.00 ~ -2.00 경우 : 심각한 차이 없음
  ㉢ -2.00 이하 : 과거보다 좋다.

09 재해코스트 산정방식

(1) 하인리히 방식

∴ 총재해 코스트(cost) = 직접비 + 간접비
① 직접비 : 간접비 = 1 : 4
② 직접비 : 법령으로 정한 피해자에게 지급되는 산재보상비(휴업보상비, 장해보상비, 요양보상비, 장의비, 유족보상비, 상병보상연금 등)
③ 간접비 : 재산손실, 생산중단 등으로 기업이 입은 손실(인적 손실, 물적 손실, 생산 손실, 특수 손실 등)

(2) 시몬즈 방식

총재해 코스트(cost)=산재보험 코스트(cost)+비보험 코스트(cost)

비보험 코스트 = (휴업 상해건수 × A) + (통원 상해건수 × B) + (응급조치 건수 × C)
　　　　　　　　+ (무상해 사고건수 × D)

A, B, C, D : 재해 정도별 비보험 코스트의 평균치

10 재해구성비율

(1) 하인리히의 재해구성비율

∴ 중상 또는 사망 : 경상(인적·물적손실 수반) : 무상해사고(물적손실, 고장 포함)
　 = 1 : 29 : 300

(2) 버드의 재해구성비율

∴ 중상 또는 폐질 : 경상 : 무상해사고 : 무상해무사고(앗차사고) = 1 : 10 : 30 : 600

11 재해사례연구의 진행단계

① 전제조건 : 재해상황의 파악(현상파악)
② 1단계 : 사실의 확인
③ 2단계 : 문제점 발견
④ 3단계 : 근본적 문제점 결정
⑤ 4단계 : 대책의 수립

4. 안전점검 및 작업분석

01 안전점검

(1) 안전점검의 종류
　① 수시점검 : 작업 전, 작업 중, 작업 후 등 수시로 실시하는 점검(일상점검)
　② 정기점검 : 일정기간마다 정기적으로 실시하는 점검
　③ 임시점검 : 이상 발견시 임시로 실시하거나 정기점검과 정기점검 사이에 실시하는 점검
　④ 특별점검
　　㉠ 기계・기구 및 설비의 신설・변경 및 수리 등을 할 경우에 실시
　　㉡ 천재지변 발생 후 실시
　　㉢ 안전강조기간 내 실시

(2) 체크리스트 작성시 유의사항
　① 사업장에 적합한 독자적인 내용일 것
　② 중점도가 높은 것부터 순서대로 작성할 것(위험성이 높은 순이나 긴급을 요하는 순으로 작성)
　③ 정기적으로 검토하여 재해방지에 실효성 있게 개조된 내용일 것(관계자 의견 청취)
　④ 일정 양식을 정하여 점검 대상을 정할 것
　⑤ 점검표의 내용은 이해하기 쉽도록 표현하고 구체적일 것

(3) 안전점검의 순환과정
　① 현상의 파악(실상 파악)　　② 결함의 발견
　③ 시정대책의 선정
　④ 대책의 실시

02 동작경제의 3원칙

(1) 동작능력 활용의 원칙
　① 발 또는 왼손으로 할 수 있는 것은 오른손을 사용하지 않는다.
　② 양손으로 동시에 작업을 시작하고 동시에 끝낸다.
　③ 양손이 동시에 쉬지 않도록 함이 좋다.

(2) 작업량 절약의 원칙
　① 적게 움직이게 한다.
　② 재료나 공구는 취급하는 부근에 정돈한다.

③ 동작의 수를 줄인다.
④ 동작의 양을 줄인다.
⑤ 물건을 장시간 취급할 경우에는 장구를 사용한다.

(3) 동작 개선의 원칙

① 동작이 자동적으로 이루어지는 순서로 한다.
② 양손은 동시에 반대의 방향으로, 좌우 대칭적으로 운동한다.
③ 관성, 중력, 기계력 등을 이용한다.
④ 작업장의 높이를 적당히 하여 피로를 줄인다.

03 안전인증(산업안전보건법)

(1) 안전인증대상 기계·기구

구분	안전인증대상 기계·기구	자율안전확인대상 기계·기구
기계·기구 및 설비	① 프레스 ② 전단기 및 절곡기 ③ 크레인 ④ 리프트 ⑤ 압력용기 ⑥ 롤러기 ⑦ 사출성형기 ⑧ 고소작업대 ⑨ 곤돌라	① 연삭기 또는 연마기(휴대형은 제외) ② 산업용 로봇 ③ 혼합기 ④ 파쇄기 또는 분쇄기 ⑤ 컨베이어 ⑥ 식품가공용기계(파쇄·절단·혼합·제면기만 해당) ⑦ 자동차정비용리프트 ⑧ 인쇄기 ⑨ 공작기계(선반, 드릴기, 평삭·형삭기, 밀링만 해당) ⑩ 고정형 목재가공용 기계(둥근톱, 대패, 루타기, 띠톱, 모떼기 기계만 해당)
방호장치	① 프레스 및 전단기 방호장치 ② 양중기용 과부하방지장치 ③ 보일러 압출방출용 안전밸브 ④ 압력용기 압력방출용 안전밸브 ⑤ 압력용기 압력방출용 파열판 ⑥ 절연용 방호구 및 활선작업용 기구 ⑦ 방폭구조 전기기계·기구 및 부품 ⑧ 추락·낙하 및 붕괴 등의 위험방지 및 보호 필요한 가설기자재로서 고용노동부 장관이 정하여 고시하는 것 ⑨ 충돌·협착 등의 위험 방지에 필요한 산업용 로봇 방호장치로서 고용노동부장관이 정하여 고시하는 것	① 아세틸렌 용접장치용 또는 가스집합 용접장치용 안전기 ② 교류아크 용접기용 자동전격 방지기 ③ 롤러기 급정지장치 ④ 연삭기 덮개 ⑤ 목재가공용 둥근톱 반발예방장치 및 날접촉 예방장치 ⑥ 동력식 수동 대패용 칼날접촉 방지장치 ⑦ 추락·낙하 및 붕괴 등의 위험방지 및 보호에 필요한 가설기자재로서 고용노동부장관이 정하여 고시하는 것
보호구	① 추락 및 감전 위험방지용 안전모 ② 차광 및 비산물 위험방지용 보안경 ③ 방진마스크 ④ 방독마스크 ⑤ 송기마스크 ⑥ 전동식 호흡보호구 ⑦ 방음용 귀마개 또는 귀덮개 ⑧ 용접용 보안면 ⑨ 안전장갑 ⑩ 안전화 ⑪ 안전대 ⑫ 보호복	① 안전모(추락 및 감전 위험방지용 제외) ② 보안경(차광 및 비산물 위험방지용 제외) ③ 보안면(용접용 제외)

(2) 안전인증심사의 종류 및 내용·심사기간

심사의 종류	심사의 내용	심사기간
1. 예비심사	유해·위험한 기계·기구·설비 등이 안전인증기준에 적합한지를 확인하기 위한 심사	7일
2. 서면심사	종류별 또는 형식별로 설계도면 등 제품 기술과 관련된 문서가 안전인증기준에 적합한지 여부에 대한 심사	15일 (외국에서 제조한 경우는 30일)
3. 기술능력 및 생산체계 심사	안전성능을 지속적으로 유지·보증하기 위하여 사업장에서 갖추어야 할 기술능력과 생산체계가 안전인증기준에 적합한 지에 대한 심사	30일 (외국에서 제조한 경우는 45일)
4. 제품심사 (안전성능이 안전인증기준에 적합한 지에대한 심사)	(1) 개별제품심사 : 서면심사결과가 안전인증기준에 적합할 경우에 모두에 대하여 하는 심사	15일
	(2) 형식별 제품검사 : 서면심사와 기술능력 및 생산체계 심사결과가 안전인증 기준에 적합할 경우에 형식별로 표본을 추출하여 하는 심사	30일 (방호장치 중 방호구조 전기기계·기구 및 부품과 보호구는 60일)

04 안전검사

(1) 안전검사대상 유해·위험기계·설비 등

① 프레스
② 전단기
③ 크레인(정격하중 2톤 미만인 것은 제외)
④ 리프트
⑤ 압력용기
⑥ 곤돌라
⑦ 국소 배기장치(이동식은 제외)
⑧ 원심기(산업용에 한정)
⑨ 롤러기(밀폐형 구조는 제외)
⑩ 사출성형기(형 체결력 294kN 미만은 제외)
⑪ 고소작업대(화물자동차 또는 특수자동차에 탑재한 고소작업대로 한정)
⑫ 컨베이어
⑬ 산업용 로봇

(2) 안전검사대상 유해·위험기계 등의 검사주기(시행규칙 제73조의 3)
① 크레인(이동식크레인은 제외), 리프트(이삿짐 운반용 리프트는 제외) 및 곤돌라 : 사업장에 설치가 끝난 날부터 3년 이내에 최초 안전검사를 실시하되, 그 이후부터 2년마다(건설현장에 사용하는 것은 최초로 설치한 날부터 6개월마다)

② 이동식크레인, 이삿짐운반용 리프트 및 고소작업대 : 신규등록 이후 3년 이내에 최초 안전검사를 실시하되, 그 이후부터 2년마다
③ 프레스, 전단기, 압력용기, 국소배기장치, 원심기, 화학설비 및 그 부속설비, 건조설비 및 그 부속설비, 롤러기, 사출성형기, 컨베이어 및 산업용 로봇(11종) : 사업장에 설치가 끝난 날부터 3년 이내에 최초 안전검사를 실시하되, 그 이후부터 2년마다(공정안전보고서를 제출하여 확인을 받은 압력용기는 4년마다)

05 중대재해

(1) 중대재해의 정의
① 사망자가 1명 이상 발생한 재해
② 3개월 이상의 요양이 필요한 부상자가 동시에 2명 이상 발생한 재해
③ 부상자 또는 직업성 질병자가 동시에 10명 이상 발생한 재해

(2) 중대재해 발생 시 보고사항
① 발생 개요 및 피해상황
② 조치 및 전망
③ 그 밖의 중요한 사항

5. 보호구 및 안전표지

01 보호구의 일반사항

(1) 보호구의 구비조건
① 착용시 작업이 용이할 것
② 대상물(유해물)에 대하여 방호가 완전할 것
③ 재료의 품질이 우수할 것
④ 구조 및 표면 가공이 우수할 것
⑤ 외관이 보기 좋을 것
⑥ 작업에 방해가 안되도록 할 것

(2) 안전인증대상 보호구

안전인증대상 보호구	자율안전확인대상 기계·기구
① 추락 및 감전 위험방지용 안전모 ② 차광 및 비산물 위험방지용 보안경 ③ 용접용 보안면 ④ 방진마스크 ⑤ 방독마스크 ⑥ 송기마스크 ⑦ 전동식 호흡보호구 ⑧ 안전장갑 ⑨ 안전대 ⑩ 안전화 ⑪ 보호복 ⑫ 방음용 귀마개 또는 귀덮개	① 안전모(추락 및 감전 위험방지용 제외) ② 보안경(차광 및 비산물 위험 방지용 제외) ③ 보안면(용접용 제외)

02 안전모

(1) 안전모의 종류 18/2 기

종류(기호)	사용 구분	내전압성
AB	물체의 낙하 또는 비래 및 추락[1]에 의한 위험을 방지 또는 경감시키기 위한 것	비내전압성
AE	물체의 낙하 및 비래에 의한 위험을 방지 또는 경감하고 머리 부위 감전에 의한 위험을 방지하기 위한 것	내전압성[2]
ABE	물체의 낙하 또는 비래 및 추락에 의한 위험을 방지 또는 경감하고, 머리 부위 감전에 의한 위험을 방지하기 위한 것	내전압성[2]

※ (1) 추락 : 높이 2m 이상의 고소 작업, 굴착 및 하역 작업 등에 있어서의 추락을 의미
　(2) 내전압성 : 7,000V 이하의 전압에 견디는 것을 의미

(2) 안전모 재료의 성질(안전모의 각 부품에 사용하는 재료의 구비조건)

① 쉽게 부식하지 않는 것
② 피부에 해로운 영향을 주지 않는 것
③ 사용 목적에 따라 내열성, 내한성 및 내수성을 보유할 것
④ 모체의 표면을 밝고 선명한 색채로 할 것
⑤ 충분한 강도를 가질 것
⑥ 안전모의 모체, 충격흡수라이너, 착장제의 무게는 440g을 초과하지 않을 것

(3) 안전모 시험성능 항목

자율안전확인대상 시험항목	안전인증대상 시험항목
① 내관통성 시험 ② 충격흡수성 시험 ③ 난연성 시험 ④ 턱끈풀림 시험 ⑤ 측면변형 시험	① 내수성 시험 ② 내전압성 시험 ③ 금속용융물 분사시험 ④ 자율안전확인 대상 시험과목 5가지 포함

03 보안경

(1) 보안경의 종류

종류	사용 구분
1. 차광안경	눈에 대하여 해로운 자외선 및 적외선 또는 강렬한 가시광선(이하 유해광선이라 한다)이 발생하는 장소에서 눈을 보호하기 위한 것
2. 유리 보호안경	미분, 칩, 기타 비산물로부터 눈을 보호하기 위한 것
3. 플라스틱 보호안경	미분, 칩, 기타 비산물로부터 눈을 보호하기 위한 것
4. 도수렌즈 보호안경	근시, 원시 혹은 난시인 근로자가 차광안경, 유리 보호안경을 착용해야 하는 장소에서 작업하는 경우, 빛이나 비산물 및 기타 유해물질로부터 눈을 보호함과 동시에 시력을 교정하기 위한 것

04 보안면의 종류

종류	사용 구분
1. 용접용 보안면 (안전인증)	아크 용접 및 가스 용접, 절단 작업시에 발생하는 유해한 자외선, 가시광선 및 적외선으로부터 눈을 보호하고, 용접광 및 열에 의한 화상의 위험에서 용접자의 안면, 머리 부분 및 목 부분을 보호하기 위한 것
2. 일반보안면 (자율안전확인)	일반작업 및 용접작업시 발생하는 각종 비산물과 유해물, 유해한 액체로부터 얼굴(머리의 전면, 이마, 턱, 목 앞부분, 코, 입)을 보호하고 눈부심을 방지하기 위해 적당한 보안경 위에 겹쳐 착용하는 것

05 방음 보호구의 종류

형식	종류	기호	적요
귀마개	1종	EP-1	저음부터 고음까지를 차단하는 것
	2종	EP-2	고음만을 차단하는 것
귀덮개		EM	저음부터 고음까지를 차단하는 것

06 호흡용 보호구

(1) 방진마스크

1) 방진마스크의 등급별 사용장소

등급	사용장소
특급	• 베릴륨 등과 같이 독성이 강한 물질을 함유한 분진 등 발생장소 • 석면 취급장소
1급	• 특급마스크 착용장소를 제외한 분진 등 발생장소 • 금속 흄 등과 같이 열적으로 생기는 분진 등 발생장소 • 기계적으로 생기는 분진 등 발생장소(규소 등과 같이 2급 마스크를 착용하여도 무방한 경우는 제외)
2급	• 특급 및 1급 마스크를 착용장소를 제외한 분진 등 발생장소

2) 방진마스크의 선정기준(구비조건)

① 분진포집효율(여과효율)이 좋을 것
② 흡기·배기저항이 낮을 것
③ 사용면적(유효공간)이 적을 것
④ 중량이 가벼울 것
⑤ 시야가 넓을 것(하방 시야 60° 이상)
⑥ 안면 밀착성이 좋을 것
⑦ 피부 접촉부위의 고무질이 좋을 것

(2) 방독마스크

1) 방독마스크의 일반구조

① 쉽게 깨지지 않을 것
② 착용자의 시야가 충분할 것
③ 착용자의 얼굴과 방독마스크 내면 사이의 공간이 너무 크지 않을 것
④ 착용이 쉽고 착용했을 때 공기가 새지 않고, 압박감이나 고통을 주지 않을 것
⑤ 전면형 방독마스크는 호기에 의해 눈 주위에 안개가 끼지 않을 것
⑥ 정화통, 흡기밸브 또는 머리끈을 바꿀 수 있는 것은 쉽게 바꿀 수 있는 구조일 것

2) 방독마스크의 흡수관(흡수통 또는 정화통)

종류	표지 기호	표지 색	대응 독물	주성분
1. 보통가스용 (할로겐가스용)	A	흑색, 회색	염소 및 할로겐류, 포스겐, 유기 및 산성가스	활성탄, 소다라임
2. 유기가스용	C	흑색	유기가스 및 증기, 이황화탄소	활성탄
3. 일산화탄소용	E	적색	TEL, 일산화탄소	호프카라이트, 방습제
4. 암모니아용	H	녹색	암모니아	큐프라마이트
5. 아황산용	I	황적색	아황산 및 황산미스트	산화금속 알칼리제제

(3) 송기마스크

1) **송기마스크** : 산소 결핍(공기 중 산소농도가 18% 미만) 장소에서 사용하는 호흡용 보호구

2) **송기마스크의 종류** : 자급식, 호스마스크, 에어 - 라인마스크

07 안전장갑

(1) 절연장갑의 등급별 최대사용전압 및 색상

등급	최대사용전압		색 상
	교류(V, 실효값)	직류(V)	
00	500	750	갈 색
0	1,000	1,500	빨강색
1	7,500	11,250	흰 색
2	17,000	25,500	노랑색
3	26,500	39,750	녹 색
4	36,000	54,000	등 색

(2) 유기화합물용 안전장갑 : 액체상태의 유기화합물이 피부를 통하여 인체에 흡수되는 것을 방지하기 위하여 사용하는 보호장갑

08 안전화

(1) 안전화의 종류

종류	사용 구분
1. 가죽제 안전화	물체의 낙하, 충격 및 날카로운 물체에 의해 바닥으로부터의 찔림에 의한 위험으로부터 발을 보호하기 위한 것
2. 고무제 안전화	물체의 낙하, 충격 또는 날카로운 물체에의 찔림에 의한 위험으로부터 발을 보호하고 내수성 또는 내화학성을 겸한 것
3. 정전기 안전화	정전기의 인체 대전을 방지하기 위한 것
4. 발등 안전화	물체의 낙하 및 충격으로부터 발 및 발등을 보호하기 위한 것
5. 절연화	저압의 전기에 의한 감전을 방지하기 위한 것
6. 절연장화	고압에 의한 감전 방지 및 방수를 겸한 것
7. 화학물질용 안전화	낙하, 충격, 찔림위험으로부터 발을 보호하고 화학물질로부터 유해위험을 방지하는 것

(2) 고무제 안전화의 구분 및 사용장소

구분	사용 장소
1. 일반용	일반 작업장
2. 내유용	탄화수소류의 윤활유 등을 취급하는 작업장

09 안전대

(1) 사용방법에 따른 안전대의 종류

종류	사용 구분
1. 벨트(B)식	U자걸이 전용
	1개걸이 전용
2. 안전그네(H)식	안전블록
	추락방지대

(2) 안전대용 로프의 구비조건

① 충격, 인장강도에 강할 것 ② 내마모성이 높을 것
③ 내열성이 높을 것 ④ 완충성이 높을 것
⑤ 습기나 약품류에 침범당하지 않을 것 ⑥ 부드럽고, 되도록 매끄럽지 않을 것

10 안전 · 보건표지

(1) 안전 · 보건표지의 종류 및 색채

분류	종류	색채
1. 금지표지 [18/2 산]	① 출입금지 ② 보행금지 ③ 차량통행금지 ④ 사용금지 ⑤ 탑승금지 ⑥ 금연 ⑦ 화기금지 ⑧ 물체이동금지	· 바탕은 흰색 · 기본모형은 빨간색 · 관련부호 및 그림은 검은색
2. 경고표지	① 인화성물질 경고 ② 산화성물질 경고 ③ 폭발성물질 경고 ④ 급성독성물질 경고 ⑤ 부식성물질 경고 ⑥ 발암성·변이원성·생식독성·전신독성·호흡 기과민성물질 경고	· 바탕은 무색 · 기본모형은 빨간색 (검은색도 가능)
	⑦ 방사성물질 경고 ⑧ 고압전기 경고 ⑨ 매달린 물체 경고 ⑩ 낙하물 경고 ⑪ 고온 경고 ⑫ 저온 경고 ⑬ 몸균형상실 경고 ⑭ 레이저광선 경고 ⑮ 위험장소 경고	· 바탕은 노란색 · 기본모형·관련부호 및 그림은 검은색
3. 지시표지	① 보안경 착용 ② 방독마스크 착용 ③ 방진마스크 착용 ④ 보안면 착용 ⑤ 안전모 착용 ⑥ 귀마개 착용 ⑦ 안전화 착용 ⑧ 안전장갑 착용 ⑨ 안전복 착용	· 바탕은 파란색 · 관련그림은 흰색

4. 안내표지	① 녹십자표지 ② 응급구호표지
	③ 들것 ④ 세안장치
	⑤ 비상구 ⑥ 좌측비상구
	⑦ 우측비상구 ⑧ 비상용구
		· 바탕은 흰색, 기본모형 및
		  관련부호는 녹색
		· 바탕은 녹색, 관련부호 및
		  그림은 흰색

분류	종류	색채
5. 관계자외 출입금지	① 허가대상 유해물질 취급 ② 석면취급 및 해체·제거 ③ 금지유해물질 취급	• 글자는 흰색바탕에 흑색 • 다음 글자는 적색 - OOO제조/사용/보관 중 - 석면취급/해체 중 - 발암물질 취급 중

(2) 산업안전표지의 색채 종류, 색도기준 및 용도

색채	색도기준	용도	사용 예
1. 빨간색	7.5R 4/14	금지	정지신호, 소화설비 및 그 장소, 유해행위의 금지
		경고	화학물질 취급장소에서의 유해·위험물질 경고
2. 노란색	5Y 8.5/12	경고	화학물질 취급장소에서의 유해·위험 경고 이외의 위험 경고·주의표지 또는 기계방호물
3. 파란색	2.5PB 4/10	지시	특정행위의 지시 및 사실의 고지
4. 녹색	2.5G 4/10	안내	비상구 및 피난소, 사람 또는 차량의 통행표지
5. 흰색	N 9.5		파란색 또는 녹색에 대한 보조색
6. 검은색	N 0.5		문자 및 빨간색 또는 노란색에 대한 보조색

(3) 안전 · 보건표지의 종류와 형태 `18/2 기`

① 금지표지	101 출입금지	102 보행금지	103 차량통행금지	104 사용금지	105 탑승금지	106 금연
107 화기금지	108 물체이동금지	② 경고표지	201 인화성 물질경고	202 산화성 물질경고	203 폭발성 물질경고	204 급성 독성물 경고
205 부식성 물질경고	206 방사성 물질경고	207 고압전기 경고	208 매달린 물체경고	209 낙하물 경고	210 고온경고	211 저온경고
212 몸균형 상실경고	213 레이저 광선경고	214 발암성 · 변이원성 · 생식독성 · 전신독성 · 호흡기과민성 물질경고	215 위험장소경고	③ 지시표지	301 보안경 착용	302 방독 마스크 착용
303 방진 마스크 착용	304 보안면 착용	305 안전모 착용	306 귀마개 착용	307 안전화 착용	308 안전장갑 착용	309 안전복 착용

④ 안내표지	401 녹십자 표지	402 응급 구호표지	403 들것	404 세안장치	405 비상용 기구	406 비상구
					비상용 기구	

	407 좌측 비상구	408 우측 비상구	⑤ 관계자외 출입금지	501 허가대상물질 작업장	502 석면취급/해체 작업장	503 금지대상 물질의 취급 실험실 등
				관계자외 출입금지 (허가물질 명칭) 제조/사용/보관중 보호구/보호복 착용 흡연 및 음식물 섭취 금지	관계자외 출입금지 석면 취급/해체중 보호구/보호복 착용 흡연 및 음식물 섭취 금지	관계자외 출입금지 발암물질 취급중 보호구/보호복 착용 흡연 및 음식물 섭취 금지

⑥ 문자 추가시 예시문	화기엄금	▶ 내 자신의 건강과 복지를 위하여 안전을 늘 생각한다. ▶ 내 가정의 행복과 화목을 위하여 안전을 늘 생각한다. ▶ 내 자신의 실수로써 동료를 해치지 않도록 하기 위하여 안전을 늘 생각한다. ▶ 내 자신이 일으킨 사고로 인한 회사의 재산과 손실을 방지하기 위하여 안전을 늘 생각한다. ▶ 내 자신의 방심과 불안전한 행동이 조국의 번영에 장애가 되지 않도록 하기 위하여 안전을 늘 생각한다.

chapter 02 안전교육 및 심리

 1. 안전교육

01 안전교육의 개요

(1) 교육의 3요소
 ① 교육의 주체(subject of education) : 강사(교도자)
 ② 교육의 객체(object of education) : 학생(수강자)
 ③ 교육의 매개체(educational materials) : 교재

(2) 교육(학습)지도의 원칙
 ① 상대방 입장에서의 교육(학습자 중심 교육)
 ② 동기부여
 ③ 쉬운 부분에서 어려운 부분으로 진행
 ④ 반복교육
 ⑤ 한 번에 하나씩 교육
 ⑥ 인상의 강화(강조하고 싶은 사항)
  ㉠ 보조재의 활용
  ㉡ 견학 및 현장사진 제시
  ㉢ 사고사례의 제시
  ㉣ 중요사항의 재강조
  ㉤ 토의과제 제시 및 의견 청취
  ㉥ 속담, 격언과의 연결 및 암시 등의 방법 선택
 ⑦ 오감의 활용
 ⑧ 기능적인 이해

(3) 교육법의 4단계
 ① 1단계 - 도입(준비) : 배우고자 하는 마음가짐을 일으키도록 도입한다.

② 2단계 - 제시(설명) : 상대의 능력에 따라 교육하고 내용을 확실하게 이해시키고 납득시켜 다시 기능으로서 습득시킨다.
③ 3단계 - 적용(응용) : 이해시킨 내용을 구체적인 문제 또는 실제문제로 활용시키거나 응용시킨다.
④ 4단계 - 확인(총괄) : 교육내용을 정확하게 이해하고 습득하였는지의 여부를 확인한다.

02 안전교육의 기본 방향 및 목적

(1) 안전교육의 기본 방향
  ① 사고사례 중심의 안전교육
  ② 안전작업(표준작업)을 위한 안전교육
  ③ 안전의식 향상을 위한 안전교육

(2) 안전교육의 목적
  ① 인간정신의 안전화
  ② 행동의 안전화
  ③ 환경의 안전화
  ④ 설비와 물자의 안전화

03 안전교육의 3단계

① 제1단계 - 지식교육 : 강의 시청각 교육을 통한 지식의 전달과 이해
② 제2단계 - 기능교육 : 시범, 실습, 현장실습교육, 견학을 통한 이해와 경험 채득
③ 제3단계 - 태도교육 : 생활지도, 작업동작지도 등을 통한 안전의 습관화

04 하버드학파의 5단계 교수법

① 준비시킨다.(preparation)
② 교시한다.(presentation)
③ 연합한다.(association)
④ 총괄시킨다.(generalization)
⑤ 응용시킨다.(application)

05 OJT와 off JT

(1) OJT(On the job training, 현장 중심교육) : 직속 상사가 현장에서 업무상의 개별교육이나 지도훈련을 하는 교육형태

(2) off JT(off the job traning, 현장 외 중심교육) : 계층별 또는 직능별 등과 같이 공통된 교육대상자를 현장 외의 한 장소에 모아 집체 교육훈련을 실시하는 집단 교육 형태

(3) OJT와 off JT의 특징

OJT	off JT
① 개개인에게 적합한 지도훈련을 할 수 있다.	① 다수의 근로자에게 조직 훈련이 가능하다.
② 직장의 실정에 맞는 실체적 훈련을 할 수 있다.	② 훈련에만 전념하게 된다.
③ 훈련에 필요한 업무의 계속성이 끊어지지 않는다.	③ 특별설비기구를 이용할 수 있다.
④ 즉시 업무에 연결되는 관계로 신체와 관련이 있다.	④ 전문가를 강사로 초청할 수 있다.
⑤ 효과가 곧 업무에 나타나며 훈련의 좋고 나쁨에 따라 개선이 용이하다.	⑤ 각 직장의 근로자가 많은 지식이나 경험을 교류할 수 있다.
⑥ 교육을 통한 훈련효과에 의해 상호신뢰 이해도가 높아진다.	⑥ 교육 훈련목표에 대해서 집단적 노력이 흐트러질 수 있다.

06 강의계획의 4단계 및 학습목적의 3요소

(1) 강의계획의 4단계

① 1단계 : 학습목적과 학습 성과의 설정
② 2단계 : 학습자료 수집 및 체계화
③ 3단계 : 교수방법의 선정
④ 4단계 : 강의안 작성

(2) 학습목적의 3요소

① 목표(goal) : 학습을 통하여 달성하려는 지표
② 주체(subject) : 목표달성을 위한 테마(thema)
③ 학습정도(level of learning) : 학습범위와 내용의 정도를 말하며 다음 단계에 의해 이루어진다.
　㉠ 인지 : ~을 인지하여야 한다.
　㉡ 지각 : ~을 알아야 한다.
　㉢ 이해 : ~을 이해하여야 한다.
　㉣ 적용 : ~을 ~에 적용할 줄 알아야 한다.

07 교육훈련 평가의 4단계

① 반응 단계(1단계) : 훈련을 어떻게 생각하고 있는가?
② 학습 단계(2단계) : 어떠한 원칙과 사실 및 기술 등을 배웠는가?
③ 행동 단계(3단계) : 직무 수행상 어떠한 행동의 변화를 가져왔는가?
④ 결과 단계(4단계) : 코스트절감, 품질개선, 안전관리, 생산증대 등에 어떠한 결과를 가져왔는가?

08 사업 내 안전보건 교육의 종류 18/2 기

① 정기교육
② 채용시 교육(건설 일용근로자 채용은 제외)
③ 작업내용 변경시 교육
④ 특별교육(유해·위험 작업에 근로자를 사용할 때 실시)
⑤ 건설업 기초 안전보건교육

09 산업안전보건 관련 교육과정별 교육시간(시행규칙 별표8)

(1) 근로자 안전·보건교육

교육과정	교육대상		교육시간
1. 정기교육	사무직 종사 근로자		매분기 3시간 이상
	사무직 종사근로자 외의 근로자	판매업무에 직접 종사하는 근로자	매분기 3시간 이상
		판매업무에 직접 종사하는 근로자 외의 근로자	매분기 6시간 이상
	관리감독자의 지위에 있는 사람		연간 16시간 이상
2. 채용시교육	일용근로자를 제외한 근로자		8시간 이상
	일용근로자		1시간 이상
3. 작업내용 변경시 교육	일용근로자를 제외한 근로자		2시간 이상
	일용근로자		1시간 이상
4. 특별교육	특별교육대상 작업에 종사하는 일용근로자를 제외한 근로자		·16시간 이상(최초 작업에 종사하기 전 4시간 실시하고 12시간은 3개월 이내에 분할하여 실시 가능 ·단기간 작업 또는 간헐적 작업인 경우에는 2시간 이상
	특별교육대상 작업 중 타워크레인 신호작업에 종사하는 일용 근로자		8시간
	특별교육대상 작업에 종사하는 일용근로자		2시간 이상
5. 건설업기초 안전·보건교육	건설 일용 근로자		4시간

(2) 안전보건관리책임자 등에 대한 교육

교육대상	교육시간	
	신규교육	보수교육
안전보건관리책임자	6시간 이상	6시간 이상
안전관리자, 안전관리전문기관의 종사자	34시간 이상	24시간 이상
보건관리자, 보건관리전문기관의 종사자	34시간 이상	24시간 이상
재해예방전문지도기관 종사자	34시간 이상	24시간 이상
석면조사기관의 종사자	34시간 이상	24시간 이상
안전보건관리 담당자	–	8시간 이상

10 교육대상별 교육내용

(1) 사업 내 안전보건교육 내용

① 근로자 정기교육

교육내용
1. 산업안전 및 사고예방에 관한 사항 2. 산업보건 및 직업병 예방에 관한 사항 3. 건강증진 및 질병예방에 관한 사항 4. 유해·위험 작업환경관리에 관한 사항 5. 산업안전보건법 및 산업재해보상보험제도에 관한 사항 6. 직무스트레스 예방 및 관리에 관한 사항 7. 직장 내 괴롭힘, 고객의 폭언 등으로 인한 건강장해 예방 및 관리에 관한 사항

② 관리감독자 정기교육

교육내용
1. 작업공정의 유해·위험과 재해예방대책에 관한 사항 2. 표준안전작업방법 및 지도요령에 관한 사항 3. 관리감독자의 역할과 임무에 관한 사항 4. 산업보건 및 직업병 예방에 관한 사항 5. 유해위험 작업환경관리에 관한 사항 6. 산업안전 및 사고 예방에 관한 사항 7. 산업안전보건법령 및 산업재해보상보험 제도에 관한 사항 8. 직무스트레스 예방 및 관리에 관한 사항 9. 직장 내 괴롭힘, 고객의 폭언 등으로 인한 건강장해 예방 및 관리에 관한 사항 10. 안전보건교육 능력 배양에 관한 사항

③ 채용시 및 작업내용 변경시 교육

교육내용
1. 기계·기구의 위험성과 작업의 순서 및 동선에 관한 사항 2. 작업개시 전 점검에 관한 사항 3. 정리정돈 및 청소에 관한 사항 4. 사고발생시 긴급조치에 관한 사항 5. 산업보건 및 직업병 예방에 관한 사항 6. 물질안전보건자료에 관한 사항 7. 산업안전 및 사고 예방에 관한 사항 8. 산업안전보건법령 및 산업재해보상보험 제도에 관한 사항 9. 직무스트레스 예방 및 관리에 관한 사항 10. 직장 내 괴롭힘, 고객의 폭언 등으로 인한 건강장해 예방 및 관리에 관한 사항

2. 산업심리

01 운동의 시지각 현상

① 자동운동
② 유도운동
③ 가현운동

02 주의력과 부주의 현상

(1) 주의의 특징

① 선택성 : 여러 종류의 자극을 자각할 때 소수의 특정한 것에 한하여 선택하는 기능
② 방향성 : 주시점만 인지하는 기능
③ 변동성 : 주의에는 주기적으로 부주의의 리듬이 존재

(2) 부주의 현상(부주의 심리특성)

① 의식의 단절
② 의식의 우회
③ 의식수준의 저하
④ 의식의 과잉

03 안전사고와 사고심리

(1) 안전사고의 요인

① 안전사고의 경향성 : Greenwood는 대부분의 사고는 소수의 근로자에 의해서 발생된다. 즉, 사고를 자주 내는 사람이 항상 사고를 낸다고 지적하였다.
② 소질적인 사고 요인 : 지능, 성격, 감각운동 기능(사각기능)

(2) 안전심리의 5요소(Lewin)

① 습관 ② 동기 ③ 기질
④ 감정 ⑤ 습성

04 재해빈발자의 유형 등

(1) 재해빈발자(재해누발자, 사고경향성자)의 유형

① 상황성 누발자 : 작업의 어려움, 기계설비의 결함, 환경상 주의력의 집중 곤란, 심신의 근심 등 때문에 재해를 누발하는 자이다.

② 습관성 누발자 : 재해의 경험으로 겁쟁이가 되거나 신경과민이 되어 재해를 누발하는 자와 일종의 슬럼프상태에 빠져서 재해를 누발하는 자이다.
③ 소질성 누발자 : 재해의 소질적 요인을 가지고 있고 때문에 재해를 누발하는 자이다.
④ 미숙성 누발자 : 기능 미숙이나 환경에 익숙하지 못하기 때문에 재해를 누발하는 자이다.

(2) 재해빈발설

① 기회설 : 재해가 다발하는 것은 개인의 영향이 아니라 위험한 작업을 담당하고 있거나 작업조건 자체에 위험성이 많기 때문이라는 설이다.(상황성 누발자)
② 재해빈발 경향자설 : 재해를 빈발하는 소질적인 결함자가 있다는 설이다.(소질성 누발자)
③ 암시설 : 한 번 재해를 당하면 겁쟁이가 되거나 신경과민이 되어 그 사람이 갖는 대응능력이 열화되기 때문에 재해가 빈발한다는 설이다.

05 노동과 피로

(1) 피로의 3표지(피로의 종류)

① 주관적 피로 : 스스로 피곤함을 느끼고 권태감이나 단조감 또는 포화감 등이 따른다.
② 객관적 피로 : 생산된 제품의 양과 질의 저하를 지표로 한다.
③ 생리적 피로(기능적 피로) : 인체의 생리적 상태에 의해 피로를 알 수 있다.

(2) 작업에 수반되는 피로의 예방대책

① 작업부하를 작게 할 것
② 근로시간과 휴식을 적정하게 할 것
③ 작업속도 및 작업정도 등을 적당하게 할 것
④ 불필요한 마찰을 배재할 것
⑤ 정적동작을 피할 것
⑥ 직장체조를 통한 혈액순환을 촉진할 것(운동을 적당히 할 것)
⑦ 충분한 영양을 섭취할 것(건강식품의 준비, 비타민 B, C 등의 적정한 영양제 보급 등)

(3) 휴식시간 산출

$$\therefore R = \frac{60(E-4)}{E-1.5}$$

여기서, R : 휴식시간(분)
E : 작업 시 평균에너지소비량(kcal/분)
총 작업시간 : 60분, 휴식시간 중의 에너지소비량 : 1.5kcal/분

06 동기부여이론

(1) 레빈(Lewin)의 법칙

$$\therefore B = f(P \cdot E)$$

여기서, B(behavior) : 인간의 행동
f(function) : 함수관계(적성 기타 P와 E에 영향을 미치는 조건)
P(person) : 개체(연령, 경험, 심신상태, 성격, 지능 등)
E(environment) : 심리적 환경(인간관계, 작업환경 등)

(2) 데이비스(Davis)의 경영성과이론

$\therefore$ 인간성과 × 물리적성과 = 경영성과

① 인간성과 = 능력 × 동기유발
② 능력 = 지식 × 기능
③ 동기유발 = 상황 × 태도

(3) 매슬로우(Maslow)의 욕구 5단계

① 1단계 – 생리적 욕구(신체적 욕구) : 기아, 갈증, 호흡, 배설, 성욕 등 기본적 욕구
② 2단계 – 안전의 욕구 : 안전을 구하려는 욕구
③ 3단계 – 사회적 욕구(친화욕구) : 애정, 소속에 대한 욕구
④ 4단계 – 인정받으려는 욕구(자기존경의 욕구, 승인욕구) : 자존심, 명예, 성취, 지위 등에 대한 욕구
⑤ 5단계 – 자아실현의 욕구(성취욕구) : 잠재적인 능력을 실현하고자 하는 욕구

(4) 알더퍼(Alderfer)의 ERG 이론

① 생존(Existence)욕구(존재욕구) : 신체적인 차원에서 유기체의 생존과 유지에 관련된 욕구
② 관계(Relatedness)욕구 : 타인과의 상호작용을 통해 만족되는 대인욕구
③ 성장(Growth)욕구 : 개인적인 발전과 증진에 관한 욕구

(5) 맥그리거(McGregor)의 X · Y 이론

① 맥그리거의 X · Y 이론
  ㉠ X이론 : 저차적 욕구이론
  ㉡ Y이론 : 고차적 욕구이론

② X이론과 Y이론의 비교

X이론	Y이론
인간의 불신감	상호신뢰감
성악설	성선설
인간은 본래 게으르고 태만하여 남의 지배 받기를 즐긴다.	인간은 부지런하고 근면·적극적이며, 자주적이다.
물질욕구(저차적 욕구)	정신욕구(고차적 욕구)
명령통제의 의한 관리	목표통합과 자기통제에 의한 자율관리
저개발국형	선진국형

(6) 허즈버그(Herzberg)

① 위생요인 : 「직무환경」에 관계된 내용으로 기업정책, 개인상호간의 관계(친교, 대인관계), 감독형태, 작업조건, 임금(급료), 보수지위, 안전 등이 있다.

② 동기요인 : 「직무내용」(일의 내용)에 관한 것으로 목표달성에 대한 성취감, 안정감, 도전감, 책임감, 성장과 발전, 작업자체 등이 있다.(자아실현을 하려는 인간의 독특한 경향 반영)

(7) 안전동기의 유발방법

① 안전의 기본이념을 인식시킬 것
② 안전목표를 명확히 할 것
③ 결과를 알려줄 것(KR법, Knowledge Results)
④ 상과 벌을 줄 것(상벌제도를 합리적으로 시행)
⑤ 경쟁과 협동을 유도할 것
⑥ 동기유발의 최적수준(적정수준)을 유지할 것

07 무재해운동 및 위험예지훈련

(1) 무재해운동 이념의 3원칙

① 무의 원칙
② 참가의 원칙
③ 선취해결의 원칙

(2) 무재해운동 추진 3기둥(무재해운동 3요소)

① 최고경영자의 엄격한 안전경영자세
② 관리감독자에 의한 안전보건의 추진(라인화의 철저)
③ 직장 소집단 자주활동의 활발화

(3) 브레인스토밍(BS, brain storming)의 4원칙

① 비평금지 : 좋다, 나쁘다를 비판하지 않는다.
② 자유분방 : 마음대로 편안히 발언하게 한다.
③ 대량발언 : 무엇이든 좋으니 많이 발언하게 한다.
④ 수정발언 : 타인의 아이디어에 수정하거나 덧붙여 말하게 한다.

(4) 위험예지훈련의 안전선취를 위한 방법

① 감수성 훈련
② 단시간 미팅훈련
③ 문제해결 훈련

(5) 위험예지훈련의 4Round(4단계)

① 1R - 현상파악 : 잠재위험요인을 발견하는 단계(BS 적용)
② 2R - 본질추구 : 가장 위험한 요인(위험포인트)을 합의로 결정하는 단계(요약)
③ 3R - 대책수립 : 대책을 수립하는 단계(BS 적용)
④ 4R - 행동목표 : 행동계획을 정하고 수립한 대책 가운데서 질이 높은 항목에 합의하는 단계(요약)

(6) TBM 실시 5단계

① 1단계 : 도입
② 2단계 : 점검정비
③ 3단계 : 작업지시
④ 4단계 : 위험예지
⑤ 5단계 : 확인

인간공학 및 시스템 위험분석

chapter 03

1. 인간공학

01 인간·기계체계의 기능

① 감지(정보수용)
② 정보저장(보관)
③ 정보처리 및 의사결정
④ 행동기능

02 인간과 기계의 성능비교

인간이 우수한 기능	기계가 우수한 기능
① 저에너지 자극(시각, 청각, 후각 등) 감지 ② 복잡 다양한 자극형태 식별 ③ 예기치 못한 사전감지(예감, 느낌) ④ 다량정보를 오래 보관 ⑤ 귀납적 추리 ⑥ 과부하 상황에서는 주요한 일에만 전념 ⑦ 임기응변, 융통성, 원칙적용, 주관적 추산, 독창력 발휘 등의 기능	① 인간 감지범위 밖의 자극감지 　 (X선, 초음파 등) ② 인간 및 기계에 대한 모니터 기능 ③ 드물게 발생하는 사상 감지 ④ 암호화된 정보를 신속하게 대량보관 ⑤ 연역적 추리 ⑥ 과부하시 효율적으로 작동 ⑦ 정량적 정보처리, 장시간 중량작업, 반복작업, 동시에 여러 가지 작업수행

03 인간기준

(1) 인간기준의 유형

① 인간성능척도
② 생리학적 지표
③ 주관적인 반응
④ 사고빈도

(2) 기준의 요건

　① 적절성(relevance)
　② 무오염성
　③ 신뢰성

04 휴먼에러(human error)

(1) 휴먼에러의 심리적인 분류(Swain)

　① Omission error(생략과오, 부작위실수) : 필요한 task 또는 절차를 수행하지 않는데 기인한 error
　② Time error(시간적 과오, 지연오류) : 필요한 task 또는 절차의 수행지연으로 인한 error
　③ Commission error(작위실수, 수행적 과오) : 필요한 task 또는 절차의 불확실한 수행으로 인한 error
　④ Sequential error(순서적 과오) : 필요한 task 또는 절차의 순서착오로 인한 error
　⑤ Extraneous error(불필요한 과오) : 불필요한 task 또는 절차를 수행함으로써 기인한 error

(2) 휴먼에러 원인의 Level적 분류

　① Primary error(주과오) : 작업자 자신으로부터 error(안전교육을 통하여 제거)
　② Secondary error(2차 과오) : 작업형태나 작업조건 중에서 다른 문제가 생겨 그 때문에 필요한 사항을 실행할 수 없는 error. 어떤 결함으로부터 파생되어 발생하는 error
　③ command error(지시과오) : 요구된 것을 실행하고자 하여도 필요한 물건, 정보, 에너지 등의 공급이 없는 것처럼 작업자가 움직이려 해도 움직일 수 없으므로 발생하는 error

(3) 인간과오의 배후요인 4요소(4M)

　① 맨(man) : 본인 이외의 사람(팀워크, 커뮤니케이션)
　② 머신(machine) : 장치나 기계 등의 물적 요인(본질안전화, 표준화, 점검, 장비)
　③ 미디어(media) : 인간과 기계를 잇는 매체라는 뜻으로 작업방법이나 순서, 작업정보의 실태나 환경과의 관계, 정리정돈 등이 포함된다.(환경개선, 작업방법개선 등)
　④ 매니지먼트(management) : 안전법규의 준수방법, 단속, 점검관리 외에 지휘감독, 교육훈련 등이 여기에 속한다.(적성배치, 교육 및 훈련)

05 신뢰의 요인

(1) 인간의 신뢰성 요인

　① 주의력
　② 긴장수준

③ 의식수준(경험연수, 지식수준, 기술수준)

(2) 기계의 신뢰성 요인

① 재질
② 기능
③ 작동방법

06 설비의 신뢰도

(1) 직렬연결 : 자동차 운전

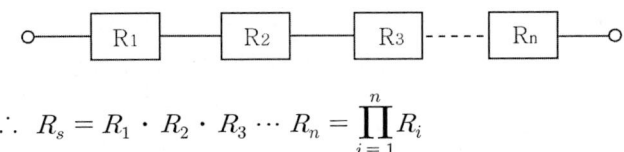

$$\therefore R_s = R_1 \cdot R_2 \cdot R_3 \cdots R_n = \prod_{i=1}^{n} R_i$$

(2) 병렬연결 : 열차나 항공기의 제어장치

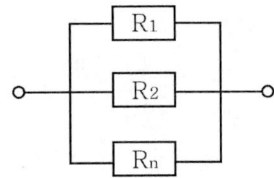

$$\therefore R_p = 1 - (1-R_1)(1-R_2) \cdots (1-R_n) = 1 - \prod_{i=1}^{n}(1-R_i)$$

07 리던던시

(1) 리던던시(redundancy) : 리던던시는 일부에 고장이 나더라도 전체가 고장나지 않도록 기능적으로 여력(redundant)인 부분을 부가해서 신뢰도를 향상시키려는 중복설계를 의미한다.

(2) 리던던시 방식

① 병렬 리던던시
② 대기 리던던시
③ M out of N 리던던시(N개 중 M개 동작시 계는 정상)
④ 스페어에 의한 교환
⑤ 페일 세이프(fail safe)

08 고장률의 유형

(1) **초기고장(감소형)** : 불량제조나 생산과정에서의 품질관리 미비로 생기는 고장으로 점검작업이나 시운전 등에 의해 사전에 방지할 수 있는 고장

　① 디버깅(debugging) 기간 : 결함을 찾아내 고장률을 안정시키는 기간
　② 번인(burn in) 기간 : 실제로 장시간 움직여 보고 그 동안 고장난 것을 제거하는 공정 기간

(2) **우발고장(일정형)** : 예측할 수 없을 때 생기는 고장으로 시운전이나 점검작업으로는 방지할 수 없는 고장

(3) **마모고장(증가형)** : 수명이 다해 생기는 고장으로, 안전진단 및 적당한 보수(정비)에 의해서 방지할 수 있는 고장

09 신뢰도 및 불신뢰도

(1) **신뢰도(R_t)** : 고장 없이 작동할 확률

$$\therefore R_t = e^{-\lambda t} = e^{-t/t_o}$$

여기서, λ : 고장률
　　　　t : 가동(작동)시간
　　　　t_o : 평균수명(MTTF)

(2) **불신뢰도(F_t)** : 고장을 일으킬 확률

$$\therefore F_t = 1 - R_t = 1 - e^{-\lambda t} = e^{-t/t_o}$$

10 페일세이프

(1) **페일세이프(fail safe)** : 인간이나 기계에 과오(error)나 동작상의 실수가 있더라도 사고방지를 위해서 2중, 3중으로 통제를 가하도록 한 체계를 말함

(2) **페일세이프 구조의 기능면에서의 분류**

　① fail passive : 성분의 고장시 기계·장치는 정지상태로 돌아간다.
　② fail operational : 병렬 여분계의 성분을 구성한 경우이며, 성분의 고장이 있어도 다음 정기 점검까지는 운전이 가능하다.
　③ fail active : 성분의 고장시 기계·장치는 경보를 나타내며 단시간에 역전이 된다.

(3) **구조적 페일세이프(항공기의 엔진, 압력용기의 안전밸브)**

　① 저균열속도 구조

② 조합구조
③ 다경로하중 구조
④ 하중해방 구조

11 인간계측자료의 응용원칙 18/2 기

① 최대치수와 최소치수 : 최대치수 또는 최소치수를 기준으로 하여 설계한다. (극단에 속하는 사람을 위한 설계)
② 조절범위(조절식) : 체격이 다른 여러 사람에게 맞도록 만드는 것이다. (조정할 수 있도록 범위를 두는 설계)
③ 평균치를 기준으로 한 설계 : 최대치수나 최소치수, 조절식으로 하기가 곤란할 때 평균치를 기준으로 하여 설계한다.(평균적인 사람을 위한 설계)

12 의자설계원칙 및 부품배치의 4원칙

(1) 의자 설계원칙

① 체중분포 : 체중이 좌골 결절에 실려야 편안하다.
② 의자 좌판의 높이 : 좌판 앞부분이 오금의 높이보다 높지 않아야 한다.
③ 의자 좌판의 깊이와 폭 : 폭은 큰 사람에게, 깊이는 작은 사람에게 맞도록 해야한다.
④ 몸통의 안정 : 의자의 좌판각도는 3°, 좌판 등판간의 각도는 100°가 몸통안정에 효과적이다.

(2) 부품배치의 4원칙

① 중요성의 원칙 : 부품을 작동하는 성능이 체계의 목표도달에 긴요한 정도에 따라 우선순위를 설정한다.
② 사용빈도의 원칙 : 부품을 사용하는 빈도에 따라 우선순위를 설정한다.
③ 기능별 배치의 원칙 : 기능적으로 관련된 부품들(표시장치, 조정장치 등)을 모아서 배치한다.
④ 사용순서의 원칙 : 사용되는 순서에 따라 장치들을 가까이에 배치한다.

13 통제표시비(통제비)

(1) 통제표시비

$$\therefore \frac{C}{D} = \frac{X}{Y}$$

여기서, X : 통제기기의 변위량(cm)
t_o : 평균수명(MTTF)

(2) 조종구(ball control)에서의 C/D

$$\therefore \frac{C}{D}\text{비} = \frac{\frac{a}{360} \times 2\pi L}{\text{표시계기의 이동거리}}$$

여기서, a : 조정장치가 움직인 강도
L : 반경(지레의 길이)

14 통제장치 및 표시장치

(1) 통제장치의 유형

① 양의 조절에 의한 통제 : 연속조절(knob, crank, handle, lever, pedal 등)
② 개폐에 의한 통제 : 불연속 조절(수동식 푸시버튼, 발 푸시버튼, 토글스위치, 로터리 스위치 등)
③ 반응에 의한 통제 : 자동경보 시스템

(2) 표시장치의 선택(청각장치와 시각장치의 선택)

청각장치 사용	시각장치 사용
① 전언이 간단하고 짧다.	① 전언이 복잡하고 길다.
② 전언이 후에 재참조되지 않는다.	② 전언이 후에 재참조된다.
③ 전언이 즉각적인 사상을 이룬다.	③ 전언이 공간적인 위치를 이룬다.
④ 전언이 즉각적인 행동을 요구한다.	④ 전언이 즉각적인 행동을 요구하지 않는다.
⑤ 수신자의 시각계통이 과부하 상태일 때	⑤ 수신자의 청각계통이 과부하 상태일 때
⑥ 수신장소가 너무 밝거나 암조용 유지가 필요할 때	⑥ 수신장소가 너무 시끄러울 때
⑦ 직무상 수신자가 자주 움직이는 경우	⑦ 직무상 수신자가 한 곳에 머무르는 경우

(3) 정량적 동적표시장치의 기본형

① 정목동침형(moving pointer) : 눈금이 고정되고 지침이 움직이는 형
② 정침동목형(moving scale) : 지침이 고정되고 눈금이 움직이는 형
③ 계수형(digital) : 전력계나 택시요금 계기와 같이 기계, 전자적으로 숫자가 표시되는 형

(4) 시각적 암호, 부호 및 기호의 유형

① 묘사적 부호 : 사물의 행동을 단순하고 정확하게 묘사한 것(예 : 위험표지판의 해골과 뼈, 도보표지판의 걷는 사람)
② 추상적 부호 : 전언의 기본요소를 도식적으로 압축한 부호로써, 원 개념과는 약간의 유사성이 있을 뿐이다.
③ 임의적 부호 : 부호가 이미 고안되어 있으므로 이를 배워야 하는 부호
(예 : 교통표지판의 삼각형 - 주의, 원형 - 규제, 사각형 - 안내표시)

(5) 양립성

① 공간적 양립성 : 표시장치나 조종장치에서 물리적 형태나 공간적인 배치의 양립성
② 운동 양립성 : 표시 및 조종장치, 체계반응에 대한 운동방향의 양립성
③ 개념적 양립성 : 사람들이 가지고 있는 개념적 연상(어떤 암호체계에서 청색이 정상을 나타내듯이)의 양립성

15 실효온도(ET)

(1) **실효온도(체감온도 또는 감각온도)에 영향을 주는 요인** : 온도, 습도, 기류(공기 유동)

(2) **허용한계** : 정신(사무작업)(60~64°F), 중작업(50~55°F)

16 조도

(1) 반사율 산정식

$$\therefore 반사율(\%) = \frac{광속발산도(fL)}{조명(fc)} \times 100$$

(2) 옥내 최적 반사율

① 천장 : 80~90%
② 벽, 창문 발(blind) : 40~60%
③ 가구, 사무기기, 책상 : 25~45%
④ 바닥 : 20~40%

(3) **대비(對比)** : 표적의 광속발산도(L_t)와 배경의 광속발산도(L_b)의 차를 나타내는 척도

$$\therefore 대비 = \frac{L_b - L_t}{L_b} \times 100$$

① 표적이 배경보다 어두울 경우 : 대비는 ±100%에서 0 사이
② 표적이 배경보다 밝을 경우 : 대비는 0에서 -∞ 사이

(4) 법상 작업면의 조명도

① 초정밀작업 : 750Lux 이상
② 정밀작업 : 300Lux 이상
③ 보통작업 : 150Lux 이상
④ 기타 작업 : 75Lux 이상

17 음의 크기의 수준

(1) phon에 의한 음량수준 : 1,000Hz 순음의 음압수준(dB)을 1phon이라 한다.

(2) sone에 의한 음량 : 40phon(1,000Hz, 40dB의 음압수준을 가진 순음의 크기)을 1sone이라 한다.

2. 시스템 위험분석

01 시스템의 안전설계원칙

(1) 1순위 : 위험상태 존재의 최소화(페일세이프나 용장성 도입)
(2) 2순위 : 안전장치 채용(안전장치를 기계 속에 내장시켜 일체화시킬 것)
(3) 3순위 : 경보장치 채용(이상상태를 검출해서 경보를 발생하는 장치의 설치)
(4) 4순위 : 특수한 수단 강구(표식 등의 규격화도 필요)

02 시스템 위험분석기법

(1) PHA(예비사고(위험)분석)
  ① PHA : 시스템안전프로그램에 있어서 최초단계의 분석으로 시스템 내의 위험요소가 얼마나 위험한 상태에 있는가를 정성적으로 평가하는 것이다.
  ② PHA의 목적 : 시스템의 개발단계에 있어서 시스템 고유의 위험상태를 식별하고 예상되는 재해의 위험수준을 결정하는데 있다.

(2) FMEA(고장의 형과 영향분석)
  1) FMEA : 시스템 각 요소의 고장유형과 그 고장이 시스템에 미치는 영향을 귀납적·정성적으로 분석하는 안전해석기법이다.
  2) FMEA의 장·단점
    ① 장점
      ㉠ 서식이 간단하다.
      ㉡ 특별한 훈련 없이 쉽게 분석할 수 있다.
    ② 단점
      ㉠ 논리성이 부족하다.
      ㉡ 2가지 이상의 요소가 고장날 경우 분석이 곤란하다.
      ㉢ 인적원인의 분석이 곤란하다.

3) 위험성의 분류
① category 1 : 생명 또는 가옥의 상실
② category 2 : 작업수행의 실패
③ category 3 : 활동의 지연
④ category 4 : 영향 없음

(3) DT(decision tree)와 ETA

1) DT(의사결정나무) : 요소의 신뢰도를 이용하여 시스템의 신뢰도를 나타내는 시스템 모델의 하나로서, 귀납적이고 정량적인 분석방법이다.

2) ETA(사상수분석법) : 사상의 안전도를 사용한 시스템의 안전도를 나타내는 시스템 모델의 하나로서 귀납적이고, 정량적인 분석방법으로 재해의 확대요인을 분석하는데 적합한 방법이다.
㊟ ETA : DT를 재해사고의 분석에 이용할 경우의 분석법을 ETA라 한다.

(4) THERP(인간과오율 예측기법) : 인간의 과오를 정량적으로 평가하기 위한 안전분석기법이다.

(5) MORT(경영소홀과 위험수분석) : 관리, 설계, 생산, 보존 등으로 광범위하게 안전을 도모하는 것으로서, 고도의 안전을 달성하는 것을 목적으로 한다.

03 FTA(결함수분석법)

(1) FTA의 특징
① 정량적 해석(재해발생확률 계산)
② 연역적 해석(TOP down 형식)

(2) FTA 도표에 사용하는 논리기호

명칭	기호	해설
① 결함사상		FT도표의 정상에 선정되는 사상, 즉 이제부터 해석하고자 하는 사상인 정상사상(top 사상)과 중간사상에 사용한다.
② 기본사상		더 이상 해석을 할 필요가 없는 기본적인 기계의 결함 또는 작업자의 오동작을 나타낸다. (말단사상)
③ 이하 생략의 결합사상 (추적 불가능한 최후사상)		사상과 원인과의 관계를 충분히 알 수 없거나 또는 필요한 정보를 얻을 수 없기 때문에 이것 이상 전개할 수 없는 최후적 사상을 나타낼 때 사용한다. (말단사상)
④ 통상사상		결함사상이 아닌 발생이 예상되는 사상을 나타낸다. (말단사상)

명칭	기호	해설
⑤ 전이기호(이행기호)	(in) (out)	FT도상에서 다른 부분에의 이행 또는 연결을 나타내는 기호로 사용한다. 좌측은 전입, 우측은 전출을 뜻한다.
⑥ AND gate	출력 / 입력	출력 X의 사상이 일어나기 위해서는 모든 입력 A, B, C의 사상이 일어나지 않으면 안된다는 논리조작을 나타낸다.
⑦ OR gate	출력 / 입력	입력사상 A, B 중 어느 하나가 일어나도 출력 X의 사상이 일어난다고 하는 논리조작을 나타낸다.
⑧ 수정기호	출력 / 조건 / 입력	제약 gate 또는 제지 gate라고도 하며, 이 gate는 입력사상이 생김과 동시에 어떤 조건을 나타내는 사상이 발생할 때에만 출력 사상이 생기는 것을 나타내고 또한 AND gate와 OR gate에 여러 가지 조건부 gate를 나타낼 경우 이 수정기호를 사용한다.

(3) FTA에 의한 재해사례 연구순서

① 1단계 : 톱사상(정상수상) 선정
② 2단계 : 사상의 재해원인 규명
③ 3단계 : FT도 작성
④ 4단계 : 개선계획의 작성

(4) 논리적과 논리화의 확률

① 논리적(곱)의 확률 : AND 게이트

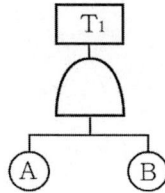

$$\therefore T_1 = A \times B$$

② 논리화(합)의 확률 : OR 게이트

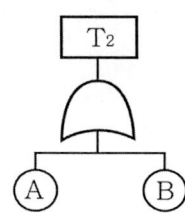

$$\therefore T_2 = 1 - (1-A)(1-B)$$

(5) 컷과 패스

1) 컷셋과 미니멀 컷

① 컷셋(cut set) : 정상사상을 일으키는 기본사상(통상사상, 생략사상 포함)의 집합을 컷이라 한다.
② 미니멀 컷(minimal cut) : 정상사상을 일으키기 위한 필요 최소한의 컷을 말한다. (시스템의 위험성을 나타냄)

2) 패스셋과 미니멀 패스

① 패스셋(path set) : 정상사상이 일어나지 않는 기본사상의 집합을 말한다.
② 미니멀 패스(minimal path sets) : 필요 최소한의 패스를 말한다. (시스템의 신뢰성을 나타냄)

04 안전성 평가

(1) 안전성 평가의 기본원칙(6단계)

① 1단계 : 관계자료의 정비검토
② 2단계 : 정성적 평가
③ 3단계 : 정량적 평가
④ 4단계 : 안전대책
⑤ 5단계 : 재해정보에 의한 재평가
⑥ 6단계 : FTA에 의한 재평가

(2) 리스크 처리기술

① 회피
② 경감
③ 보류
④ 전가

(3) 화학공장 설비의 안전성 평가

1) 공장설비의 안전성 평가의 5단계

① 1단계 : 관계자료의 작성준비
② 2단계 : 정성적 평가
③ 3단계 : 정량적 평가
④ 4단계 : 안전대책
⑤ 5단계 : 재평가

2) 정성적 평가

설계관계	2. 운전관계
① 입지조건 ② 공장 내 배치 ③ 건조물 ④ 소방설비	① 원재료, 중간체제품 ② 공정 ③ 수송, 저장 등 ④ 공정기기

3) 정량적 평가

① 정량적 평가 5항목 : 화학설비의 취급물질, 용량, 온도, 압력, 조작
② 급수에 따른 점수 : A급 : 10점, B급 : 5점, C급 : 2점, D급 : 0점
③ 합산결과에 의한 위험도의 등급

등급	점수	내용
등급 Ⅰ	16점 이상	위험도가 높다.
등급 Ⅱ	11~15점 이하	주의상황, 다른 설비와 관련해서 평가 위험도가
등급 Ⅲ	10점 이하	낮다.

기계 및 운반안전

1. 기계안전 일반

01 기계설비의 안전조건

(1) 기계설비의 안전조건

① 외형의 안전화
② 작업의 안전화
③ 작업점의 안전화
④ 기능의 안전화
⑤ 구조의 안전화
⑥ 보전작업의 안전화
⑦ 표준화를 통한 안전화
⑧ 법 규제를 통한 안전화

(2) 외형(외관)의 안전화

① 덮개 및 방호 장치(guard)설치
② 별실 또는 구획된 장소에 격리(케이스 내장)
③ 안전색채조절

02 위험점(작업점) 18/2 기

① 협착점(Squeeze point) : 고정부와 왕복운동을 하는 운동부 사이에 형성되는 위험점
   (예) 프레스, 성형기, 절곡기 등
② 끼임점(Shear point) : 고정부와 회전 또는 직선운동과 함께 형성하는 부분 사이에 형성되는 위험점
   (예) 연삭숫돌과 작업대, 반복 동작되는 링크기구, 교반기의 교반날개와 몸체사이
③ 절단점(Cutting point) : 회전하는 운동부분 자체와 운동하는 기계자체와의 위험이 형성

되는 점.

(예) 둥근톱날, 띠톱기계의 날, 밀링커터 등

④ 물림점(Nip point) : 회전하는 두 개의 회전체에 물려들어갈 위험성이 형성되는 점(중심점＋회전운동)

(예) 롤러, 기어와 피니언 등

⑤ 접선물림점(Tangential nip point) : 회전하는 부분이 접선방향에서 만들어지는 점.(접선점＋회전운동)

(예) 벨트와 풀리, 체인과 스프라켓, 랙과 피니언 등

⑥ 회전말림점(Trapping point) : 크기, 길이, 속도가 다른 회전운동에 의한 위험점으로 회전하는 부분에 돌기 등이 돌출되어 작업복 등이 말리는 위험점.

(예) 회전축, 드릴축, 커플링 등

03 기계설비의 본질적 안전화

(1) 안전기능이 기계설비에 내장되어 있는 것
(2) 조작상 위험이 없도록 설계할 것
(3) 페일세이프(fail safe) 기능을 가질 것
(4) 풀 프루프(fool proof) 기능을 가질 것

04 fool proof와 fail safe

(1) **풀 프루프** : 기계장치 설계단에서 안전화를 도모하는 것으로 근로자가 기계 등의 취급을 잘못해도 사고로 연결되는 일이 없도록 하는 안전기구로 안전과오(human error)를 방지하기 위한 것이다.

(2) **페일세이프(fail safe)**

1) **페일 세이프(fail safe)** : 인간이나 기계 등에 과오나 동작상의 실수가 있더라도 사고·재해를 발생시키지 않도록 철저하게 2중, 3중으로 통제를 가하는 것

2) **페일 세이프 구조의 기능면에서의 분류**

① fail passive : 일반적인 산업기계방식의 구조이며, 성분의 고장 시 기계·장치는 정지상태로 옮겨간다.
② fail operational : 병렬 여분계의 성분을 구성한 경우이며, 성분의 고장이 있어도 다음 정기 점검 시까지는 운전이 가능하다.
③ fail active : 성분의 고장 시 기계·장치는 경보를 나타내며 단시간에 역전이 된다.

3) 구조적 페일 세이프(항공기의 엔진, 압력용기의 안전밸브)
① 저균열속도 구조
② 조합 구조
③ 다경로하중 구조
④ 하중해방 구조

05 기계설비의 방호장치

(1) 기계설비의 방호장치(안전장치) 설치시 고려할 사항
① 적용의 범위 확인 ② 방호의 정도
③ 신뢰도 ④ 작업성
⑤ 보수의 난이도 ⑥ 경제성(경비)

(2) 기계의 방호장치의 종류

1) 격리형 방호장치의 종류
① 완전차단형 : 어떤 방향에서도 작업점까지 신체가 접근할 수 없도록 하는 것(체인 및 벨트)
② 덮개형 : 작업자가 말려들거나 끼일 위험이 있는 곳을 덮어씌우는 것 (기어나 V벨트, 평벨트)
③ 안전방책(방호망) : 울타리를 설치하는 것(고전압의 전기설비, 높은마력의 원동기나 발전소 터빈 등의 주위)

2) 위치제한형 방호장치 : 양수조작식 방호장치

3) 접근거부형 및 접근반응형 방호장치
① 접근거부형 방호장치 : 수인식 및 손쳐내기식 방호장치
② 접근반응형 방호장치 : 감응식 방호장치

4) 포집형 방호장치 : 연삭기의 덮개나 반발예방장치

06 동력차단장치

(1) 동력전달장치의 방호장치

1) 동력전달장치(원동기 · 회전축 · 기어 · 풀리 · 플라이휠 · 벨트 및 체인 등)의 위험방지 조치사항
① 덮개 설치
② 울 설치

③ 슬리브 설치
④ 건널다리 설치

2) 회전축, 기어, 풀리 및 플라이휠 등에 부속하는 키, 핀 등의 기계요소 위험방지 조치사항

① 묻힘형으로 할 것
② 해당 부위에 덮개 설치

3) 기어(치차)의 방호장치 : 맞물림점에 부분덮개를 씌우거나 기어 전체를 울로 씌운다. (전체 덮개)

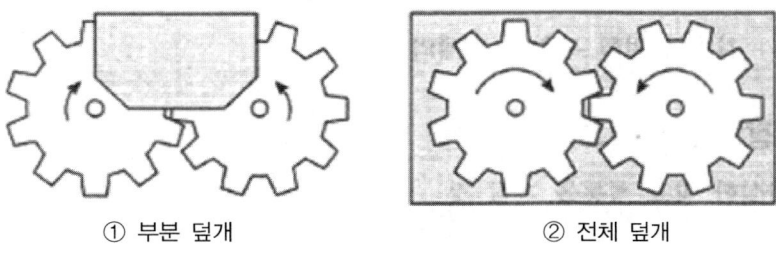

① 부분 덮개　　② 전체 덮개
[기어의 방호장치]

07 프레스의 방호장치 및 설치방법

(1) 급정지기구에 따른 방호장치　18/3 산

1) 급정지기구가 부착되어 있어야만 유효한 방호장치

① 양수조작식 방호장치
② 감응식 방호장치

2) 급정지기구가 부착되어 있지 않아도 유효한 방호장치

① 양수기동식 방호장치
② 게이트 가드식 방호장치
③ 수인식 방호장치
④ 손쳐내기식 방호장치

(2) 프레스기 방호장치의 설치기준 및 설치방법

1) 양수조작식 방호장치

① 설치기준
　㉠ 누름버튼 또는 조작레버의 간격 : 300mm 이상(300mm 미만일 경우 한손으로 조작할 위험이 있기 때문)
　㉡ 설치거리 : 위험구역(슬라이드 작동부)으로부터의 안전거리

∴ 설치거리(cm) = 160 × 프레스 작동 후 작업점까지의 도달시간(sec)

∴ $D = 1.6(T_L + T_S)$

여기서,
- D : 안전거리(mm)
- T_L : 누름단추에서 손이 떨어질 때부터 급정지기구가 작동을 개시할 때까지의 시간(ms)
- T_S : 급정지기구의 작동개시 후부터 슬라이드가 정지할 때까지의 시간(ms)
- $(T_L + T_S)$: 최대정지시간

② 특징
  ㉠ 행정수가 빠른 기계에 사용(행정수가 느린 기계에는 사용 불가능 : 90spm)
  ㉡ 완전방호 가능
  ㉢ 1행정 1정지 기구에만 사용가능
  ㉣ 기계적 고장에 의한 2차낙하에는 효과 없음

③ 양수기동식 방호장치의 안전거리

$$\therefore D_m = 1.6\,T_m = 1.6 \times \left(\frac{1}{\text{클러치물림개소수}} + \frac{1}{2}\right) \times \frac{60{,}000}{\text{매분행정수}}$$

여기서,
- D_m : 안전거리(mm)
- T_m : 누름단추를 누른 직후부터 슬라이드가 하사점에 도달할 때까지의 소요시간(ms)

2) 게이트가드식(gate guard) 방호장치

① 설치기준 : 게이트가 위험부위를 차단하지 않으면 작동되지 않도록 확실하게 인터록(interlock, 연동)되어 있을 것

② 특징
  ㉠ 완전방호가 가능(hand in die 방식 중 가장 안전)
  ㉡ 금형파손에 의한 파편으로부터 작업자 보호
  ㉢ 금형의 크기에 따라 가드를 선택하여야 함
  ㉣ 금형 교환빈도가 적은 기계에만 사용가능

3) 수인식 방호장치

① 설치기준
  ㉠ 행정수 120spm 이하, 행정길이 40mm 이상일 경우에 사용할 것 (손이 충격적으로 끌리는 것을 방지하기 위함)
  ㉡ 수인줄과 연결부는 50kg 이상의 정하중에 견딜 수 있을 것
  ㉢ 수인줄의 끄는 양은 정반의 안길이의 1/2 이상일 것

② 특징
  ㉠ 슬라이드의 2차낙하에도 재해방지 가능
  ㉡ 작업반경 제한으로 행동의 제약을 받음
  ㉢ 행정길이(stroke)가 짧은 프레스는 되돌리기가 불충분함(40mm 미만)

4) 손쳐내기식 방호장치
  ① 설치기준
    ㉠ 슬라이드의 행정길이가 40mm 이상일 경우에 사용할 것
    ㉡ 손쳐내기식 막대는 그 길이 및 진폭을 조정할 수 있는 구조일 것
    ㉢ 손쳐내기판의 폭은 금형 크기의 1/2 이상으로 할 것
    ㉣ 슬라이드 하행정거리의 3/4 위치에서 손을 완전히 밀어낼 것
  ② 특징
    ㉠ 기계적 고장에 의한 슬라이드의 2차낙하에도 재해방지 가능
    ㉡ 측면방호가 불가능하고 행정(stroke)의 끝에서 방호가 불충분
    ㉢ 행정수가 빠른 기계(120spm 이상)는 사용 곤란

5) 감응식 방호장치
  ① 감응식 방호장치(종류 : 광선식(광전자식), 초음파식, 용량식)
  ② 설치기준 18/2 기
    ㉠ 광축의 설치거리(위험부위에서 안전거리)
      ∴ 설치거리(mm) = $1.6(T_L + T_S)$
    ㉡ 광축의 수는 2개 이상, 광축간의 간격은 50mm 이하일 것
    ㉢ 투광기와 수광기 사이에 연속차광을 할 수 있는 차광폭은 30mm 이하일 것

    여기서,
    - T_L : 손이 광선차단 직후부터 급정지기구가 작동을 개시할 때까지의 시간(ms)
    - T_S : 급정지기구 작동개시 시간부터 슬라이드가 정지할 때까지의 시간(ms)
    - $T_L + T_S$: 최대정지시간(급정지시간)

  ③ 특징

장 점	단 점
1. 굽힘가공 등 2차가공에 적합하다. 2. 시계를 차단하지 않아서 작업에 지장을 주지 않는다. 3. 연속운전작업 및 발스위치 조작에 사용된다.	1. 기계적 고장에 의한 2차낙하에는 효과가 없다. 2. 진동에 의해 투·수광기가 어긋나 작동이 안될 수 있다. 3. 설치가 어렵다.(핀클러치 방식에는 부적합)

(3) 프레스기의 안전대책

1) 프레스의 작업점에 대한 방호방법

no-hand in die 방식	hand in die 방식
① 안전울을 부착한 프레스 : 작업을 위한 개구부를 제외하고 다른 틈새는 8mm 이하 ② 안전금형을 부착한 프레스 : 상형과 하형과의 틈새 및 가이드 포스트와 부시와의 틈새는 8mm 이하 ③ 전용 프레스의 도입 : 작업자의 손을 금형 사이에 넣을 필요가 없도록 부착한 프레스 ④ 자동 프레스의 도입 : 자동송급, 배출장치를 부착한 프레스	① 프레스기의 종류, 압력능력, 매분행정수, 행정의 길이 및 작업방법에 상응하는 방호장치 　㉠ 가드식 방호장치 　㉡ 손쳐내기식 방호장치 　㉢ 수인식 방호장치 ② 프레스기의 정지성능에 상응하는 방호장치 　㉠ 양수조작식 방호장치 　㉡ 감응식 방호장치

2) 자동프레스

① 자동송급장치 : 재료를 자동적으로 금형 사이에 이송시키는 장치
　㉠ 1차가공용 : 로울피이더, 그리퍼피이더
　㉡ 2차가공용 : 호피피이더, 푸셔피이더, 다이얼피이더, 슬라이딩다이, 슈우트
② 자동배출장치 : 재료를 가공한 후 가공물을 자동적으로 꺼내는 장치
　㉠ 셔플이젝트
　㉡ 산업용로봇
　㉢ 공기분사나 스프링 탄력을 이용하는 방법
　㉣ 슬라이드에 연동시켜 각종 기계장치를 이용하는 방법

3) 프레스기의 작업시작 전 점검사항

① 클러치 및 브레이크의 기능
② 크랭크축·플라이휠·슬라이드·연결봉 및 연결나사의 풀림 유무
③ 1행정 1정지기구·급정지장치 및 비상정지장치의 기능
④ 슬라이드 또는 칼날에 의한 위험방지기구의 기능
⑤ 프레스의 금형 및 고정볼트 상태
⑥ 방호장치의 기능
⑦ 전단기의 칼날 및 테이블의 상태

08 아세틸렌 용접장치 및 가스집합 용접장치의 방호장치 및 설치방법

(1) 방호장치의 종류 : 안전기(가스의 역류 및 역화방지장치)

(2) 방호장치의 설치기준 및 설치방법

   1) 저압용 수봉식 안전기
   ① 안전기의 주요부분 : 두께 2mm 이상의 강판 또는 강관을 사용할 것
   ② 유효수주 : 25mm 이상으로 할 것
   ③ 아세틸렌과 접촉할 수 있는 부분 : 동(또는 동을 70% 이상 함유한 합금)을 사용하지 않을 것

   2) 중압용 수봉식 안전기
   ① 유효수주 : 50mm 이상으로 할 것
   ② 5.5kg/cm^{2}의 압력을 견디는 강도를 가지는 수면계, 들여다보는 창, 시험용 콕크를 비치하고 있을 것

   3) 안전기 설치방법(안전기 설치장소 : 흡입관)   18/2 기
   ① 아세틸렌 용접장치 : 취관마다 안전기를 설치할 것(단 주관 및 취관에 가장 근접한 분기관마다 안전기 부착시는 제외)
   ② 가스용기와 발생기가 분리되어 있는 아세틸렌 용접장치 : 발생기와 가스용기 사이에 안전기를 설치할 것
   ③ 가스집합 용접장치 : 주관 및 분기관에 안전기를 설치할 것(이 경우 하나의 취관에는 2개 이상의 안전기를 설치할 것)

(3) 아세틸렌 용접장치의 안전기준(안전보건규칙)

   1) 압력의 제한 : 아세틸렌 용접장치는 127kPa(1.3kg/cm^2)을 초과하는 압력의 아세틸렌을 발생시켜 사용하지 않도록 할 것

   2) 발생기의 설치장소
   ① 발생기는 전용의 발생기실 내에 설치할 것
   ② 발생기실은 건물의 최상층에 위치하여야 하며 화기사용 설비로부터 3m를 초과하는 장소에 설치할 것
   ③ 발생기실을 옥외에 설치한 때는 그 개구부를 다른 건축물로부터 1.5m 이상 떨어지도록 할 것

   3) 발생기실의 구조(아세틸렌 용접장치의 발생기실 설치시 준수사항)
   ① 벽은 불연성의 재료로 하고 철근콘크리트 또는 그 밖에 이와 동등하거나 그 이상의

　　　　강도를 가진 구조로 할 것
　② 지붕 천장에는 얇은 철판이나 가벼운 불연성 재료를 사용할 것
　③ 바닥면의 1/16 이상의 단면적을 가진 배기통을 옥상으로 돌출시키고 그 개구부를 창이나 출입구로부터 1.5m 이상 떨어지도록 할 것
　④ 출입구의 문은 불연성 재료로 하고 두께 1.5mm 이상의 철판이나 그 밖에 그 이상의 강도를 가진 구조로 할 것
　⑤ 벽과 발생기 사이에는 발생기의 조정 또는 카바이드 공급 등의 작업을 방해하지 않도록 간격을 확보할 것

4) 아세틸렌 용접장치의 관리
　① 발생기에서 5m 이내 또는 발생기실에서 3m 이내의 장소에서는 흡연, 화기의 사용 또는 불꽃이 발생할 위험한 행위를 금지시킬 것
　② 아세틸렌 용접장치의 설치장소에는 적당한 소화설비를 갖출 것

(4) 가스집합 용접장치의 안전기준 18/2 기

1) 가스집합장치의 위험방지
　① 가스집합장치는 화기를 사용하는 설비로부터 5m 이상 떨어진 장소에 설치할 것
　② 가스집합장치는 전용의 방(가스장치실)에 설치할 것

2) 가스장치실의 구조
　① 가스가 누출된 경우에는 그 가스가 정체되지 않도록 할 것
　② 지붕 및 천장은 가벼운 불연성 재료를 사용할 것
　③ 벽에는 불연성 재료를 사용할 것

09 보일러의 방호장치

(1) 보일러의 방호장치 종류
　① 압력방출장치
　② 압력제한스위치
　③ 고저수위 조절장치
　④ 도피밸브, 가용전, 방폭문, 화염검출기 등

(2) 압력방출장치의 설치기준 18/3 기
　① 보일러의 안전한 가동을 위하여 보일러 규격에 적합한 압력방출장치를 1개 또는 2개 이상 설치하고 최고사용압력 이하에서 작동되도록 할 것, 다만 압력방출장치가 2개 이상 설치된 경우에는 최고사용압력 이하에서 1개가 작동되고, 다른 압력방출장치는 최고사용압력 1.05배 이하에서 작동되도록 할 것

② 압력방출장치는 1년에 1회 이상 표준 압력계를 이용하여 토출압력을 시험한 후 납으로 봉인하여 사용하도록 할 것

(3) 압력제한스위치

① 압력제한스위치 : 상용압력 이상으로 압력 상승시 보일러의 과열방지를 위해 버너의 연소차단 등 열원을 제거하여 정상압력으로 유도하는 장치
② 고압용은 브로돈관식, 저압용은 벨로우즈식 사용
③ 1일 1회 이상 작동시험을 할 것

(4) 고저수위 조절장치 : 보일러 내의 수위가 최저 또는 최고한계에 도달하였을 경우 자동적으로 경보를 발하는 동시에 단수 또는 급수에 의해 수위를 조절하는 장치

10 롤러기의 방호장치 및 설치방법

(1) 롤러기의 방호장치

① 맞물림점에 가드(guard) 설치
② 급정지장치 설치

(2) 급정지장치의 종류 및 성능(방호장치 자율안전기준고시 별표 3)

① 급정지장치의 종류 및 설치위치 18/2 산

급정지장치의 종류	설치 위치
손조작 로프식	밑면에서 1.8m 이내
복부 조작식	밑면에서 0.8m 이상 1.1m 이내
무릎 조작식	밑면에서 0.6m 이내

② 급정지장치의 성능

앞면 롤러의 표면속도(m/min)	급정지 거리
30 미만	앞면 롤러 원주의 1/3
30 이상	앞면 롤러 원주의 1/2.5

③ 롤러기의 표면속도

$$\therefore V = \frac{\pi DN}{1,000} (\text{m/min})$$

여기서, V : 표면속도(m/min)
D : 롤러 원통직경(mm)
N : 회전수(rpm)

(3) 가드(guard) 설치

① 롤러 가드의 개구부 간격

$$\therefore Y = 6 + 0.15X$$

여기서, Y : 가드 개구부의 간격(안전간극 : mm)
X : 가드와 위험점 간의 거리(안전거리 : mm)

② 방적기 및 제면기 가드의 개구부 간격

$$\therefore Y = 6 + 1/10X$$

11 연삭기의 안전

(1) 연삭숫돌의 파괴원인

① 숫돌의 회전속도가 빠를 때
② 숫돌 자체에 균열이 있을 때
③ 숫돌에 과대한 충격을 가할 때
④ 숫돌의 측면을 사용하여 작업할 때
⑤ 숫돌의 불균형이나 베어링 마모에 의한 진동이 있을 때
⑥ 숫돌 반경방향의 온도변화가 심할 때
⑦ 작업에 부적당한 숫돌을 사용할 때
⑧ 숫돌의 치수가 부적당할 때
⑨ 플랜지가 현저히 작을 때(플랜지 직경=숫돌 직경×1/3)

(2) 연삭숫돌의 회전속도(V)

$$\therefore V = \pi DN(m/min) = \frac{\pi DN}{1,000}(mm/min)$$

여기서, V : 회전속도
D : 숫돌의 지름(mm)
N : 회전수(rpm)

(3) 연삭기 작업시의 안전작업수칙

① 작업시간 전에 1분 이상 시운전하고, 숫돌 교체시는 3분 이상 시운전할 것
② 연삭숫돌의 최고사용 원주속도(회전속도)를 초과하여 사용하지 말 것
③ 숫돌차의 정면에 서지 말고 측면으로 비켜서서 작업할 것

(4) 연삭기 구조면에 있어서의 안전대책

① 연삭기 숫돌의 덮개 : 회전중인 연삭숫돌(직경 5cm 이상일 것)에는 덮개를 설치할 것

② 방호장치 : 칩비산방지투명판(shield), 국소배기장치를 설치할 것
③ 탁상용 연삭기 : 작업받침대와 조정편을 설치할 것
  ㉠ 작업받침대와 숫돌과의 간격 : 3mm 이내
  ㉡ 덮개의 조정편과 숫돌과의 간격 : 5~10mm 이내
  ㉢ 작업받침대의 높이 : 숫돌의 중앙과 거의 같은 높이로 고정
④ 숫돌의 구멍지름 : 연삭기 주축의 지름보다 0.05~0.15mm 정도 큰 것을 사용할 것

(5) 연삭기 방호장치 설치방법

1) 탁상용 연삭기의 덮개

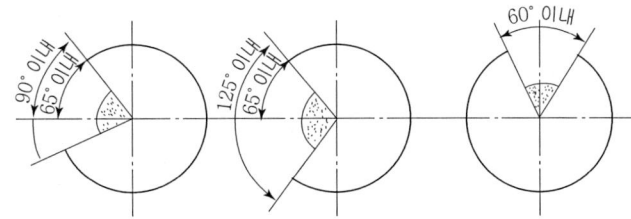

[탁상용 연삭기 덮개의 노출각도]

① 덮개의 최대노출각도 : 90° 이내(원주의 1/4 이내)
② 숫돌 주축에서 수평면 위로 이루는 원주각도 : 65° 이내
③ 수평면 이하의 부문에서 연삭할 경우 : 125°까지 증가
④ 숫돌의 상부사용을 목적으로 할 경우 : 60° 이내

2) 원통 연삭기, 만능 연삭기의 덮개 노출각도 : 180° 이내

3) 휴대용 연삭기, 스윙 연삭기의 덮개 노출각도 : 180° 이내

4) 평면 연삭기, 절단 연삭기의 덮개 노출각도 : 150° 이내

12 목재 가공용 둥근톱기계 및 동력식 수동대패기

(1) 둥근톱기계의 방호장치 18/3 산

① 톱날접촉예방장치 : 보호덮개
② 반발예방장치 : 분할날, 반발방지기구(finger), 반발방지롤(roll)

(2) 방호장치 설치방법

① 분할날의 길이

∴ 분할날의 최소길이 $=\pi D \times \dfrac{1}{4} \times \dfrac{2}{3}$

② 분할날의 두께

$$\therefore 1.1t_1 \leq t_2 \leq b$$

여기서, t_1 : 톱의 두께
t_2 : 분할날의 두께
b : 치진폭

(3) 동력식 수동대패기계의 방호장치 : 날접촉예방장치(덮개)

13 산업용 로봇

(1) 산업용 로봇의 교시 등의 작업시작 전 점검사항

① 외부전선의 피복 또는 외장의 손상유무
② 매니퓰레이터(manipulator) 작동의 이상유무
③ 제동장치 및 비상정지장치의 기능

(2) 로봇의 운전 중 위험방지 조치사항

① 안전매트를 설치할 것
② 높이 1.8m 이상의 방책을 설치할 것

(3) 법상 산업용 로봇의 오동작 및 오조작에 의한 위험방지 조치사항

1) 다음 사항에 관한 지침을 정하고 그 지침에 따라 작업시킬 것

① 로봇의 조작방법 및 순서
② 작업 중의 매니퓰레이터의 속도
③ 2인 이상의 근로자에게 작업을 시킬 때의 신호방법
④ 이상을 발견할 때의 조치
⑤ 이상을 발견하여 로봇의 운전을 정지시킨 후 이를 재가동시킬 때 조치

2) 작업에 종사하고 있는 근로자 또는 근로자를 감시하는 자가 이상을 발견한 때에는 즉시 로봇의 운전을 정지시키기 위한 조치를 할 것

14 비파괴검사

(1) 비파괴검사의 종류

① 육안검사
② 초음파검사
③ 방사선투과검사
④ 자기탐사검사(자분검사)
⑤ 누설검사
⑥ 음향검사
⑦ 침투검사

(2) **고속회전체에 비파괴검사 실시(안전보건규칙)** : 회전축의 중량이 1ton을 초과하고 원주속도가 120m/sec 이상인 고속회전체의 회전시험을 할 경우에는 미리 회전축의 재질 및 형상 등에 상응하는 종류의 비파괴검사를 실시하여 결함유무를 확인할 것

(3) **침투탐상시험방법의 시험순서**

① 전처리 - ② 침투처리 - ③ 현상처리 - ④ 후처리

2. 운반안전 일반

01 지게차 안전

(1) **지게차 안전시 주의사항**

① 허용하중이나 높이를 초과하는 적재를 하지 말 것
② 급격한 후진을 피할 것
③ 견인시에는 반드시 견인봉을 사용할 것
④ 운전자 이외의 사람은 승차시키지 말 것
⑤ 난폭한 운전, 과속을 하지 말 것
⑥ 정해준 구역 밖에서는 운전을 하지 말 것

(2) **지게차의 안정성** : 지게차가 안정하려면 다음의 관계식을 유지하여야 한다.

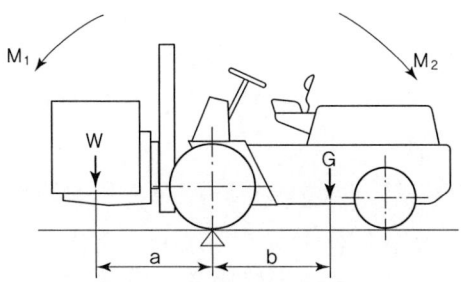

$M_1 : W \times a \cdots$ 화물의 모멘트
$M_2 : G \times b \cdots$ 차의 모멘트

▲ 지게차의 안전성

$$\therefore W \cdot a < G \cdot b$$

여기서,
- W : 화물중량(kg)
- G : 차량의 중량
- a : 전차륜에서 화물의 중심까지의 최단거리(m)
- b : 전차륜에서 차량의 중심까지의 최단거리(m)

(3) 지게차의안정도

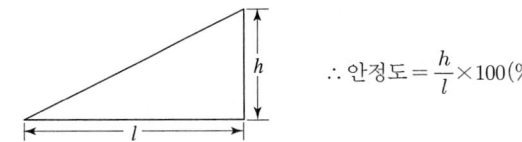

$$\therefore 안정도 = \frac{h}{l} \times 100(\%)$$

① 하역작업시
  ㉠ 전후 안정도 : 4%(5톤 이상의 것은 3.5%)
  ㉡ 좌우 안정도 : 6%
② 주행시
  ㉠ 전후 안정도 : 18%
  ㉡ 좌우 안정도 : (15+1.1V)%, V는 최고속도(km/hr)

(4) 지게차의 헤드가드(안전보건규칙) 18/2 기

① 강도는 지게차의 최대하중의 2배의 값(그 값이 4톤을 넘는 것에 대해서는 4톤으로 함)의 등분포정하중에 견딜 수 있는 것일 것
② 상부틀의 각 개구의 폭 또는 길이가 16cm 미만일 것
③ 운전자가 앉아서 조작하거나 서서 조작하는 지게차의 헤드가드는 「산업표준화법」에 따른 한국산업표준에서 정하는 높이기준(입식 : 1.88m, 좌식 : 0.903m) 이상일 것

02 컨베이어의 방호장치

(1) 컨베이어의 방호장치

① **이탈 및 역주행방지장치** : 컨베이어·이송용 롤러 등(이하 "컨베이어 등이라 함)을 사용하는 때에는 정전·전압강하 등에 의한 화물 또는 운반구의 이탈 및 역주행을 방지하는 장치를 갖출 것(단, 무동력 상태 또는 수평상태로만 사용하여 근로자에 위험을 미칠 우려가 없는 때에는 제외)
② **비상정지장치** : 근로자의 신체가 말려드는 등 위험시와 비상시에는 즉시 운전을 정지시킬 수 있는 비상정지장치를 설치할 것
③ **덮개 또는 울** : 컨베이어 등으로부터 화물의 낙하로 인하여 근로자에게 위험을 미칠 우려가 있는 때에는 해당 컨베이어 등에 덮개 또는 울을 설치하는 등 낙하 방지를 위한 조치를 할 것

(2) 컨베이어의 작업시작 전 점검사항

    ① 원동기 및 풀리 기능의 이상 유무
    ② 이탈 등의 방지장치 기능의 이상 유무
    ③ 비상정지장치 기능의 이상 유무
    ④ 원동기·회전축·기어 및 풀리 등의 덮개 또는 울 등의 이상 유무

03 양중기의 안전

(1) 양중기의 방호장치

    1) 과부하방지장치
    2) 권과방지장치
    3) 비상정지장치
    4) 제동장치
    5) 승강기의 방호장치
        ① 파이널 리미트 스위치(final limit switch)
        ② 속도조절기
        ③ 출입문 인터록(inter lock)

(2) 와이어로프 등의 안전계수

    ① 안전계수 = $\dfrac{\text{절단하중}}{\text{최대사용하중}}$

        ㉠ 근로자가 탑승하는 운반구를 지지하는 경우 : 10 이상
        ㉡ 화물의 하중을 직접 지지하는 경우 : 5 이상
        ㉢ 훅, 샤클, 클램프, 리프팅 빔의 경우 : 3 이상
        ㉣ 그 밖의 경우 : 4 이상

    ② S(와이어로프의 안전율) = $\dfrac{NP}{Q}$

        여기서, N : 로프가닥수
                      P : 로프의 파단강도(kg)
                      Q : 안전하중(kg)

(3) 와이어로프에 걸리는 하중(장력)

1) 와이어로프에 걸리는 총하중

$$\therefore W(\text{총하중}) = W_1(\text{정하중}) + W_2(\text{동하중})$$

$$\therefore W_2(\text{동하중}) = W_1 \times \frac{a}{g}$$

여기서, a : 가속도(m/sec²)
g : 중력가속도(9.8m/sec²)

2) 줄걸이 로프에 걸리는 장력(하중)

$$\therefore \text{로프에 작용하는 장력} = \frac{\text{짐의 무게}}{\text{로프의 수}} \div \cos\left(\frac{\text{로프의 각도}}{2}\right)$$

chapter 05 전기 및 화공안전

 1. 감전재해 유해요소

01 감전재해 유해요소

(1) 1차적 감전 위험요소
① 통전전류의 크기(감전에 의한 사망 위험성을 결정하는 요인)
② 전원(직류, 교류)의 종류
③ 통전경로
④ 통전시간

(2) 2차적 감전 위험요소
① 인체의 조건(저항)
② 전압
③ 주파수 및 계절

02 통전전류의 크기와 인체에 미치는 영향(60Hz의 교류에서 건강한 성인남자의 경우)

① 최소감지전류(1mA 정도) : 통전되는 전류를 느낄 수 있는 정도의 전류치
② 고통한계전류(7~8mA) : 고통을 참을 수 있는 한계의 전류치
③ 마비한계전류(10~15mA) : 인체 각 부의 근육이 수축현상을 일으키고 신경이 마비되어 신체를 자유로이 움직일 수 없게 되는 경우의 전류치
④ 심실세동전류(치사전류) : 심장이 불규칙한 세동을 일으키며 혈액순환이 곤란하게 되고 심장이 마비되는 현상을 일으키는 전류치
  ㉠ 심실세동전류와 통전시간

  $$\therefore I = \frac{165}{\sqrt{T}} (mA)$$

  여기서, I : 심실세동전류(mA)
  　　　　T : 통전시간(mA)

ⓛ 심실세동을 일으키는 전기에너지값

$$\therefore W = I^2RT$$

여기서, W : 전기에너지(joule 또는 cal)
I : 심실세동전류(A)
R : 전기저항(Ω)
T : 통전시간(sec)

03 감전사고의 예방대책

① 설비의 필요한 부분에 보호접지시설을 할 것
② 전기설비의 점검을 철저히 할 것
③ 충전부가 노출된 부분에는 절연방호구를 사용할 것
④ 전기기기 및 설비의 정비를 철저히 할 것
⑤ 안전전압 이하의 전기기기를 사용할 것
⑥ 안전관리자는 작업에 대한 안전교육을 실시할 것
⑦ 고전압선로 및 충전부에 근접하여 작업하는 경우 보호구를 착용할 것
⑧ 유자격자 이외에는 전기기계 및 기구의 접촉을 금지할 것
⑨ 전기기기 및 설비의 위험부에 위험표시를 할 것
⑩ 사고발생시의 처리순서를 미리 작성하여 둘 것

04 전기기계·기구 등의 충전부 방호(안전보건규칙) : 전기기계·기구 또는 전로 등의 충전부분에 접촉 또는 접근 시 감전위험방지대책(직접접촉에 의한 감전방지대책)

① 충전부가 노출되지 않도록 폐쇄형 외함(外函)이 있는 구조로 할 것
② 충전부에 충분한 절연효과가 있는 방호망이나 절연덮개를 설치할 것
③ 충전부는 내구성이 있는 절연물로 완전히 덮어 감쌀 것
④ 발전소·변전소 및 개폐소 등 구획되어 있는 장소로서 관계근로자가 아닌 사람이 출입이 금지되는 장소에 충전부를 설치하고, 위험표시 등의 방법으로 방호를 강화할 것
⑤ 전주 위 및 철탑 위 등 격리되어 있는 장소로서 관계근로자가 아닌 사람이 접근할 우려가 없는 장소에 충전부를 설치할 것

05 감전사고 발생 후의 처리순서

① 스위치를 끄고 구출자 본인의 방호조치 후 신속하게 상해자를 구출할 것
② 즉시 인공호흡을 실시할 것
③ 생명 소생 후 병원에 후송할 것

06 누전차단기

(1) 누전차단기의 종류에 따른 동작시간

종류	동작시간	비고
고속형	정격감도 전류에서 0.1초 이내	전압동작형
보통형	정격감도 전류에서 0.2초 이내	전류동작형
시연형(지연형)	정격감도 전류에서 0.1초 초과 2초 이내	대계통의 모선보호용

(2) 누전차단기의 특징

① 누전차단기의 최소동작전류 : 정격감도 전류의 50% 이상
② 감전보호용 누전차단기의 작동 : 정격감도 전류 30mA 이하, 동작시간 0.03초 이내

(3) 누전차단기에 의한 감전방지

1) 누전차단기를 설치해야 할 전기기계·기구

① 대지전압이 150V를 초과하는 이동형 또는 휴대형 전기기계·기구
② 물 등 도전성이 높은 액체가 있는 습윤장소에서 사용하는 저압(직류 750V 이하, 교류 600V 이하)용 전기기계·기구
③ 철판·철골 위 등 도전성이 높은 장소에서 사용하는 이동형 또는 휴대형 전기기계·기구
④ 임시배선의 전로가 설치되는 장소에서 사용하는 이동형 또는 휴대형 전기기계·기구

2) 누전차단기의 설치 및 접지의 적용 제외대상

① 이중절연구조일 것
② 비접지방식의 전로에 접속하여 사용하는 것
③ 절연대 위에서 사용하는 것

3) 누전차단기 설치시 환경조건

① 주위온도(-10~+40℃ 범위 내에서 성능이 발휘할 수 있도록 구조 및 기능의 설계)에 유의할 것
② 표고 1,000m 이하의 장소에 설치할 것
③ 비나 이슬이 젖지 않는 장소에 설치할 것
④ 습도가 적은 장소(상대습도 45~80% 사이에서 사용)에 설치할 것
⑤ 먼지가 적은 장소에 설치할 것
⑥ 이상 진동 또는 충격을 받지 않는 장소에 설치할 것
⑦ 전원전압의 변동(전원전압이 정격전압의 85~110% 사이에서 성능을 만족)에 유의할 것

⑧ 배선상태를 건전하게 유사할 것
⑨ 불꽃 또는 아크에 의한 폭발의 위험이 없는 장소에 설치할 것

07 피뢰기 및 피뢰침

(1) 피뢰기의 설치장소

  1) 고압 또는 특별고압의 전로 중에서 다음의 장소에 설치할 것
   ① 발전소, 변전소의 가공전선의 인입구 및 인출구
   ② 가공 전선로에 접속하는 특고압 옥외 배전용 변압기의 고압 및 특고압측
   ③ 고압가공 전선로에서 수전하는 500kW 이상의 수용장소의 인입구
   ④ 특고압 가공 전선로에서 수전하는 수용장소의 인입구

  2) 배전선로의 차단기, 개폐기의 전원측 및 부하측

  3) 콘덴서의 전원측

(2) 피뢰기의 종류 및 성능

  1) 피뢰기의 종류
   ① 방출형 피뢰기 : 배전선로에 주로 많이 설치한다.
   ② 저항형 피뢰기 : 밴드만피뢰기, 멀티캡피뢰기 등이 있다.
   ③ 밸브형 피뢰기 : 밸트형산화막피뢰기(구조가 간단하고 가격이 저렴하여 배전선로용으로 사용), 알루미늄셀피뢰기, 오토밸브피뢰기 등이 있다.
   ④ 밸브저항형 피뢰기 : 드라이밸브피뢰기, 레지스트밸브피뢰기, 사이라이트피뢰기 등이 있다.
   ⑤ 종이피뢰기 : P-밸브피뢰기로 비밀개폐형이다.

  2) 피뢰기의 성능
   ① 반복동작이 가능할 것
   ② 점검보수가 간단할 것
   ③ 충격방전개시전압과 제한전압이 낮을 것
     ∴ 피뢰기의 충격방전개시전압 = 공칭전압 × 4.5배
   ④ 구조가 견고하며 특성에 변화하지 않을 것
   ⑤ 뇌전류의 방전능력이 크고 속류의 차단이 확실하게 될 것

(3) 피뢰침의 접지공사
   ① 피뢰침의 종합접지 저항치는 10Ω 이하, 단독접지 저항치는 20Ω 이하일 것
   ② 타접지극과의 이격거리 : 2m 이상
   ③ 접지극을 병렬로 하는 경우의 간격 : 2m 이상

④ 지하 50m 이상의 곳에서는 30mm² 이상의 나동선으로 접속할 것
⑤ 각 인하도선마다 1개 이상의 접지극을 접속할 것

08 정전작업

(1) 정전작업시 조치사항(전로차단의 절차)

① 전기기기 등에 공급되는 모든 전원을 관련 도면, 배선도 등으로 확인할 것
② 전원을 차단한 후 각 단로기 등을 개방하고 확인할 것
③ 차단장치나 단로기 등에 잠금장치 및 꼬리표를 부착할 것
④ 개로된 전로에서 유도전압 또는 전기에너지가 축적되어 근로자에게 전기위험을 끼칠 수 있는 전기기기 등은 접촉하기 전에 잔류전하를 완전히 방전시킬 것
⑤ 검전기를 이용하여 작업 대상기기가 충전되었는지를 확인할 것(검전기를 이용하여 충전 여부 확인)
⑥ 전기기기 등이 다른 노출 충전부와의 접촉, 유도 또는 예비동력원의 역송전 등으로 전압이 발생할 우려가 있는 경우에는 충분한 용량을 가진 단락 접지기구를 이용하여 접지할 것

(2) 정전작업 후 조치사항

① 작업기구, 단락 접지기구 등을 제거하고 전기기기 등이 안전하게 통전될 수 있는지를 확인할 것
② 모든 작업자가 작업이 완료된 전기기기 등에서 떨어져 있는지를 확인할 것
③ 잠금장치와 꼬리표는 설치한 근로자가 직접 철거할 것
④ 모든 이상유무를 확인한 후 전기기기 등의 전원을 투입할 것

(3) 정전작업시 단계별 조치사항

단계조치	실무사항(조치사항)
작업 전	1. 작업지휘자에 의한 작업내용의 주지 철저 2. 개로개폐기의 시건 또는 표시(잠금장치 및 꼬리표 부착) 3. 잔류전하의 방전 4. 검전기에 의한 정전확인 5. 단락접지 6. 일부정전작업시 정전선로 및 활선선로의 표시 7. 근접활선에 대한 방호
작업 중	1. 작업지휘자에 의한 자취 2. 개폐기의 관리 3. 단락접지의 수시확인 4. 근접활선에 대한 방호상태의 관리
작업 종료시	1. 단락접지기구의 철거 2. 표지의 철거 3. 작업자에 대한 위험이 없는 것을 확인 4. 개폐기를 투입해서 송전 재개

(4) 정전작업의 5대원칙
　① 작업 전 전원차단
　② 전원 투입의 방지
　③ 작업장소의 무전압 여부 확인
　④ 단락 접지 시행
　⑤ 주의 충전부의 방호장치 부착(작업장소의 보호)

09 충전전로에서의 전기작업(안전보건규칙)

(1) **충전전로를 취급하는 근로자** : 작업에 적합한 절연용 보호구를 착용시킬 것

(2) **충전전로에 근접한 장소에서 전기작업을 하는 경우** : 해당 전압에 적합한 절연용 방호구를 설치할 것

(3) **고압 및 특별고압의 전로에서 전기작업** : 근로자에게 활선작업용 기구 및 장치를 사용하도록 할 것

(4) **근로자가 절연용 방호구의 설치·해체작업을 하는 경우** : 절연용 보호구를 착용하거나 활선작업용 기구 및 장치를 사용하도록 할 것

(5) **유자격자가 아닌 근로자가 충전전로 인근의 높은 곳에서 작업할 때** : 근로자의 몸 또는 긴 도전성 물체가 방호되지 않은 충전전로에서 대지전압이 50kV 이하인 경우에는 300cm 이내로, 대지전압이 50kV를 넘는 경우에는 10kV당 10cm씩 더한 거리이내로 각각 접근할 수 없도록 할 것

(6) **절연되지 않은 충전부나 그 인근에 근로자의 접근장치 및 제한할 필요가 있는 경우 조치사항**
　① 방책을 설치할 것
　② (전기와 접촉할 위험이 있는 경우) 도전성이 있는 금속제 방책을 사용하거나 접근한계거리 이내에 설치하지 않도록 할 것
　③ (상기 조치가 곤란한 경우) 사전에 위험을 경고하는 감시인을 배치할 것

(7) **충전전로 인근에서 차량, 기계장치 등**(이하 이 조에서 "차량 등"이라 함)**의 작업이 있는 경우**
　① 차량 등을 충전전로의 충전부로부터 300cm 이상 이격시켜 유지시키되, 대지전압이 50kV(킬로볼트)를 넘는 경우 이격시켜 유지하여야 하는 거리(이하 이 조에서 "이격거리"라 함)는 10kV 증가할 때마다 10cm씩 증가시켜야 한다.
　② 다만, 차량 등의 높이를 낮춘 상태에서 이동하는 경우에는 이격거리를 120cm 이상 (대지전압이 50kV를 넘는 경우에는 10kV 증가할 때마다 이격거리를 10cm씩 증가)으로 할 수 있다.

10 접지설비의 종류 및 공사시 안전

(1) 접지공사의 종류

[표] 접지공사의 종류 및 접지전선의 굵기 · 접지저항

접지종별	공작물 또는 기기의 종별
제1종	① 피뢰기 ② 고압 또는 특별고압용 기기의 철대 및 금속제 외함 ③ 주상에 설치하는 3상 4선식 접지계통 변압기 및 기기 외함
제2종	① 주상에 설치하는 비접지계통의 고압주상 변압기의 저압측 중성점 ② 저압측의 한 단자와 그 변압기의 외함
제3종	① 철주, 철탑 등 ② 옥내 또는 지상에 시설하는 400V 이하의 저압 기계·기구의 철제 외함
특별 제3종	① 옥내 또는 지상에 시설하는 400V 초과의 저압 기계·기구의 철제 외함 ② 금속관공사의 고압옥측 전선로관

(2) 접지목적에 따른 종류

① 계통접지 : 고압전류와 저압전류가 혼촉되었을 때의 감전이나 화재방지
② 기기접지 : 누전되고 있는 기기에 접촉되었을 때의 감전방지
③ 피뢰기접지 : 낙뢰로부터 전기기기의 손상방지
④ 지락검출용접지 : 누전차단기의 동작을 확실하게 하기 위한 접지
⑤ 등전위접지 : 병원에 있어서의 의료기기 사용시의 안전도모
⑥ 정전기접지 : 정전기의 축적에 의한 폭발 재해방지

(3) 접지공사방법 : 제1종 또는 제2종 접지공사에 사용하는 접지선이 사람에 닿을 우려가 있는 장소에 시설할 경우 유의사항

① 접지극(접지판, 접지관)의 지중 매설 깊이는 75cm 이상으로 할 것
② 접지선을 철주 등의 금속체에 연하여 시공할 때에는 접지극 부근의 전위상승 억제를 위하여 접지극을 철주 등에서 1m 이상 떼어서 매설할 것
③ 지중에 매설된 금속제 수도관로와 대지간의 전기저항치가 3Ω 이하인 값을 유지시는 금속제 수도관을 접지극으로 대용
④ 접지선의 외상방지를 위해 지하 75cm에서 지상 2m까지의 부분에는 합성수지관이나 몰드로 덮을 것
⑤ 접지선은 캡타이어케이블, 절연전선 또는 통신용케이블 이외의 케이블을 사용할 것

(4) 접지저항 저감법
① 접지극의 매설깊이(지중 매설깊이는 75cm 이상)를 깊게 할 것
② 접지극의 수를 증가하여 이들을 병렬로 연결시킬 것
③ 접지극의 크기를 크게 할 것
④ 토양이 불량할 경우는 토질에 적합한 시공법을 택하거나, 접지저항 저감제를 사용하여 토양을 개선할 것

(5) 전기설비의 접지공사의 목적
① 누전되고 있는 기기에 접촉되었을 때의 감전 방지
② 낙뢰로부터 전기기기의 손상 방지
③ 고압전로와 저압전로가 혼촉되었을 때의 감전이나 화재 방지
④ 정전기 축적에 의한 폭발재해 방지
⑤ 누전차단기의 동작을 확실하게 한다.

11 교류아크용접기의 방호장치 및 성능 조건

(1) 교류아크용접작업시 감전방지대책
① 자동전격 방지장치를 사용할 것
② 절연 용접봉 홀더를 사용할 것
③ 적정한 케이블(용접용 케이블 또는 캡타이어 케이블)을 사용할 것
④ 절연장갑을 사용할 것
⑤ 용접기 외함 및 피용접모재에 접지를 실시할 것
⑥ 전원측에 누전차단기를 설치할 것

(2) 교류아크용접기의 방호장치
  1) 방호장치 : 자동전격방지장치
  2) 자동전격방지장치의 주요 구성품
      ① 보조변압기
      ② 주회로변압기
      ③ 제어장치

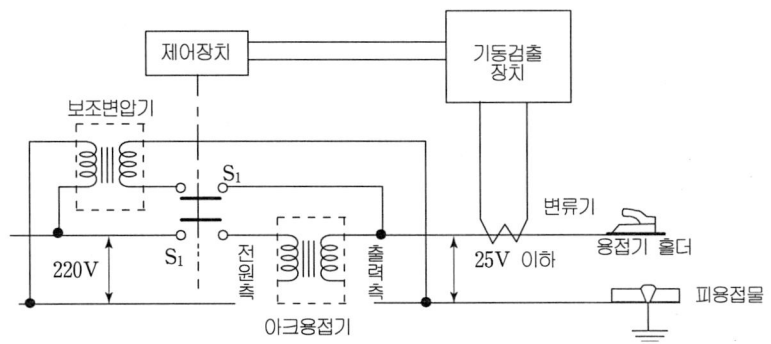

▲ 자동전격방지장치의 원리

3) 방호장치의 성능조건

① 아크발생을 정지시킬 때 주접점이 개로될 때까지의 시간(자동시간)은 1초 이내일 것
② 2차 무부하전압은 25V 이내일 것

(3) 교류아크용접기의 자동전격방지장치 부착시 주의사항

① 직각으로 부착할 것. 다만, 직각으로 하기 어려운 때에는 직각에 대해 20°를 넘지 않을 것
② 용접기의 이동, 진동, 충격으로 이완되지 않도록 이완방지조치를 취할 것
③ 전격방지장치의 작동상태를 알기 위한 표시등은 보기 쉬운 곳에 설치할 것
④ 전격방지장치의 작동상태를 시험하기 위한 테스터 스위치는 조작하기 쉬운 곳에 설치할 것

12 전기화재

(1) 전기화재의 분류(전기화재의 원인)

1) 출화의 경화(발생형태)에 의한 분류

① 단락(25%)
② 스파크(24%)
③ 누전 및 지락(15%)
④ 접촉부의 과열(12%)
⑤ 절연열화, 절연파괴(11%)
⑥ 과전류(8%)

2) 발생원에 의한 분류

① 이동 가능한 전열기(35%)

② 전등, 점화 등의 배선(27%)
③ 전기기기 및 전기장치(23%)
④ 배선기구(5%)
⑤ 고정된 전열기(5%)

(2) 전기화재의 예방대책

1) 단락 및 혼촉 방지책
① 단락방지 : 퓨즈(fuse) 및 누전차단기 설치
② 혼촉방지 : 제2종 접지공사

2) 누전방지책
① 누전전류는 최대공급전류의 1/2,000을 넘지 않도록 할 것
② 접지 및 누전차단기를 설치할 것
③ 누전화재라는 것을 입증하기 위한 요건
    ㉠ 누전점 : 전류의 유입점
    ㉡ 발화점 : 발화된 장소
    ㉢ 접지점 : 확실한 접지점의 소재 및 적당한 접지저항치
④ 발화까지에 이르는 누전전류의 소재 및 적당한 접지저항치
⑤ 전기화재방지기(누전경보기) : 500mA 정도의 누전에서 경보를 발할 수 있을 것

3) 스파크(전기불꽃) 화재의 방지책
① 개폐기를 불연성의 외함 내에 내장시키거나 통형퓨즈를 사용할 것
② 가연성 증기, 분진 등의 위험성 물질이 있는 곳은 방폭형 개폐기를 사용할 것
③ 유입개폐기는 절연유의 열화정도, 유량에 유의하고 주위에는 내화벽을 설치할 것
④ 접촉부분의 산화, 변형, 퓨즈의 나사풀림 등으로 인하여 접촉저항이 증가되는 것을 방지할 것

13 전로의 절연저항치

전기적 절연

[표] 저압선로의 절연성능[KEC(전기설비규정) 2021.1 개정]

전로의 사용전압 [V]	DC 시험전압 [V]	절연저항 [MΩ]
1) SLEV 및 PELV	250	0.5
2) FELV, 500(V) 이하	500	1.0
3) 500(V) 초과	1,000	10

[주] 특별저압(extra low voltage : 2차 전압이 AC 50V, DC 120V 이하)으로 SELV(비접지회로구성) 및 PELV(접지회로구성)은 1차와 2차가 전기적으로 절연된 회로, FELV는 1차와 2차가 전기적으로 절연되지 않은 회로

14 정전기 발생과 안전대책

(1) 정전기 발생에 영향을 주는 요인
① 물체의 특성
② 물체의 표면상태
③ 물체의 분리력
④ 접촉면적 및 압력
⑤ 분리속도

(2) 방전에너지 : 정전기가 방전될 때의 방전에너지는 다음 식에 의해서 구한다.

$$\therefore E = \frac{1}{2}(CV^2) = \frac{1}{2}(QV)$$

여기서,
- E : 정전에너지(J)
- C : 도체의 정전용량(F)
- V : 대전전위(전압 V)
- Q : 대전전하량(C)

(3) 정전기의 발생현상(정전기 대전현상)
① 마찰대전
② 유동대전
③ 박리대전
④ 분출대전
⑤ 충돌대전
⑥ 파괴대전
⑦ 비말대전
⑧ 진동대전(교반대전)

(4) 방전의 형태
① 스파크(spark) 방전(불꽃방전) : 공기 중에 오존(O_3) 생성
② 코로나(corona) 방전 : 돌기부(뾰족한 부분)에서 발생
③ 연면방전 : 나뭇가지 형태(별표마크)발광 수반
④ 스트리머(streamer) 방전 : 부도체와 평편한 형상의 금속과의 기상공간에서 발생
⑤ 뇌상방전 : 대전운에서 번개형의 발광수반

(5) 정전기 발생방지책
① 접지(부도체 물질은 부적합)
② 가습

③ 보호구 착용
④ 대전방지제 사용
⑤ 배관 내에 액체의 유속제한 및 정치시간의 확보
⑥ 도전성 재료 사용
⑦ 제전장치 사용

(6) 배관 내 액체의 유속제한(정전기 발생 방지책)
① 저항률이 $10^{10}\Omega \cdot m$의 도전성 위험물 : 7m/sec 이하
② 유동대전이 심하고 폭발위험성이 높은 물질(에테르, 이황화탄소 등) : 1m/sec 이하
③ 물이나 기체를 포함한 비수용성 위험물 : 1m/sec 이하

(7) 부도체의 대전방지대책
① 습기를 가하거나 주위환경의 습도를 높일 것
② 대전방지제를 사용할 것
③ 제전기를 사용할 것

(8) 정전기로 인한 화재·폭발 등의 위험방지 조치사항(정전기 발생의 억제 및 제거)
① 확실한 방법으로 접지
② 도전성 재료를 사용
③ 가습(상대습도 70% 이상)
④ 제전장치 사용

(9) 기타 정전기로 인한 화재·폭발 방지대책
① 정전기 발생장치 도장을 하는 방법
② 배관 내의 유속을 조절하는 방법
③ 정전기의 발생을 억제하는 방법(대전방지)
④ 대전방지제에 의한 방법(섬유나 수지의 표면에 흡습성과 이온성을 부여하여 도전성 증가)
⑤ 도전성 향상에 의한 방법(대전방지제를 첨가하거나 탄소와 금속분 및 반도체를 첨가·도포·종착 등의 방법으로 플라스틱 및 석유제품의 표면저항을 $1010 \sim 1014\Omega$ 이하로 낮추는 방법

15 전기설비의 방폭화 방법

(1) 전기설비의 방폭화 방법
① 점화원의 방폭적 격리 : 내압·압력·유입방폭구조의 전기설비
② 전기설비의 안전도 증가 : 안전증방폭구조

③ 점화능력의 본질적 억제 : 본질안전방폭구조의 전기설비

(2) 위험장소의 종류
① 0종 장소 : 폭발성 분위기가 연속적 또는 장시간 발생할 염려가 있는 장소
② 1종 장소 : 폭발성 분위기가 주기적 또는 간헐적으로 발생할 염려가 있는 장소
③ 2종 장소 : 이상상태에서 위험분위기로 발생할 염려가 있는 장소

(3) 위험장소의 판정기준
① 위험증기의 양
② 위험가스의 현존 가능성
③ 가스의 특성(공기와의 비중차)
④ 통풍의 정도
⑤ 작업자에 의한 영향

(4) 위험분위기의 생성방지
① 폭발성가스의 누설 및 방출장치
② 폭발성가스의 체류방지
③ 폭발성분진의 생성방지

(5) 방폭구조의 종류
① 압력(내부압)방폭구조 : 용기 내부에 보호기체(공기 또는 불황성기체)를 주입하여 용기 내부압을 외기압보다 높게 유지함으로써 폭발성가스의 침입을 방지하는 구조 (전폐형)
② 내압방폭구조 : 용기 내부의 폭발성가스가 폭발하였을 때 용기가 그 압력에 견디게하는 구조(전폐형)
③ 유입방폭구조 : 전기불꽃, 아크 또는 고온이 발생하는 부분은 기름 속에 담가 주위의 폭발성가스로부터 격리하여 인화를 방지하는 구조(전폐형)
④ 안전증방폭구조 : 가스, 증기의 점화원이 될 전기불꽃, 고온이 되어서는 안 되는 부분에 기계적, 전기적 구조상 또는 온도상승을 억제할 수 있도록 안전도를 증가시킨 방폭구조
⑤ 본질안전방폭구조 : 정상시 또는 사고시(단선, 단락, 지락 등)에 발생하는 전기불꽃 등에 의하여 가스, 증기에 점화되지 않는 것이 점화시험 등에 의해 확인된 방폭구조
⑥ 특수방폭구조 : 폭발성가스 또는 증기에 점화 또는 위험분위기로 인화를 방지할 수 있는 것이 시험, 기타에 의하여 확인된 구조
⑦ 몰드방폭구조 : 전기기기의 스파크 열로 인해 폭발성 분위기에 점화되지 않도록 컴파운드를 충전해서 보호한 방폭구조(점화원이 우려가 있는 부분을 컴파운드로 밀폐시킨 구조)
⑧ 비점화방폭구조 : 정상 작동상태에서는 폭발성 가스를 점화시키지 않는 구조

⑨ 충전방폭구조 : 용기 내에 충전물질을 충전하여 폭발성 가스가 침입하여도 폭발하기 어렵게한 구조(외부 폭발성 가스를 점화시키지 않는 구조)

(6) 방폭구조의 기호(방폭구조의 상징[심벌], Ex)

① 내압방폭구조 : d
② 압력방폭구조 : p
③ 안전증방폭구조 : e
④ 본질안전방폭구조 : ia 또는 ib
⑤ 유입방폭구조 : o
⑥ 특수방폭구조 : s
⑦ 충전방폭구조 : q
⑧ 몰드방폭구조 : m
⑨ 비점화방폭구조 : n

(7) 방폭구조의 구비조건 및 방폭기기 선정요건

1) 방폭구조의 구비조건

① 시건장치를 할 것
② 접지를 할 것
③ 퓨즈를 사용할 것
④ 도선의 인입방식을 정확히 채택할 것

2) 방폭기기 선정요건

① 위험장소의 종류
② 폭발성가스 폭발등급
③ 발화도

(8) 위험장소의 방폭구조 선정

위험장소	해당 방폭구조 선정
0종 장소	본질안전방폭구조(ia)
1종 장소	본질안전(ia또는 ib), 내압, 압력, 충전, 몰드 방폭구조
2종 장소	0종 및 1종 장소 사용 방폭구조, 비점화방폭구조

2. 화공안전 일반

01 연소의 정의 및 연소형태

(1) **연소의 정의** : 빛과 열의 발생을 동반하는 급격한 산화현상

(2) **연소의 3요소**

　① 가연물 : 연소되는 물질
　② 산소공급원 : 공기, 산소 등 조연성(지연성) 가스
　③ 점화원 : 열원

(3) **연소형태**

　① 확산연소 : 가연성가스와 공기가 확산에 의해 혼합되면서 연소되는 것(수소, 아세틸렌 등의 기체연소)
　② 증발연소 : 액체표면에 발생한 증기가 연소하는 것(알코올, 에테르, 등유, 경유 등의 액체연소)
　③ 분해연소 : 열분해에 의해 가연성가스를 방출시켜 연소하는 것(중유, 석탄, 목재, 고체파라핀 등의 고체연소)
　④ 표면연소 : 고체 표면에서 연소가 일어나는 것 (숯, 알루미늄박, 마그네슘 리본 등의 고체연소)

(4) **기체, 액체, 고체의 연소형태**

　1) **기체의 연소** : 확산연소(발염연소, 불꽃연소)
　2) **액체의 연소** : 증발연소
　3) **고체의 연소**

　　① 분해연소(목재, 종이, 석탄, 플라스틱 등)
　　② 표면연소(코크스, 목탄, 금속분 등)
　　③ 증발연소(황, 나프탈렌, 파라핀 등)
　　④ 자기연소(질산에스테르류, 셀룰로이드류, 니트로화합물 등의 폭발성물질)

02 인화점과 발화점

(1) **인화점** : 공기 중에서 가연성 액체가 그 표면에서 인화하는데 충분한 농도의 증기(폭발하한계)를 발생하는 최저온도를 말한다.

　① 가연성증기에 점화원(불꽃)을 주었을 때 연소가 시작되는 최저온도이다.

② 인화점은 가연성물질의 위험성을 나타내는 척도이다.

(2) 발화온도(발화점 및 착화점)

1) 발화점 : 가연성물질이 공기 중에서 점화원이 없이 스스로 연소를 개시할 수 있는 최저온도이다.

2) 발화온도가 낮아지는 경우(환경적 영향)
① 용기가 클수록
② 압력이 증가할수록
③ 산소농도가 증가할수록
④ 접촉금속의 열전도율이 좋을수록
⑤ 화학적 활성도가 클수록

3) 자연발화의 발생 방지대책
① 통풍이 잘되게 한다.
② 열이 축적되지 않게 한다.
③ 저장실의 온도를 낮춘다.
④ 습기가 높은 곳을 피한다.

03 폭발

(1) 폭발의 성립조건
① 가연성가스 및 증기 또는 분진이 공기와 혼합되어 폭발범위 내에 있어야 한다.
② 밀폐된 공간이 존재하여야 한다. 즉 혼합되어 있는 가스가 어떤 구획되어 있는 방이나 용기 같은 것의 공간에 충만해서 존재해야 한다.
③ 점화원(에너지)이 있어야 한다.

(2) 혼합가스폭발
① 혼합가스(가연성가스 + 공기 또는 산소)의 연소에 의한 폭발
② LPG(프로판 + 부탄), 수소, 아세틸렌 등 가연성가스

(3) 분해폭발 : 아세틸렌, 산화에틸렌, 에틸렌, 히드라진 등의 폭발

(4) 응상폭발(액상 및 고상폭발)
① 수증기폭발 또는 증기폭발 : 상변화(액상 → 기상)에 의한 폭발
② 고상간의 전이에 의한 폭발 : 고체인 무정형의 안티몬이 동일한 고상의 안티몬으로 전이할 때 발열하는데, 이로 인해 주위의 공기가 팽창하여 나타나는 폭발현상
③ 전선폭발 : 알루미늄제 전선에 한도 이상의 대전류가 흘러 순식간에 전선이 가열되고

용융과 기화가 급속하게 진행되어 폭풍을 일으켜 피해를 주는 폭발
④ 화약류 및 유기과산화물 등의 폭발 : TNT, 다이너마이트, 면화약 등

(5) 증기운폭발

① 대량의 가연성가스 및 기화하기 쉬운 액체가 사고에 의해 누출, 누설하여 발화원에 의해 폭발, 화재가 발생하는 경우로 일종의 가스폭발이라고도 한다.
② 증기운폭발은 주로 개방된 공간에서 발생한다.(LPG 누출시 증기운폭발)

(6) 분진폭발

1) 분진폭발의 특성

① 연소속도나 폭발압력은 가스폭발보다는 작지만 가해지는 힘(파괴력)은 매우 크다.
② 2차폭발을 한다.
③ CO의 중독피해가 우려된다.

2) 분진의 폭발성에 영향을 주는 요인

① 분진입도 및 입도분포
② 입자의 형상과 표면상태
③ 분진의 부유성
④ 분진의 화학적 성질과 조성

04 혼합가스의 폭발범위

(1) 폭발한계에 영향을 주는 요인

① 온도 : 100℃ 증가할 때마다 25℃에서의 값이 폭발하한은 8%가 감소하며, 폭발상한은 8%가 증가한다.
② 압력 : 압력이 높아질수록 폭발범위는 넓어진다.(상한값이 증가함)
③ 산소 : 폭발하한값은 변함이 없으나 상한값은 산소의 농도가 증가하면 현저히 상승한다.

(2) 르–샤틀리에(Le-chatelier)의 법칙 : 혼합가스의 폭발한계를 구하는 공식

① 성분가스의 용량이 100%일 때($V_1 + V_2 + \cdots + V_n$=100%)

$$\therefore L = \frac{100}{\frac{V_1}{L_1} + \frac{V_2}{L_2} + \cdots + \frac{V_n}{L_n}}$$

여기서, L : 혼합가스의 폭발하한계 또는 상한계(Vol%)
$L_1, L_2, \cdots, L_n$: 성분가스의 폭발하한계 또는 상한계(Vol%)
$V_1, V_2, \cdots, V_n$: 성분가스의 용량(Vol%)

② 성분가스의 용량이 100%가 아닐 때($V_1 + V_2 + \cdots + V_n$=100%가 아닐 때)

$$\therefore L = \frac{V_1 + V_2 + \cdots + V_n}{\dfrac{V_1}{L_1} + \dfrac{V_2}{L_2} + \cdots + \dfrac{V_n}{L_n}}$$

(3) 폭발한계와 화약양론농도와의 관계

① 양론농도(C_{st}) : 가연성 물질 1mol이 완전연소할 수 있는 공기와의 혼합기체 중 가연성 물질의 부피(%)

$$C_{st} = \frac{100}{1 + 4.773\left(n + \dfrac{m - f - 2\lambda}{4}\right)} (\%)$$

여기서,
- n : 탄소
- m : 수소
- f : 할로겐 원소
- λ : 산소의 원자수

② 양론농도(완전연소 조성농도)와 폭발한계의 관계
  ㉠ 유기화합물의 폭발하한값(L)은 양론농도(C_{st})의 약 55%로 추정한다.
  ㉡ 폭발상한값(U)은 양론농도의 약 3.5배 정도가 된다.

(4) 위험도 : 폭발범위를 하한계로 제(際)한 값을 말한다.

$$\therefore 위험도(H) = \frac{U - L}{L}$$

여기서,
- U : 폭발상한치
- L : 폭발하한치

05 화재의 종류 및 예방대책

(1) 화재의 종류

  1) **일반화재(A급 화재)** : 목재, 종이, 섬유 등의 일반 가연물에 의한 화재로 발생빈도 및 피해액이 가장 많은 화재

  2) **유류화재(B급 화재)** : 제4류 위험물(특수인화물, 석유류, 에스테르류, 케톤류, 알코올류, 동식물유 등)과 제4류 준위험물(락카퍼티(Lacquer Putty), 고무풀, 제1종 인화물, 나프탈렌, 송진, 파라핀 제2종 인화물 등)에 의한 화재

  3) **전기화재(C급 화재)** : 전기배선 및 전기기구 등에서 발생하는 화재

  4) **금속화재(D급 화재)** : 금속(Mg, Al) 화재

(2) 화재의 예방대책

1) **예방대책** : 화재가 발생하기 전에 발화 자체를 방지하는 대책

2) **국한대책** : 화재가 확대되지 않도록 하는 대책

   ① 가연성 물질의 집적방지
   ② 건물 및 설비의 불연성화
   ③ 위험물 시설 등의 지하매설
   ④ 방화벽 및 물, 방유제, 방액제 등의 정비
   ⑤ 일정한 공지의 확보

3) **소화대책** : 초기소화, 본격적인 소화활동

4) **피난대책** : 비상구 등을 통하여 대피하는 대책

06 폭발의 방호방법

(1) 폭발방지대책

① 예방대책 : 페일세이프(fail safe)의 원칙을 적용하여 대책수립
② 국한대책 : 안전장치 설치, 방폭설비 설치 등 피해를 최소화하는 대책

(2) 폭발의 방호

① 폭발봉쇄 : 안전밸브 등을 통해 다른 탱크 등으로 보내어 폭발압력을 완화
② 폭발억제 : 고압불활성가스에 의해 파괴적인 폭발압력이 되지 않도록 하는 방법
③ 폭발방산 : 탱크내의 가스를 밖으로 방출시켜 압력을 정상화

(3) 불활성화 방법

1) **불활성화(purge, 퍼지)** : 가스 또는 증기와 공기의 혼합가스에 불활성가스를 주입하여 산소농도를 최소산소농도(MOC) 이하로 낮게 하는 불활성화 공정

2) **퍼지의 종류(불활성화 방법)**

   ① 진공퍼지(저압퍼지) : 용기에 대한 가장 일반적인 불활성화 방법으로 큰 용기는 보통진공이 되도록 설계되지 않아서 큰 저장용기에는 사용할 수 없다.
   ② 압력퍼지 : 가압 하에서 불활성가스를 주입함으로써 퍼지시킬 수 있는 방법이다.
   ③ 스위프퍼지 : 용기의 한 개구부로 퍼지가스를 가하고 다른 개구부로부터 대기로 혼합가스를 축출시키는 방법으로 용기나 장치에 압력을 가하거나 진공으로 할 수 없을 때에 사용된다.

(4) 분진폭발의 방호

1) 분진폭발을 일으키는 조건
   ① 가연성 분진
   ② 분진(미분) 상태
   ③ 조연성가스(공기) 중에서의 교반과 유동
   ④ 점화원(발화원) 존재

2) 분진폭발의 방호
   ① 분진원의 생성방지
   ② 발화원의 제거
   ③ 불활성물질의 첨가

07 고압가스 용기의 도색

(1) 액화탄산가스 : 청색
(2) 산소 : 녹색
(3) 수소 : 주황색
(4) 아세틸렌 : 황색
(5) 액화 암모니아 : 백색
(6) 액화염소 : 갈색
(7) 액화석유가스(LPG), 질소 등 기타가스 : 회색

08 소화이론(소화방법)

(1) 냉각소화(화점의 냉각) : 액체의 증발잠열을 이용하는 방법, 열용량이 큰 고체를 이용하는 방법이다.
(2) 희석소화 : 연소반응의 가연물이나 산화제의 농도를 낮추어서 반응을 억제시키는 것을 이용하는 방법이다.
(3) 화염의 불안정화에 의한 소화 : 혼합기체(가연물+산소 공급원)의 유속을 증가하면 연소속도가 일정하게 되고 화염의 길이는 점차 길어지면서 불이 꺼지게 되는 것을 이용한 방법이다.
(4) 연소의 억제소화 : 연소억제(할로겐물질, 알칼리금속 등)를 사용하여 소화하는 방법이다.
(5) 제거소화법(소화물의 제거) : 연소 중에 있는 가연물을 제거함으로써 연소확대를 방지하고 또한 자연소화를 시킨다.
(6) 질식소화법(산소의 차단) : 산소공급을 차단하여 질식소화를 하는 것으로 그 방법에는 다음과 같은 종류가 있다.(연소가 중단되는 산소의 유효관계농도 : 10~15%)

09 소화기의 종류

(1) 포말소화기

1) 포말소화제

① 기계포

구 분	기계포의 소화약제
원액	가수분해단백질, 계면활성제, 일정량의 물
포핵(거품속의 가스)	공기

② 화학포 : 포제는 중조(A제)와 황산알루미늄(B제)의 반응에 의하여 만들어지고, 여기에 기포안정제인 가수분해 단백질, 사포닝, 계면활성제를 포함시킨다.

(2) 분말소화기

1) **소화효과** : 질식 및 냉각효과

2) **분말소화약제**

① 중탄산나트륨(제1종) : 열분해되어 생긴 탄산가스(CO_2)와 수증기(H_2O)가 표면을 덮어 소화를 한다.
$$2NaHCO_3 \rightarrow Na_2CO_3 + CO_2 + H_2O$$

② 중탄산칼륨(제2종) : 중탄산나트륨보다 약 2배의 소화력이 있지만 흡습처리가 힘든 것이 특징이다.
$$2KHCO_3 \rightarrow K_2CO_3 + CO_2 + H_2O$$

③ 인산암모늄(제3종) : 열분해에 의해서 생긴 메타인산(HPO_3)이 부착성인 막을 만들어 화면을 덮어 소화되며 모든 화재에 효과적이다.(ABC 소화기)
$$NH_4H_2PO_4 \rightarrow HPO_3 + NH_3 + H_2O$$

④ 중탄산칼륨($KHCO_3$) + 요소[$(NH_2)_2CO$] : 제4종

(3) 증발성 액체소화기(할로겐화물 소화기, 할론 소화기)

1) 증발성 액체소화기의 3대 효과

① 질식효과
② 부촉매(연소억제) 효과 : $F_2 < Cl_2 < Br_2 < I_2$
③ 냉매효과

2) 종류

① Hallon 1011(CH_2ClBr, 일염화일취화메탄) - CB소화기
② Hallon 2402($C_2Br_2F_4$, 이취화사불화에탄) - FB소화기
③ Hallon 1040(CCl_4, 사염화탄소) - CTC소화기
④ Hallon 1301(CF_3Br)

3) 증발성 액체소화기의 구비조건

① 비점이 낮을 것
② 증기(기화)가 되기 쉬운 것
③ 공기보다 무겁고 불연성일 것

(4) 이산화탄소 소화기

1) 이산화탄소(CO_2) 소화기 : 공기 중의 산소(O_2) 농도를 연소가 정지하기까지 낮추는데 사용되며 질식과 냉각이 상승적으로 작용하여 소화하는 설비이다.

2) 특징

① 전기·유류·기계화재에 유효하다.
② 화재 진화 후 깨끗하고 화재 심부속까지 파고들어 증거의 보존이 가능하다.
③ 고압밸브, 배관 등의 부속으로 구성되어 고장시 수리가 어렵다.
④ 소리가 요란하며 사람에게 질식의 해를 입힐 수 있다.

3) 이산화탄소 및 할로겐화물 소화설비의 특징

① 소화속도가 빠르다.
② 전기기기류 화재에 사용된다.
③ 저장에 의한 변질우려가 없어 장기간 저장이 용이하다.
④ 소화할 때 주변을 오염시키지 않아 부식성이 없다.
⑤ 소화설비의 보수관리가 용이하다.
⑥ 밀폐공간에서는 질식 및 중독의 위험성 때문에 사용이 제한된다.

(5) 물분무 소화기

① A급 화재의 소화에 적합하다.
② 수동펌프식과 가스가압식이 있다.
③ 수동펌프식은 수동펌프를 연속적으로 조작하여 물을 방사하도록 되어 있다.

10 화학설비의 안전장치 종류

(1) 안전밸브

1) **안전밸브** : 기기나 배관의 압력이 일정압력을 넘는 경우에 자동적으로 작동되어 압력을 정상화시켜 주는 장치이다.

  ① 안전밸브의 종류 : 스프링식, 파열판식, 중추식, 가용전식
  ② 화학설비에서는 주로 스프링식 안전밸브가 많이 사용
  ③ 파열판식 안전밸브의 특징
    ㉠ 구조가 간단하여 취급 및 점검이 용이
    ㉡ 배출용량(분출량)이 많아 압력상승온도가 급격한 중합, 분해 등의 반응장치에 사용
    ㉢ 스프링식과 같은 밸브시트 누설이 없음(유체가 새지 않음)
    ㉣ 부식성기체, 높은 점성이나 슬러지를 함유한 유체에도 적합
    ㉤ 구조가 간단
    ㉥ 작동 후에는 새로운 파열판과 교체

2) **파열판을 설치해야 할 경우**

  ① 반응폭주 등 급격한 압력상승의 우려가 있는 경우
  ② 독성물질의 누출로 인하여 주위의 작업환경을 오염시킬 우려가 있는 경우
  ③ 운전 중 안전밸브에 이상물질이 누적되어 안전밸브가 작동되지 아니할 우려가 있는 경우

(2) 체크밸브, 블로우밸브, 대기밸브

  ① 체크밸브(check valve) : 유체의 역류를 방지하는 밸브
  ② 블로우밸브(blow valve) : 수동 및 자동제어에 의해서 과잉압력을 방출할 수 있도록 한 안전장치이다.
  ③ 대기밸브(breather valve, 통기밸브) : 인화성 물질의 저장탱크 내의 압력과 대기압 사이에 차이가 발생하였을 때 대기를 탱크 내에 흡입하고 또는 탱크 내의 압력을 밖으로 방출해서 항상 탱크 내의 압력을 대기압과 평형한 압력으로 해서 탱크를 보호하는 안전장치이다.

(3) Flame arrestor와 Ventstack

  ① Flame arrestor : 화염을 차단하는 안전장치로 탱크에서 외부에 증기를 방출하거나 탱크 내에 외기를 흡입하게 하는 부분에 설치한다.
  ② Ventstack : 탱크 내의 압력을 정상상태로 유지하기 위한 가스방출장치이다.

(4) 긴급방출장치

  ① flare stack : 가연성가스나 고휘발성 액체의 증기를 연소시켜 대기 중으로 방출하는

안전장치이다.
② blow down : 응축성증기, 열류, 열액 등 공정액체를 빼내고 이것을 안전하게 유지 또는 처리하기 위한 안전장치이다.

 3.작업환경안전 일반

01 작업환경 개선의 기본원칙

(1) 대치
    ① 물질의 대치
    ② 공정의 변경
    ③ 시설의 변경

(2) 격리 : 작업자와 유해인자 사이에 장벽이 놓여 있는 상태
    ① 작업자의 격리
    ② 공정의 격리
    ③ 시설의 격리
    ④ 저장물질

(3) 환기 : 국소환기(국소배기)와 전체환기법

(4) 유해한 작업환경의 개선방법
    ① 유해한 생산공정의 변경
    ② 유해한 생산공정의 격리
    ③ 유해한 작업방법의 변경
    ④ 설비의 밀폐
    ⑤ 유해성이 적은 원자재로의 대체 사용
    ⑥ 유해물의 발산, 비산의 억제
    ⑦ 국소배기장치의 설치
    ⑧ 전체환기장치의 설치

02 배기 및 환기

(1) 국소배기
  1) 국소배기장치의 원리 : 유해물질을 배출하는 가까운 곳에 후드(hood, 포집시설)를 설치하고 덕트(duct)를 통해 기계적인 힘을 이용하여 유해물질을 밖으로 배출시키는 방식

2) 후드(hood)의 종류
   ① 리시버형 후드(receiver hood) : 연삭기 부근 또는 금속 용해로 등의 열상승기류 부분에 설치하는 후드이다.
   ② 밀폐형 후드(포위식 후드) : 분진이나 유해가스 발생원을 완전히 밀폐하여 흡인하는 방식이다.
   ③ 부스형 후드(booth hood) : 부스 모양의 후드로서 흡입량은 밀폐형 후드보다 훨씬 많아진다.
   ④ 부착형 후드(외부식 후드) : 송풍기(air curtain)를 사용하여 흡인을 용이하게 하는 경우도 있다.

3) 후드에 의한 흡인요령(후드의 설치요령)
   ① 후드의 개구 면적을 작게 할 것
   ② 에이커튼(air curtain)을 이용할 것
   ③ 충분한 포집 속도를 유지할 것
   ④ 배풍기 혹은 송풍기의 소요 동력에는 충분한 여유를 둘 것
   ⑤ 후드를 되도록 발생원에 접근시킬 것
   ⑥ 국부적인 흡인방식을 선택할 것
   ⑦ 후드로부터 연결된 덕트는 직선화할 것

(2) 전체환기

1) **전체환기** : 실내의 오염된 공기를 실외로 배출하고 실외의 신선한 공기를 도입하여 실내의 오염공기를 희석시키는 방식으로 희석환기라고도 한다.

2) **전체환기법을 적용하고자 할 경우 갖추어야 할 조건**
   ① 국소배기가 불가능하거나 유해물질 발생량이 적어 국소배기로 환기하며 비경제적일 때
   ② 유해물질의 독성이 작을 때
   ③ 배출원이 이동성일 때
   ④ 동일 작업장에 배출원 다수가 분산되어 있을 때
   ⑤ 유해물질의 배출량이 대체로 일정할 때
   ⑥ 근로자가 배출원에서 멀리 떨어져 있어 실제로 영향을 주지 않을 때

(3) 환기장치의 안전기준

1) 후드 설치기준
   ① 유해물질이 발생하는 곳마다 설치할 것
   ② 유해인자의 발생형태 및 비중, 작업방법 등을 고려하여 해당 분진 등의 발산원을 제어할 수 있는 구조로 설치할 것

③ 후드형식은 가능한 한 포위식 또는 부스식 후드를 설치할 것
④ 외부식 또는 리시버형 후드를 설치할 때에는 해당 분진 등의 발산원에 가장 가까운 위치에 설치할 것

2) 덕트 설치기준
① 가능한 한 길이는 짧게 하고 굴곡부의 수는 적게 할 것
② 접속부의 내면은 돌출된 부분이 없도록 할 것
③ 청소구를 설치하는 등 청소하기 쉬운 구조로 할 것
④ 덕트 내 오염물질이 쌓이지 아니하도록 이송속도를 유지할 것
⑤ 연결 부위 등은 외부공기가 들어오지 않도록 할 것

건설 안전

chapter 06

  1. 건설안전 일반

01 건설업의 유해·위험 방지계획서의 제출 등

(1) 건설업의 유해·위험 방지계획서의 제출 대상공사의 종류

① 지상 높이가 31m 이상인 건축물 또는 인공구조물, 연면적 3만m² 이상인 건축물 또는 연면적 5천m² 이상의 문화 및 집회시설(전시장인 동물원·식물원은 제외), 판매시설, 운수시설(고속철도의 역사 및 집배송시설은 제외), 종교시설, 의료시설 중 종합병원, 숙박시설 중 관광숙박시설 또는 지하도상가 또는 냉동·냉장창고시설의 건설·개조 또는 해체(이하 "건설 등"이라 함)
② 연면적 5천m² 이상의 냉동·냉장창고시설의 설비공사 및 단열공사
③ 최대지간길이가 50m 이상인 교량건설 등 공사
④ 터널건설 등의 공사
⑤ 다목적댐, 발전용댐 및 저수용량 2천만 톤 이상의 용수전용댐, 지방상수도 전용댐건설 등의 공사
⑥ 깊이 10m 이상인 굴착공사

(2) 유해·위험 방지계획서 제출시기 : 해당 공사의 착공 전날까지 2부를 공단에 제출

(3) 심사결과의 구분

① 적정 : 근로자의 안전과 보건상 필요한 조치가 구체적으로 확보되었다고 인정될 때
② 조건부적정 : 근로자가 안전과 보건을 확보하기 위하여 일부 개선이 필요하다고 인정될 때
③ 부적정 : 기계설비 또는 건설물이 심사기준에 위반되어 공사 착공시 중대한 위험발생의 우려가 있거나 계획에 근본적 결함이 있다고 인정될 때

02 산업안전보건관리비

(1) 산업안전보건관리비의 계상 : 산업재해예방을 위한 안전관리비를 도급금액 또는 사업비에 계상하여야 할 사업의 종류

① 건설업
② 선박건조·수리업
③ 그 밖에 대통령령으로 정하는 사업 : 유해 또는 위험한 사업으로서 산업재해보상보험 및 예방심의위원회의 심의를 거쳐 고용노동부장관이 정하는 사업(시행령)

(2) 산업안전보건관리비 사용시 재해예방전문지도기관의 지도를 받아야 할 공사의 규모

1) 공사금액 3억 원(전기공사 및 정보통신공사는 1억 원) 이상 120억 원(토목공사업은 150억 원)미만인 공사

2) 재해예방전문지도기관의 지도 제외대상 공사
① 공사기간이 3개월 미만인 공사
② 육지와 연결되지 아니한 섬지역(제주특별자치도는 제외)에서 이루어지는 공사
③ 사업주가 안전관리자를 선임[같은 광역자치단체의 지역 내에서 같은 사업주가 경영하는 셋(3) 이하의 공사에 대하여 공동으로 안전관리자 1명을 선임한 경우 포함]하여 안전관리자의 업무만을 전담하도록 하는 공사[이 경우 사업주는 안전관리자 선임 등 보고서(건설업)를 관할지방고용노동관서의 장에게 제출하여야 함]
④ 유해·위험 방지계획서를 제출하여야 하는 공사

(3) 안전관리비 계상기준 (고용노동부 고시)

① 대상액 = 재료비 + 직접노무비
② 대상액이 5억원 미만 또는 50억원 이상일 때
  ∴ 안전관리비 = 대상액 × 법정요율(비율)
③ 대상액이 5억원 이상~50억원 미만일 때
  ∴ 안전관리비 = 대상액 × 법정요율(비율 : X) + 기초액(C)
④ 발주자가 재료를 제공한 경우 해당금액을 대상액에 포함시킬 때의 안전관리비를 해당금액을 포함시키지 않은 대상액을 기준으로 계상한 안전관리비의 1.2배를 초과할 수 없음
⑤ 공사종류별 규모 및 안전관리비 계상기준표(별표1)

공사종류	대상액 5억원 미만	5억원 이상 50억원 미만 비율(X)	5억원 이상 50억원 미만 기초액(C)	50억 이상
일반건설공사(갑)	2.93%	1.86%	5,349,000원	1.97%
일반건설공사(을)	3.09%	1.99%	5,499,000원	2.10%
중건설공사	3.43%	2.35%	5,400,000원	2.44%
철도·궤도신설공사	2.45%	1.27%	4,411,000원	1.66%
특수 및 기타 건설공사	1.85%	1.20%	3,250,000원	1.27%

(4) 공사의 종류(건설공사의 종류예시표)

① 일반건설공사(갑) : 건축건설공사, 도로신설공사, 기타 이에 부대하여 해당 공사 현장 내에서 행하는 건설공사
② 일반건설공사(을) : 각종 기계·기구장치 등을 설치하는 공사
③ 중건설공사 : 고제방(댐) 등 신설공사, 수력발전시설 설비공사, 터널 신설공사
④ 철도·궤도 신설공사 : 철도 또는 궤도 신설공사, 고가 및 지하철도 신설공사
⑤ 특수 및 기타 건설공사 : 타공사와 분리 발주되어 시간, 장소적으로 독립하여 행하는 다음의 공사(타공사와 병행하여 행하는 경우는 일반건설공사(갑)로 분류)
  ㉠ 준설공사, 조경공사, 택지조성공사(경지 정리공사 포함), 포장공사
  ㉡ 전기공사 및 정보통신공사

(5) 안전관리비 항목

① 안전관리자 등의 인건비 및 각종 업무수당 등
② 안전시설비 등
③ 개인보호구 및 안전장구 구입비 등
④ 사업장의 안전진단비 등
⑤ 안전보건교육비 및 행사비 등
⑥ 근로자의 건강관리비 등
⑦ 건설재해예방 기술지도비
⑧ 본사 사용비

(6) 안전관리비의 사용내역에서 제외되는 항목

① 관리감독자의 업무수당 외의 인건비
② 경비원, 청소원, 폐자재처리원, 사무보조원의 인건비
③ 외부비계, 작업발판, 가설계단 등의 시설비
④ 도로확장·포장공사 등에서 공사용 외의 차량의 원활한 흐름 및 경계표시를 위한 교통안전 시설물
⑤ 기성제품에 부착된 안전장치 비용
⑥ 가설전기설비, 분전반, 전신주 이설비용
⑦ 타법 적용사항(대기환경보전법에 의한 대기오염 방지시설 등)
⑧ 일반근로자의 작업복의 구입비
⑨ 순시선·구명정 등의 구명조끼, 튜브 등 구입비
⑩ 면장갑, 코팅장갑 구입비
⑪ 건설기술관리법에 의한 안전점검비, 전기안전 대행수수료 등
⑫ 매설물 탐지, 계측, 지하수개발, 지질조사, 구조안전검토 비용

⑬ 안전관계자(안전보건관리책임자, 안전보건총괄책임자, 안전관리자, 관리감독자, 명예산업안전감독관, 본사 안전전담부서 안전전담직원) 외의 해외견학·연수비
⑭ 안전교육장 대지구입비
⑮ 안전교육장 외의 냉난방 관련비용
⑯ 기공식, 준공식 등 무재해 기원과 관계없는 행사
⑰ 안전보건의식 고취 명목의 회식비
⑱ 국민건강보험에 의해 실시되는 비용
⑲ 기숙사 또는 현장사무소 내의 휴게시설비
⑳ 이동식 화장실, 급수, 세면, 샤워시설, 병·의원 등에 지불되는 진료비

03 관리감독자의 유해·위험방지업무(직무수행내용)

(건설업의 관리감독자 : 직장·조장 및 반장의 지위에서 그 작업을 직접 지휘·감독하는 자)

작업의 종류	직무수행내용
1. 크레인을 사용하는 작업	① 작업방법과 근로자의 배치를 결정하고 그 작업을 지휘하는 일 ② 재료의 결함유무 또는 기구 및 공구의 기능을 점검하고 불량품을 제거 하는 일 ③ 작업 중 안전대 또는 안전모의 착용상황을 감시하는 일
2. 거푸집동바리의 고정·조립 또는 해체 작업, 지반의 굴착작업, 흙막이 지보공의 고정·조립 또는 해체작업, 터널의 굴착작업, 건물 등의 해체작업	① 안전한 작업방법을 결정하고 작업을 지휘하는 일 ② 재료·기구의 결함유무를 점검하고 불량품을 제거하는 일 ③ 작업 중 안전대 및 안전모 등 보호구 착용상황을 감시하는 일
3. 달비계 또는 높이 5m 이상의 비계를 조립·해체 하거나 변경하는 작업 (해체작업의 경우 ① 목의 규정 적용 제외)	① 재료의 결함유무를 점검하고 불량품을 제거하는 일 ② 기구·공구·안전대 및 안전모 등의 기능을 점검하고 불량품을 제거하는 일 ③ 작업방법 및 근로자의 배치를 결정하고 작업진행상태를 감시하는 일 ④ 안전대 및 안전모 등의 착용상황을 감시하는 일
4. 발파작업	① 점화 전에 점화작업에 종사하는 근로자 외의 자의 대피를 지시하는 일 ② 점화작업에 종사하는 근로자에 대하여 대피장소 및 경로를 지시하는 일 ③ 점화 전에 위험구역 내에서 근로자가 대피한 것을 확인하는 일 ④ 점화순서 및 방법에 대하여 지시하는 일 ⑤ 점화신호를 하는 일 ⑥ 점화작업에 종사하는 근로자에 대하여 대피신호를 하는 일 ⑦ 발파 후 터지지 아니한 장약이나 남은 장약의 유무, 용수의 유무 및 암석·토사의 낙하 여부 등을 점검하는 일 ⑧ 점화하는 사람을 정하는 일 ⑨ 공기압축기의 안전밸브 작동유무를 점검하는 일 ⑩ 안전모 등 보호구의 착용상황을 감시하는 일
5. 채석을 위한 굴착작업	① 대피방법을 미리 교육하는 일 ② 작업을 시작하기 전 또는 폭우가 내린 후에는 암석·토사의 낙하·균열의 유무 또는 함수(含水)·용수 및 동결의 상태를 점검하는 일 ③ 발파한 후에는 발파장소 및 그 주변의 암석·토사의 낙하·균열의 유무를 점검하는 일

작업의 종류	직무수행내용
6. 화물취급작업	① 작업방법 및 순서를 결정하고 작업을 지휘하는 일 ② 기구 및 공구를 점검하고 불량품을 제거하는 일 ③ 그 작업장소에는 관계근로자가 아닌 사람의 출입을 금지하는 일 ④ 로프 등의 해체작업을 하는 때에는 하대(荷臺) 위의 화물의 낙하위험 유무를 확인하고 작업의 착수를 지시하는 일
7. 부두 및 선박에서의 하역작업	① 작업방법을 결정하고 작업을 지휘하는 일 ② 통행설비·하역기계·보호구 및 기구·공구를 점검·정비하고 이들의 사용 상황을 감시하는 일 ③ 주변 작업자간의 연락 조정을 행하는 일
8. 밀폐공간 작업	① 산소가 결핍된 공기나 유해가스에 노출되지 않도록 작업시간 전에 해당 근로자의 작업을 지휘하는 업무 ② 작업을 하는 장소의 공기가 적절한지를 작업시작 전에 점검하는 여부 ③ 측정장비·환기장치 또는 공기호흡기 또는 송기마스크를 작업시작 전에 점검하는 업무 ④ 근로자에게 공기마스크 또는 송기마스크의 착용을 지도하고 착용상황을 점검하는 업무

04 작업시작 전 점검사항(안전보건규칙)(점검자 - 관리감독자)

작업의 종류	점검내용
1. 크레인을 사용하여 작업을 하는 때 18/2 기	① 권과방지장치·브레이크·클러치 및 운전장치의 기능 ② 주행로의 상측 및 트롤리가 횡행(橫行)하는 레일의 상태 ③ 와이어로프가 통하고 있는 곳의 상태
2. 이동식 크레인을 사용하여 작업을 하는 때	① 권과방지장치나 그 밖의 경보장치의 기능 ② 브레이크·클러치 및 조정장치의 기능 ③ 와이어로프가 통하고 있는 곳 및 작업장소의 지반상태
3. 리프트(간이리프트를 포함)를 사용하여 작업을 하는 때	① 방호장치·브레이크 및 클러치의 기능 ② 와이어로프가 통하고 있는 곳의 상태
4. 곤돌라를 사용하여 작업을 하는 때	① 방호장치·브레이크의 기능 ② 와이어로프·슬링와이어 등의 상태
5. 양중기의 와이어로프·달기체인·섬유로프·섬유벨트 또는 훅·샤클·링 등의 철구(이하 "와이어 로프 등")를 사용하여 고리걸이 작업을 하는 때	와이어로프 등의 이상유무
6. 지게차를 사용하여 작업을 하는 때	① 제동장치 및 조종장치 기능의 이상유무 ② 하역장치 및 유압장치 기능의 이상유무 ③ 바퀴의 이상유무 ④ 전조등·후미등·방향지시기 및 경보장치 기능의 이상유무
7. 구내운반차를 사용하여 작업을 하는 때 18/2 산	① 제동장치 및 조종장치 기능의 이상유무 ② 하역장치 및 유압장치 기능의 이상유무 ③ 바퀴의 이상유무 ④ 전조등·후미등·방향지시기 및 경음기 기능의 이상유무 ⑤ 충전장치를 포함한 홀더 등의 결합상태의 이상유무

작업의 종류	점검내용
8. 고소작업대를 사용하여 작업을 하는 때	① 비상정지장치 및 비상하강방지장치 기능의 이상유무 ② 과부하방지장치의 작동 유무(와이어로프 또는 체인구동방식의 경우) ③ 아웃트리거 또는 바퀴의 이상유무 ④ 작업면의 기울기 또는 요철 유무
9. 화물자동차를 사용하는 작업을 행하게 하는 때	① 제동장치 및 조종장치의 기능 ② 하역장치 및 유압장치의 기능 ③ 바퀴의 이상유무
10. 컨베이어 등을 사용하여 작업을 하는 때	① 원동기 및 풀리 기능의 이상유무 ② 이탈 등의 방지장치기능의 이상유무 ③ 비상정지장치 기능의 이상유무 ④ 원동기·회전축·기어 및 풀리 등의 덮개 또는 울 등의 이상유무
11. 차량계 건설기계를 사용하여 작업을 하는 때	브레이크 및 클러치 등의 기능
12. 이동식 방폭구조 전기기계·기구를 사용하는 때	전선 및 접촉부 상태
13. 근로자가 반복하여 계속적으로 중량물을 취급하는 작업을 하는 때	① 중량물 취급의 올바른 자세 및 복장 ② 위험물이 흩어짐에 따른 보호구의 착용 ③ 카바이드·생석회 등과 같이 온도상승이나 습기에 의하여 위험성이 존재하는 중량물의 취급방법 ④ 그 밖에 하역운반기계 등의 적절한 사용방법
14. 양화장치를 사용하여 화물을 싣고 내리는 작업을 하는 때	① 양화장치(陽貨裝置)의 작동상태 ② 양화장치에 제한하중을 초과하는 하중을 실었는지 여부
15. 슬링 등을 사용하여 작업을 하는 때	① 훅이 붙어 있는 슬링·와이어슬링 등의 매달린 상태 ② 슬링·와이어슬링 등의 상태(작업시작 전 및 작업 중 수시로 점검)

05 사전조사 및 작업계획서의 작성 내용

작업명	사전조사 내용	작업계획서 내용
1. 타워크레인을 설치·조립·해체하는 작업	–	① 타워크레인의 종류 및 형식 ② 설치·조립 및 해체순서 ③ 작업도구·장비·가설(假設設備) 및 방호설비 ④ 작업인원의 구성 및 작업근로자의 역할 범위 ⑤ 지지 방법(제142조)
2. 차량계 하역운반기계 등을 사용하는 작업	–	① 해당 작업에 따른 추락·낙하·전도·협착 및 붕괴 등의 위험 예방대책 ② 차량계 하역운반기계 등의 운행경로 및 작업방법
3. 차량계 건설기계를 사용하는 작업 18/3 기	해당 기계의 전락(轉落), 지반의 붕괴 등으로 인한 근로자의 위험을 방지하기 위한 해당 작업장소의 지형 및 지반상태	① 사용하는 차량계 건설기계의 종류 및 성능 ② 차량계 건설기계의 운행경로 ③ 차량계 건설기계에 의한 작업방법

작업명	사전조사 내용	작업계획서 내용
4. 굴착작업	① 형상·지질 및 지층의상태 ② 균열·함수(含水)·용수 및 동결의 유무 또는 상태 ③ 매설물 등의 유무또는 상태 ④ 지반의 지하수위 상태	① 굴착방법 및 순서, 토사 반출방법 ② 필요한 인원 및 장비 사용계획 ③ 매설물 등에 대한 이설·보호대책 ④ 사업장 내 연락방법 및 신호방법 ⑤ 흙막이지보공 설치방법 및 계측계획 ⑥ 작업지휘자의 배치계획 ⑦ 그 밖에 안전·보건에 관련된사항
5. 터널굴착작업	보링(boring) 등 적절한 방법으로 낙반·출수(出水) 및 가스폭발 등으로 인한 근로자의 위험을 방지하기 위하여 미리 지형·지질 및 지층상태를 조사	① 굴착의 방법 ② 터널지보공 및 복공(覆工)의 시공방법과 용수(湧水)의 처리방법 ③ 환기 또는 조명시설을 설치할 때에는 그 방법
6. 교량작업	-	① 작업방법 및 순서 ② 부재(部材)의 낙하·전도 또는 붕괴를 방지하기 위한 방법 ③ 작업에 종사하는 근로자의 추락위험을 방지하기 위한 안전조치방법 ④ 공사에 사용되는 가설 철구조물등의 설치·사용·해체시 안전성 검토 방법 ⑤ 사용하는 기계 등의 종류 및 성능, 작업방법 ⑥ 작업지휘자 배치계획 ⑦ 그 밖에 안전·보건에 관련된사항
7. 채석작업	지반의 붕괴·굴착기계의 전락(轉落) 등에 의한 근로자에게 발생할 위험을 방지하기 위한 해당 작업장의 지형·지질 및 지층의 상태	① 노천굴착과 갱내굴착의 구별 및 채석 방법 ② 굴착면의 높이와 기울기 ③ 굴착면 소단(小段)의 위치와 넓이 ④ 갱내에서의 낙반 및 붕괴방지 방법 ⑤ 발파방법 ⑥ 암석의 분할방법 ⑦ 암석의 가공장소 ⑧ 사용하는 굴착기계·분할기계·적재기계 또는 운반기계(이하 "굴착기계 등"이라 함)의 종류 및 성능 ⑨ 토석 또는 암반의 적재 및 운반 방법과 운반경로 ⑩ 표토 또는 용수(湧水)의 처리방법
8. 건물 등의 해체작업	해체건물 등의 구조, 주변상황 등	① 해체의 방법 및 해체 순서도면 ② 가설설비·방호설비·환기설비·및 살수·방화설비 등의 방법 ③ 사업장 내 연락방법 ④ 해체물의 처분계획 ⑤ 해체작업용 기계·기구 등의 작업계획서 ⑥ 해체작업용 화약류 등의 사용계획서 ⑦ 그 밖에 안전·보건에 관련된사항
중량물의 취급작업	-	① 추락위험을 예방할 수 있는 안전대책 ② 낙하위험을 예방할 수 있는안전대책 ③ 전도위험을 예방할 수 있는안전대책 ④ 협착위험을 예방할 수 있는안전대책 ⑤ 붕괴위험을 예방할 수 있는안전대책
궤도와 그 밖의 관련 설비의 보수·점검작업입환작업(入換作業)	-	① 적절한 작업인원 ② 작업량 ③ 작업순서 ④ 작업방법 및 위험요인에 대한 안전조치방법 등

06 운전위치의 이탈을 금지해야 할 기계·기구

① 양중기
② 항타기 또는 항발기(권상장치에 하중을 건 상태)
③ 양화장치(화물을 적재한 상태)

2. 가설공사 안전

01 가설통로

(1) 통로의 조명 : 75Lux 이상

(2) 가설통로의 구조(가설통로 설치시 준수사항)
① 견고한 구조로 할 것
② 경사는 30° 이하로 할 것(계단을 설치하거나 높이 2m 미만의 가설통로로서 튼튼한 손잡이를 설치한 경우에는 그러하지 아니하다.)
③ 경사가 15°를 초과하는 경우에는 미끄러지지 아니하는 구조로 할 것
④ 추락의 위험이 있는 장소에는 안전난간을 설치할 것(작업상 부득이한 때에는 필요한 부분에 한하여 임시로 이를 해체할 수 있음)
⑤ 수직갱에 가설된 통로의 길이가 15m 이상인 경우에는 10m 이내마다 계단참을 설치할 것
⑥ 건설공사에 사용하는 높이 8m 이상인 비계다리에는 7m 이내마다 계단참을 설치할 것

(3) 사다리식 통로 등의 구조(사다리식 통로 등의 설치시 준수사항)
① 견고한 구조로 할 것
② 심한 손상·부식 등이 없는 재료를 사용할 것
③ 발판의 간격은 일정하게 할 것
④ 발판과 벽과의 거리는 15cm 이상의 간격을 유지할 것
⑤ 폭은 30cm 이상으로 할 것
⑥ 사다리가 넘어지거나 미끄러지는 것을 방지하기 위한 조치를 할 것
⑦ 사다리의 상단은 걸쳐놓은 지점으로부터 60cm 이상 올라가도록 할 것
⑧ 사다리식 통로의 길이가 10m 이상인 경우에는 5m 이내마다 계단참을 설치할 것
⑨ 사다리식 통로의 기울기는 75°이하로 할 것(다만, 고정식 사다리식 통로의 기울기는 90°이하로 하고, 그 높이가 7m 이상인 경우에는 바닥으로부터 높이가 2.5m 되는 지점부터 등받이울을 설치할 것)
⑩ 접이식 사다리 기둥은 사용 시 접혀지거나 펼쳐지지 않도록 철물 등을 사용하여 견고하게 조치할 것

02 가설 계단 등

(1) **계단의 강도** : 계단 및 계단참 설치시는 500kg/m²(매 m²당 500kg) 이상의 하중에 견딜 수 있는 강도를 가진 구조로 설치할 것(안전율 : 4 이상)

(2) **계단의 폭** : 계단을 설치하는 경우 그 폭을 1m 이상으로 할 것(다만, 급유용·보수용·비상용 계단 및 나선형 계단이거나 높이 1m미만의 이동식 계단은 제외)

(3) **계단참의 높이** : 높이가 3m를 초과하는 계단에 높이 3m 이내마다 너비 1.2m 이상 계단참을 설치할 것

(4) **천장의 높이** : 계단을 설치하는 경우 바닥면으로부터 높이 2m 이내의 공간에 장애물이 없도록 할 것(다만, 급유용·보수용·비상용 계단 및 나선형 계단은 제외)

(5) **계단의 난간** : 높이가 1m 이상인 계단의 개방된 측면에 안전난간을 설치할 것

03 경사로(고용노동부 고시)

(1) **경사로의 설치·사용시 준수사항**
   ① 비탈면의 경사각은 30° 이내로 할 것
   ② 경사로의 폭은 최소 90cm 이상일 것
   ③ 높이 7m 이내마다 계단참을 설치할 것
   ④ 경사로의 지지기둥은 3m 이내마다 설치할 것
   ⑤ 발판의 폭은 40cm 이상으로 하고 틈은 3cm 이내로 설치할 것

(2) **이동식 사다리 설치·사용시 준수사항**
   ① 길이가 6m를 초과하지 않도록 할 것
   ② 다리의 벌림은 벽 높이의 1/4 정도로 할 것
   ③ 벽면 상부로부터 최소한 1m 이상의 연장길이가 있도록 할 것

(3) **미끄럼방지장치 : 사다리의 설치·사용시 준수사항**
   ① 미끄럼방지장치 : 사다리 지주의 끝에 고무, 코르크, 가죽, 강스파이크 등을 부착시켜 바닥과의 미끄럼을 방지하는 안전장치가 있어야 한다.
   ② 쐐기형 강스파이크 : 지반이 평탄한 맨땅 위에 세울 때 사용하여야 한다.
   ③ 미끄럼방지 판자 및 미끄럼방지 고정쇠 : 돌마무리 또는 인조석 깔기로 마감한 바닥용으로 사용하여야 한다.
   ④ 미끄럼방지 발판 : 인조고무 등으로 마감한 실내용으로 사용하여야 한다.

04 비계의 설치기준

(1) 비계의 종류 등

1) 비계의 종류
① 통나무비계　② 강관비계　③ 강관틀비계
④ 달비계　　　⑤ 달대비계　⑥ 이동식비계
⑦ 말비계(인장비계, 각주비계)　⑧ 시스템비계

2) 비계가 갖추어야 할 3요소
① 안전성
② 작업성
③ 경제성

(2) 비계의 재료 및 구조 등

1) 비계의 재료 : 변형·부식 또는 심하게 손상된 것을 사용하지 않을 것

2) 달비계(곤돌라의 달비계는 제외)의 최대적재하중을 정함에 있어서의 안전계수

$$\therefore 안전계수 = \frac{절단하중}{최대사용하중}$$

① 달기와이어로프 및 달기강선의 안전계수 : 10 이상
② 달기체인 및 달기훅의 안전계수 : 5 이상
③ 달기강대와 달비계의 하부 및 상부지점의 안전계수 : 강재의 경우 2.5 이상, 목재의 경우 5 이상

3) 작업발판의 구조
① 발판재료는 작업시의 하중에 견딜 수 있도록 견고한 것으로 할 것
② 작업발판의 폭은 40cm 이상으로 하고, 발판재료간의 틈은 3cm 이하로 할 것
③ 추락의 위험성이 있는 장소에는 안전난간을 설치할 것(작업의 성질상 안전난간을 설치하는 것이 곤란할 때 및 작업의 필요상 임시로 안전난간을 해체함에 있어서 안전방망을 치거나 근로자로 하여금 안전대를 사용하도록 하는 등 추락에 의한 위험방지 조치를 할 때에는 제외)
④ 작업발판의 지지물은 하중에 의하여 파괴될 우려가 없는 것을 사용할 것
⑤ 작업발판의 재료는 뒤집히거나 떨어지지 아니하도록 2 이상의 지지물에 연결하거나 고정시킬 것
⑥ 작업발판을 작업에 따라 이동시킬 때에는 위험방지에 필요한 조치를 할 것

(3) 비계의 조립·해체 및 점검 등(안전보건규칙)

1) 달비계 또는 높이 5m 이상의 비계를 조립·해체 및 변경작업시 준수사항
① 근로자는 관리감독자의 지휘에 따라 작업하도록 할 것
② 조립·해체 또는 변경의 시기·범위 및 절차를 그 작업에 종사하는 근로자에게 주지시킬 것
③ 조립·해체 또는 변경 작업구역에는 해당 작업에 종사하는 근로자가 아닌 사람의 출입을 금지하고 그 내용을 보기 쉬운 장소에 게시할 것
④ 비, 눈 그 밖의 기상상태의 불안정으로 인하여 날씨가 몹시 나쁜 경우에는 그 작업을 중지시킬 것
⑤ 비계재료의 연결·해체작업을 하는 경우에는 폭 20cm 이상의 발판을 설치하고, 근로자로 하여금 안전대를 사용하도록 하는 등 추락방지를 위한 조치를 할 것
⑥ 재료·기구 또는 공구 등을 올리거나 내리는 경우에는 근로자가 달줄 또는 달포대 등을 사용하도록 할 것

㈜ 강관비계 또는 통나무비계를 조립하는 경우 쌍줄로 할 것. 다만, 별도의 작업발판을 설치할 수 있는 시설을 갖춘 경우에는 외줄로 할 수 있음

2) 악천후로 작업을 중지시킨 후 또는 비계를 조립·해체·변경한 후 그 비계에서 작업을 할 때 작업시작 전 점검사항
① 발판재료의 손상 여부 및 부착 또는 걸림상태
② 해당 비계의 연결부 또는 접속부의 풀림상태
③ 연결재료 및 연결철물의 손상 또는 부식상태
④ 손잡이의 탈락 여부
⑤ 기둥의 침하, 변형, 변위 또는 흔들림 상태
⑥ 로프의 부착상태 및 매단장치의 흔들림 상태

(4) 강관비계 및 강관틀비계

1) 강관비계 조립시의 준수사항
① 비계기둥에는 미끄러지거나 침하하는 것을 방지하기 위하여 밑받침철물을 사용하거나 깔판·깔목 등을 사용하여 밑둥잡이를 설치하는 등의 조치를 할 것
② 강관의 접속부 또는 교차부(交叉部)는 적합한 부속철물을 사용하여 접속하거나 단단히 묶을 것
③ 교차가새로 보강할 것
④ 외줄비계·쌍줄비계 또는 돌출비계에 대해서는 다음 각 목에서 정하는 바에 따라 벽이음 및 버팀을 설치할 것.
   ㉠ 강관비계의 조립 간격은 다음 [표]의 기준에 적합하도록 할 것

강관비계의 종류	조립간격 (단위 : m)	
	수직방향	수평방향
1. 단관비계	5	5
2. 틀비계(높이 5m 미만은 제외)	6	8
3. 통나무비계	5.5	7.5

　　　　ⓒ 강관·통나무 등의 재료를 사용하여 견고한 것으로 할 것
　　　　ⓓ 인장재(引張材)와 압축재로 구성된 경우에는 인장재와 압축재의 간격을 1m 이내로 할 것
　　⑤ 가공전로(架空電路)에 근접하여 비계를 설치하는 경우에는 가공전로를 이설(移設) 하거나 가공전로에 절연용 방호구를 장착하는 등 가공전로와의 접촉을 방지하기 위한조치를 할 것

2) 강관비계의 구조(강관을 사용하여 비계를 구성하는 경우 준수사항)
　　① 비계기둥의 간격은 띠장 방향에서는 1.85m 이하, 장선(長線)방향에서는 1.5m 이하로 할 것
　　② 띠장 간격은 2m 이하로 할 것
　　③ 비계기둥의 제일 윗부분으로부터 31m 되는 지점 밑부분의 비계기둥은 2개의 강관으로 묶어 세울 것. 다만 브래킷(bracket) 등으로 보강하여 2개의 강관으로 묶을 경우 이상의 강도가 유지되는 경우에는 제외
　　④ 비계기둥 간의 적재하중은 400kg을 초과하지 않도록 할 것

3) 강관틀비계를 조립하여 사용하는 경우 준수사항
　　① 비계기둥의 밑둥에는 밑받침철물을 사용하여야 하며 밑받침에 고저차(高低差)가 있는 경우에는 조절형 밑받침철물을 사용하여 각각의 강관틀비계가 항상 수평 및 수직을 유지하도록 할 것
　　② 높이가 20m를 초과하거나 중량물의 적재를 수반하는 작업을 할 경우에는 주틀간의 간격을 1.8m 이하로 할 것
　　③ 주틀 간에 교차가새를 설치하고 최상층 및 5층 이내마다 수평재를 설치할 것
　　④ 수직방향으로 6m, 수평방향으로 8m 이내마다 벽이음을 할 것
　　⑤ 길이가 띠장 방향으로 4m 이하이고 높이가 10m를 초과하는 경우에는 10m 이내마다 띠장 방향으로 버팀기둥을 설치할 것

(5) 달비계 및 달대비계

1) 달비계 및 달대비계
① 달비계 : 와이어로프나 철선 등을 이용하여 상부지점에 승강할 수 있는 작업용 발판을 매다는 형식의 비계로써 건물외벽의 도장이나 청소 등의 작업에 사용
② 달대비계 : 철골공사의 리벳치기, 볼트 작업시에 주로 이용되는 것으로 주체인철골에 매달아서 작업발판을 만드는 비계로서 상하이동을 시킬 수 없는 것

2) 달비계에 사용하는 와이어로프의 사용금지사항 `18/3 기`
① 이음매가 있는 것
② 와이어로프의 한 꼬임[스트랜드(strand)를 말함]에서 끊어진 소선(素線)[필러(pillar)선은 제외]의 수가 10% 이상(비자전로프의 경우에는 끊어진 소선의 수가 와이어로프 호칭지름의 6배 길이 이내에서 4개 이상이거나 호칭지름 30배 길이 이내에서 8개 이상)인 것
③ 지름의 감소가 공칭지름의 7%를 초과하는 것
④ 꼬인 것
⑤ 심하게 변형되거나 부식된 것
⑥ 열과 전기충격에 의해 손상된 것

3) 달비계에 사용하는 달기체인의 사용금지사항
① 달기체인의 길이가 달기체인이 제조된 때의 길이의 5%를 초과한 것
② 링의 단면지름이 달기체인이 제조된 때의 해당 링의 지름의 10%를 초과하여 감소한 것
③ 균열이 있거나 심하게 변형된 것

4) 달비계에 사용하는 섬유로프 또는 섬유벨트의 사용금지사항
① 꼬임이 끊어진 것
② 심하게 손상되거나 부식된 것

(6) 말비계 및 이동식비계

1) 말비계를 조립하여 사용하는 경우 준수사항 `18/2 산`
① 지주부재(支柱部材)의 하단에는 미끄럼방지장치를 하고, 근로자가 양측 끝부분에 올라서서 작업하지 않도록 할 것
② 지주부재와 수평면의 기울기를 75°이하로 하고, 지주부재와 지주부재 사이를 고정시키는 보조부재를 설치할 것
③ 말비계의 높이가 2m를 초과하는 경우에는 작업발판의 폭을 40cm 이상으로 할 것

2) 이동식비계를 조립하여 작업을 하는 경우 준수사항 `18/3 기`
① 이동식비계의 바퀴에는 뜻밖의 갑작스러운 이동 또는 전도를 방지하기 위하여 브레이크·

쐐기 등으로 바퀴를 고정시킨 다음 비계의 일부를 견고한 시설물에 고정하거나 아웃트리거(outrigger)를 설치하는 등 필요한 조치를 할 것
② 승강용 사다리는 견고하게 설치할 것
③ 비계의 최상부에서 작업을 하는 경우에는 안전난간을 설치할 것
④ 작업발판은 항상 수평을 유지하고 작업발판 위에서 안전난간을 딛고 작업을 하거나 받침대 또는 사다리를 사용하여 작업하지 않도록 할 것
⑤ 작업발판의 최대적재하중은 250kg을 초과하지 않도록 할 것

(7) 시스템계의 구조(시스템비계를 사용하여 비계를 구성하는 경우 준수사항)
① 수직재·수평재·가새재를 견고하게 연결하는 구조가 되도록 할 것
② 비계 밑단의 수직재와 받침철물은 밀착되도록 설치하고, 수직재와 받침철물의 연결부의 겹침길이는 받침철물 전체길이의 3분의 1 이상이 되도록 할 것
③ 수평재는 수직재와 직각으로 설치하여야 하며, 체결 후 흔들림이 없도록 견고하게 설치할 것
④ 수직재와 수직재의 연결철물은 이탈되지 않도록 견고한 구조로 할 것
⑤ 벽 연결재의 설치간격은 제조사가 정한 기준에 따라 설치할 것

(8) 통나무비계

1) 통나무비계의 구조(통나무비계를 조립하는 경우 준수사항)
① 비계기둥의 간격은 2.5m 이하로 하고 지상으로부터 첫 번째 띠장은 3m 이하의 위치에 설치할 것. 다만, 작업의 성질상 이를 준수하기 곤란하여 쌍기둥 등에 의하여 해당 부분을 보강한 경우에는 그러하지 아니하다.
② 비계기둥이 미끄러지거나 침하하는 것을 방지하기 위하여 비계기둥의 하단부를 묻고 밑둥잡이를 설치하거나 깔판을 사용하는 등의 조치를 할 것
③ 비계기둥의 이음이 겹침이음인 경우에는 이음부분에서 1m 이상을 서로 겹쳐서 두 군데 이상을 묶고, 비계기둥의 이음이 맞댄이음인 경우에는 비계기둥을 쌍기둥틀로 하거나 1.8m 이상의 덧댐목을 사용하여 네 군데 이상을 묶을 것
④ 비계기둥·띠장·장선 등의 접속부 및 교차부는 철선이나 그 밖의 튼튼한 재료로 견고하게 묶을 것
⑤ 교차가새로 보강할 것
⑥ 외줄비계·쌍줄비계 또는 돌출비계에 대해서는 다음 각 목에 따른 벽이음 및 버팀을 설치할 것.
  ㉠ 간격은 수직방향에서 5.5m 이하, 수평방향에서는 7.5m 이하로 할 것
  ㉡ 강관·통나무 등의 재료를 사용하여 견고한 것으로 할 것
  ㉢ 인장재와 압축재로 구성되어 있는 경우에는 인장재와 압축재의 간격은 1m 이내로 할 것

2) 통나무비계는 지상높이 4층 이하 또는 12m 이하인 건축물·공작물 등의 건조·해체 및 조립 등의 작업에만 사용할 수 있음

05 공사용 가설도로를 설치하는 경우 준수사항

① 도로는 장비와 차량이 안전하게 운행할 수 있도록 견고하게 설치할 것
② 도로와 작업장이 접하여 있을 경우에는 방책 등을 설치할 것
③ 도로는 배수를 위하여 경사지게 설치하거나 배수시설을 설치할 것
④ 차량의 속도제한 표지를 부착할 것

3. 토공사 안전

01 흙의 성질

(1) 흙 = 토립자 + 간극(물, 공기, 가스)

(2) 공극률과 포화도

① 공극률 = $\dfrac{\text{공극의 용적}}{\text{토립자의 용적}} \times 100(\%)$

② 포화도 = $\dfrac{\text{물의 용적}}{\text{공극의 용적}} \times 100(\%)$

(3) 함수비와 함수율

① 함수비 : 습윤토 중에 함유된 물의 중량(공극중의 물의 무게)과 그 토립자의 절대건조상태의 중량(흙입자만의 건조무게)과의 중량비를 백분율로 나타낸 것이다.

∴ 함수비 = $\dfrac{\text{물의 중량}}{\text{흙의 건조중량}} \times 100(\%)$

② 함수율 : 흙의 전체중량(흙 + 물의 중량)에 대한 흙 속의 물의중량과의 비를 백분율로 나타낸 것이다.

∴ 함수율 = $\dfrac{\text{물의 중량}}{\text{흙의 전체중량}} \times 100(\%)$

(4) 흙의 전단강도(Coulomb식)

∴ $S = C + \sigma \tan\phi$

여기서, S : 흙의 전단강도(kg/cm²)
C : 점착력(kg/cm²)
σ : 전단면(파괴면)에 작용하는 수직응력(kg/cm²)
ϕ : 내부마찰각

02 지반조사 및 현장 토질시험방법

(1) 보링(Boring)

　1) **기계식 보링** : 충격식, 수세식, 회전식(가장 정확한 방법)

　2) **오거 보링** : 작업현장에서 인력으로 간단하게 실시할 수 있는 방법

(2) 현장의 토질시험방법

　1) **베인 테스트(vane test)** : 십자형 날개의 vane test를 지반에 때려 박고 회전시켜서 그 회전력에 의해 점토의 점착력을 판별하는 방법(연한 점토질에 주로 쓰이는 방법)

　2) **표준관입시험** : 63.5kg의 추를 76cm의 높이에서 자유 낙하시켜 30cm 관입시킬 때의 타격횟수(N)를 측정하여 흙의 경·연도의 정도를 판정하는 방법

　　① 사질지반의 상대밀도 등 토질조사시 신뢰성 높음

　　② N값과 모래의 상태

N값	모래의 상태
0~5	몹시 느슨하다.
5~10	느슨하다.
10~30	보통
50 이상	다진 상태(밀실 상태)

　3) **지내력 시험(평판재하시험)** : 지반면에 직접 재하하여 허용지내력을 구하기 위한 시험방법

　　① 시험은 원칙적으로 예정기초면에서 행한다.

　　② 하중시험용 재하판은 정방향 또는 원형의 두께 약 25mm 절판재, 면적 0.2m², 보통 30cm의 각이나 45cm 각의 것이 사용된다.

　　③ 매회의 재하는 1톤 이하 또는 예정파괴하중의 1/5 이하로 한다.

　　④ 침하의 증가는 2시간에 0.1mm의 비율 이하가 될 때에는 침하가 정지된 것으로 간주한다.

　　⑤ 단기하중에 대한 허용지내력은 총침하량이 20mm에 도달하였을 때, 침하량이 20mm 이하더라도 침하곡선이 항복상황을 나타낼 때로 한다.

　　⑥ 장기하중에 대한 허용지내력은 단기하중에 대한 허용지내력의 1/2이다.

03 지반의 이상현상

(1) 보일링 현상　10/1 기

　1) **보일링(boiling)** : 사질토 지반을 굴착시 굴착부와 지하수위차가 있을 경우, 수두차(水頭差)에 의하여 침투압이 생겨 흙막이벽 근입부분을 침식하는 동시에, 굴착부 저면의 모래가 액상화(液狀化)되어 솟아오르는 현상이다.

2) 대책
　① 주변수위를 저하시킨다.(지하수위 감소)
　② 흙막이벽 근입도를 증가하여 동수구배를 저하시킨다.(흙막이 벽을 깊게 박음)
　③ 굴착토를 즉시 원상 매립한다.
　④ 작업을 중지시킨다.

(2) 히빙현상

1) 히빙(heaving) : 연약성 점토지반에서 굴착이 진행됨에 따라 흙막이벽 뒤쪽 흙의 중량이 굴착부 바닥의 지지력 이상이 되면 흙막이벽 근입(根入)부분의 지반이동이 발생하여 굴착부 저면이 솟아오르는 현상이다.

2) 대책
　① 굴착주변의 상재하중을 제거한다.
　② 시트 파일(Sheet Pile) 등의 근입심도를 검토한다.(흙막이벽을 깊게 박음)
　③ 버팀대, 브래킷, 흙막이를 점검한다.
　④ 굴착방식을 개선(Island Cut 공법 등)한다.

(3) **점토의 비화작용** : 액상상태에 있는 흙을 건조시키면 고체로 되었다가 재차 흡수하면 토립자간의 결합력이 감쇠되어 붕괴되는 현상

04 흙막이 공법

(1) **흙막이벽 오픈컷 공법** : 널말뚝을 건물의 주위에 박고 소정의 깊이까지 파내어 기초를 구축하는 공법이다.

　① 타이로드(tie rod)공법 : 흙막이 후변에 구멍에 뚫고 로드(rod)를 앵커시켜 흙막이와 연결시키는 공법으로 타이로드(tie rod)는 되도록 경질 지반에 정착시켜야 안전하다.
　② 버팀대공법 : 굴착부 주위에 타입된 흙막이벽을 활용하여 굴착을 진행하면서 내부에 버팀대를 가설하고 흙막이벽에 가해지는 토압에 대응하도록 하는 공법이다.
　③ 자립흙막이벽공법 : 굴착부 주위에 흙막이벽을 타입하여 토사의 붕괴를 흙막이벽 자체의 저항력으로 방지하며 굴착한다.

(2) **버팀대 공법**

　① 빗 버팀대식 공법 : 넓은 면적에서 비교적 얕은 기초파기를 할 때 이용되는 공법

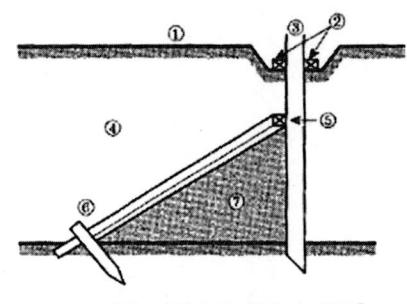

[빗 버팀대식 흙막이 공법]

① 줄파기
② 규준대 대기
③ 널말뚝 박기
④ 중앙부 흙파기
⑤ 띠장 대기
⑥ 버팀말뚝 및 버팀대 대기
⑦ 주변부 흙파기

② 수평버팀대식 공법 : 좁은 면적에서 깊은 기초파기를 할 때나, 폭이 좁고 길이가 길 경우에 이용되는 공법

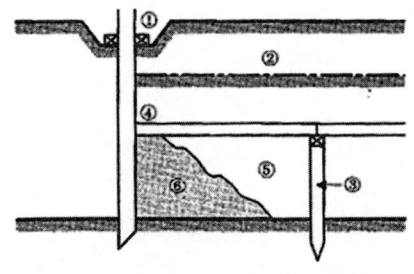

[수평 버팀대식 흙막이 공법]

① 줄파기, 규준대 대기, 널말뚝 박기
② 흙파기
③ 받침기둥 박기
④ 띠장, 버팀대 대기
⑤ 중앙부 흙파기
⑥ 주변부 흙파기

05 굴착작업 등의 위험방지

(1) 지반 등의 굴착시 굴착면의 기울기 기준 : 다음 [표]의 기준에 맞도록 할 것.

구분	지반의 종류	구배
보통흙	습지	1 : 1 ~ 1 : 1.5
	건지	1 : 0.5 ~ 1 : 1
암반	풍화암	1 : 1.0
	연암	1 : 1.0
	경암	1 : 0.5

(2) 관리감독자의 작업시작 전 점검사항 : 굴착작업시 지반의 붕괴 또는 토석의 낙하에 의한 위험을 방지하기 위하여 관리 감독자가 작업시작 전에 작업장소 및 그 주변에 대하여 점검해야 할 사항
　① 부석·균열의 유무
　② 함수·용수 및 동결상태의 변화

(3) 지반의 붕괴 등에 의한 위험방지

1) 굴착작업시 지반의 붕괴 또는 토석의 낙하에 의한 위험방지 조치사항 18/2 기   18/4 산
   ① 흙막이지보공 설치
   ② 방호망 설치
   ③ 근로자의 출입금지

2) 비가 올 경우 빗물 등의 침투에 의한 붕괴재해방지 조치사항
   ① 측구 설치
   ② 굴착사면에 비닐을 덮음

(4) 흙막이지보공

1) 흙막이지보공 조립시 조립도의 내용
   ① 부재(흙막이판·말뚝·버팀대 및 띠장 등)의 배치·치수
   ② 부재의 재질 및 설치방법과 순서

2) 흙막이지보공 설치시 정기점검사항
   ① 부재의 손상·변형·부식·변위 및 탈락의 유무와 상태
   ② 버팀대의 긴압(緊壓)의 정도
   ③ 부재의 접속부·부착부 및 교차부의 상태
   ④ 침하의 정도

(5) 발파에 의한 굴착(표준안전작업지침)

1) 암질 판별방식 : 암질 변화구간 및 이상암질의 출현시 반드시 암질 판별을 실시하여야 하며, 암질 판별은 아래 각 목을 기준으로 하여야 한다.
   ① RQD(%)
   ② 탄성파속도(m/sec)
   ③ RMR(%)
   ④ 일축압축강도(kg/cm^2)
   ⑤ 진동치 속도(cm/sec=kine)

2) 터널의 경우(NATM 기준) 계측관리사항 기준 : 다음 각 목의 사항을 적용하며 지속적 관찰에 의한 보강대책을 강구하여야 한다. 또한 이상변위가 나타나면 즉시 작업중단 및 장비·인력 대피조치를 하여야 한다.
   ① 내공변위 측정
   ② 천단침하 측정
   ③ 지중·지표침하 측정

④ 록볼트 축력 측정
⑤ 숏크리트 응력 측정

(6) 계측기의 설치 : 깊이 10.5m 이상의 굴착의 경우 아래 각 목의 계측기의 설치에 의하여 흙막이 구조의 안전을 예측하여야 하며, 설치가 불가능한 경우 트랜싯 및 레벨 측량기에 의해 수직·수평 변위측정을 실시하여야 한다.
① 수위계
② 경사계
③ 하중 및 침하계
④ 응력계

(7) 발파의 작업기준(발파작업시 준수사항)
① 얼어붙은 다이너마이트는 화기에 접근시키거나 그 밖의 고열물에 직접 접촉시키는 등 위험한 방법으로 융해되지 않도록 할 것
② 화약이나 폭약을 장전하는 경우에는 그 부근에서 화기를 사용하거나 흡연을 하지 않도록 할 것
③ 장전구(裝塡具)는 마찰·충격·정전기 등에 의한 폭발의 위험이 없는 안전한 것을 사용할 것
④ 발파공의 충진재료는 점토·모래 등 발화성 또는 인화성의 위험이 없는 재료를 사용할 것
⑤ 점화 후 장전된 화약류가 폭발하지 아니한 경우 또는 장전된 화약류의 폭발여부를 확인하기 곤란한 경우에는 다음 각 목의 사항을 따를 것
  ㉠ 전기뇌관에 의한 경우 : 발파모선을 점화기에서 떼어 그 끝을 단락시켜 놓는 등 재점화되지 않도록 조치하고 그 때부터 5분 이상 경과한 후가 아니면 화약류의 장전장소에 접근시키지 않도록 할 것
  ㉡ 전기뇌관 외의 것에 의한 경우 : 점화한 때부터 15분 이상 경과한 후가 아니면 화약류의 장전장소에 접근시키지 않도록 할 것
⑥ 전기뇌관에 의한 발파의 경우 : 점화하기 전에 화약류를 장전한 장소로부터 30m 이상 떨어진 안전한 장소에서 전선에 대하여 저항측정 및 도통(道通)시험을 할 것

06 터널작업의 위험방지

(1) 인화성가스의 농도측정 등

1) 인화성 가스가 발생할 위험이 있는 장소에 대하여 인화성가스의 농도를 측정하도록 할 것
2) 인화성가스 농도의 이상상승을 조기에 파악하기 위하여 그 장소에 자동경보장치를 설치할 것

3) 자동경보장치의 작업시작 전 점검사항
   ① 계기의 이상유무
   ② 검지부의 이상유무
   ③ 경보장치의 작동상태

(2) 터널건설작업시 낙반 등에 의한 위험방지 조치사항   18/3 기
   ① 터널지보공 설치
   ② 록볼트의 설치
   ③ 부석의 제거

(3) 터널 등의 출입구 부근의 지반붕괴 및 토석낙하에 의한 위험방지 조치사항
   ① 흙막이지보공 설치
   ② 방호망 설치

(4) 터널작업시 터널 내부의 시계를 유지하기 위한 조치사항
   ① 환기를 시킬 것
   ② 물을 뿌릴 것

07 터널지보공의 위험방지

(1) 터널지보공 조립시 조립도에 명시해야 할 내용
   ① 재료의 재질
   ② 재료의 단면규격
   ③ 재료의 설치간격 및 이음방법

(2) 터널지보공의 조립·변경시 조치사항
   ① 주재(主材)를 구성하는 1세트의 부재는 동일 평면 내에 배치할 것
   ② 목재의 터널지보공은 그 터널지보공의 각 부재의 긴압 정도가 균등하게 되도록 할 것
   ③ 기둥에는 침하를 방지하기 위하여 받침목을 사용하는 등의 조치를 할 것
   ④ 강(鋼)아치 지보공의 조립 : 다음 각 목의 사항을 따를 것
      ㉠ 조립간격은 조립도에 따를 것
      ㉡ 주재가 아치작용을 충분히 할 수 있도록 쐐기를 박는 등 필요한 조치를 할 것
      ㉢ 연결볼트 및 띠장 등을 사용하여 주재 상호간을 튼튼하게 연결할 것
      ㉣ 터널 등의 출입구 부분에는 받침대를 설치할 것
      ㉤ 낙하물의 근로자에게 위험을 미칠 우려가 있는 경우에는 널판 등을 설치할 것

(3) 터널지보공 설치시 수시점검사항

① 부재의 손상·변형·부식·변위·탈락의 유무 및 상태
② 부재의 긴압 정도
③ 부재의 접속부 및 교차부의 상태
④ 기둥침하의 유무 및 상태

08 잠함 내 굴착작업시의 위험방법

(1) 잠함 또는 우물통의 내부에서 굴착작업시 잠함·우물통의 급격한 침하에 의한 위험방지를 위한 준수사항

① 침하관계도에 따라 굴착방법 및 재하량(載荷量) 등을 정할 것
② 바닥으로부터 천장 또는 보까지의 높이는 1.8m 이상으로 할 것

(2) 잠함·우물통·수직갱 등의 내부에서 굴착작업시 준수사항

① 산소결핍 우려가 있는 경우에는 산소농도 측정자를 지명하여 산소농도를 측정하도록 할 것
② 근로자가 안전하게 오르내리기 위한 설비를 설치할 것
③ 굴착 깊이가 20m를 초과하는 경우에는 해당 작업장소와 외부와의 연락을 위한 통신설비 등을 설치할 것
④ 산소농도 측정결과 산소결핍이 인정되거나 굴착 깊이가 20m를 초과하는 경우에는 송기(送氣)를 위한 설비를 설치하여 필요한 양의 공기를 공급할 것

(3) 잠함 등의 내부에서 굴착작업을 금지해야 할 경우

① 승강설비, 통신설비, 송기설비 등 설비에 고장이 있는 경우
② 잠함 등의 내부에 많은 양의 물 등이 스며들 우려가 있는 경우

4. 구조물공사 안전

01 거푸집 동바리 및 거푸집

(1) 거푸집 및 동바리(지보공) 설계시 고려해야 할 하중 콘크리트공사(표준안전작업지침)

① 연직방향 하중 : 거푸집, 지보공(동바리), 콘크리트, 철근, 작업원, 타설용 기계기구, 가설설비 등의 중량 및 충격하중
② 횡방향 하중 : 작업할 때의 진동, 충격, 시공오차 등에 기인되는 횡방향 하중, 이외에 필요에 따라 풍압, 유수압, 지진 등

③ 콘크리트의 측압 : 굳지 않은 콘크리트의 측압
④ 특수하중 : 시공 중에 예상되는 특수한 하중
⑤ 상기 1~4호의 하중에 안전율을 고려한 하중

(2) 거푸집 동바리 등 조립시의 조립도에 명시하여야 할 내용

① 동바리·멍에 등 부재의 재질
② 단면규격
③ 설치간격 및 이음방법

(3) 거푸집 동바리 등의 안전조치(거푸집 동바리 등을 조립하는 경우 준수사항)

① 깔목의 사용, 콘크리트 타설, 말뚝박기 등 동바리의 침하를 방지하기 위한 조치를 할 것
② 개구부 상부에 동바리를 설치하는 경우에는 상부하중을 견딜 수 있는 견고한 받침대를 설치할 것
③ 동바리의 상하 고정 및 미끄러짐 방지 조치를 하고, 하중의 지지상태를 유지할 것
④ 동바리의 이음은 맞댄이음이나 장부이음으로 하고 같은 품질의 재료를 사용할 것
⑤ 강재와 강재의 접속부 및 교차부는 볼트·클램프 등 전용철물을 사용하여 단단히 연결할 것
⑥ 거푸집이 곡면인 경우에는 버팀대의 부착 등 그 거푸집의 부상(浮上)을 방지하기 위한 조치를 할 것

(4) 거푸집 동바리로 사용하는 강관 등 설치기준

1) 동바리로 사용하는 강관(파이프 서포트, pipe support)의 설치기준

① 높이 2m 이내마다 수평연결재를 2개 방향으로 만들고 수평연결재의 변위를 방지할 것
② 멍에 등을 상단에 올릴 경우에는 해당 상단에 강재의 단판을 붙여 멍에 등을 고정시킬 것

2) 동바리로 사용하는 파이프 서포트의 설치기준

① 파이프 서포트를 3개 이상 이어서 사용하지 않도록 할 것
② 파이프 서포트를 이어서 사용하는 경우에는 4개 이상의 볼트 또는 전용철물을 사용하여 이을 것
③ 높이가 3.5m를 초과하는 경우에는 높이 2m 이내마다 수평연결재를 2개 방향으로 만들고 수평연결재의 변위를 방지할 것

3) 동바리로 사용하는 강관틀의 설치기준

① 강관틀과 강관틀 사이에 교차가새를 설치할 것
② 최상층 및 5층 이내마다 거푸집 동바리의 측면과 틀면의 방향 및 교차가새의 방향에서 5개 이내마다 수평연결재를 설치하고 수평연결재의 변위를 방지할 것

③ 최상층 및 5층 이내마다 거푸집 동바리의 틀면의 방향에서 양단 및 5개틀 이내마다 교차가새의 방향으로 띠장틀을 설치할 것

④ 멍에 등을 상단에 올린 경우에는 해당 상단에 강재의 단판을 붙여 멍에 등을 고정시킬 것

4) 동바리로 사용하는 조립강주의 설계기준

① 멍에 등을 상단에 올린 경우에는 해당 상단에 강재의 단판을 붙여 멍에 등을 고정시킬 것

② 높이가 4m를 초과하는 경우에는 높이 4m 이내마다 수평연결재를 2개 방향으로 설치하고 수평연결재의 변위를 방지할 것

5) 시스템 동바리(규격화·부품화된 수직재, 수평재 및 가새재 등의 부재를 현장에서 조립하여 거푸집으로 지지하는 동바리 형식을 말함)의 설치기준

① 수평재는 수직재와 직각으로 설치하여야 하며, 흔들리지 않도록 견고하게 설치할 것

② 연결철물을 사용하여 수직재를 견고하게 연결하고, 연결 부위가 탈락 또는 꺾어지지 않도록 할 것

③ 수직 및 수평하중에 의한 동바리 본체의 변위가 발생하지 않도록 각각의 단위수직재 및 수평재에는 가새재를 견고하게 설치하도록 할 것

④ 동바리 최상단과 최하단의 수직재와 받침철물은 서로 밀착되도록 설치하고 수직재와 받침철물의 연결부의 겹침길이는 받침철물 전체길이의 3분의 1 이상 되도록 할 것

6) 동바리로 사용하는 목재의 설치기준

① 멍에 등을 상단에 올릴 경우에는 해당 상단에 강재의 단판을 붙여 멍에 등을 고정시킬 것

② 목재를 이어서 사용하는 경우에는 2개 이상의 덧댐목을 대고 네 군데 이상 견고하게 묶은 후 상단을 보나 멍에에 고정시킬 것

(5) 조립 등 작업시의 준수사항

1) 기둥·보·벽체·슬래브 등의 거푸집 동바리 등을 조립하거나 해체하는 작업을 하는 경우 준수사항

① 해당 작업을 하는 구역에는 관계 근로자가 아닌 사람의 출입을 금지할 것

② 비, 눈, 그 밖의 기상상태의 불안정으로 날씨가 몹시 나쁜 경우에는 그 작업을 중지할 것

③ 재료, 기구 또는 공구 등을 올리거나 내리는 경우에는 근로자로 하여금 달줄·달포대 등을 사용하도록 할 것

④ 낙하·충격에 의한 돌발적 재해를 방지하기 위하여 버팀목을 설치하고 거푸집 동바리

등을 인양장비에 매단 후에 작업을 하도록 하는 등 필요한 조치를 할 것
  2) 철근조립 등의 작업을 하는 경우 준수사항
    ① 양중기로 철근을 운반할 경우에는 두 군데 이상 묶어서 수평으로 운반할 것
    ② 작업위치의 높이가 2m 이상일 경우에는 작업발판을 설치하거나 안전대를 착용하게 하는 등 위험방지를 위하여 필요한 조치를 할 것

02 작업발판 일체형 거푸집의 정의 및 종류

(1) **작업발판 일체형 거푸집** : 거푸집의 설치·해체, 철근 조립, 콘크리트 타설, 콘크리트 면처리 작업 등을 위하여 거푸집을 작업발판과 일체로 제작하여 사용하는 거푸집

(2) 종류
  ① 갱 폼(gang form)
  ② 슬립 폼(slip form)
  ③ 클라이밍 폼(climbing form)
  ④ 터널 라이닝 폼(tunnel lining form)
  ⑤ 그 밖에 거푸집과 작업발판이 일체로 제작된 거푸집 등

03 거푸집을 해체할 때의 유의사항

① 해체작업을 할 때에는 안전모 등 안전보호장구를 착용토록 하여야 한다.
② 거푸집 해체작업장 주위에는 관계자를 제외하고는 출입을 금지시켜야 한다.
③ 상하 동시작업은 원칙적으로 금지하여 부득이한 경우에는 긴밀히 연락을 취하며 작업을 하여야 한다.
④ 거푸집 해체 때 구조체에 무리한 충격이나 큰 힘에 의한 지렛대 사용은 금지하여야 한다.
⑤ 보 또는 슬래브 거푸집을 제거할 때에는 거푸집의 낙하충격으로 인한 작업원의 돌발적 재해를 방지하여야 한다.
⑥ 해체된 거푸집이나 각목 등에 박혀 있는 못 또는 날카로운 돌출물은 즉시 제거하여야 한다.
⑦ 해체된 거푸집이나 각목은 재사용 가능한 것과 보수하여야 할 것을 선별, 분리하여 적치하고 정리정돈을 하여야 한다.

04 콘크리트 타설작업(안전보건규칙)

(1) **콘크리트의 타설작업**(콘크리트 타설작업을 하는 경우 준수사항)
  ① 당일의 작업을 시작하기 전에 해당 작업에 관한 거푸집 동바리 등의 변형·변위 및 지반의 침하유무 등을 점검하고 이상이 있으면 보수할 것

② 작업 중에는 거푸집 동바리 등의 변형·변위 및 침하유무 등을 감시할 수 있는 감시자를 배치하여 이상이 있으면 작업을 중지하고 근로자를 대피시킬 것
③ 콘크리트 타설작업시 거푸집 붕괴의 위험이 발생할 우려가 있으면 충분한 보강조치를 할 것
④ 설계도서상의 콘크리트 양생기간을 준수하여 거푸집동바리등을 해체할 것
⑤ 콘크리트를 타설하는 경우에는 편심이 발생하지 않도록 골고루 분산하여 타설할 것

(2) 콘크리트 펌프 또는 펌프카 등 사용시 준수사항
① 작업을 시작하기 전에 콘크리트 펌프용 비계를 점검하고 이상을 발견하였으면 즉시 보수할 것
② 건축물의 난간 등에서 작업하는 근로자가 호스의 요동·선회로 인하여 추락하는 위험을 방지하기 위하여 안전난간 설치 등 필요한 조치를 할 것
③ 콘크리트 펌프카의 붐을 조정하는 경우에는 주변의 전선 등에 의한 위험을 예방하기 위한 적절한 조치를 할 것
④ 작업 중에 지반의 침하, 아웃트리거의 손상 등에 의하여 콘크리트 펌프카가 넘어질 우려가 있는 경우에는 이를 방지하기 위한 적절한 조치를 할 것

05 철골공사

(1) 철골건립 중 강풍에 의한 풍압 등 외압에 대한 내력이 설계에 고려되었는지 확인해야 할 철골구조물(표준안전작업지침)
① 높이 20m 이상의 구조물
② 구조물의 폭과 높이의 비가 1 : 4 이상인 구조물
③ 단면구조에 현저한 차이가 있는 구조물
④ 연면적당 철골량이 50kg/m² 이하인 구조물
⑤ 기둥이 타이 플레이트(tie plate)형인 구조물
⑥ 이음부가 현장용접인 구조물

(2) 철골작업을 중지해야 할 기상조건
① 풍속이 초당 10m 이상인 경우
② 강우량이 시간당 1mm 이상인 경우
③ 강설량이 시간당 1cm 이상인 경우

(3) 철골공사의 재해방지설비

구분	기능	용도, 사용장소, 조건	설비
추락방지	안전한 작업대 가능한 작업대	높이 2m 이상의 장소로서 추락의 우려가 있는 작업	비계, 달비계, 수평통로, 안전난간대
	추락자를 보호할 수 있는 것	작업대 설치가 어렵거나 개구부 주위로 난간설치가 어려운 곳	추락방지용 방망
	추락의 우려가 있는 위험 장소에서 작업자의 행동을 제한하는 것	개구부 및 작업대의 끝	난간, 울타리
	작업자의 신체를 유지시키는 것	안전한 작업대나 난간설비를 할 수 없는 곳	안전대 부착 설비, 안전대, 구명줄
낙하·비래 및 비산 방지	위에서 낙하된 것을 막는 것	철골 건립, 볼트 체결 및 기타 상하 작업	방호철망, 방호울타리, 가설앵커설비
	제3자의 위해 방지	볼트, 콘크리트 덩어리, 형틀재, 일반자재, 먼지 등이 낙하·비산할 우려가 있는 작업	방호철망, 방호시트, 방호울타리, 방호선반, 안전망
	불꽃의 비산 방지	용접, 용단을 수반하는 작업	석면포

5. 건설기계·기구 안전

01 굴착용 기계

(1) 파워쇼벨(power shovel)

① 중기가 위치한 지면보다 높은 곳의 땅을 굴착하는데 적합하다.
② 용도 : 굳은 점토, 암석, 토사 등의 굴착, 쇄석 옮겨쌓기, 토사의 처리 등에 널리 쓰인다.

(2) 드래그쇼벨(drag shovel)=백호우(back hoe)

① 중기가 위치한 지면보다 낮은 곳의 땅을 굴착하는데 적합하다.
② 용도 : 지하층이나 기초의 굴착, 도랑파기굴착, 수중굴착 등에 쓰인다.

(3) 드래그라인(drag line)

① 지반보다 낮은 연질지반의 넓은 굴착에 적합하다.(힘이 약함)
② 용도 : 8m 정도의 기초흙파기 등 깊은 곳 굴착 등에 쓰인다.

(4) 크램셸(clam shell) 18/2 기

① 붐의 선반에서 크램셸버킷을 와이어로프에 매달아 바로 아래로 떨어뜨려 흙을 퍼올리는

토공기계이다.

② 용도 : 깊은 흙파기용, 흙막이 버팀대가 있는 좁은 곳, 케이슨(caisson) 내의 굴착 등 좁은 곳의 수직굴착, 자갈 등의 적재, 연약한 지반이나 수중굴착 등에 쓰인다.

02 정지용 기계

(1) **도저(dozer)** : 트랙터에 블레이드(blade, 배토판, 토공판)를 장치하여 송토(淞土), 절토(切土), 성토(盛土)작업을 할 수 있는 토공기계이다.

  ① 불도저(bull dozer)
  ② 앵글도저(angle dozer)
  ③ 틸트도저(tilt dozer)

(2) **스크레이퍼(scraper)** : 흙의 굴착, 싣기, 운반, 하역 등의 일관작업을 연속적으로 행할 수 있는 토공만능기이다.

(3) **모터그레이더(motor grader)** : 토공기계의 대패라고도 하며 지면을 절삭하여 평활하게 다듬는 정지용 기계이다.

(4) **로더(loader)**

  1) 트랙터의 앞 작업장치에 버킷을 붙인 것으로 쇼벨도저(shovel dozer) 또는 트랙터 쇼벨(tractor shovel)이라고도 한다.

  2) 로더의 작업
   ① 굴착작업
   ② 송토작업
   ③ 지면고르기 작업
   ④ 토사 깎아내기 작업

03 차량계 건설기계 위험방지

(1) **차량계 건설기계의 정의 및 종류**

  1) **차량계 건설기계 정의** : 동력원을 사용하여 특정되지 아니한 장소로 스스로 이동할 수 있는 건설기계

  2) **종류**
   ① 도저형 건설기계(불도저, 스트레이트도저, 틸트도저, 앵글도저, 버킷도저 등)
   ② 모터그레이더

③ 로더(포크 등 부착물 종류에 따른 용도변경 형식을 포함)
④ 스크레이퍼
⑤ 크레인형 굴착기계(크램쉘, 드래그라인 등)
⑥ 굴삭기(브레이커, 크러셔, 드릴 등 부착물 종류에 따른 용도변경 형식을 포함)
⑦ 항타기 및 항발기
⑧ 천공용 건설기계(어스드릴, 어스오거, 크롤러드릴, 점보드릴 등)
⑨ 지반 압밀침하용 건설기계(샌드드레인머신, 페이퍼드레인머신, 팩트드레인머신 등)
⑩ 지반 다짐용 건설기계(타이어롤러, 매커덤롤러, 탠덤롤러 등)
⑪ 준설용 건설기계(버킷준설선, 그래브준설선, 펌프준설선 등)
⑫ 콘크리트 펌프카
⑬ 덤프트럭
⑭ 콘크리트 믹서 트럭
⑮ 도로포장용 건설기계(아스팔트 살포기, 콘크리트 살포기, 아스팔트 피니셔, 콘크리트 피니셔 등)
⑯ 제1호부터 제15호까지와 유사한 구조 또는 기능을 갖는 건설기계로서 건설작업에 사용하는 것

(2) 헤드가드를 갖추어야 할 차량계 건설기계
① 불도저
② 트랙터
③ 쇼벨(shovel)
④ 로더(loader)
⑤ 파우더 쇼벨(powder shovel)
⑥ 드래그 쇼벨(drag shovel)

(3) 차량계 건설기계의 전도·전락에 의한 근로자의 위험방지 조치사항
① 유도자 배치
② 지반의 부동침하 방지
③ 갓길의 붕괴방지
④ 도로 폭의 유지

(4) 차량계 건설기계의 이송시 준수사항
차량계 건설기계를 이송하기 위하여 자주(自走) 또는 견인에 의하여 화물자동차 등에 싣거나 내리는 작업을 할 때에 발판·성토 등을 사용하는 경우에는 해당 차량계 건설기계의 전도 또는 전락에 의한 위험 방지를 위해 준수할 사항
① 싣거나 내리는 작업은 평탄하고 견고한 장소에서 할 것
② 발판을 사용하는 경우에는 충분한 길이·폭 및 강도를 가진 것을 사용하고 적당한 경사를

유지하기 위하여 견고하게 설치할 것
③ 마대・가설대 등을 사용하는 경우에는 충분한 폭 및 강도와 적당한 경사를 확보할 것

(5) 차량계 건설기계의 붐・암 등의 불시하강에 의한 위험방지 조치사항
① 안전지주 사용
② 안전블록 사용

(6) 수리 등의 작업시 조치사항(작업지휘자 지정・준수사항)
① 작업순서를 결정하고 작업을 지휘할 것
② 안전지주 또는 안전블록 등의 사용상황 등을 점검할 것

04 항타기 및 항발기의 위험방지

(1) 항타기 또는 항발기를 조립하는 경우 점검사항
① 본체 연결부의 풀림 또는 손상의 유무
② 권상용 와이어로프・드럼 및 도르래의 부착상태의 이상 유무
③ 권상장치의 브레이크 및 쐐기장치 기능의 이상 유무
④ 권상기의 설치상태의 이상 유무
⑤ 버팀의 방법 및 고정상태의 이상 유무

(2) 항타기・항발기의 도괴(倒壞)방지를 위해 준수해야 할 사항
① 연약한 지반에 설치하는 경우에는 각부(脚部)나 가대(架臺)의 침하를 방지하기 위하여 깔판・깔목 등을 사용할 것
② 시설 또는 가설물 등에 설치하는 경우에는 그 내력을 확인하고 내력이 부족하면 그 내력을 보강할 것
③ 각부나 가대가 미끄러질 우려가 있는 경우에는 말뚝 또는 쐐기 등을 사용하여 각부나 가대를 고정시킬 것
④ 궤도 또는 차로 이동하는 항타기 또는 항발기에 대해서는 불시에 이동하는 것을 방지하기 위하여 레일 클램프(rail clamp) 및 쐐기 등으로 고정시킬 것
⑤ 버팀대만으로 상단부분을 안정시키는 경우에는 버팀대는 3개 이상으로 하고 그 하단 부분은 견고한 버팀말뚝 또는 철골 등으로 고절시킬 것
⑥ 버팀줄만으로 상단부분을 안정시키는 경우에는 버팀줄을 3개 이상으로 하고 같은 간격으로 배치할 것
⑦ 평형추를 사용하여 안정시키는 경우에는 평형추의 이동을 방지하기 위하여 가대에 견고하게 부착시킬 것

(3) 항타기 또는 항발기의 권상용 와이어로프의 안전계수 : 5 이상

(4) 권상용 와이어로프의 길이 등

　① 권상용 와이어로프는 추 또는 해머가 최저의 위치에 있을 때 또는 널말뚝을 빼내기 시작할 때를 기준으로 권상장치의 드럼에 적어도 2회 감기고 남을 수 있는 충분한 길이일 것
　② 권상용 와이어로프는 권상장치의 드럼에 클램프·클립 등을 사용하여 견고하게 고정할 것

(5) 도르래의 부착 등

　① 항타기 또는 항발기의 권상장치의 드럼축과 권상장치로부터 첫 번째 도르래의 축 간의 거리를 권상장치 드럼폭의 15배 이상으로 하여야 한다.
　② 도르래는 권상장치의 드럼 중심을 지나야 하며 축과 수직면상에 있어야 한다.

05 차량계 하역운반기계의 위험방지

(1) 차량계 하역운반기계의 종류

　① 지게차
　② 구내운반차
　③ 화물자동차

(2) 차량계 하역운반기계의 전도·전락에 의한 위험방지 조치사항

　① 유도자 배치
　② 지반의 부동침하 방지
　③ 갓길(노견)의 붕괴 방지

(3) 차량계 하역운반기계 등의 접촉에 의한 위험방지 조치사항

　① 위험장소에 출입금지
　② 작업지휘자 또는 유도자 배치

(4) 차량계 하역운반기계 등에 화물을 적재하는 경우 준수사항

　① 하중이 한쪽으로 치우치지 않도록 적재할 것
　② 구내운반차 또는 화물자동차의 경우 화물의 붕괴 또는 낙하에 의한 위험을 방지하기 위하여 화물에 로프를 거는 등 필요한 조치를 할 것
　③ 운전자의 시야를 가리지 않도록 화물을 적재할 것

(5) 차량계 하역운반기계 등의 이송 : 차량계 하역운반기계 등을 이송하기 위하여 자주(自走) 또는 견인에 의하여 화물자동차에 싣거나 내리는 작업을 할 때에 발판·성토 등을 사용하는 경우에는 해당 차량계 하역운반기계 등의 전도 또는 전락에 의한 위험방지를 위해 준수해야 할 사항

　① 싣거나 내리는 작업은 평탄하고 견고한 장소에서 할 것

② 발판을 사용하는 경우에는 충분한 길이·폭 및 강도를 가진 것을 사용하고 적당한 경사를 유지하기 위하여 견고하게 설치할 것
③ 가설대 등을 사용하는 경우에는 충분한 폭 및 강도와 적당한 경사를 확보할 것
④ 지정운전자의 성명·연락처 등을 보기 쉬운 곳에 표시하고 지정운전자 외에는 운전하지 않도록 할 것

(6) **싣거나 내리는 작업** : 차량계 하역운반기계 등에 단위화물의 무게가 100kg 이상인 화물을 싣는 작업(로프걸이 작업 및 덮개 덮기 작업을 포함) 또는 내리는 작업(로프 풀기작업 또는 덮개 벗기기 작업을 포함)을 하는 경우에 해당 작업 지휘자의 준수사항
① 작업순서 및 그 순서마다의 작업방법을 정하고 작업을 지휘할 것
② 기구와 공구를 점검하고 불량품을 제거할 것
③ 해당 작업을 하는 장소에 관계 근로자가 아닌 사람이 출입하는 것을 금지할 것
④ 로프 풀기작업 또는 덮개 벗기기 작업은 적재함의 화물이 떨어질 위험이 없음을 확인한 후에 하도록 할 것

06 지게차 및 구내운반차의 위험방지

(1) **지게차 헤드가드(head guard)의 구비조건**
① 강도는 지게차의 최대하중의 2배값(4톤을 넘는 값에 대해서는 4톤으로 함)의 등분포정하중(等分布靜荷重)에 견딜 수 있을 것
② 상부틀의 각 개구의 폭 또는 길이가 16cm 미만일 것
③ 운전자가 앉아서 조작하거나 서서 조작하는 지게차의 헤드가드는 산업표준화법에 따른 한국산업표준에서 정하는 높이기준 이상일 것
  ㉠ 입식 : 1.88m
  ㉡ 좌석 : 0.903m

(2) **구내운반차 사용시 준수사항(작업장 내 운반을 주목적으로 하는 차량으로 한정)**
① 주행을 제동하거나 정지상태를 유지하기 위하여 유효한 제동장치를 갖출 것
② 경음기를 갖출 것
③ 핸들의 중심에서 차체 바깥측까지의 거리가 65cm 이상일 것
④ 운전석이 차 실내에 있는 것은 좌우에 한 개씩 방향지시기를 갖출 것
⑤ 전조등과 후미등을 갖출 것. 다만, 작업을 안전하게 하기 위하여 필요한 조명이 있는 장소에서 사용하는 구내운반차의 대해서는 제외

07 화물자동차

(1) 섬유로프 등의 점검 등 : 섬유로프 등을 화물자동차의 짐걸이에 사용하는 경우 해당 작업시작 전 조치사항

① 작업순서와 순서별 작업방법을 결정하고 작업을 직접 지휘하는 일
② 기구와 공구를 점검하고 불량품을 제거하는 일
③ 해당 작업을 하는 장소에 관계 근로자가 아닌 사람의 출입을 금지하는 일
④ 로프 풀기작업 및 덮개 벗기기 작업을 하는 경우에는 적재함의 화물에 낙하 위험이 없음을 확인한 후에 해당 작업의 착수를 지시하는 일

(2) 화물 중간에서 빼내기 금지 : 화물자동차에서 화물을 내리는 작업을 하는 경우에는 그 작업을 하는 근로자에게 쌓여있는 화물의 중간에서 화물을 빼내도록 해서는 안 됨

08 고소작업대를 설치하는 경우 설치조건

① 작업대를 와이어로프 또는 체인으로 올리거나 내릴 경우에는 와이어로프 또는 체인이 끊어져 작업대가 떨어지지 아니하는 구조여야 하며, 와이어로프 또는 체인의 안전율은 5 이상일 것
② 작업대를 유압에 의해 올리거나 내릴 경우에는 작업대를 일정한 위치에 유지할 수 있는 장치를 갖추고 압력의 이상저하를 방지할 수 있는 구조일 것
③ 권과방지장치를 갖추거나 압력의 이상상승을 방지할 수 있는 구조일 것
④ 붐의 최대 지면경사각을 초과 운전하여 전도되지 않도록 할 것
⑤ 작업대에 정격하중(안전율 5 이상)을 표시할 것
⑥ 작업대에 끼임·충돌 등 재해를 예방하기 위한 가드 또는 과상승방지장치를 설치할 것
⑦ 조작반의 스위치는 눈으로 확인할 수 있도록 명칭 및 방향표시를 유지할 것

09 컨베이어의 방호장치

① **이탈 및 역주행 방지장치** : 정전·전압강하 등에 따른 화물 또는 운반구의 이탈 및 역주행을 방지하는 장치
② **덮개 또는 울** : 컨베이어 등으로부터 화물의 낙하로 인한 위험을 방지하기 위해 설치
③ **비상정지장치** : 컨베이어 등에 근로자의 신체의 일부가 말려들 우려가 있는 경우 및 비상시에 설치
④ **건널다리** : 운전 중인 컨베이어 등의 위로 근로자를 넘어가도록 하는 경우 위험을 방지하기 위해 설치

10 양중기의 위험방지

(1) 양중기의 종류

　　① 크레인[호이스트(hoist) 포함]
　　② 이동식 크레인
　　③ 리프트(이삿짐운반용 리프트의 경우에는 적재하중이 0.1톤 이상인 것으로 한정)
　　④ 곤돌라
　　⑤ 승강기

(2) 양중기(승강기 제외) 및 달기구의 운전자 또는 작업자가 보기 쉬운 곳에 표시할 사항

　　① 정격하중　② 운전속도　③ 경고표시

(3) 양중기의 종류에 따른 방호장치

　1) 양중기의 종류

　　　① 크레인
　　　② 이동식 크레인
　　　③ 차량 작업부에 탑재되는 이삿짐운반용 리프트(자동차관리법)
　　　④ 간이리프트(자동차정비용 리프트는 제외)
　　　⑤ 곤돌라
　　　⑥ 승강기

　2) 양중기의 방호장치의 종류 : 상기 양중기 1)의 방호장치는 다음 각 호와 같으며, 방호장치가 정상적으로 작동될 수 있도록 미리 조정해 둘 것

　　　① 과부하방지장치　　② 권과방지장치
　　　③ 비상정지장치　　　④ 제동장치

　3) 승강기의 방호장치

　　　① 파이널 리미트 스위치(final limit switch)
　　　② 속도조절기[조속기(調速機)]
　　　③ 출입문 인터록(inter lock)

(4) 크레인

　1) 조립 등의 작업 시 조치사항 : 크레인의 설치 · 조립 · 수리 · 점검 또는 해체작업을 하는 경우 조치사항

　　　① 작업순서를 정하고 그 순서에 따라 작업을 할 것
　　　② 작업을 할 구역에 관계 근로자가 아닌 사람의 출입을 금지하고 그 취지를 보기 쉬운 곳에

표시할 것

③ 비·눈, 그 밖에 기상상태의 불안정으로 날씨가 몹시 나쁜 경우에는 그 작업을 중지시킬 것

④ 작업장소는 안전한 작업이 이루어질 수 있도록 충분한 공간을 확보하고 장애물이 없도록 할 것

⑤ 들어 올리거나 내리는 기자재는 균형을 유지하면서 작업을 하도록 할 것

⑥ 크레인의 성능, 사용조건 등에 따라 충분한 응력(應力)을 갖는 구조로 기초를 설치하고 침하 등이 일어나지 않도록 할 것

⑦ 규격품인 조립용 볼트를 사용하고 대칭되는 곳을 차례로 결합하고 분해할 것

2) **폭풍에 의한 이탈방지** : 순간풍속이 30m/sec를 초과하는 바람이 불어올 우려가 있는 경우 옥외에 설치되어 있는 주행 크레인에 대하여 이탈방지장치를 작동시키는 등 이탈방지를 위한 조치를 하여야 한다.

3) **폭풍 등으로 인한 이상유무 점검** : 순간풍속이 30m/sec를 초과하는 바람이 불거나 중진(中震) 이상 진도의 지진이 있은 후에 옥외에 설치되어 있는 양중기를 사용하여 작업을 하는 경우에는 미리 기계 각 부위에 이상이 있는지를 점검하여야 한다.

4) **건설물 등과의 사이 통로**

① 주행 크레인 또는 선회 크레인과 건설물 또는 설비와의 사이에 통로를 설치하는 경우 그 폭을 0.6m 이상으로 하여야 한다. 다만, 그 통로 중 건설물의 기둥에 접촉하는 부분에 대해서는 0.4m 이상으로 할 수 있다.

② (제1항에 따른) 통로 또는 주행궤도 상에서 정비·보수·점검 등의 작업을 하는경우 그 작업에 종사하는 근로자가 주행하는 크레인에 접촉될 우려가 없도록 크레인의 운전을 정지시키는 등 필요한 안전조치를 하여야 한다.

5) **건설물 등의 벽체와 통로의 간격 등** : 다음 각 호의 간격을 0.3m 이하로 하여야 한다. 다만, 근로자가 추락할 위험이 없는 경우에는 그 간격을 0.3m 이하로 유지하지 아니할 수 있다.

① 크레인의 운전실 또는 운전대를 통하는 통로의 끝과 건설물 등의 벽체의 간격

② 크레인 거더(girder)의 통로 끝과 크레인 거더의 간격

③ 크레인 거더의 통로로 통하는 통로의 끝과 건설물 등의 벽체의 간격

(5) 리프트의 위험방지

1) **리프트의 방호장치** : 리프트(간이 리프트는 제외)는 운반구의 이탈 등의 위험방지를 위해 다음의 방호장치를 설치할 것

① 권과방지장치

② 과부하방지장치

③ 비상정지장치

2) **붕괴 등의 방지** : 순간풍속이 35m/sec를 초과하는 바람이 불어올 우려가 있는 경우 건설작업용 리프트(지하에 설치되어 있는 것은 제외)에 대하여 받침의 수를 증가시키는 등 그 붕괴 등을 방지하기 위한 조치를 할 것

3) **리프트의 설치·조립·수리·점검 또는 해체작업을 하는 경우 조치사항**
   ① 작업을 지휘하는 사람을 선임하여 그 사람의 지휘하에 작업을 실시할 것
   ② 작업을 할 구역에 관계 근로자가 아닌 사람의 출입을 금지하고 그 취지를 보기 쉬운 장소에 표시할 것
   ③ 비·눈, 그밖에 기상상태의 불안정으로 날씨가 몹시 나쁜 경우에는 그 작업을 중지시킬 것

4) **작업을 지휘하는 사람의 이행사항**
   ① 작업방법과 근로자의 배치를 결정하고 해당 작업을 지휘하는 일
   ② 재료의 결함 유무 또는 기구 및 공구의 기능을 점검하고 불량품을 제거하는 일
   ③ 작업 중 안전대 등 보호구의 착용 상황을 감시하는 일

5) **화물의 낙하 방지** : 이삿짐 운반용 리프트 운반구로부터 화물이 빠짐 및 낙하방지 조치사항
   ① 화물을 적재시 하중이 한쪽으로 치우치지 않도록 할 것
   ② 적재화물이 떨어질 우려가 있는 경우에는 화물에 로프를 거는 등 낙하방지 조치를 할 것

(6) **승강기**

1) **폭풍에 의한 도괴 방지** : 순강풍속이 35m/sec를 초과하는 바람이 불어올 우려가 있는 경우 옥외에 설치되어 있는 승강기에 대하여 받침의 수를 증가시키는 등 그 도괴를 방지하기 위한 조치를 할 것

2) **승강기의 설치·조립·수리·점검 또는 해체작업을 하는 경우 조치사항**
   ① 작업을 지휘하는 사람을 선임하여 그 사람의 지휘하에 작업을 실시할 것
   ② 작업을 할 구역에 관계 근로자가 아닌 사람의 출입을 금지하고 그 취지를 보기 쉬운 장소에 표시할 것
   ③ 비·눈, 그 밖에 기상상태의 불안정으로 날씨가 몹시 나쁜 경우에는 그 작업을 중지시킬 것

(7) **와이어로프 등 달기구의 안전계수**
   ① 근로자가 탑승하는 운반구를 지지하는 달기와이어로프 또는 달기체인의 경우 : 10 이상
   ② 화물의 하중을 직접 지지하는 달기와이어로프 또는 달기체인의 경우 : 5 이상

③ 훅, 샤클, 클램프, 리프팅 빔의 경우 : 3 이상
④ 그 밖의 경우 : 4 이상

6. 사고형태별 안전

01 추락에 의한 안전방지

(1) 추락하거나 넘어질 위험이 있는 장소(작업발판끝·개구부 등은 제외) 또는 기계·설비·선박블록 등에서 작업시 추락위험방지 조치사항

① (비계를 조립하여) 작업발판 설치
② 추락방호망 설치
③ 안전대 착용

(2) 추락방호망 설치기준

① 설치위치 : 가능하면 작업면으로부터 가까운 지점에 설치하여야 하며, 작업면으로부터 망의 설치지점까지의 수직거리는 10m를 초과하지 아니할 것
② 추락방호망 수평으로 설치할 것
③ 추락방호망의 처짐 : 짧은 변 길이의 12% 이상이 되도록 할 것
④ 추락방호망의 내민 길이 : 벽면으로부터 3m 이상, 다만 그물코가 20mm 이하인 망을 사용한 경우에는 낙하물방지망을 설치한 것으로 봄

(3) 작업발판 및 통로의 끝이나 개구부 등의 추락위험방지 조치사항

① 안전난간·울타리·수직형 추락방망 또는 덮개 설치(덮개는 뒤집히거나 떨어지지 않도록 설치하고, 어두운 장소에서도 알아볼 수 있도록 개구부임을 표시할 것)
② 추락방호망 설치
③ 안전대 착용

(4) 슬레이트, 선라이트 등 지붕 위에서의 위험방지(강도가 약한 재료로 덮은 지붕)

① 폭 30cm 이상의 발판을 설치
② 추락방호망 설치

02 낙하물 등에 의한 위험방지

(1) 물체의 낙하·비래에 의한 위험방지 조치사항

① 낙하물 방지망, 수직보호망 또는 방호선반의 설치

② 출입금지구역의 설정
③ 보호구의 착용 등

(2) 낙하물 방지망 또는 방호선반 등의 설치시 준수사항
① 높이 10m 이내마다 설치하고, 내민 길이는 벽면으로부터 2m 이상으로 할 것
② 수평면과의 각도는 20° 이상 30° 이하를 유지할 것

(3) 투하설비 설치 등 : 높이가 3m 이상인 장소로부터 물체를 투하하는 경우 위험방지 조치사항
① 투하설비를 설치할 것
② 감시인을 배치할 것

03 붕괴 등에 의한 위험방지

(1) 붕괴 · 낙하에 의한 위험방지 : 지반의 붕괴, 구축물의 붕괴 또는 토석의 낙하 등에 의하여 근로자가 위험해질 우려가 있는 경우 위험방지 조치사항
① 지반은 안전한 경사로 하고 낙하의 위험이 있는 토석을 제거하거나 옹벽, 흙막이 지보공 등을 설치할 것
② 지반의 붕괴 또는 토석의 낙하 원인이 되는 빗물이나 지하수 등을 배제할 것
③ 갱내의 낙반 · 측벽(側壁) 붕괴의 위험이 있는 경우에는 지보공을 설치하고 부석을 제거하는 등 필요한 조치를 할 것

(2) 구축물 또는 이와 유사한 시설물의 안전성 평가 : 구축물 또는 이와 유사한 시설물이 다음 각 호의 어느 하나에 해당하는 경우 안전진단 등 안전성 평가를 하여 근로자에게 미칠 위험성을 미리 제거하도록 할 것
① 구축물 또는 이와 유사한 시설물의 인근에서 굴착 · 항타작업 등으로 침하 · 균열 등이 발생하여 붕괴의 위험이 예상될 경우
② 구축물 또는 이와 유사한 시설물에 지진, 동해(凍害), 부동침하(不同沈下) 등으로 균열 · 비틀림 등이 발생하였을 경우
③ 구조물, 건축물, 그 밖의 시설물이 그 자체의 무게 · 적설 · 풍압 또는 그 밖에 부가되는 하중 등으로 붕괴 등의 위험이 있을 경우
④ 화재 등으로 구축물 또는 이와 유사한 시설물의 내력(耐力)이 심하게 저하되었을 경우
⑤ 오랜 기간 사용하지 아니하던 구축물 또는 이와 유사한 시설물을 재사용하게 되어 안전성을 검토하여야 하는 경우
⑥ 그 밖의 잠재위험이 예상될 경우

04 토사붕괴의 원인 및 안전기준(굴착공사 표준안전작업지침)

(1) 토사붕괴의 원인

1) 외적 원인
   ① 사면, 법면의 경사 및 기울기의 증가
   ② 절토 및 성토 높이의 증가
   ③ 공사에 의한 진동 및 반복하중의 증가
   ④ 지표수 및 지하수의 침투에 의한 토사 중량의 증가
   ⑤ 지진, 차량, 구조물의 하중작용
   ⑥ 토사 및 암석의 혼합층 두께

2) 내적 원인
   ① 절토사면의 토질·암질
   ② 성토사면의 토질 구성 및 분포
   ③ 토석의 강도 저하

(2) 토사붕괴의 발생을 예방하기 위한 조치사항
   ① 적절한 경사면의 기울기를 계획하여야 한다.
   ② 경사면의 기울기가 당초 계획과 차이가 발생되면 즉시 재검토하여 계획을 변경시켜야 한다.
   ③ 활동할 가능성이 있는 토석을 제거하여야 한다.
   ④ 경사면의 하단부에 압성토 등 보강공법으로 활동에 대한 저항 대책을 강구하여야 한다.
   ⑤ 말뚝(강관, H형강, 철근 콘크리트)을 타입하여 지반을 강화시킨다.

(3) 토사붕괴의 발생을 예방하기 위한 점검사항
   ① 전 지표면의 답사
   ② 경사면의 지층 변화부 상황 확인
   ③ 부석의 상황 변화의 확인
   ④ 용수의 발생 유무 또는 용수량의 변화 확인
   ⑤ 결빙과 해빙에 대한 상황의 확인
   ⑥ 각종 경사면 보호공의 변위, 탈락 유무
   ⑦ 점검시기는 작업 전·중·후, 비온 후, 인접 작업구역에서 발파한 경우에 실시한다.

사업의 종류	규모
1. 토사석 광업 2. 목재 및 나무제품 제조업 : 가구 제외 3. 화학물질 및 화학제품 제조업 : 의약품 제외(세제, 화장품 및 광택제 제조업과 화학섬유 제조업은 제외) 4. 비금속 광물제품 제조업 5. 1차 금속 제조업 6. 금속가공제품 제조업 : 기계 및 기구는 제외 7. 자동차 및 트레일러 제조업 8. 기타 기계 및 장비 제조업(사무용 기계 및 장비 제조업은 제외) 9. 기타 운송장비 제조업(전투용 차량 제조업은 제외)	상시근로자 50명 이상
10. 농업 11. 어업 12. 소프트웨어 개발 및 공급업 13. 컴퓨터 프로그래밍, 시스템 통합 및 관리업 14. 정보서비스업 15. 금융 및 보험업 16. 임대업 : 부동산 제외 17. 전문 과학 및 기술 서비스업(연구개발업은 제외) 18. 사업지원 서비스업 19. 사회복지 서비스업	상시근로자 300명 이상
20. 건설업	공사금액 120억원 이상 (토목공사업에 해당하는 공사의 경우에는 150억원 이상)
21. 제1호부터 제20호까지의 사업을 제외한 사업	상시근로자 100명 이상

PART 02

실기 필답형 산업안전산업기사

01 휴먼에러(human error, 인간과오)를 심리적인 측면에서 분류하여 4가지를 쓰시오.

1) **생략적 과오**(omission error) : 필요한 직무 또는 절차를 수행하지 않는데 기인한 error
2) **수행적 과오**(commission error) : 필요한 직무, 절차의 불확실한 수행으로 인한 error
3) **시간적 과오**(time error) : 필요한 직무 또는 절차의 수행지연으로 인한 error
4) **순서적 과오**(sequential error) : 필요한 직무, 절차의 순서 잘못 이해(순서착오)로 인한 error
5) **불필요한 과오**(extraneous error) : 불필요한 직무 또는 절차를 수행함으로써 기인한 error

> Guide 상기 문제는 종류만 4가지 쓰고 설명은 하지 않아도 됩니다.

02 산업안전보건법상의 안전관리자의 직무를 4가지 쓰시오. (단, 「그 밖에 안전에 관한 사항으로서 고용노동부장관이 정하는 사항」은 제외한다.)

1) 산업안전보건위원회 또는 안전·보건에 관한 노사협의체에서 심의·의결한 업무와 해당 사업장의 안전보건관리규정 및 취업규칙에서 정한 업무
2) 안전인증대상 기계·기구 등과 자율 안전확인대상 기계·기구 등의 구입시 적격품 선정에 관한 보좌 및 조언·지도
3) 위험성평가에 관한 보좌 및 조언·지도
4) 해당 사업장 안전교육 계획의 수립 및 실시에 관한 보좌 및 조언·지도
5) 사업장 순회점검·지도 및 조치의 건의
6) 산업재해 발생의 원인조사·분석 및 재해방지를 위한 기술적 보좌 및 조언·지도
7) 산업재해에 관한 통계의 유지·관리·분석을 위한 보좌 및 조언·지도
8) 법 또는 법에 따른 명령으로 정한 안전에 관한 사항의 이행에 관한 보좌 및 조언·지도
9) 업무수행 내용의 기록 및 유지

[주] 안전관리자 등의 직무 : 시행령 제18조

03 정전기 발생의 종류를 4가지 쓰시오.

1) 마찰대전 2) 박리대전
3) 유동대전 4) 분출대전
5) 충돌대전 6) 파괴대전
7) 교반 또는 침강대전 8) 비말대전

> ▶ 정전기(대전)의 종류
> 1) **마찰대전** : 고체, 액체, 분체류의 경우 발생하며, 두 물체 사이의 마찰로 인한 접촉, 분리로 발생한다.
> 2) **박리대전** : 일정한 압력으로 밀착된 물체가 떨어지면서 자유전자의 이동으로 발생하며 마찰대전보다 더 큰 정전기가 발생한다.
> 3) **유동대전** : 액체류가 파이프 등 내부에서 유동시 관벽과 액체 사이에서 발생한다. 액체 유동 속도가 정전기 발생에 큰 영향을 미친다.
> 4) **분출대전** : 기체, 액체, 고체류가 단면적이 작은 개구부로부터 분출할 때 발생한다. 액체류, 분체류 상호간의 충돌 및 미세하게 비산하는 분말상태에 영향을 받는다.
> 5) **충돌대전** : 입자와 다른 고체와의 충돌, 급속한 분리에 의해 발생한다.
> 6) **파괴대전** : 물체 파괴로 정부 전하의 균형 상태에서 불균형 상태로 전환될 때 발생한다.
> 7) **교반 또는 침강대전** : 액체가 교반에 의해 진동을 하게 되면 진동에 의한 정전기가 발생되며, 또한 액체와 그것에 혼합되어 있는 불순물이 침강되면 침강대전이 발생한다.
> 8) **비말대전** : 공기 중에 분출한 액체류가 미세하게 비산되어 분리하고, 크고 작은 방울로 될 때 새로운 표면을 형성하기 때문에 정전기가 발생하는 현상이다.

04 기계설비의 위험점을 5가지 쓰시오.

1) 협착점 2) 끼임점
3) 절단점 4) 물림점
5) 접선물림점 6) 회전말림점

> ▶ 기계설비의 위험점
> 1) **협착점** : 왕복운동을 하는 동작 부분과 움직임이 없는 고정 부분 사이에 형성되는 위험점
> 2) **끼임점** : 고정 부분과 회전하는 동작 부분이 함께 만드는 위험점
> 3) **절단점** : 회전하는 운동부분 자체의 위험에서 초래되는 위험점
> 4) **물림점** : 회전하는 두 개의 회전체에 물려 들어갈 위험성이 형성되는 것
> 5) **접선물림점** : 회전하는 부분의 접선방향으로 물려 들어갈 위험이 존재하는 점
> 6) **회전말림점** : 회전하는 물체에 작업복 등이 말려드는 위험이 존재하는 점

05 하인리히와 버드의 사고연쇄성이론 5단계를 각각 쓰시오

1) 하인리히의 사고연쇄성이론 5단계
   ① 1단계 : 사회적 환경과 유전적 요소
   ② 2단계 : 개인적 결함
   ③ 3단계 : 불안전한 행동 및 불안전한 상태
   ④ 4단계 : 사고
   ⑤ 5단계 : 재해

2) 버드의 사고연쇄성이론 5단계
   ① 1단계 : 통제부족(관리소홀)   ② 2단계 : 기본원인(기원)
   ③ 3단계 : 직접원인(징후)   ④ 4단계 : 사고(접촉)
   ⑤ 5단계 : 상해(손해, 손실)

 ▶ 아담스와 웨버의 사고연쇄성이론 5단계

아담스의 이론	웨버 이론
1단계 : 관리구조	1단계 : 유전적 환경
2단계 : 작전적 에러	2단계 : 인간의 결함
3단계 : 전술적 에러	3단계 : 불안전한 행동 및 심리
4단계 : 사고	4단계 : 사고
5단계 : 상해 또는 손해	5단계 : 상해(재해)

06 다음 [보기] 내용은 가스집합용접장치에 대한 안전기준을 설명한 것이다. ( )안에 알맞은 내용을 쓰시오

[보기]
(가) 사업주는 가스집합장치에 대해서는 화기를 사용하는 설비로부터 (①)m 이상 떨어진 장소에 설치하도록 할 것
(나) 사업주는 가스집합용접장치(이동식 포함)의 배관을 하는 경우에 주관 및 분기관에는 안전기를 설치할 것. 이 경우 하나의 취관에 (②)개 이상의 안전기를 설치하여야 한다.
(다) 사업주는 용해아세틸렌의 가스집합용접장치의 배관 및 부속기구는 구리나 구리 함유량이 (③)% 이상인 합금을 사용하지 않도록 할 것

① 5   ② 2   ③ 70

 1) 가스집합장치의 위험방지 : 안전보건규칙 제291조
2) 가스집합용접장치의 배관 : 안전보건규칙 제293조
3) 구리의 사용제한 : 안전보건규칙 제294조

07 다음 ( )안에 알맞은 내용을 쓰시오.

[보기]
(가) 순간풍속이 초당 (①)m를 초과하는 바람이 불어올 우려가 있는 경우 옥외에 설치되어 있는 주행 크레인에 대하여 이탈방지장치를 작동시키는 등 이탈 방지를 위한 조치를 하여야 한다.
(나) 순간풍속이 초당 (②)m를 초과하는 바람이 불어올 우려가 있는 경우 건설작업용 리프트(지하에 설치되어 있는 것은 제외)에 대하여 받침의 수를 증가시키는 등 그 붕괴 등을 방지하기 위한 조치를 하여야 한다.
(다) 순간풍속이 초당 (③)m를 초과하는 바람이 불어 올 우려가 있는 경우 옥외에 설치되어 있는 승강기에 대하여 받침의 수를 증가시키는 등 도괴를 방지하기 위한 조치를 하여야 한다.

 ① 30　　　② 35　　　③ 35

주: (1) 크레인 폭풍에 의한 이탈방지 : 안전보건규칙 제140조
(2) 건설작업용 리프트의 폭풍에 의한 붕괴 등의 방지 : 안전보건규칙 제154조
(3) 승강기의 폭풍에 의한 도괴방지 : 안전보건규칙 제161조

08 안내표지의 종류를 4가지 쓰시오.

1) 녹십자표지　　　2) 응급구호표지
3) 세안장치　　　　4) 비상구

 ▶ 안내표지 종류 및 색채(시행규칙 별표 7)

종류	색채
1. 녹십자표지	· 바탕은 흰색 · 기본모형 및 관련부호는 녹색
2. 응급구호표지 3. 들것 4. 세안장치 5. 비상용기구 6. 비상구 7. 좌측비상구 8. 우측비상구	· 바탕은 녹색 · 관련부호 및 그림은 흰색

09 승강기의 종류 4가지를 쓰시오

1) 승객용 엘리베이터
2) 승객화물용 엘리베이터
3) 화물용 엘리베이터
4) 소형화물용 엘리베이터
5) 에스컬레이터

▶ 양중기의 종류(안전보건규칙 제132조)
  1) 크레인(호이스트 포함)
  2) 이동식크레인
  3) 리프트(이삿짐운반용 리프트의 경우에는 적재하중이 0.1톤 이상인 것)
  4) 곤돌라
  5) 승강기

10 다음 조건에 따른 ① 총작업시간과 ② 휴식시간을 계산하시오.
  · 조건 1 : 작업시 평균에너지소비량 = 6kcal/분
  · 조건 2 : 작업에 대한 평균에너지값 = 5kcal/분

① 총작업시간 : 60분

② 휴식시간 $(R) = \dfrac{60(E-5)}{E-1.5} = \dfrac{60 \times (6-5)}{6-1.5} = 13.33$ 분

▶ 휴식시간 산출 : $R = \dfrac{60(E-4)}{E-1.5}$

여기서,
 R : 휴식시간(분)
 E : 작업 시 평균에너지소비량(kcal/분)
 총 작업시간 : 60분
 작업에 대한 평균에너지값 : 4kcal/분(상기문제에서와 같이 기초대사를 평균에너지 값은 5cal/분을 적용하는 경우도 있음)
 휴식중의 에너지 소비량 : 1.5kcal/분

11 다음 화재에 적합한 소화기를 [보기]에서 골라 번호를 쓰시오.

(1) 전기설비 등에 의한 전기화재(3가지)
(2) 인화성액체 등 유류화재(4가지)
(3) 자기반응성 물질에 의한 화재(3가지)

[보기]
① 포소화기　　　② CO₂ 소화기　　　③ 봉상수 소화기
④ 봉상강화액 소화기　　⑤ 할로겐화물소화기　　⑥ 분말소화기

 (1) ②, ④, ⑥
(2) ①, ②, ⑤, ⑥
(3) ①, ③, ⑥

▶ 화재의 종류와 적응소화기

분류	A급 화재(백색)	B급 화재(황색)	C급 화재(청색)	D급 화재(무색)
명칭	일반화재	유류·가스화재	전기화재	금속화재
가연물	목재, 종이, 섬유 등	유류, 가스등	전기	Mg, Al
주된 소화효과	냉각효과	질식효과	질식, 냉각	질식 효과
적응 소화기	① 물 소화기 ② 강화액 소화기 ③ 산·알칼리 소화기	① 포 소화기 ② 분말 소화기 ③ CO₂ 소화기 ④ 하론 소화기	① 유기성소화액 ② 분말 소화기 ③ CO₂ 소화기	① 건조사 ② 팽창질석 및 팽창진주암

12 위험기계의 조종장치를 촉각적으로 암호화할 수 있는 차원 3가지를 쓰시오

 1) 조종장치 형상의 암호화
2) 표면촉감을 이용한 암호화
3) 크기를 이용한 암호화

13 다음 유해인자의 특수건강진단 시기 및 주기를 쓰시오.

(1) 벤젠 : ① 배치 후 첫 번째 특수건강진단 시기
　　　　　② 주기
(2) 석면 : ① 배치 후 첫 번째 특수건강진단 시기
　　　　　② 주기

해답
(1) 벤젠 : ① 2개월 이내　　② 6개월
(2) 석면 : ① 12개월 이내　② 12개월

길잡이

(1) **특수건강진단**(시행규칙 제202조) : 다음 항목의 어느 하나에 해당하는 근로자의 건강관리를 위하여 실시하는 건강진단
　① 특수건강진단 대상 유해인자에 노출되는 업무(특수건강진단대상업무, 시행규칙 별표 12의2)에 종사하는 근로자
　② 근로자건강진단 실시 결과 직업병 유소견자로 판정받은 후 작업 전환을 하거나 작업장소를 변경하고, 작업병 유소견판정의 원인이 된 유해인자에 대한 건강진단에 필요하다는 의사의 소견이 있는 근로자

(2) **특수건강 진단의 시기 및 주기**(시행규칙 별표 23)

구분	대상 유해인자	시기 배치 후 첫 번째 특수건강진단	주기
1	N, N-디메틸아세트아미드 N, N-디메틸포름아미드	1개월 이내	6개월
2	벤젠	2개월 이내	6개월
3	1,1,2,2-테트라클로로에탄 사염화탄소 아크릴로니트릴 염화비닐	3개월 이내	6개월
4	석면, 면분진	12개월 이내	12개월
5	광물성 분진 목분진 소음 및 충격 소음(85dB 이상)	12개월 이내	24개월
6	제1호 내지 제5호의 대상 유해인자를 제외한 별표12의 2의 모든 대상 유해인자	6개월 이내	12개월

산업안전산업기사 실기 필답형 — 2013년 제2회

01 산업안전보건법령상 상시근로자가 50명 이상인 경우 산업안전보건위원회를 설치·운영하여야 할 사업장의 종류 2가지를 쓰시오.

1) 토사석광업
2) 목재 및 나무제품 제조업(가구 제외)
3) 화학물질 및 화학제품 제조업(의약품 제외 : 세제, 화장품 및 광택제 제조업과 화학섬유 제조업은 제외)
4) 비금속 광물제품 제조업
5) 제1차 금속제조업
6) 금속 가공제품 제조업(기계 및 기구 제외)
7) 자동차 및 트레일러 제조업

▶ 산업안전보건위원회를 설치·운영해야 할 사업의 종류 및 규모(시행령 별표9)

사업의 종류	규모
1. 토사석 광업 2. 목재 및 나무제품 제조업 : 가구 제외 3. 화학물질 및 화학제품 제조업 : 의약품 제외(세제, 화장품, 및 광택제 제조업과 화학섬유 제조업은 제외한다.) 4. 비금속 광물제품 제조업 5. 1차 금속 제조업 6. 금속가공제품 제조업 : 기계 및 기구 제외 7. 자동차 및 트레일러 제조업 8. 기타 기계 및 장비 제조업(사무용 기계 및 장비 제조업은 제외) 9. 기타 운송장비 제조업(전투용 차량 제조업은 제외)	상시근로자 50명 이상
10. 농업　　　　　　　　　11. 어업 12. 소프트웨어 개발 및 공급업 13. 컴퓨터 프로그래밍, 시스템 통합 및 관리업 14. 정보서비스업　　　　15. 금융 및 보험업 16. 임대 : 부동산 제외 17. 전문, 과학 및 기술 서비스업(연구개발업은 제외) 18. 사업지원 서비스업 19. 사회복지 서비스업	상시근로자 300명 이상
20. 건설업	공사금액 120억원 이상 (토목공사업은 150억원 이상)
21. 제1호부터 제20호까지의 사업을 제외한 사업	상시근로자 100명 이상

02 다음 [보기]에서 상해의 종류와 재해 형태를 구분하여 번호를 쓰시오.

[보기]
① 골절　　② 부종　　③ 추락　　④ 이상온도접촉
⑤ 낙하, 비래　⑥ 협착　⑦ 화재폭발　⑧ 중독 및 질식

해답
1) 상해 : ①, ②, ⑧
2) 재해 : ③, ④, ⑤, ⑥, ⑦

03 관계자외 출입금지표지의 종류 3가지를 쓰시오

해답
1) 허가대상 유해물질 취급
2) 석면취급 및 해체·제거
3) 금지유해물질 취급

주) 안전·보건표지의 종류별 용도, 사용장소, 형태 및 색채 : 시행규칙 별표 7

04 다음 [표]는 적응기제에 대해서 설명한 것이다. ( ) 안에 알맞은 내용을 쓰시오.

적응기제	내용
(①)	자신의 결함과 무능에 의하여 생긴 열등감이나 긴장을 해소시키기 위하여 장점 같은 것으로 그 결함을 보충하려는 행동
(②)	자기의 실패나 약점을 그럴 듯한 이유를 들어 남에 비난을 받지 않도록 하는 기제
(③)	억압당한 욕구를 다른 가치 있는 목적을 실현하도록 노력함으로써 욕구를 충족하는 기제
(④)	자신의 불만이나 불안을 해소시키기 위해서 남에게 뒤집어 씌우는 방식의 기제

해답
① 보상　　② 합리화
③ 승화　　④ 투사

▶ 적응기제
1) 방어적 기제
① 보상 : 자신의 결함과 무능에 의하여 생긴 열등감이나 긴장을 해소시키기 위하여 자신의 장점 같은 것으로 그 결함을 보충하려는 행동이다.
② 합리화 : 자기의 실패나 약점을 그럴 듯한 이유를 들어 남의 비난을 받지 않도록 하거나 자위하는 방어기제이다.
③ 투사 : 자신의 불만이나 불안을 해소시키기 위해서 남에게 뒤집어 씌우는 식의 적응기제이다.
④ 동일시 : 자기가 실현할 수 없는 적응을 타인이나 어떤 집단에서 발견하고 자신을 그 타인이나 집단과 동일한 것으로 여겨 자신의 욕구를 만족시키는 행위이다.
⑤ 승화 : 억압당한 욕구를 다른 가치 있는 목적을 실현하도록 노력함으로써 욕구를 충족하는 기제이다.
⑥ 치환 : 어떤 감정이나 태도를 취해보려는 대상을 다른 대상으로 바꾸어 향하게 하는 적응기제이다.
2) 도피적 기제
① 고립 : 자신이 없을 때 현실로부터 벗어남으로써 곤란한 상황과의 접촉을 피하여 자기 내부로 도피하는 행동이다.
② 퇴행 : 발달단계를 역행함으로써 욕구를 충족하려는 행동이다.
③ 억압 : 불쾌한 생각, 감정 등을 눌러서 의식 밑바닥으로 가라앉게 하고, 의식에 떠오르지 않도록 하는 것이다.
④ 백일몽 : 현실적으로 도저히 만족시킬 수 없는 욕구나 소원을 공상의 세계에서 이루려 하는 도피의 한 형식이다.

05 반경 20cm의 조정구(ball control)를 20° 움직였을 때 표시장치의 커서(cursor)가 2cm 이동하였다. 이 경우 C/R비를 구하고 설계의 적합여부를 판정하시오.

1) C/R비 $= \dfrac{a/360 \times 2\pi L}{표시장치 이동거리} = \dfrac{20/360 \times 2 \times 3.14 \times 20}{2} = 3.49$

　　a : 조정장치가 움직인 각도　L : 반경

2) 적합여부 판정 : 적합(C/R비가 2.5~4.0 범위 내에 있음)
　　＊ 적합여부 : 부적합, 타교재 C/R비가 2.5~3.0 설계 적합

06 시스템의 안전위험분석 기법의 종류를 3가지만 쓰시오.

1) FMEA(고장형과 영향분석)
2) ETA(사상수분석법)
3) THERP(인간과오율 예측기법)

07 동력식 수동대패기에 대한 다음 물음에 답하시오.

> (1) 방호장치 명칭은?
> (2) 방호장치와 송급테이블의 간격은?

 (1) 방호장치 : 칼날접촉예방장치
(2) 간격 : 8mm 이하
　　주) 방호장치 자율안전기준 고시 : 고용노동부고시 제2020-41호

08 크레인에 관계되는 하중 중에서 정격하중과 적재하중의 정의를 각각 쓰시오.

 1) **정격하중** : 크레인의 권상하중에서 훅, 크래브 또는 버킷 등 달기기구의 중량에 상당하는 하중을 뺀 하중을 말한다. 다만, 지브가 있는 크레인 등으로서 경사각의 위치, 지브의 길이에 따라 권상능력이 달라지는 것은 그 위치의 권상하중에서 달기기구의 중량을 뺀 하중 가운데 최대치를 말한다.
2) **적재하중** : 리프트의 구조나 재료에 따라 운반구에 적재하고 상승할 수 있는 최대하중을 말한다.
　　주) 위험기계·기구 안전인증 고시 : 고용노동부고시 제2020-41호

09 기계설비의 방호장치 중 격리형 방호장치의 종류를 3가지 쓰시오.

1) 완전차단형 방호장치
2) 덮개형 방호장치
3) 안전방책

10 다음 [보기] 내용은 정전기 대전에 관한 설명이다. ( )안에 알맞은 대전의 종류를 쓰시오.

[보기]
(가) (①) : 상호 밀착되어 있는 물질이 떨어질 때, 전하분리에 의해 정전기가 발생되는 현상이다.
(나) (②) : 액체류 등을 파이프 등으로 이송할 때 액체류가 파이프 등의 고체류와 접촉하면서 두 물질 사이의 경계에서 전기 이중층이 형성되고 이 이중층을 형성하는 전하의 일부가 액체류의 유동과 같이 이동하기 때문에 대전되는 현상이다.
(다) (③) : 분체류, 액체류, 기체류가 작은 분출구를 통해 공기 중으로 분출될 때, 분출되는 물질과 분출구의 마찰에 의해 발생되는 현상이다.
(라) (④) : 기름을 탱크에 넣어 교반시키면 진동 주파수에 따라 대전전압에 극소치가 생기게 되며, 이 극소치 부분을 제외하면 대전은 진폭이 커질수록 커지며, 진동수가 빨라질수록 커지는 현상이다.

① 박리대전 ② 유동대전
③ 분출대전 ④ 교반대전

11 다음 고압가스용기의 색채를 쓰시오
① 산소   ② 수소   ③ 아세틸렌
④ 질소   ⑤ 헬륨

① 녹색   ② 주황색   ③ 황색(노란색)
④ 회색   ⑤ 회색

> **길잡이**
> ▶ 고압가스용기 색채
>   1) 액화탄산가스(CO_2) : 청색
>   2) 산소(O_2) : 녹색
>   3) 수소(H_2) : 주황색
>   4) 아세틸렌(C_2H_2) : 황색
>   5) 액화암모니아(NH_3) : 백색
>   6) 액화염소(Cl_2) : 갈색
>   7) 기타 질소(N_2), LPG(액화석유가스), 헬륨(He) 등 : 회색

12 터널굴착 작업에 있어 근로자 위험방지를 위한 작업계획서에 포함하여야 하는 사항 3가지를 쓰시오

 1) 굴착의 방법
2) 터널지보공 및 복공의 시공방법과 용수의 처리방법
3) 환기 또는 조명시설을 설치할 때에는 그 방법
　[주] 사전조사 및 작업계획서 내용 : 안전보건규칙 별표 4

13 운전자가 운전위치를 이탈하게 해서는 안되는 기계 3가지를 쓰시오

 1) 양중기
2) 항타기 또는 항발기(권상장치에 하중을 건 상태)
3) 양화장치(화물을 적재한 상태)

산업안전산업기사 실기 필답형 2013년 제3회

01 프로판 80%, 부탄 5%, 메탄 15%로 된 혼합가스의 폭발하한계의 값을 계산하시오. (단, 프로판, 부탄, 메탄의 폭발하한계 값은 2.1, 1.8, 5.0Vol%이다.)

해답 $L = \dfrac{100}{\dfrac{V_1}{L_1} + \dfrac{V_2}{L_2} + \dfrac{V_3}{L_3}} = \dfrac{100}{\dfrac{80}{2.1} + \dfrac{5}{1.8} + \dfrac{15}{5}} = 2.28\,Vol\%$

02 공정안전보고서 제출대상 사업장 4가지를 쓰시오.

해답
1) 원유 정제처리업
2) 기타 석유정제물 처리업
3) 석유화학계 기초화학물질 제조업 또는 합성수지 및 기타 플라스틱물질 제조업
4) 질소화합물·질소·인산 및 칼리질 화학비료 제조업 중 질소질 화학 비료 제조업
5) 복합비료 및 기타 화학비료제조업 중 복합비료 제조업(단순혼합 또는 배합에 의한 경우는 제외)
6) 화학 살균 살충제 및 농업용 악재제조업(농약원제 제조만 해당)
7) 화약 및 불꽃제품 제조업

[주] 공정안전보고서 제출대상 : 시행령 제43조 제1항

03 K 사업장의 근로자수가 500명이고 연간 사상자수가 6명 발생하고, 재해발생건수가 10건 발생하였을 경우에 연천인율과 도수율을 구하시오. (단, 연간 근무일수는 250일, 하루 근로시간은 9시간이다.)

해답
1) 연천인율 $= \dfrac{사상자수}{연평균근로자수} \times 1{,}000 = \dfrac{6}{500} \times 1{,}000 = 12$
2) 도수율 $= \dfrac{재해건수}{연근로시간수} \times 10^6 = \dfrac{10}{500 \times 250 \times 9} \times 10^6 = 8.89$

04 다음 [보기] 내용은 차광 보안경에 관한 설명이다. (   )안에 알맞은 내용을 쓰시오.

[보기]
(가) (①) : 착용자의 시야를 확보하는 보안경을 일부로서 렌즈 및 플레이트 등을 말한다.
(나) (②) : 필터와 플레이트의 유해광선을 차단할 수 있는 능력을 말한다.
(다) (③) : 필터 입사에 대한 투과 광속의 비를 말하며, 분광투과율을 측정한다.

 ① 접안경　　　② 차광도 번호　　　③ 시감투과율

[주] 안전인증 보호구 : 고용노동부고시(제2020-35호)

05 다음은 연삭기 덮개에 관한 내용이다. (   )안에 알맞은 내용을 쓰시오.

(가) 탁상용 연삭기의 덮개에는 (①) 및 조정편을 구비하여야 한다.
(나) (①)는 연삭숫돌과의 간격을 (②)mm 이하로 조정할 수 있는 구조이어야 한다.
(다) 연삭기 덮개 추가표시사항을 숫돌사용주속도, (③)이다.

 ① 워크레스트(work rest)
② 3
③ 숫돌 회전방향

[주] 자율안전기준 방호장치 : 고용노동부고시(제2022-70호)

> **길잡이**
> 1) 워크레스트(work rest)
> 　탁상용 연삭기에 사용하는 것으로 공작물을 연삭할 때 가공물 지지점이 되도록 받쳐주는 작업 받침대를 말한다.
> 2) 탁상용 연삭기 덮개
> 　워크레스트 및 조정편을 구비하여야 하며, 워크레스트는 연삭숫돌과의 간격을 3mm 이하로 조정할 수 있는 구조이어야 한다.

06 다음 불대수를 계산하시오.
(1) A + AB
(2) A(A + B)
(3) A + 1
(4) A + 0

(1) A + AB = A(1 + B) = A
(2) A(A + B) = (A · A) + (A · B) = A + (A · B) = A(1 + B) = A
(3) A + 1 = 1
(4) A + 0 = A

▶ 불대수의 법칙

1. 동정법칙	① A+A=A	② AA=A
2. 교환법칙	① AB=BA	② A+B=B+A
3. 흡수법칙	① A(AB)=(AA)B=AB ② A+AB=A∪(A∩B)=(A∪A)∩(A∪B)=A∩(A∪B)=A ③ A(A+B)=(AA)+(AB)=A+AB=A(1+B)=A	
4. 분해법칙	① A(B+C)=AB+AC,	② A+(BC)=(A+B)·(A+C)
5. 결합법칙	① A(BC)=(AB)C,	② A+(B+C)=(A+B)+C
6. 기타	① A · 0=0　② A+1=1　③ A + 0 = A ③ A · 1=A　④ $A+\overline{A}=1$　⑤ $A \cdot \overline{A}=0$	

07 자율안전확인대상 방호장치 4가지를 쓰시오.

1) 아세틸렌용접장치용 또는 가스집합용접장치용 - 안전기
2) 교류아크용접기용 - 자동전격방지기
3) 롤러기 - 급정지장치
4) 연삭기 - 덮개
5) 목재 가공용 둥근톱 - 반발 예방장치와 날 접촉 예방장치
6) 동력식 수동대패용 - 칼날 접촉 방지방치
7) 추락·낙하 및 붕괴 등의 위험방지 및 보호에 필요한 가설기자재(안전인증대상에 관계되는 가설기자재는 제외)로서 고용노동부장관이 접하여 고시하는 것

[주] 자율안전확인대상 기계·기구 등 : 시행령 제77조

08 로봇을 운전하는 경우에 근로자가 로봇에 부딪칠 위험이 있을 때 위험을 방지하기 위하여 필요한 조치사항 2가지를 쓰시오

1) 안전매트를 설치한다.
2) 높이 1.8m 이상의 방책을 설치한다.
   [주] 로봇의 운전 중 위험방지 : 안전보건규칙 제223조

09 구축물 또는 이와 유사한 시설물에 대하여 안전진단 등 안전성 평가를 실시하여 근로자에게 미칠 위험성을 미리 제거하여야 하는 경우 2가지를 쓰시오 (단, 그 밖의 잠재위험이 예상될 경우 제외한다.)

1) 화재 등으로 구축물 또는 이와 유사한 시설물에 내력이 심하게 저하되었을 경우
2) 구축물 또는 이와 유사한 시설물에 지진, 동해, 부동침하 등으로 균열·비틀림 등이 발생하였을 경우
3) 오랜 기간 사용하지 아니하던 구축물 또는 이와 유사한 시설물을 재사용하게 되어 안전성을 검토하여야 하는 경우
4) 구축물 또는 이와 유사한 시설물의 인근에서 굴착·항타작업 등으로 침하·균열 등이 발생하여 붕괴의 위험이 예상될 경우
5) 구조물, 건축물, 그 밖의 시설물이 그 자체의 무게·적설·풍압 또는 그 밖에 부가되는 하중 등으로 붕괴 등의 위험이 있을 경우
   [주] 구조물 또는 이와 유사한 시설물의 안전성 평가 : 안전보건규칙 제52조

10 다음 [보기]의 사업에 적합한 안전관리자의 최소인원을 쓰시오.

[보기]
(1) 식료품 제조업 – 상기근로자 500명
(2) 펄프제조업 – 상시근로자 300명
(3) 통신업 – 상시근로자 150명
(4) 운수업 – 상시근로자 1,000명
(5) 건설업 총 공사금액 700억 원 이상

(1) 2명   (2) 1명   (3) 1명   (4) 2명   (5) 1명

> 길잡이

▶ 안전관리자를 두어야 할 사업의 종류 · 규모 · 안전관리자의 수(시행령 별표 3)

사업의 종류		규모	안전관리자수
1. 토사석 광업 2. 식료품 제조업, 음료 제조업 3. 목재 및 나무제품 제조 : 가구제외 4. 펄프, 종이 및 종이제품 제조업 5. 코크스, 연탄 및 석유 정제품 제조업 6. 화학물질 및 화학제품 제조업 : 의약품 제외 7. 의료용 물질 및 의약품 제조업 8. 고무 및 플라스틱 제품 제조업 9. 비금속 광물 제조업 1차 금속 제조업 10. 1차 금속 제조업 11. 금속가공제품 제조업 : 기계 및 기구 제외	12. 전자제품, 컴퓨터, 영상, 음향 및 통신장비 제조업 13. 의료, 정밀, 광학기기 및 시계 제조업 14. 전기장비 제조업 15. 기타 기계 및 장비제조업 16. 자동차 및 트레일러 제조업 17. 기타 운송장비 제조업 18. 가구 제조업 19. 기타 제품 제조업 20. 서적, 잡지 및 기타 인쇄물 출판업 21. 해체, 선별 및 원료재생업 22. 자동차 종합 수리업, 자동차 전문 수리업	상시근로자 500명 이상	2명 이상
		상시근로자 50명 이상 500명 미만	1명 이상
23. 농업, 임업 및 어업 24. 제2호부터 제19호까지의 사업을 제외한 제조업 25. 전기, 가스, 증기 및 공기조절공급업 26. 하수 · 폐기물 및 분뇨 처리업 26의 2. 폐기물 수집, 운반, 처리 및 원료 재생업 (제21호에 해당하는 사업제외) 26의 3. 환경정화 및 복원업 27. 운수업 28. 도매 및 소매업 29. 숙박 및 음식점업 30. 영상 · 오디오 기록물 제작 및 배급업	31. 방송업 32. 우편 및 통신업 33. 부동산업 33의 2. 임대업 : 부동산 제외 34. 연구개발업 35. 사진처리업 36. 사업시설관리 및 조경 서비스업 36의 2. 청소년 수련시설 운영업 37. 보건업 38. 예술, 스포츠 및 여가관련 서비스업 39. 수리업(제22호에 해당하는 사업은 제외한다.) 40. 기타 개인 서비스업	상시근로자 1000명 이상	2명 이상
		상시근로자 50명 이상 1000명 미만	1명 이상
41. 건설업	공시금액 800억원 이상 1,500억원 미만		2명 이상
	공시금액 120억원 이상(토목공사업은 150억원 이상) 800억원 미만		1명 이상

11 교량작업을 하는 경우 작업계획서 포함사항 4가지를 쓰시오

1) 작업 방법 및 순서
2) 부재의 낙하 · 전도 또는 붕괴를 방지하기 위한 방법
3) 작업에 종사하는 근로자의 추락 위험을 방지하기 위한 안전조치 방법
4) 공사에 사용되는 가설 철구조물 등의 설치 · 사용 · 해체시 안전성 검토 방법
5) 사용하는 기계 등의 종류 및 성능, 작업방법
6) 작업지휘자 배치계획

주 사전조사 및 작업계획서 내용 : 안전보건규칙 별표 4

12 다음 [표]는 동기부여 이론 중 알더퍼의 ERG이론과 허즈버그의 2요인 이론을 비교한 것이다. 빈칸에 알맞은 내용을 쓰시오.

ERG 이론	2요인론
①	④
②	⑤
③	

해답
① 생존욕구(E) ② 관계욕구(R)
③ 성장욕구(G) ④ 위생요인
⑤ 동기요인

---

13 충전전로 인근에서 작업을 하는 경우 다음 [보기]의 충전전로의 선간작업에 따른 접근한계거리를 쓰시오.

[보기]
(1) 220V   (2) 1kV   (3) 22kV   (4) 154kV

해답
(1) 접촉금지   (2) 45cm
(3) 90cm   (4) 170cm

길잡이
▶ 충전전로의 선간전압에 따른 접근한계거리(안전보건규칙 제321조 ①항 8호)

충전전로의 선간전압(단위:kV)	충전전로에 대한 접근한계거리(cm)	충전전로의 선간전압(단위:kV)	충전전로에 대한 접근한계거리(cm)
0.3 이하	접촉금지	121 초과 145 이하	150
0.3 초과 0.75 이하	30	145 초과 169 이하	170
0.75 초과 2 이하	45	169 초과 242 이하	230
2 초과 15 이하	60	242 초과 362 이하	380
15 초과 37 이하	90	362 초과 550 이하	550
37 초과 88 이하	110	550 초과 800 이하	790
88 초과 121 이하	130		

01 산업안전보건법상 안전관리자의 업무 4가지를 쓰시오

1) 산업안전보건위원회 또는 안전·보건에 관한 노사협의체에서 심의·의결한 업무와 해당 사업장의 안전보건 관리규정 및 취업규칙에서 정한 업무
2) 안전인증대상 기계·기구 등과 자율안전확인대상 기계·기구 등 구입시 적격품의선정에 관한 보좌 및 조언·지도
3) 위험성 평가에 관한 보좌 및 조언·지도
4) 해당 사업장 안전교육계획의 수립 및 안전교육 실시에 관한 보좌 및 조언·지도
5) 사업장 순회점검·지도 및 조치의 건의
6) 산업재해 발생의 원인 조사·분석 및 재발 방지를 위한 기술적 보좌 및 조언·지도
7) 산업재해에 관한 통계의 유지·관리·분석을 위한 보좌 및 조언·지도
8) 법 또는 법에 따른 명령으로 정한 안전에 관한 사항의 이행에 관한 보좌 및 조언·지도
9) 업무수행 내용의 기록·유지

주 안전관리자의 업무 등 : 시행령 제13조

02 재해사례 연구순서 전제조건 및 4단계를 쓰시오

1) 전제조건 : 재해상황의 파악
2) 제1단계 : 사실의 확인
3) 제2단계 : 문제점의 발견
4) 제3단계 : 근본문제점의 결정
5) 제4단계 : 대책수립

03 프레스의 광전자식 방호장치의 급정지시간이 200ms일 경우 (1) 안전거리를 구하고 (2) 안전거리 또는 정지기능에 영향을 주는 방호장치의 종류를 쓰시오

 (1) 안전거리(D) = 1.6 × Tm = 1.6 × 200 = 320mm
(2) 방호장치의 종류 : 접근거부형 방호장치

> 길잡이
> ▶ 접근거부형 방호장치
> 작업자의 신체부위가 위험한계 또는 그 인접한 거리내로 들어오면 이를 감지하여 그 즉시 기계의 동작을 정지시키고 경보 등을 발하는 방호장치

04 다음 [표]는 방진마스크의 분리식 및 안면부여과식의 시험성능기준에 있는 각 등급별 여과재 분진등 포집효율 기준을 나타낸 것이다. ( ) 안에 알맞은 수치를 쓰시오.

형태 및 등급		염화나트륨(NaCl) 및 파라핀 오일(Paraffin oil) 시험(%)
분리식	특급	(①) 이상
	1급	94.0 이상
	2급	(②) 이상
안면부 여과식	특급	(③) 이상
	1급	94.0 이상
	2급	(④) 이상

① 99.95　　② 80.0
③ 99.0　　④ 80.0

05 인간·기계체계의 기본 기능 4가지를 쓰시오.

 1) 감지기능
2) 정보보관기능(정보저장기능)
3) 정보처리 및 의사결정기능
4) 행동기능

06 인간과오(Human error)의 분류중 심리적 분류의 종류 4가지를 쓰시오.

해답

1) 생략적 과오(omission error)
2) 수행적 과오(commission error)
3) 시간적 과오(time error)
4) 순서적 과오(sequential error)
5) 불필요한 과오(extraneous error)

07 산업안전보건법에서 정한 위험물을 기준량 이상으로 제조하거나 취급하는 설비로서 내부의 이상상태를 조기에 파악하기 위하여 필요한 온도계 · 유량계 · 압력계 등의 계측 장치를 설치하여야 하는 대상인 특수화학설비의 종류 4가지를 쓰시오.

해답

1) 발열반응이 일어나는 반응장치
2) 증류·정류·증발·추출 등 분리를 하는 장치
3) 온도가 섭씨 350도 이상이거나 게이지 압력이 980kpa 이상인 상태에서 운전되는 설비
4) 가열로 또는 가열기
5) 가열시켜주는 물질의 온도가 가열되는 위험물질의 분해온도 또는 발화점보다 높은 상태에서 운전되는 설비
6) 반응폭주 등 이상화학반응에 의하여 위험물질이 발생할 우려가 있는 설비

길잡이

▶ 특수화학설비를 설치하는 경우 그 내부의 이상상태를 조기에 파악하기 위하여 필요한 장치
(안전보건규칙 제273조, 제274조)
1) 계측장치(온도계 · 유량계 · 압력계) 설치
2) 자동경보장치의 설치

08 다음 [그림]은 연삭기의 덮개 각도를 표시한 것이다. [보기] 내용을 보고 [그림]에 표시한 덮개의 각도를 쓰시오.

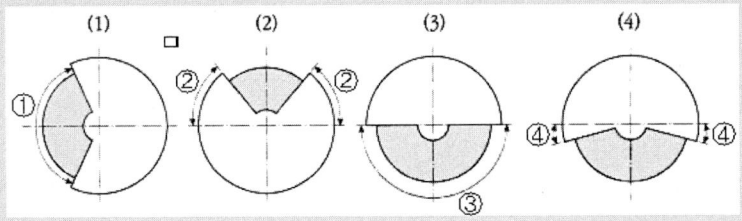

[보기]
(1) 일반연삭작업 등에 사용하는 것을 목적으로 하는 탁상용 연삭기의 덮개 각도는몇 도 이내인가?
(2) 연삭숫돌의 상부를 사용하는 것을 목적으로 하는 탁상용 연삭기의 덮개 각도는 몇 도 이상인가?
(3) 휴대용 연삭기, 스윙연삭기, 스라브연삭기, 기타 이와 비슷한 연삭기의 덮개 각도는 몇 도 이내인가?
(4) 평면연삭기, 절단연삭기, 기타 이와 비슷한 연삭기의 덮개 각도는 몇도 이상인가?

(1) 125°   (2) 60°
(3) 180°   (4) 15°

09 교육방법 중 project method(구안법)의 장점 4가지를 쓰시오.

1) 동기부여가 충분하다.
2) 현실적인 학습방법이다.
3) 창조력이 생긴다.
4) 협동성, 지도성, 희생정신 등을 기를 수 있다.

▶ project method (구안법)
학습자 스스로가 계획을 세워서 수행하는 학습활동으로 이루어지는 교육형태로 그 단계는 다음과 같다.
1) 1단계 : 목적
2) 2단계 : 계획
3) 3단계 : 수행
4) 4단계 : 평가

10 지반굴착시 히빙(heaving)이 일어나기 쉬운 지반조건과 발생원인 2가지를 쓰시오.

해답
1) 지반조건 : 연약성 점토지반
2) 발생원인
   ① 흙막이 벽체의 근입장 깊이 부족
   ② 흙막이벽 배면과 저면(굴착면)의 중량 차이가 클 때
   ③ 굴착저면의 피압수

11 교류아크용접기의 방호장치인 자동전격방지장치를 부착할 때 주의사항 2가지를 쓰시오.

해답
1) 직각으로 부착할 것
2) 용접기의 이동, 진동, 충격으로 이완되지 않도록 이완방지조치를 취할 것
3) 작동상태를 알기 위한 표시등은 보기 쉬운 곳에 설치할 것
4) 작동상태를 시험하기 위한 테스트 스위치는 조작하기 쉬운 곳에 설치할 것

12 다음 내용은 양중기의 와이어로프 등 달기구의 안전계수이다. ( )안에 알맞은 수치를 쓰시오.

[보기]
(가) 근로자가 탑승하는 운반구를 지지하는 달기와이어로프 또는 달기체인의 경우
 : (①) 이상
(나) 화물의 하중을 직접 지지하는 달기와이어로프 또는 달기체인의 경우 : (②) 이상
(다) 훅, 샤클, 클램프, 리프팅 빔의 경우 : (③) 이상
(라) 그 밖의 경우 : 4 이상

해답 ① 10　② 5　③ 3
[주] 와이어로프 등 달기구의 안전계수 : 안전보건규칙 제163조

13 다음은 압력용기의 안전검사 주기에 관한 내용이다. 검사주기를 쓰시오.
① 최초안전검사는 사업장에 설치가 끝난 날부터 몇 년 이내에 실시하는가?
② 최초안전검사 실시 이후 몇 년마다 안전검사를 실시하는가?
③ 공정안전보고서를 제출하여 확인을 받은 압력용기는 몇 년마다 안전검사를 실시하는가?

해답 ① 3년　② 2년　③ 4년
[주] 안전검사의 주기 : 시행규칙 제73조의3 제3항

산업안전산업기사 실기 필답형 — 2014년 제2회

01 산업안전보건법에 따른 산업안전보건위원회의 심의·의결사항을 4가지로 쓰시오.

1) 산업재해예방계획의 수립에 관한 사항
2) 안전보건관리규정의 작성 및 변경에 관한 사항
3) 근로자의 안전·보건 교육에 관한 사항
4) 작업환경측정 등 작업환경의 점검 및 개선에 관한 사항
5) 근로자의 건강진단 등 건강관리에 관한 사항
6) 산업재해에 관한 통계의 기록 및 유지에 관한 사항
7) 중대재해의 원인조사 및 재발방지대책 수립에 관한 사항
8) 유해하거나 위험한 기계·기구와 그 밖의 설비를 도입한 경우 안전·보건조치에 관한 사항

[주] 산업안전보건위원회의 심의·의결사항 : 법 제19조 제2항

02 직렬로 접속되어 있는 A, B, C의 발생확률이 각각 0.15일 경우 고장을 정상사상으로 하는 FT도의 발생확률을 구하시오.

회로도가 직렬 (-Ⓐ-Ⓑ-Ⓑ-)일 경우 FT도를 다음과 같이 그릴 수 있다.

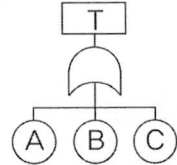

$\therefore T = 1 - (1-A)(1-B)(1-C)$
$= 1 - (1-0.15)(1-0.15)(1-0.15) = 0.385 ≒ 0.39$

03 다음 안전표지의 명칭을 쓰시오.

 ① 사용금지 ② 인화성물질경고
③ 방사성물질경고 ④ 낙하물경고
⑤ 들 것

주 안전·보건표지의 종류와 형태 : 시행규칙 별표1의2

04 자율안전확인대상 아세틸렌용접장치용 또는 가스집합장치용 안전기에 자율안전확인 표시 외에 추가로 표시하여야 할 2가지를 쓰시오.

 1) 가스의 흐름방향
2) 가스의 종류

05 안전인증대상 기계·기구 및 설비 5가지를 쓰시오. (단, 프레스, 크레인은 제외한다)

1) 전단기 및 절곡기 2) 리프트
3) 압력용기 4) 롤러기
5) 사출성형기 6) 고소작업대
7) 곤돌라

주 안전인증대상 기계·기구 등 : 시행령 제28조

06 상시근로자가 50명, 재해건수 8건, 재해자수 10명, 휴업일수 219일일 때 도수율과 강도율을 구하시오. (단, 1일 9시간, 연 280일을 근무한다)

 1) 도수율 = $\dfrac{\text{재해건수}}{\text{연근로시간수}} \times 10^6 = \dfrac{8}{50 \times 9 \times 280} \times 10^6 = 63.49$

2) 강도율 = $\dfrac{\text{근로손실일수}}{\text{연근로시간수}} \times 10^3 = \dfrac{219 \times 280/365}{50 \times 9 \times 280} \times 10^3 = 1.33$

07 다음은 급성독성물질에 대한 기준치를 나타낸 것이다. ( )안에 알맞은 수치를 쓰시오.

(가) LD_{50}은 쥐에 대한 경구투입실험에 의하여 실험동물의 50%를 사망시킬 수 있는 양이다. : LD_{50}(경구, 쥐)이 (①)mg/kg 이하인 화학물질

(나) LD_{50}은 쥐 또는 토끼에 대한 경과흡수실험에 의하여 실험동물의 50%를 사망시킬 수 있는 양이다 : LD_{50}(쥐 또는 토끼)이 (②)mg/kg 이하인 화학물질

(다) LC_{50}은 쥐에 대한 4시간 동안의 가스의 흡입실험에 의하여 실험동물의 50%를 사망시킬 수 있는 양이다 : 가스 LC_{50}(쥐, 4시간 흡입)이 (③)ppm 이하인 화학물질, 증기 LC_{50}이 10mg/L 이하인 화학물질, 분진 또는 미스트 1mg/L 이하인 화학물질

 ① 300
② 1000
③ 2500

[주] 위험물질의 종류 중 급성독성물질 : 안전보건규칙 별표 1 제7호

08 MIL-STD-882A에서 위험의 강도를 분류한 위험의 범주(category) 4가지를 쓰시오.

1) 범주 Ⅰ : 파국적
2) 범주 Ⅱ : 위기적
3) 범주 Ⅲ : 한계적
4) 범주 Ⅳ : 무시

▶ 위험강도(MIL-STD-882A)

범주	명칭	특징	
		인원	시스템
I	파국적	사망	손실
II	위기적	심각한 상해, 병적 상태	중대피해
III	한계적	경미 상해 또는 병적인 상태	경미피해
IV	무시	상해나 병적상태 없음	피해 없음

09 양중기에 사용하는 달기체인의 사용금지 사항 2가지를 쓰시오.

1) 달기체인의 길이가 달기체인이 제조된 때의 길이의 5%를 초과한 것
2) 링의 단면지름이 달기체인이 제조된 때의 해당의 링 지름의 10%를 초과하여 감소한 것
3) 균열이 있거나 심하게 변형된 것

[주] 늘어난 달기체인 등의 사용금지 : 안전보건규칙 제167조

10 다음 [그림]은 단상 변압기를 나타낸 것이다. 대지전압 100V를 50V로 감소시켜서 감전사고를 방지하기 위해 필요한 접지위치를 [그림]에 표시하고 몇 종 접지공사를 하여야 하는지 기술하시오.

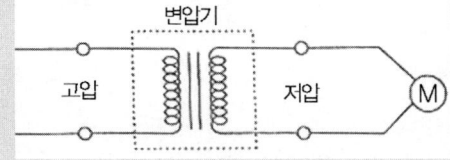

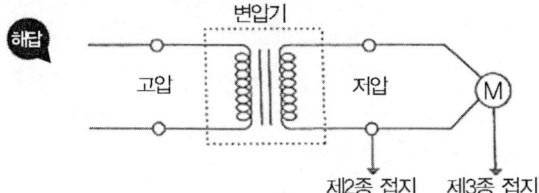

1) 저압측 전선에 제2종 접지공사
2) 모터(M) 외함에 제3종 접지공사

11 비, 눈 그 밖의 기상상태의 악화로 작업을 중지시킨 후 또는 비계를 조립·해체하거나 변경한 후에 그 비계에서 작업을 시작하기 전 점검해야 할 사항을 구체적으로 4가지 쓰시오.

해답 1) 발판 재료의 손상 여부 및 부착 또는 걸림 상태
2) 해당 비계의 연결부 또는 접속부의 풀림 상태
3) 연결 재료 및 연결철물의 손상 또는 부식 상태
4) 손잡이의 탈락 여부
5) 기둥의 침하, 변형, 변위 또는 흔들림 상태
6) 로프의 부착 상태 및 매단 장치의 흔들림 상태

[주] 비계의 점검 및 보수 : 안전보건규칙 제58조

---

12 밀폐공간에서 작업을 할 경우 실시하는 특별안전보건교육에 대한 다음 물음에 답하시오.
(1) 일용근로자를 제외한 근로자의 교육시간을 쓰시오.
(2) 교육내용 3가지를 쓰시오.(단 그 밖의 안전·보건관리에 필요한 사항은 제외한다)

해답 (1) 교육시간
① 16시간 이상(최초 작업에 종사하기 전 4시간 실시하고 12시간은 3개월 이내에서 분할하여 실시가능
② 단기간 작업 또는 간헐적 작업인 경우에는 2시간 이상
(2) 교육내용
① 산소농도 측정 및 작업환경에 관한사항
② 사고 시의 응급처치 및 비상 시 구출에 관한사항
③ 보호구 착용 및 사용방법에 관한 사항
④ 밀폐공간작업의 안전작업방법에 관한 사항

[주] (1) 산업안전·보건 관련 교육과정별 교육시간 : 시행규칙 별표 8
(2) 교육대상별 교육내용 : 시행규칙 별표 8의2

13 다음 내용은 프레스의 손쳐내기식 방호장치에 대한 설명이다. (   )안에 알맞은 내용이나 수치를 써 넣으시오.

> (가) 손쳐내기식 방호판의 폭은 금형크기의 (①) 이상으로 할 것
> (나) 방호판의 폭은 최대 (②)mm로 할 것
> (다) 슬라이드 하행정거리의 (③) 위치에서 손을 완전히 밀어낼 것

해답 ① $\dfrac{1}{2}$ ② 300
③ $\dfrac{3}{4}$

길잡이

▶ **손쳐내기식 방호장치의 일반구조**(방호장치 안전인증고시 고용노동부고시 제2016-54호)
  ① 슬라이드 하행정거리의 3/4 위치에서 손을 완전히 밀어내야 한다.
  ② 손쳐내기봉의 행정(stroke) 길이를 금형의 높이에 따라 조종할 수 있고 진동폭은 금형폭 이상이어야 한다.
  ③ 방호판과 손쳐내기봉은 경량이면서 충분한 강도를 가져야 한다.
  ④ 방호판의 폭은 금형폭의 1/2 이상이어야 하고, 행정길이가 300mm 이상의 프레스 기계에는 방호판 폭을 300mm로 해야 한다.
  ⑤ 손쳐내기식봉은 손 접촉시 충격을 완화할 수 있는 완충재를 부착해야 한다.
  ⑥ 부착볼트 등의 고정금속부분은 예리하게 돌출되지 않아야 한다.

산업안전산업기사 실기 필답형 — 2014년 제3회

01 재해분석방법 중 통계적 원인분석방법을 2가지만 쓰고 간략히 설명하시오.

1) **파레토도** : 사고의 유형, 기인물 등 분류항목을 큰 순서대로 도표화한다.
2) **특성요인도** : 특성과 요인 관계를 도표로 하여 어골상으로 세분한다.
3) **크로스분석** : 2개 이상의 문제 관계를 분석하는 데 사용하는 것으로, 데이터를 집계하고 표로 표시하여 요인별 결과 내역을 교차한 크로스 그림을 작성하여 분석한다.
4) **관리도** : 재해발생건수 등의 추이를 파악하여 목표 관리를 행하는데 필요한 월별 재해발생수를 그래프화 하여 관리선을 설정 관리하는 방법이다.

02 산업현장에서 사용되고 있는 출입금지 표지판의 배경 반사율이 80%이고, 관련 그림의 반사율이 30%일 경우 표지판의 대비를 구하시오.

대비 $= \dfrac{L_b - L_t}{L_b} \times 100\% = \dfrac{80-30}{80} \times 100 = 62.5\%$

03 자동운동은 암실에서 정지된 소광점을 응시하면 광점이 움직이는 것 같이 보이는 착각현상을 말한다. 자동운동이 생기기 쉬운 조건 3가지를 쓰시오.

1) 광점이 작을 것
2) 대상이 단순할 것
3) 광의 강도가 작을 것
4) 시야의 다른 부분이 어두울 것

04 양중기에 사용하는 와이어로프의 사용금지 사항 3가지를 쓰시오. (단, 꼬인 것, 심하게 변형되거나 부식된 것은 제외한다)

해답
1) 이음매가 있는 것
2) 와이어로프의 한 꼬임에서 끊어진 소선의 수가 10% 이상인 것
3) 지름의 감소가 공칭지름의 7%를 초과하는 것
4) 열과 전기충격에 의해 손상된 것

05 이황화탄소(CS_2)의 폭발상한계가 44.0vol%, 하한계가 1.2vol% 일 때 이황화탄소의 위험도를 구하시오.

해답 위험도 = $\dfrac{상한계 - 하한계}{하한계} = \dfrac{44 - 1.2}{1.2} = 35.67$

06 다음 [보기]와 같은 재해가 발생하였을 경우 상해정도별 분류에서 상해의 종류를 쓰시오.

[보기]
(1) 근로자가 전도로 인해서 추락되어 두개골 골절이 발생한 재해
(2) 근로자가 추락으로 인해 물에 빠져서 익사한 재해

해답
(1) 영구일부노동불능 상해
(2) 사망

07 다음 내용은 보호구에 관한 규정에서 용어의 정의에 대해서 설명한 것이다. 설명에 해당되는 용어를 쓰시오.
(1) 방독마스크에 있어 대응하는 가스에 대하여 정화통 내부의 흡착제가 포화상태가 되어 흡착능력을 상실한 상태를 말한다.
(2) 유기화합물 보호복에 있어 화학물질이 보호복의 재료의 외부표면에 접촉된 후 내부로 확산하여 내부표면으로부터 탈착되는 현상을 말한다.

해답 (1) 파과   (2) 투과

08 휴대용 목재가공용 둥근톱기계의 방호장치와 설치방법에서 덮개의 구비조건 3가지를 쓰시오.

해답
1) 절단작업이 완료되었을 때 자동적으로 원위치에 되돌아오는 구조일 것
2) 이동범위를 임의의 위치로 고정할 수 없을 것
3) 휴대용 둥근톱 덮개의 지지부는 덮개를 지지하기 위한 충분한 강도를 가질 것
4) 휴대용 둥근톱 덮개의 지지부의 볼트 및 이동덮개가 자동적으로 되돌아오는 기계의 스프링 고정 볼트는 이완방지장치가 설치되어 있는 것일 것

[주] 방호장치 자율안전확인 고시 : 고용노동부고시

09 다음은 산업안전보건법상 유해·위험방지를 위하여 방호조치가 필요한 기계·기구 등이다. 기계·기구별로 방호장치를 하나씩 쓰시오.
(1) 예초기   (2) 원심기
(3) 공기압축기   (4) 금속절단기
(5) 지게차   (6) 포장기계(진공포장기, 랩핑기로 한정)

해답
(1) 예초기 : 날접촉예방장치
(2) 원심기 : 회전체접촉예방장치
(3) 공기압축기 : 압력방출장치
(4) 금속절단기 : 날접촉예방장치
(5) 지게차 : 헤드가드, 백레스트, 전조등, 후미등, 안전벨트
(6) 포장기계 : 구동부 방호 연동장치

[주] 유해·위험한 기계·기구등의 방호조치 : 시행규칙 제46조

10 가공기계에 사용되는 Fool proof 중 (1) 고정가드와 (2) 인터록가드에 대해서 설명하시오.

해답
(1) 고정가드 : 개구부로부터 가공물과 공구 등을 넣어도 손은 위험영역에 머무르지 않는다.
(2) 인터록가드 : 기계가 작동 중에 개폐되는 경우 기계가 정지한다.

길잡이
1) 고정가드 : 개구부로부터 가공물과 공구 등을 넣어도 손은 위험영역에 머무르지 않는다.
2) 인터록가드 : 기계가 작동 중에 개폐되는 경우 기계가 정지한다.
3) 조절가드 : 가공물과 공구에 맞도록 형상과 크기를 조절한다.
4) 경고가드 : 손이 위험영역에 들어가기 전에 경고한다.

11 다음 [표]를 보고 (1) HSI(열압박지수), (2) WT(작업지속시간), (3) 휴식시간을 구하시오. (단, 체온상승 허용치는 1℃를 250Btu로 환산한다.)

열부하원	작업(단위 Btu)	휴식(단위 Btu)
대사	150	520
복사	800	-300
대류	250	-600
Emax	1500	1200

해답 (1) 소요증발 열손실(E_{req})

① 작업시 소요증발 열손실 : E_{req}

∴ E_{req} = M(대사) + R(복사) + C(대류) = 1500 + 800 + 250 = 2550Btu

② 휴식시 소요증발 열손실 : E_{req}'

∴ E_{req}' = M + R + C = 520 + (-300) + (-600) = -380Btu

(2) HSI(Heat Stress Index, 열압박지수)

∴ $HSI = \dfrac{E_{req}(요구되는 증발량)}{E_{max}(최대증발량)} \times 100\% = \dfrac{2550}{1500} \times 100 = 170\%$

(3) WT(작업지속시간) $= \dfrac{250}{E_{req} - E_{max}} = \dfrac{250}{2550 - 1500} = 0.25hr$

(4) 휴식시간 $= \dfrac{250}{E_{max} - E_{req}'} = \dfrac{250}{1200 - (-380)} = 0.16hr$

12 다음 [보기]의 교류아크용접기의 자동전격방지 표시사항을 상세히 설명하시오.

[보기]
sp - 3A - H
　　(1)　(2)

 (1) SP : 외장형

(2) 3A

① 3 : 출력측의 정격전류 300A를 나타냄

② A : 교류아크용접기에 내장되어 있는 콘덴서의 유무에 관계없이 사용할 수 있는 것

▶ **자동전격방지장치 종류의 기호**
  ∴ SP-3A-H
(1) SP : 외장형
(2) 다음의 숫자 : 출력측의 정격전류의 100위의 값을 표시한다.
  [예] 3A : 3-300A
      5A : 5-500A
      2E : 2-200V
(3) 숫자 다음의 A.B.C.E
  ① A : 교류아크용접기에 내장되어 있는 콘덴서의 유무에 관계없이 사용 할 수 있는 것
  ② B : 콘덴서를 내장하지 않은 교류아크용접기에 사용하는 것
  ③ C : 콘덴서 내장형 교류아크용접기에 사용하는 것
  ④ E : 엔진구동 교류아크용접기에 사용하는 전격방지방치표시
(4) 끝의 H.L자
  ① H : 고저항 시동형(H형) 전격방지장치표시
  ② L : 저저항 시동형(L형) 전격반지장치표시
(5) 전격방지장치표시
  ① 외장형 : 외장형은 용접기 외함에 부착하여 사용하는 전격방지기로 그 기호는 SP로 표시
  ② 내장형 : 내장형은 용접기함 안에 설치하여 사용하는 전격방지기로 그 기호는 SPB로 표시

[주] 방호장치 자율안전고시 고용노동부고시 제2015-94호

13 산업안전보건법에 따른 차량계 하역운반기계의 운전자 운전위치 이탈시 조치사항 2가지를 쓰시오.

 1) 포크, 버킷, 디퍼 등의 장치를 가장 낮은 위치 또는 지면에 내려둘 것
2) 원동기를 정지시키고 브레이크를 확실히 거는 등 갑작스러운 주행이나 이탈을 방지하기 위한 조치를 할 것
3) 운전석을 이탈하는 경우에는 시동키를 운전대에서 분리시킬 것

[주] 운전위치 이탈시의 조치 : 안전보건규칙 제99조

산업안전산업기사 실기 필답형 — 2015년 제1회

01 지반굴착작업시 지반의 종류에 따른 기울기 기준(구배)에 대하여 ( )안에 알맞은 용어 및 수치를 쓰시오.

구분	지반의 종류	기울기
보통흙	①	1 : 1~1 : 15
암반	풍화암	②
	경암	③

① 습지 ② 1 : 1.0
③ 1 : 0.5

02 공정안전보고서에 포함되어야 할 사항을 4가지 쓰시오.

1) 공정안전자료 2) 공정위험성평가서
3) 안전운전계획 4) 비상조치계획

[주] 공정안전보고서의 내용 : 시행령 제37조의 7

03 A사업장에 도수율이 4이고, 연간 5건의 재해와 350일의 근로손일수가 발생하였을 경우 강도율을 계산하시오.

1) 도수율 $= \dfrac{재해건수}{연근로시간수} \times 10^6$

   연근로시간수 $= \dfrac{재해건수}{도수율} \times 10^6 = \dfrac{5}{4} \times 10^6 = 1.25 \times 10^6$

2) 강도율 $= \dfrac{근로손실일수}{연근로시간수} \times 1000 = \dfrac{350}{1.25 \times 10^6} \times 1000 = 0.28$

04 가죽제 안전화의 성능 시험항목 4가지를 쓰시오.

1) 내압박성
2) 내답발성
3) 내충격성
4) 박리저항

05 인간의 주의에 대한 특성에 대하여 설명하시오.

1) **선택성** : 여러 종류의 자극을 지각할 때 소수의 특정한 것에 한하여 선택하는 기능
2) **변동성(단속성)** : 주의에는 주기적으로 부주의적 리듬이 존재한다.
3) **방향성** : 주시점만 인지하는 기능

06 풀 프루프(fool proof) 기계·기구 4가지를 쓰시오.

1) 가드(guard)
2) lock 기구
3) 오버런 기구
4) 밀어내기기구
5) 트립기구
6) 기동방지기구

07 다음 [보기] 내용은 위험물질에 대한 설명이다. ( )안에 알맞은 내용을 쓰시오.

[보기]
(가) 인화성액체 : 에틸에테르, 가솔린, 아세트알데히드, 산화프로필렌, 그 밖에 인화점이 섭씨 (①) 미만이고 초기 끓는점이 섭씨 35℃ 이하인 물질
(나) 인화성액체 : 크실렌, 아세트산아밀, 등유, 경유, 테레핀유, 이소아밀알코올, 아세트산, 그 밖에 인화점이 섭씨 (②) 이상 섭씨 60℃ 이하인 물질
(다) 부식성산류 : 농도가 (③)% 이상인 염산, 황산, 질산, 그 밖에 이와 같은 정도 이상의 부식성을 가지는 물질
(라) 부식성산류 : 농도가 (④)% 이상인 인산, 아세트산, 불산, 그 밖에 이와 같은 정도 이상의 부식성을 가지는 물질

① 23℃
② 23℃
③ 20
④ 60

>  길잡이
>
> 1) 인화성액체
>   ① 에틸에테르, 가솔린, 아세트알데히드, 산화프로필렌, 그 밖에 인화점이 섭씨 23도 미만이고 초기 끓는점이 35℃ 이하인 물질
>   ② 노말헥산, 아세톤, 메틸에틸케톤, 메틸알코올, 에틸알코올, 이황화탄소 그 밖에 인화점이 23℃ 미만이고 초기 끓는점이 섭씨 35℃를 초과하는 물질
>   ③ 크실렌, 아세트산아밀, 등유, 경유, 테레핀유, 이소아밀알코올, 아세트산, 하이드라진 등 그밖에 인화점이 23℃ 이상 60℃ 이하인 물질

08 다음 용어를 간략히 설명하시오.
   (1) MTTF :
   (2) MTTR :
   (3) MTBF :

 (1) MTTF(평균고장시간) : 제품 고장시 수명이 다하는 것으로 고장까지의 평균시간
(2) MTTR(평균수리시간) : 고장 발생 순간부터 수리완료 후 정상작동 시까지의 평균시간
(3) MTBF(평균고장간격) : 고장이 발생하여도 다시 수리를 해서 쓸 수 있는 제품을 의미

09 다음 [보기]의 용어를 간략히 쓰시오.

> [보기]
> (1) 기계의 결함을 찾아내 고장률을 안정시키는 (   ) 기간
> (2) 단조로운 업무가 장시간 지속될 때 작업자의 감각기능 및 판단기능이 둔화 또는 마비되는 현상
> (3) 작업대사량과 기초대사량의 비로서 작업대사량은 작업시 소비된 에너지와 안정시 소비된 에너지와의 차를 말한다.
> (4) 인간 또는 기계에 과오나 동작상의 실수가 있어도 사고를 발생시키지 않도록 2중, 3중으로 통제를 가하는 것을 말한다.

 (1) 디버깅(debugging) 기간
(2) 감각차단현상
(3) 에너지대사율(RMR)
(4) 페일세이프(fail safe)

1) 초기고장
   ① 디버깅 기간 : 보기 설명
   ② 번인(burn in) 기간 : 실제로 장시간 움직여보고 그동안 고장난 것을 제거하는 공정기간
2) RMR(에너지대사율) = $\dfrac{작업대사량}{기초대사량} = \dfrac{작업시소비에너지 - 안전시소비에너지}{기초대사량}$

10 다음 내용은 프레스의 손쳐내기식 방호장치에 관한 설명이다. (   )안에 알맞은 내용이나 수치를 써 넣으시오

(가) 슬라이드 하행정거리의 (①) 위치에서 손을 완전히 밀어내야 한다.
(나) 방호판의 폭은 금형폭의 (②) 이상이어야 하고, 행정길이가 300 mm이상의 프레스기계에는 방호판 폭을 (③)mm로 해야 한다.

① 3/4
② 1/2
③ 300

11 암석이 떨어질 우려가 있는 등 위험한 장소에서 차량계 건설기계를 사용하여 작업을 하는 경우 헤드가드를 갖추어야 할 기계·기구 4가지를 쓰시오.

1) 불도저   2) 트랙터   3) 쇼블
4) 로더   5) 파우더쇼블 6) 드래그쇼블
[주] 헤드가드 : 안전보건규칙 제198조

12 신규, 보수교육을 받아야 할 대상자 4명을 쓰시오.

1) 안전보건관리책임자
2) 안전관리자
3) 보건관리자
4) 재해예방 전문지도기관 종사자

산업안전산업기사 실기 필답형 — 2015년 제2회

01 산업안전보건법상의 안전관리자 업무 4가지를 쓰시오

1) 산업안전보건위원회 또는 안전·보건에 관한 노사협의체에서 심의·의결한 업무와 해당 사업장의 안전보건 관리규정 및 취업규칙에서 정한 업무
2) 안전인증대상 기계·기구 등과 자율안전확인 대상 기계·기구 등 구입시 적격품 선정에 관한 보좌 및 조언·지도
3) 위험성평가에 관한 보좌 및 조언·지도
4) 사업장 순회점검·지도 및 조치의 건의
5) 산업재해 발생의 원인 조사·분석 및 재발방지를 위한 기술적 보좌 및 조언·지도
6) 산업재해에 관한 통계의 유지·관리·분석을 위한 보좌 및 조언·지도
7) 해당 사업장 안전교육계획의 수립 및 안전교육실시에 관한 보좌 및 조언·지도
8) 업무수행 내용의 기록·유지
9) 법 또는 법에 따른 명령으로 정한 안전에 관한 사항의 이행에 관한 보좌 및 조언·지도
[주] 안전관리자의 업무 등 : 시행령 제13조

02 산업안전보건법상 안전보건관리규정에 포함시켜야 할 사항 4가지를 쓰시오.

1) 안전·보건관리조직과 그 직무에 관한 사항
2) 안전·보건교육에 관한 사항
3) 작업장 안전관리에 관한 사항
4) 작업장 보건관리에 관한 사항
5) 사고조사 및 대책수립에 관한 사항
[주] 안전보건관리규정의 작성 등 : 법 제20조

03 허즈버그(Herzberg)의 위생요인과 동기요인을 각각 3가지를 쓰시오.

 1) 위생요인
　　① 개인상호간의 관계
　　② 감독
　　③ 작업조건
　　④ 임금 등
2) 동기요인
　　① 성취감
　　② 안정감
　　③ 책임감
　　④ 도전감 등

04 다음은 사업장의 위험성 평가에 관한 내용이다. (　　)안에 알맞은 용어를 쓰시오.

(가) 유해·위험요인이 부상 또는 질병으로 이어질 수 있는 가능성(빈도)과 중대성(강도)를 조합한 것을 의미한다 : (①)
(나) 유해·위험요인별로 부상 또는 질병으로 이어질 수 있는 가능성과 중대성의 크기를 각각 추정하여 위험성의 크기를 산출하는 것을 말한다 : (②)
(다) 유해·위험요인별로 추정한 위험성의 크기가 허용 가능한 범위인지 여부를 판단하는 것을 말한다 : (③)

 ① 위험성
② 위험성 추정
③ 위험성 결정
〔주〕 사업자 위험성 평가에 관한 지침 제3조 : 고용노동부 고시 제2017-36호

05 습구온도가 20℃, 건구온도가 30℃ 일 경우 습건지수(Oxford 지수)를 구하시오.

 습건지수(WD) = 0.85W × 0.15D = (0.85 × 20) + (0.15 × 30) = 21.5

06 산업안전보건법상 안전인증대상 기계·기구 등의 방호장치 4가지를 쓰시오.

1) 프레스 및 전단기 방호장치
2) 양중기용 과부하방지장치
3) 보일러 압력방출용 안전밸브
4) 압력용기 압력방출용 안전밸브
5) 압력용기 압력방출용 파열판
6) 절연용 방호구 및 활선작업용 기구
7) 방폭구조 전기기계 기구 및 부품
8) 추락·낙하 및 붕괴의 위험방호에 필요한 가설기자재

[주] 안전인증대상 기계·기구 등 : 시행령 제 74조

> **길잡이**
> ▶ **자율안전확인대상 기계·기구 등의 방호장치**(시행령 제77조)
>   1) 아세틸렌용접장치용 또는 가스집합용접장치용 안전기
>   2) 교류아크용접기용 자동전격방지기
>   3) 롤러기 급정지장치
>   4) 연삭기 덮개
>   5) 목재가공용 둥근톱 반발예방장치와 날접촉예방장치
>   6) 동력식 수동대패용 칼날접촉방지장치

07 지게차를 사용하여 작업을 하는 경우 작업시작 전 점검사항 4가지를 쓰시오.

1) 제동장치 및 조종장치 기능의 이상 유무
2) 하역장치 및 유압장치 기능의 이상 유무
3) 바퀴의 이상 유무
4) 전조등, 후미등, 방향지시기 및 경보장치 기능의 이상 유무

[주] 작업시작 전 점검사항 : 안전보건규칙 별표3

> **길잡이**
> ▶ **구내운반장치의 작업시작 전 점검사항**
>   1) 제동장치 및 조종장치 기능의 이상 유무
>   2) 하역장치 및 유압장치 기능의 이상 유무
>   3) 바퀴의 이상 유무
>   4) 전조등, 후미등, 방향지시기 및 경음기 기능의 이상 유무
>   5) 충전장치를 포함한 홀더 등의 결합상태의 이상 유무

08 산업안전보건법에서 규정한 승강기의 종류 4가지를 쓰시오.

 1) 승객용 엘리베이터
2) 승객화물용 엘리베이터
3) 화물용 엘리베이터
4) 소형화물용 엘리베이터
5) 에스컬레이터

[주] 양중기 : 안전보건규칙 제132조

▶ 승강기의 정의 : 동력을 사용하여 운전하는 것으로서 가이드레일을 따라 오르내리는 운반구에 사람이나 화물을 상하 또는 좌우로 이동·운반하는 기계·설비로서 탑승장을 가진 것을 말한다.

09 휘발유 저장탱크 등 인화성 물질을 저장하는 곳에 설치하는 안전표지에 대한 다음물음에 답하시오.
(1) 표지종류 :
(2) 기본모형 :
(3) 바탕색 :
(4) 그림색 :

 (1) 표지종류 : 경고표지
(2) 기본모형 : 마름모형
(3) 바탕색 : 무색
(4) 그림색 : 검은색

[주] 안전보건표지의 종류별 형태 및 색채 : 시행규칙 별표 2

▶ 인화성 물질 경고표지의 색상

1) 기본모형 : 빨간색 (검은색도 가능)
2) 바탕색 : 무색
3) 그림 : 검은색

10 다음 내용은 아세틸렌 용접장치를 사용하여 금속의 용접·용단 또는 가열작업을 하는 경우 준수사항이다. ( )안에 알맞은 수치를 쓰시오

(가) 발생기에서 (①)m 이내 또는 발생기실에서 (②)m 이내의 장소에서는 흡연, 화기의 사용 또는 불꽃이 발생할 위험한 행위를 금지시킬 것
(나) 발생기실에는 관계 근로자가 아닌 사람이 출입하는 것을 금지할 것

 ① 5 ② 3

▶ 아세틸렌 용접장치의 관리 등(안전보건규칙 제290조)
1) 발생기의 종류, 형식, 제작업체명, 매 시 평균 가스발생량 및 1회 카바이드 공급량을 발생기실 내의 보기 쉬운 장소에 게시할 것
2) 발생기실에는 관계 근로자가 아닌 사람이 출입하는 것을 금지할 것
3) 발생기에는 5m 이내 또는 발생기실에서 3m 이내의 장소에서는 흡연, 화기의 사용 또는 불꽃이 발생할 위험한 행위를 금지시킬 것
4) 도관에는 산소용과 아세틸렌용의 혼동을 방지하기 위한 조치를 할 것
5) 아세틸렌 용접장치의 설치장소에는 적당한 소화설비를 갖출 것
6) 이동식 아세틸렌용접장치의 발생기는 고온의 장소, 통풍이나 환기가 불충분한 장소 또는 진동이 많은 장소 등에 설치하지 않도록 할 것

11 다음 [표]는 전원의 종류에 따른 전압을 구분한 것이다. ( )안에 알맞은 내용을 쓰시오.

전압 구분 \ 전원 종류	교류	직류
저압	(①)V 이하	(②)V 이하
고압	(①)V 초과~7,000V 이하	(②)V 초과~7,000V 이하
특별고압	7,000V 초과	

 ① 1000 ② 1500

12 가스폭발 위험장소 또는 분진폭발 위험장소에 설치되는 건축물 등에 대해서 내화구조로 하여야 할 해당하는 부분을 2가지 쓰시오.

해답
1) 건축물의 기둥 및 보 : 지상 1층(지상 1층의 높이가 6m를 초과하는 경우에는 6m)까지
2) 위험물 저장·취급용기의 지지대(높이가 30cm 이하인 것은 제외한다) : 지상으로부터 지지대의 끝부분까지
3) 배관·전선관 등의 지지대 : 지상으로부터 1단(1단의 높이가 6m를 초과하는 경우에는 6m)까지

[주] 내화기준 : 안전보건규칙 제270조

길잡이
▶ 건축물 등의 내화구조로 하지 않아도 되는 경우
건축물 등의 주변 화재에 대비하여 물분무 시설 또는 폼헤드 설비 등의 자동소화설비를 설치하여 건축물 등이 화재시에 2시간 이상 그 안전성을 유지할 수 있도록 한 경우에는 내화구조로 하지 아니할 수 있다.

---

13 터널공사시 시공의 안전성을 확보하기 위해 실시하는 NATM공법 계측방법 4가지를 쓰시오.

해답
1) 내공변위 측정
2) 천단침하 측정
3) 록볼트 인발시험
4) 지표면 침하측정
5) 지중변위 측정
6) 지중침하 측정
7) 지중 수평변위 측정
8) 지하수위측정
9) 록볼트 축력 측정
10) 뿜어 붙이기 콘크리트 응력측정
11) 터널 내 탄성파 속도 측정
12) 주변 구조물의 변화상태 측정
13) 터널 내 육안조사

[주] 계측의 목적 : 터널공사 표준안전작업지침(NATM 공법) 제25조

산업안전산업기사 실기 필답형 (2015년 제3회)

01 다음 [표]는 달비계의 적재하중을 정하고자 할 때의 안전계수이다. ( )안에 알맞은 수치를 쓰시오.

(가) 달기 와이어로프 및 달기강선의 안전계수 : (①) 이상
(나) 달기체인 및 달기훅의 안전계수 : (②) 이상
(다) 달기강대와 달비계의 하부 및 상부 지점의 안전계수는 강재의 경우 (③) 이상, 목재의 경우 (④) 이상

① 10　　② 5
③ 2.5　　④ 5

02 산업안전보건법상 건강진단의 종류 5가지를 쓰시오.

1) 일반 건강진단
2) 특수 건강진단
3) 배치전 건강진단
4) 수시 건강진단
5) 임시 건강진단
[주] 근로자건강전단정의 : 시행규칙 제98조

03 산업안전보건법에서 정하고 있는 중대재해의 종류를 3가지 쓰시오.

1) 사망자가 1명 이상 발생한 재해
2) 3개월 이상의 요양이 필요한 부상자가 동시에 2명 이상 발생한 재해
3) 부상자 또는 작업성 질병자가 동시에 10명 이상 발생한 재해

04 다음 금지표지판의 명칭을 쓰시오.

①  ②  ③  ④

① 보행금지
② 탑승금지
③ 사용금지
④ 물체이동금지

05 다음 [표]는 산업안전보건법상 안전·보건교육에 대한 교육시간을 나타낸 것이다. (   )안에 알맞은 내용을 쓰시오.

교육과정	교육대상	교육시간
정기교육	사무직 종사 근로자	(①)
	관리감독자의 지위에 있는 사람	(②)
채용시의 교육	일용근로자	(③)
작업내용 변경시의 교육	일용근로자를 제외한 근로자	(④)

① 매분기 3시간 이상
② 연간 16시간 이상
③ 1시간 이상
④ 2시간 이상

06 다음 [보기]의 설명에 맞는 프레스기 및 전단기의 방호장치의 명칭을 각각 쓰시오.

[보기]
① 1행정 1정지식 프레스에 사용되는 것으로서 양손으로 동시에 조작하지 않으면 기계가 동작하지 않으며, 한손이라도 떼어내면 기계를 정지시키는 방호장치
② 슬라이드와 작업자 손을 끈으로 연결하여 슬라이드 하강시 작업자 손을 당겨 위험영역에서 빼낼 수 있도록 한 방호장치로서 프레스용으로 확동식 클러치형 프레스에 한해서 사용됨

① 양수조작식 방호장치   ② 수인식 방호장치

07 다음 [보기] 내용의 분진폭발과정의 순서를 번호로 쓰시오.

[보기]
① 입자표면 열분해 및 기체발생
② 주위의 공기와 혼합
③ 입자표면 온도 상승
④ 폭발열에 의하여 주위 입자 온도상승 및 열분해
⑤ 점화원에 의한 폭발

 ③ → ① → ② → ⑤ → ④

08 절토면의 토사붕괴를 예방하기 위하여 점검하여야 할 시기 4가지를 쓰시오.

1) 작업 전
2) 작업 중
3) 작업 후
4) 비온 후 인접 작업구역에서 발파한 후

09 Swain에 의한 인간에러(human error)의 심리적인 분류 4가지를 쓰시오.

1) 수행적 과오(commission error)
2) 생략적 과오(omission error)
3) 순서적 과오(sequential error)
4) 시간적 과오(time error)

> 길잡이
>
> ▶ 인간에러의 심리적인 분류(Swain) : Error의 원인을 불확정, 시간지연, 순서착오의 세 가지로 나누어 분류한다.
> 1) omission error : 필요한 task 또는 절차를 수행하지 않는 데 기인한 error(부작위 실수, 누락 오류)
> 2) time error : 필요한 task 또는 절차의 수행지연으로 인한 error(지연 오류)
> 3) commission error : 필요한 task 또는 절차의 불확실한 수행으로 인한 error(작위오류)
> 4) sequential error : 필요한task 또는 절차의 순서 착오로 인한 error(순서 오류)
> 5) extraneous error : 불필요한 task 또는 절차를 수행함으로써 기인한 error

10 방호조치를 하지 아니하고는 양도, 대여, 설치 또는 사용에 제공하거나, 양도·대여의 목적으로 진열해서는 아니 되는 기계·기구 4가지를 쓰시오.

해답
1) 예초기
2) 원심기
3) 공기압축기
4) 금속절단기
5) 지게차
6) 포장기계

[주] 기계·기구의 방호조치 : 시행규칙 제46조

11 다음 [보기]는 정전기에 대한 설명이다. [보기] 내용에 맞는 정전기의 종류를 각각 쓰시오.

[보기]
① 상호 밀착되어 있는 물질이 떨어질 때, 전하분리에 의해 정전기가 발생되는 현상이다.
② 액체류 등을 파이프 등으로 이송할 때 액체류가 파이프 등의 고체류와 접촉하면서 두 물질사이의 경계에서 전기 이중층이 형성되고 이 이중층을 형성하는 전하의 일부가 액체류의 유동과 같이 이동하기 때문에 대전되는 현상이다.
③ 분체류, 액체류, 기체류가 작은 분출구를 통해 공기 중으로 분출될 때, 분출되는 물질과 분출구의 마찰에 의해 발생되는 현상이다.

해답
① 박리대전
② 유동대전
③ 분출대전

12 근로자가 6.5kcal/min의 에너지를 소모하는 작업을 수행하는 경우 시간당 휴식시간을 구하시오. (단, 작업에 대한 권장에너지소비량은 5kcal/min이다.)

해답 휴식시간$(R) = \dfrac{60(E-5)}{E-1.5} = \dfrac{60 \times (6.5-5)}{6.5-1.5} = 18$분

산업안전산업기사 실기 필답형 — 2016년 제1회

01 다음 연쇄성 이론에 대해서 각각 쓰시오.
1) 하인리히의 재해 연쇄성이론 5단계
2) 버드의 재해 연쇄성이론 5단계
3) 아담스의 재해 연쇄성이론 5단계

 1) 하인리히(Heinrich)의 사고연쇄성 이론[도미노(domino) 현상]
  ① 1단계 : 사회적 환경 및 유전적 요소(선천적 결함)
  ② 2단계 : 개인적 결함(성격결함 등)
  ③ 3단계 : 불안전한 행동 및 불안전한 상태(사고방지를 위해 중점적으로 배제해야 할 사항)
  ④ 4단계 : 사고
  ⑤ 5단계 : 재해
2) 버드(Bird)의 최신사고연쇄성 이론(버드의 관리모델, 경영자의 책임이론)
  ① 1단계 : 통제의 부족 - 관리소홀(재해발생의 근본적 원인)
  ② 2단계 : 기본원인 - 기원(작업자·환경결함)
  ③ 3단계 : 직접원인 - 징후(불안전한 행동 및 상황)
  ④ 4단계 : 사고 - 접촉
  ⑤ 5단계 : 상해 - 손해 - 손실
3) 아담스(Adams)의 사고연쇄성 이론(경영시스템 내의 사고발생원인)
  ① 1단계 : 관리구조 - 경영시스템(목적, 조직, 운영 등)
  ② 2단계 : 작전적 에러 - 회사 운영실수
  ③ 3단계 : 전술적 에러 - 관리·기술적 실수
  ④ 4단계 : 사고 - 앗차 실수(near miss), 무상해사고
  ⑤ 5단계 : 상해·피해 - 부상, 손해, 재산피해

02 안전보건총괄책임자 지정대상 사업을 2가지 쓰시오 (단, 선박 및 보트건조업, 1차금속제조업 및 토사석 광업의 경우는 제외)

1) 상시근로자가 100명 이상인 사업
2) 총 공사금액이 20억원 이상인 건설업

[주] 안전보건총괄책임자 지정 대상사업 : 시행령 제23조 (선박 및 보트건조업, 1차 금속제조 업및 토사석 광업의 경우는 상시근로자가 50명 이상인 경우)

03 인간공학에서 인간성능 기준 4가지를 쓰시오

1) 인간 성능 척도
2) 생리학적 지표
3) 주관적 반응
4) 사고 빈도

04 안전모의 3가지 종류를 쓰고 설명하시오

종류	사용구분
AB	물체의 낙하, 비래, 추락에 의한 위험을 방지 또는 경감
AE	물체의 낙하, 비래에 의한 위험을 방지 또는 경감하고 머리부위 감전에 의한 위험을 방지
ABE	물체의 낙하, 비래, 추락에 의한 위험을 방지 또는 경감하고 머리부위 감전에 의한 위험을 방지

05 휴먼에러에서 SWAIN의 심리적 오류 4가지를 쓰시오

1) 생략적 오류(omission error)
2) 수행적 오류(commission error)
3) 순서적 오류(sequential error)
4) 시간적 오류(time error)
5) 불필요한 오류(extraneous error)

06 위험기계의 조종장치를 촉각적으로 암호화할 수 있는 차원 3가지를 쓰시오

해답 1) 조종장치 형상의 암호화
2) 표면촉감을 이용한 암호화
3) 크기를 이용한 암호화

> **길잡이**
> ▶ 촉각적암호화 분류
>   1) 형상암호   2) 위치암호   3) 색채암호

07 로봇을 운전하는 경우에 근로자가 로봇에 부딪칠 위험이 있을 때 위험을 방지하기 위하여 필요한 방호장치를 2가지 쓰시오

해답 1) 안전매트
2) 높이 1.8m 이상의 방책

08 산업안전보건법상 사업주는 (①) (②) (③) (④) 등에 부속하는 키·핀 등의 기계요소는 묻힘형으로 하거나 해당부위에 덮개를 설치하여야 한다. ( )안에 알맞는 답을 쓰시오

해답 ① 회전축
② 기어
③ 풀리
④ 플라이휠

[주] 원동기·회전축 등의 위험방지 : 안전보건규칙 제87조

> **길잡이**
> ▶ 동력전달장치의 위험방지
>   1) **동력전달(전도) 장치** : 기계의 원동기, 회전축, 기어, 풀리, 플라이휠, 벨트 및 체인 등
>   2) 동력전달장치의 위험방지 조치사항
>   ① 덮개 설치
>   ② 울 설치
>   ③ 슬래브 및 건널다리 설치

09 다음은 교류아크용접기용 방호장치인 자동전격방지기에 관한 내용이다. (   )안에 알맞는 용어를 쓰시오.

(①) : 용접봉을 모재로부터 분리시킨 후 주접점이 개로되어 용접기 2차측 (②)이 전격방지기의 25V 이하로 될 때까지의 시간을 말한다.

 ① 지동시간   ② 무부하전압

▶ 자동전격방지기의 성능
  1) 아크발생을 정지시킬 때 주접점이 개로될 때까지의 시간(지동시간)은 1초 이내일 것
  2) 2차 무부하전압은 25V 이내일 것

10 다음은 인화성액체 및 부식성물질에 대한 내용이다. (   )안에 알맞는 용어 또는 수치를 쓰시오

가) 인화성액체
  노르말헥산, 아세톤, 메틸에틸케톤, 메틸알코올, 에틸알코올, 이황화탄소, 그 밖에 인화점이 섭씨 (①) ℃ 미만이고 초기 끓는점이 섭씨 35℃를 초과하는 물질
나) 부식성 산류
  농도가 (②)% 이상인 염산, 황산, 질산, 그 밖에 이와 같은 정도 이상의 부식성을 가지는물질
다) 부식성 염기류
  농도가 (③)% 이상인 수산화나트륨, 수산화칼륨, 그 밖에 이와 같은 정도이상의 부식성을 가지는 염기류

 ① 23   ② 20   ③ 40

▶ **인화성액체**(안전보건규칙 별표 1) : 표준압력(101.3kPa)에서 인화점이 60℃ 이하인 액체
  1) 에틸에테르, 가솔린, 아세트알데히드, 산화프로필렌, 그 밖의 인화점이 23℃ 미만이고 초기 끓는점이 35℃ 이하인 물질
  2) 노르말헥산, 산화에틸렌, 아세톤, 메틸에틸케톤, 메틸알코올, 에틸알코올, 이황화탄소, 그 밖에 인화점이 23℃ 미만이고 초기끓는점이 35℃를 초과하는 물질
  3) 크실렌, 아세트산아밀, 등유, 경유, 테레진유, 이소아밀알코올, 아세트산, 하이드라진, 그 밖에 인화점이 23℃ 이상 60℃ 이하인 물질

11 사업주는 잠함 또는 우물통의 내부에서 근로자가 굴착작업을 하는 경우에 잠함 또는 우물통의 급격한 침하에 의한 위험을 방지하기 위하여 준수하여야 할 사항을 2가지 쓰시오

1) 침하관계도에 따라 굴착방법 및 재하량 등을 정할 것
2) 바닥으로부터 천장 또는 보까지의 높이는 1.8m 이상으로 할 것

12 수소 28%, 메탄 45%, 에탄27% 일 때, 이 혼합 기체의 공기 중 폭발 상한계의 값과 메탄의 위험도를 계산하시오.

	폭발하한계	폭발상한계
수소	4.0[VOL%]	75[VOL%]
메탄	5.0[VOL%]	15[VOL%]
에탄	3.0[VOL%]	12.4[VOL%]

1) 혼합기체 폭발상한계 값(U)

$$U_1 = \frac{V_1 + V_2 + V_3}{\frac{V_1}{L_1} + \frac{V_2}{L_2} + \frac{V_3}{L_3}} = \frac{28 + 45 + 27}{\frac{28}{75} + \frac{45}{15} + \frac{27}{12.4}} = 18.02 \text{vol}\%$$

2) 메탄의 위험도 $= \frac{U - L}{L} = \frac{15 - 5}{5} = 2$

13 산업안전보건법에서 정한 가설통로의 설치기준에 관한 내용을 2가지 쓰시오(단, 견고한 구조, 안전난간 제외)

1) 경사는 30도 이하로 할 것
2) 경사가 15도를 초과하는 경우에는 미끄러지지 아니하는 구조로 할 것
3) 수직갱에 가설된 통로의 길이가 15m 이상인 경우에는 10m 이내마다 계단참을 설치할 것
4) 건설공사에 사용하는 높이 8m 이상인 비계다리에는 7m 이내마다 계단참을 설치할 것

01 다음은 산업현장에서 컬러 테라피(color therapy)에 관한 내용이다 (   )안에 알맞는 내용을 쓰시오.

색채	심리
(①)	열정, 생기, 공포, 애정, 용기
(②)	주의, 조심, 희망, 광명, 향상
(③)	안전, 안식, 평화, 위안
(④)	진정, 냉담, 소극, 소원
(⑤)	우울, 불안, 우미, 고취

해답
① 빨간색　　② 노란색
③ 녹색　　　④ 파란색
⑤ 보라색

주) 컬러테라피(color-therapy : 색채치료) : 색의 에너지와 성질을 심리치료와 의학에 활용하여 스트레스를 완화시키고 삶의 활력을 깨우는 정신적 요법을 의미한다.

02 근로자가 1시간 동안 1분당 6[kcal]의 에너지를 소모하는 작업을 수행하는 경우 1) 휴식시간 2) 작업시간을 각각 구하시오. (단, 작업에 대해 권장 에너지 소비량은 분당 5[kcal])

해답
1) 휴식시간$(R) = \dfrac{60(E-5)}{E-1.5} = \dfrac{60(6-5)}{6-1.5} = 13.333 = 13.33$[분]

2) 작업시간 $= 60 - 13.33 = 46.67$[분]

03. 다음은 산업안전보건법상 작업장의 조도기준에 관한 내용이다. ( )안에 알맞은 내용을 쓰시오

(18/2 산)

초정밀작업	정밀작업	보통작업	그 밖의 작업
(①)Lux 이상	(②)Lux 이상	(③)Lux 이상	(④)Lux 이상

① 750
② 300
③ 150
④ 75

04. 재해예방의 기본 4원칙을 쓰시오

1) 손실우연의 원칙
2) 원인계기의 원칙
3) 예방가능의 원칙
4) 대책선정의 원칙

05. 방진마스크에 관한 사항이다. 다음 물음에 답하시고 ( )안에 알맞는 내용을 쓰시오.

① 석면취급 장소에서 착용 가능한 방진마스크의 등급을 쓰시오.
② 금속 흄 등과 같이 열적으로 생기는 분진 등 발생장소에서 착용 가능한 방진 마스크의 등급을 쓰시오.
③ 베릴륨 등과 같이 독성이 강한 물질을 함유한 장소에서 착용 가능한 방진 마스크의 등급을 쓰시오.
④ 산소농도 ( )% 미만인 장소에서는 방진마스크 착용을 금지한다.
⑤ 안면부 내부의 이산화탄소 농도가 부피분율 ( )% 이하이어야 한다.

① 특급
② 1급
③ 특급
④ 18
⑤ 1

06 구축물 또는 이와 유사한 시설물에 대하여 안전진단 등 안전성 평가를 실시하여 근로자에게 미칠 위험성을 미리 제거하여야하는 경우 2가지를 쓰시오 (단, 그 밖의 잠재위험이 예상될 경우 제외)

1) 화재 등으로 구축물 또는 이와 유사한 시설물의 내력이 심하게 저하되었을 경우
2) 구축물 또는 이와 유사한 시설물에 지진, 동해, 부동침하 등으로 균열·비틀림 등이 발생하였을 경우
3) 오랜 기간 사용하지 아니하던 구축물 또는 이와 유사한 시설물을 재사용하게 되어 안전성을 검토하여야 하는 경우
4) 구축물 또는 이와 유사한 시설물의 인근에서 굴착·항타작업 등으로 침하·균열 등이 발생하여 붕괴의 위험이 예상될 경우
5) 구조물, 건축물, 그 밖의 시설물이 그 자체의 무게·적설·풍압 또는 그 밖에 부가되는 하중 등으로 붕괴 등이 위험이 있을 경우

[주] 구축물 또는 이와 유사한 시설물의 안전성평가 : 안전보건규칙 제52조

07 작업발판 일체형거푸집 종류 4가지를 쓰시오

1) 갱폼
2) 슬립폼
3) 클라이밍 폼
4) 터널라이닝 폼

[주] 작업발판 일체형 거푸집 : 안전보건규칙 337조

08 공기압축기의 서징 방지대책을 4가지 쓰시오

1) 배관의 경사를 완만하게 한다.
2) 회전수를 변화시킨다.
3) 방출밸브를 이용하여 배관 내의 잔류 공기를 제거한다.
4) 교축밸브를 기계에 근접 설치한다.

09 충전전로의 선간전압에 따른 접근한계거리를 쓰시오.

1) 220V :
2) 1kV :
3) 22kV :
4) 154kV :

1) 접촉금지   2) 45cm
3) 90cm   4) 170cm

> **길잡이**
>
> ▶ 접근한계거리 (안전보건규칙 제321조 ①항 8호)
>
> | 충전전로의 선간전압(단위 :kV) | 충전전로에 대한 접근한계거리(cm) |
> |---|---|
> | 0.3 이하 | 접촉금지 |
> | 0.3 초과 0.75 이하 | 30 |
> | 0.75 초과 2이하 | 45 |
> | 2 초과 15 이하 | 60 |
> | 15 초과 37 이하 | 90 |
> | 37 초과 88 이하 | 110 |
> | 88 초과 121 이하 | 130 |
> | 121 초과 145 이하 | 150 |
> | 145 초과 169 이하 | 170 |
> | 169 초과 242 이하 | 230 |
> | 242 초과 362 이하 | 380 |
> | 362 초과 550 이하 | 550 |
> | 550 초과 800이하 | 790 |

10 다음은 가설통로의 설치기준에 관한 사항이다. ( )안에 알맞는 내용을 쓰시오.

(가) 경사는 (①)도 이하일 것
(나) 경사가 (②)도를 초과하는 경우에는 미끄러지지 아니하는 구조로 할 것
(다) 추락할 위험이 있는 장소에는 (③)을 설치할 것
(라) 수직갱에 가설된 통로의 길이가 (④)m 이상인 경우에는 (⑤)m 이내마다 계단참을 설치할 것
(마) 건설공사에 사용하는 높이 (⑥)m 이상인 비계다리에는 (⑦)m 이내마다 계단참을 설치할 것

① 30   ② 15   ③ 안전난간   ④ 15
⑤ 10   ⑥ 8   ⑦ 7

주 가설통로의 구조 : 안전보건규칙 제23조

11 고용노동부장관이 안전보건개선계획의 수립·시행을 명할 수 있는 사업장 2곳을 쓰시오
▶ 18/5(산)

1) 산업재해율이 같은 업종의 규모별 평균 산업재해율보다 높은 사업장
2) 사업주가 안전보건조치의무를 이행하지 아니하여 중대재해가 발생한 사업장
3) 유해인자의 노출기준을 초과한 사업장
[주] 안전보건개선계획 : 법 제50조

12 공칭지름이 10mm, 와이어로프의 지름이 9.2mm인 경우 양중기에 사용여부를 판단하시오.

1) 지름의 감소가 공칭지름의 7%를 초과하는 것은 사용하지 않도록 할 것
2) 지름의 감소량 = 10mm − 9.2mm = 0.8mm

　　공칭지름의 7% = 공칭지름 × $\dfrac{7}{100}$ = $10mm × \dfrac{7}{100}$ = 0.7

3) 판정 : 지름의 감소(0.8mm)가 공칭지름의 7%(0.7mm)를 초과하므로 사용불가능

▶ **부적격한 와이어로프의 사용금지사항**
1) 이음매가 있는 것
2) 와이어로프의 한 꼬임에서 끊어진 소선(필러선 제외)의 수가 10% 이상인 것
3) 지름의 감소가 공칭지름의 7%를 초과하는 것
4) 꼬인 것
5) 심하게 변형 또는 부식된 것
6) 열과 전기충격에 의해 손상된 것
---

13 밀폐공간에서 작업시 밀폐공간 보건작업 프로그램을 수립하여 시행하여야 한다. 밀폐공간 보건작업 프로그램 내용을 4가지 쓰시오

1) 사업장 내 밀폐공간의 위치파악 및 관리방안
2) 밀폐공간 내 질식·중독 등을 일으킬 수 있는 유해·위험요인의 파악 및 관리방안
3) 제 2항에 따라 밀폐공간 작업 시 사전확인이 필요한 사항에 대한 확인절차
4) 안전보건교육 및 훈련
5) 그 밖에 밀폐공간 작업근로자의 건강장해 예방에 관한 사항
[주] 밀폐공간 작업 프로그램 수립·시행 등 :안전보건규칙 제619조

01 산업안전보건법상 안전보건관리책임자의 업무를 4가지 쓰시오.

1) 산업재해 예방계획의 수립에 관한 사항
2) 안전보건관리규정의 작성 및 변경에 관한 사항
3) 근로자의 안전·보건교육에 관한 사항
4) 작업환경측정 등 작업환경의 점검 및 개선에 관한 사항
5) 근로자의 건강진단 등 건강관리에 관한 사항
6) 산업재해의 원인조사 및 재발방지대책 수립에 관한 사항
7) 산업재해에 관한 통계의 기록 및 유지에 관한 사항
8) 안전보건과 관련된 안전장치 및 보호구 구입시의 적격품에서 확인에 관한 사항

[주] 안전보건관리책임자의 업무내용 : 법 제13조

02 안전·보건진단을 받아 안전보건개선계획을 수립해야 할 대상 사업장 4곳을 쓰시오

1) 사업주가 필요한 안전조치 또는 보건조치를 이행하지 아니하여 중대재해가 발생한 사업장
2) 산업재해율이 같은 업종 평균 산업재해율의 2배 이상인 사업장
3) 직업성 질병자가 연간 2명 이상(상시 근로자 1,000명 이상 사업장의 경우는 3명 이상) 발생한 사업장
4) 그 밖에 작업환경불량, 화재·폭발 또는 누출사고 등으로 사업장 주변까지 피해가 확산된 사업장으로서 고용노동부령으로 정하는 사업장

[주] 안전보건개선계획 수립대상 사업장 등 : 시행령 제49조

03 산업안전보건법상 다음 그림에 해당하는 안전보건표지의 명칭을 쓰시오.

①	②	③	④	⑤

 1) 화기금지
2) 산화성물질경고
3) 고압전기경고
4) 고온경고
5) 들 것

주 안전보건표지의 종류와 형태 : 시행규칙 별표1의 2

04 자율안전확인대상 기계, 기구 방호장치 4가지를 쓰시오

 1) 아세틸렌 용접장치용 또는 가스집합용접장치용 – 안전기
2) 교류아크용접기용 – 자동전격방지기
3) 롤러기 – 급정지장치
4) 연삭기 – 덮개
5) 목재 가공용 둥근톱 반발 예방장치, 날 접촉 예방장치
6) 동력식 수동대패용 – 칼날 접촉 방지장치

주 자율안전확인대상 기계·기구 방호장치 : 시행령 제77조

05 다음 FT도에서 시스템의 신뢰도는 약 얼마인가?
(단, 발생확률은 X_1, X_4는 0.05 X_2, X_3은 0.1)

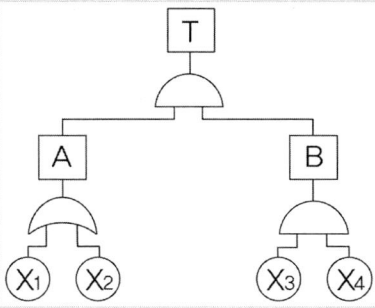

1) 시스템의 재해발생확률(T)

$T = A \times B$

$= [1 - (1 - X_1)(1 - X_2) \times (X_3 \times X_4)$

$= [1 - (1 - 0.05)(1 - 0.1) \times (0.1 \times 0.05)$

$= 0.000725$

2) 신뢰도(R_t)

$R_t = 1 - T = 1 - 0.000725 = 0.999275 = 1.00$

06 소음이 심한 기계로부터 4m 떨어진 곳에서 100dB일 경우 동일한 기계에서 30m 떨어진 곳의 음압수준은 얼마인지 계산하시오

$dB_2 = dB_1 - 20\log\left(\dfrac{d_2}{d_1}\right)$

$= 100 - 20\log\left(\dfrac{30}{4}\right) = 82.50 dB$

07 작업자가 벽돌을 들고 비계위에서 움직이다가 벽돌을 떨어뜨려 발등에 맞아서 뼈가 부러진 사고가 발생하였다. 재해분석을 하시오.
1) 재해형태 :
2) 기인물 :
3) 가해물 :

해답
1) 재해형태 : 낙하
2) 기인물 : 벽돌
3) 가해물 : 벽돌

08 다음은 적응기제에 관한 설명이다. (   )안에 알맞는 내용을 쓰시오.

적응기제	설명
(①)	자신의 결함과 무능에 의하여 생긴 열등감이나 긴장을 해소시키기 위하여 장점 같은 것으로 그 결함을 보충하려는 행동
(②)	자기의 실패나 약점을 그럴 듯한 이유를 들어 남에 비난을 받지 않도록 하는 기제
(③)	억압당한 욕구를 다른 가치 있는 목적을 실현하도록 노력함으로써 욕구를 충족하는 기제
(④)	자신의 불만이나 불안을 해소시키기 위해서 남에게 뒤집어씌우는 방식의 기제

해답
① 보상　　② 합리화
③ 승화　　④ 투사

09 기계의 원동기·회전축·기어·풀리·플라이휠·벨트 및 체인 등 근로자에게 위험을 미칠 우려가 있는 부위에 사업주가 설치해야 하는 방호장치 3가지를 쓰시오

해답
1) 덮개　　　2) 울
3) 슬리브　　4) 건널다리

[주] 원동기·회전축 등의 위험방지 : 안전보건규칙 제87조

10 근로자가 노출된 충전부 또는 그 부근에서 작업함으로써 감전될 우려가 있는 경우에는 작업에 들어가기 전에 해당 전로를 차단하여야 한다. 전로 차단 절차에 관한 내용으로 다음 ( )안에 알맞는 내용을 쓰시오.

> (가) 차단장치나 단로기 등에 (①) 및 꼬리표를 부착할 것
> (나) 개로된 전로에서 유도전압 또는 전기에너지가 축적되어 근로자에게 전기위험을 끼칠 수 있는 전기기기 등은 접촉하기 전에 (②)를 완전히 방전시킬 것
> (다) 전기기기 등이 다른 노출 충전부와의 접촉, 유도 또는 예비동력원의 역송전 등으로 전압이 발생할 우려가 있는 경우에는 충분한 용량을 가진 단락 (③)를 이용하여 접지할 것

 ① 잠금장치 ② 잔류전하
③ 접지기구

▶ **전로차단의 절차**(정전작업시 조치사항 : 안전보건규칙 제319조)
1) 전기기기 등에 공급되는 모든 전원을 관련 도면, 배선도 등으로 확인할 것
2) 전원을 차단한 후 각 단로기 등을 개방하고 확인할 것
3) 개로된 전로에서 유도전압 또는 전기에너지가 축적되어 근로자에게 전기위험을 끼칠 수 있는 전기기기 등은 접촉하기 전에 잔류전하를 완전히 방전시킬 것
4) 검전기를 이용하여 작업 대상 기기가 충전되었는지를 확인할 것 (검전기를 이용하여 충전여부확인)
5) 전기기기 등이 다른 노출 충전부와의 접촉, 유도 또는 예비동력원의 역송전 등으로 전압이 발생할 우려가 있는 경우에는 충분한 용량을 가진 단락 접지기구를 이용하여 접지할 것

11 분진이 공기중에서 발화폭발하기 위한 조건 4가지를 쓰시오

 1) 가연성
2) 미분상태
3) 공기중에서 교반과 유동
4) 점화원의 존재

12 다음은 비계의 조립간격에 대한 내용이다. ( )안에 알맞는 내용을 쓰시오.

종류	조립간격(단위 : m)	
	수직방향	수평방향
통나무 비계	5.5	(①)
단관 비계	(②)	5
틀비계(높이가 5m미만의 것을 제외한다)	(③)	(④)

해답 ① 7.5 ② 5
③ 6 ④ 8

[주] 비계의 조립간격 : 안전보건규칙 제71조 · 제59조

13 다음은 산업안전보건법상 건설업 중 유해 · 위험방지계획서의 제출사업에 관한 내용이다. ( )안에 알맞는 내용을 쓰시오.

(가) 지상높이가 (①)미터 이상인 건축물
(나) 연면적 (②)제곱미터 이상의 냉동 · 냉장창고시설의 설비공사 및 단열공사
(다) 다목적댐, 발전용댐 및 저수용량 (③)톤 이상의 용수 전용 댐, 지방상수도 전용 댐 건설 등의 공사
(라) 깊이 (④)미터 이상인 굴착공사

해답 ① 31 ② 5천
③ 2천만 ④ 10

[주] 유해 · 위험방지계획서의 제출 대상사업장의 종류 등 : 시행규칙 제120조

산업안전산업기사 실기 필답형 — 2017년 제1회

01 산업안전 보건법상 안전·보건진단을 받아 안전보건개선계획을 수립·제출해야 할 대상 사업장을 2가지 쓰시오.

해답
1) 사업주가 필요한 안전조치 또는 보건조치를 이행하지 아니하여 중대재해가 발생한 사업장
2) 산업재해율이 같은 업종 평균 산업재해율의 2배 이상인 사업장
3) 직업성 질병자가 연간 2명 이상(상시 근로자 1,000명 이상 사업장의 경우는 3명 이상) 발생한 사업장
4) 그 밖에 작업환경불량, 화재·폭발 또는 누출사고 등으로 사업장 주변까지 피해가 확산된 사업장으로서 고용노동부령으로 정하는 사업장
5) 제1호부터 제4호까지의 규정에 준하는 사업장으로서 고용노동부장관이 정하는 사업장

[주] 안전보건진단을 받아 안전보건개선계획 수립대상 사업장 등 : 시행령 제49조

길잡이

▶ **안전보건개선계획 수립·시행 대상 사업장**(법 제49조)
 1) 산업재해율이 같은 업종의 규모별 평균 산업재해율보다 높은 사업장
 2) 안전보건조치 의무를 이행하지 아니하여 중대 재해가 발생한 사업장
 3) 유해인자의 노출기준을 초과한 사업장
 4) 대통령령으로 정하는 수 이상의 직업성 질병자가 발생한 사업장

02 A, B, C 3개의 부품이 병렬결합 모델로 만들어져 있다. 「시스템 작동 안됨」을 정상사상(기호 : T)으로 하고 A고장, B고장, C고장을 기본사상으로 한 (1) FT도를 작성하고 (2) 정상사상 발생 확률을 계산하시오. A · B · C 고장 발생확률은 각각 5%, 15%, 25%이다. (단, 계산과정을 나타내고 답은 소수점 다섯째 자리에서 반올림할 것)

 (1) FT도

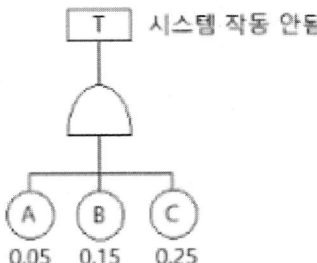

(2) T=A×B×C=0.05×0.15×0.25=0.001875=0.0019

1) 신뢰도에서 병렬연결 : FT 도에서는 AND 게이트
2) 신뢰도에서 직렬연결 : FT 도에서는 OR 게이트

03 누적 외상성 질환의 요인 3가지를 쓰시오

1) 부적절한 자세
2) 무리한 힘의 사용
3) 과도한 반복작업
4) 연속작업(비휴식)
5) 낮은 온도 등

▶ 누적 외상성 질환(CTD : cumulative trauma disorders)
(1) CTD : 외부의 스트레스에 의해 장기간 동안 반복적인 작업이 누적되어 발생하는 부상 또는 질병
(2) 종류
　　1) 손목관 증후군
　　2) 건염
　　3) 건피염
　　4) 테니스 팔꿈치(tennis elbow)
　　5) 방아쇠 손가락(trigger finger) 등

04 기계의 조종장치를 촉각적으로 암호화 할 수 있는 차원 3가지를 쓰시오.

 1) 조종장치 형상의 암호화
2) 표면촉감을 이용한 암호화
3) 크기를 이용한 암호화

05 다음 내용은 달비계에 사용하는 달기체인의 사용금지에 관한 사항이다. (   )안에 알맞은 내용을 쓰시오.

(1) 달기체인의 길이가 달기체인이 제조된 때의 길이의 (①)를 초과한 것
(2) 링의 단면지름이 달기체인이 제조된 때의 해당 링의 지름의 (②)를 초과하여 감소한 것
(3) 균열이 있거나 심하게 변형된 것

 ① 5%
② 10%

[주] 달기체인의 사용금지 사항 : 안전보건규칙 제63조

06 다음 유해인자의 특수건강진단 시기 및 주기를 쓰시오.

(1) 벤젠 : ① 배치 후 첫 번째 특수건강진단 시기
② 주기
(2) 석면 : ① 배치 후 첫 번째 특수건강진단 시기
② 주기

 (1) 벤젠 : ① 2개월 이내   ② 6개월
(2) 석면 : ① 12개월 이내   ② 12개월

(1) **특수건강진단**(시행규칙 제98조) : 다음 항목의 어느 하나에 해당하는 근로자의 건강관리를 위하여 실시하는 건강진단
① 특수건강진단 대상 유해인자에 노출되는 업무(특수건강진단대상업무, 시행규칙 별표 12의2)에 조사하는 근로자
② 근로자건강진단 실시 결과 직업병 유소견자로 판정받은 후 작업 전환을 하거나 작업장소를 변경하고, 직업병 유소견판정의 원인이 된 유해인자에 대한 건강진단에 필요하다는 의사의 소견이 있는 근로자

(2) 특수건강 진단의 시기 및 주기(시행규칙 별표 12의3)

구분	대상 유해인자	시기	주기
		배치후 첫 번째 특수건강진단	
1	N, N-디메틸아세트아미드 N, N-디메틸포름아미드	1개월 이내	6개월
2	벤젠	2개월 이내	6개월
3	1,1,2,2-테트라클로로에탄 사염화탄소 아크릴로니트릴 염화비닐	3개월 이내	6개월
4	석면, 면분진	12개월 이내	12개월
5	광물성 분진 목분진 소음 및 충격 소음(85dB 이상)	12개월 이내	24개월
6	제1호 내지 제5호의 대상 유해인자를 제외한 별표12의 2의 모든 대상 유해인자	6개월 이내	12개월

07 근로자로 하여금 환경미화업무에 상시적으로 종사하도록 하는 경우 근로자가 접근하기 쉬운 장소에 설치해야 하는 세척시설 4가지를 쓰시오.

1) 세면시설 2) 목욕시설
3) 탈의시설 4) 세탁시설

(1) 세척시설을 설치해야 할 업무(안전보건규칙 제79조의2)
   1) 환경미화업무
   2) 음식물쓰레기·분뇨 등 오물의 수거·처리업무
   3) 폐기물·재활용품의 선별·처리업무
   4) 그 밖에 미생물로 인하여 신체 또는 피복이 오염될 우려가 있는 업무
(2) 근로자가 관리대상유해물질을 취급하는 작업을 하는 경우 설치해야 할 세척시설 (안전보건규칙 제448조)
   1) 세면시설
   2) 목욕시설
   3) 세탁시설
   4) 건조시설
(3) 석면해체·제거작업장과 연결되거나 인접한 장소에 설치해야 할 위생설비(안전보건규칙 제494조)
   1) 탈의실
   2) 샤워실
   3) 작업복 갱의실

08 인간과오(Human error)의 분류 중 심리적 분류의 종류 4가지를 쓰시오.

1) 생략적 과오(omission error)
2) 수행적 과오(commission error)
3) 시간적 과오(time error)
4) 순서적 과오(sequential error)
5) 불필요한 과오(extraneous error)

09 대상화학물질을 양도하거나 제공하는 자는 이를 양도받거나 제공받는 자에게 물질안전보건자료를 작성하여 제공하여야 한다. 물질안전보건자료의 작성내용을 4가지 쓰시오. (단, 그 밖에 고용노동부령으로 정하는 사항은 제외한다.)

1) 대상화학물질의 명칭
2) 구성성분의 명칭 및 함유량
3) 안전·보건상의 취급주의사항
4) 건강 유해성 및 물리적 위험성
[주] 물질안전보건자료의 작성·비치등 : 법 제41조

10 타워크레인을 설치·조립·해체하는 작업시 작업계획서 내용 4가지를 쓰시오.

1) 타워크레인의 종류 및 형식
2) 설치·조립 및 해체순서
3) 작업도구·장비·가설설비 및 방호설비
4) 작업인원의 구성 및 작업근로자의 역할 범위
5) 타워크레인의 지지방법
[주] 사전조사 및 작업계획서 내용 : 안전보건규칙 별표 4

11 유해·위험설비를 보유한 사업장은 그 설비로부터의 위험물질 누출, 화재, 폭발 등으로 인하여 사업장 내의 근로자에게 즉시 피해를 주거나 사업장 인근지역에 피해를 줄 수 있는 사고(중대산업사고)를 예방하기 위하여 공정안전보고서를 작성하여 고용노동부장관에게 제출하고 사업장에 갖춰 두어야 한다. 공정안전보고서에 포함되어야 할 사항을 4가지 쓰시오.

1) 공정안전자료
2) 공정위험성 평가서
3) 안전운전계획
4) 비상조치계획

[주] 공정안전보고서의 내용 : 시행령 제33조의7

12 산업안전보건법에 따른 차량계 하역운반기계의 운전자 운전위치 이탈시 조치사항 2가지를 쓰시오.

1) 포크, 버킷, 디퍼 등의 장치를 가장 낮은 위치 또는 지면에 내려 둘 것
2) 원동기를 정지시키고 브레이크를 확실히 거는 등 갑작스러운 주행이나 이탈을 방지하기 위한 조치를 할 것
3) 운전석을 이탈하는 경우에는 시동키를 운전대에서 분리시킬 것

[주] 운전위치 이탈시의 조치 : 안전보건규칙 제99조

13 다음 내용은 양중기의 와이어로프 등 달기구의 안전계수이다. (   )안에 알맞은 수치를 쓰시오.

[보 기]
(가) 근로자가 탑승하는 운반구를 지지하는 달기와이어로프 또는 달기체인의 경우 : (①) 이상
(나) 화물의 하중을 직접 지지하는 달기와이어로프 또는 달기체인의 경우 : (②) 이상
(다) 훅, 샤클, 클램프, 리프팅 빔의 경우 : (③) 이상
(라) 그 밖의 경우 : 4 이상

① 10
② 5
③ 3

[주] 와이어로프 등 달기구의 안전계수 : 안전보건규칙 제163조

산업안전산업기사 실기 필답형 — 2017년 제2회

01 크레인을 사용하여 작업을 하는 경우 작업시작 전 점검사항 3가지를 쓰시오.

해답
1) 권과방지장치·브레이크·클러치 및 운전장치의 기능
2) 주행로의 상측 및 트롤리(trolley)가 횡행하는 레일의 상태
3) 와이어로프가 통하고 있는 곳의 상태

[주] 작업시작 전 점검사항 : 안전보건규칙 별표 3

> **길잡이**
> ▶ 이동식 크레인의 작업시작 전 점검사항
> 1) 권과방지장치나 그 밖의 경보장치의 기능
> 2) 브레이크·클러치 및 조정장치의 기능
> 3) 와이어로프가 통하고 있는 곳 및 작업장소의 지반상태

02 안전성평가 6단계를 순서대로 쓰시오.

해답
1) 1단계 : 관계자료의 작성준비
2) 2단계 : 정성적 평가
3) 3단계 : 정량적 평가
4) 4단계 : 안전대책
5) 5단계 : 재해정보에 의한 재평가
6) 6단계 : FTA에 의한 재평가

> **길잡이**
> ▶ 화학설비 등의 안전성평가 5단계
> 1) 1단계 : 관계자료의 정비검토
> 2) 2단계 : 정성적 평가
> 3) 3단계 : 정량적 평가
> 4) 4단계 : 안전대책
> 5) 5단계 : 재평가

03 다음 내용은 동바리로 사용하는 파이프 서포트에 관한 사항이다. ( )안에 알맞은 수치를 쓰시오.

(가) 파이프 서포트를 (①)개 이상 이어서 사용하지 않도록 할 것
(나) 파이프 서포트를 이어서 사용하는 경우에는 (②)개 이상의 볼트 또는 전용철물을 사용하여 이을 것
(다) 높이가 (③) 미터를 초과하는 경우에는 높이 2미터 이내마다 수평연결재를 2개 방향으로 만들고 수평연결재의 변위를 방지할 것

① 3
② 4
③ 3.5

[주] 거푸집동바리 등의 안전조치 : 안전보건규칙 제332조

04 흙막이 지보공을 설치하였을 때 정기적으로 점검할 사항 4가지를 쓰시오.

1) 부재의 손상·변형·부식·변위 및 탈락의 유무와 상태
2) 버팀대의 긴압의 정도
3) 부재의 접속부·부착부 및 교차부의 상태
4) 침하의 정도

[주] 흙막이지보공 붕괴 등의 위험방지 : 안전보건규칙 제347조

05 자율안전확인대상 기계·기구 및 설비 4가지를 쓰시오. ▶ 18/3(기)

1) 연삭기 또는 연마기(휴대형은 제외)
2) 산업용 로봇
3) 혼합기
4) 파쇄기 또는 분쇄기
5) 식품가공용 기계(파쇄·절단·혼합·제면기만 해당)
6) 컨베이어
7) 자동차정비용 리프트
8) 공작기계(선반, 드릴기, 평삭·형삭기, 밀링 만 해당)
9) 고정형 목재가공용 기계(둥근톱, 대패, 루타기, 띠톱, 모떼기 기계만 해당)
10) 인쇄기

[주] 자율안전확인대상 기계·기구 : 시행령 제77조

　Guide　자율안전확인대상
　　　　1) 기계·기구 및 설비
　　　　2) 방호장치
　　　　3) 보호구 등은 출제율이 매우 높으므로 (☆☆☆☆☆) 반드시 비교하여 암기하여야 합니다.

---

06 사업주는 새로운 대상화학물질이 도입된 경우 대상 화학물질을 제조·사용·운반 또는 저장하는 작업에 근로자를 배치하는 경우, 유해성 및 위험성 정보가 변경된 경우에 실시하는 물질안전보건자료에 관한 교육 내용을 5가지 쓰시오.

1) 대상화학물질의 명칭(또는 제품명)
2) 물리적 위험성 및 건강 유해성
3) 취급상의 주의사항
4) 적절한 보호구
5) 응급조치 요령 및 사고시 대처방법
6) 물질안전보건자료 및 경고표지를 이해하는 방법

[주] 물질안전보건자료에 관한 교육내용 : 시행규칙(제169조 관련) 별표 5

07 다음 안전보건표지의 명칭을 쓰시오.

①	②	③	④

① 낙하물 경고
② 폭발성물질 경고
③ 보안면 착용
④ 세안장치

[주] 안전보건표지의 종류와 형태 : 시행규칙 별표 1의2

08 근로자가 노출된 충전부 또는 그 부근에서 작업함으로서 감전될 우려가 있는 경우에 작업에 들어가기 전에 해당 전로를 차단하여야 하는 절차 6가지를 쓰시오.

1) 전기기기 등에 공급되는 모든 전원을 관련 도면, 배선도 등으로 확인할 것
2) 전원을 차단한 후 각 단로기 등을 개방하고 확인할 것
3) 차단장치나 단로기 등에 잠금장치 및 꼬리표를 부착할 것
4) 개로된 전로에서 유도전압 또는 전기에너지가 축적되어 근로자에게 전기위험을 끼칠 수 있는 전기기기 등은 접촉하기 전에 잔류전하를 완전히 방전시킬 것
5) 검전기를 이용하여 작업 대상 기기가 충전되었는지를 확인할 것(검전기를 이용하여 충전여부를 확인)
6) 전기기기 등이 다른 노출 충전부와의 접촉, 유도 또는 예비동력원의 역송전 등으로 전압이 발생할 우려가 있는 경우에는 충분한 용량을 가진 단락 접지기구를 이용하여 접지할 것

[주] 정전전로에서의 전기작업 : 안전보건규칙 제319조

09 아세틸렌 용접장치를 사용하여 금속의 용접·용단 또는 가열작업을 하는 경우에 준수하여야 할 사항 4가지를 쓰시오.

1) 발생기(이동식 아세틸렌 용접장치의 발생기는 제외)의 종류, 형식, 제작업체명, 매 시 평균 가스발생량 및 1회 카바이드 공급량을 발생기실 내의 보기 쉬운 장소에 게시할 것
2) 발생기에는 관계 근로자가 아닌 사람이 출입하는 것을 금지할 것
3) 발생기에는 5m 이내 또는 발생기실에서 3m 이내의 장소에서는 흡연, 화기의 사용 또는 불꽃이 발생할 위험한 행위를 금지시킬 것
4) 도관에는 산소용과 아세틸렌용의 혼동을 방지하기 위한 조치를 할 것
5) 아세틸렌 용접장치의 설치장소에는 적당한 소화설비를 갖출 것
6) 이동식 아세틸렌용접장치의 발생기는 고온의 장소, 통풍이나 환기가 불충분한 장소 또는 진동이 많은 장소 등에 설치하지 않도록 할 것

주 아세틸렌 용접장치의 관리 등 : 안전보건규칙 제290조

10 TWI의 교육내용 4가지를 쓰시오.

1) JI(Job Instruction) : 작업지도 기법
2) JM(Job Method) : 작업개선 기법
3) JR(Job Relation) : 인간관계관리 기법(부하통솔 기법)
4) JS(Job Safety) : 작업안전 기법

▶ TWI (Training within Industry)
  1) **교육대상자** : 감독자
  2) **교육인원** : 한 클래스에 10명 정도
  3) **교육방법** : 토의법
  4) **교육시간** : 10시간(1일 2시간씩 5일간)

11 과압에 따른 폭발을 방지하기 위하여 폭발방지성능과 규격을 갖춘 파열판을 설치하여야 하는 경우 3가지를 쓰시오.

1) 반응 폭주 등 급격한 압력 상승 우려가 있는 경우
2) 급성 독성물질의 누출로 인하여 주위의 작업환경을 오염시킬 우려가 있는 경우
3) 운전 중 안전밸브에 이상 물질이 누적되어 안전밸브가 작동되지 아니할 우려가 있는 경우

[주] 파열판의 설치 : 안전보건규칙 제262조

길잡이

▶ **안전밸브 또는 파열판의 설치** (안전보건규칙 제261조)
· 다음 각호의 설비에 대해서는 과압에 따른 폭발을 방지하기 위하여 폭발방지 성능과 규격을 갖춘 안전밸브 또는 파열판을 설치하여야 한다.
  1) 압력용기(안지름이 150mm 이하인 압력용기는 제외하며, 압력용기 중 관형 열교환기의 경우에는 관의 파열로 인하여 상승한 압력이 압력용기의 최고사용압력을 초과할 우려가 있는 경우만 해당)
  2) 정변위 압축기
  3) 정변위 펌프(토출축에 차단밸브가 설치된 것만 해당)
  4) 배관(2개 이상의 밸브에 의하여 차단되어 대기온도에서 액체의 열팽창에 의하여 파열될 우려가 있는 것으로 한정)
  5) 그 밖의 화학설비 및 그 부속설비로서 해당 설비의 최고사용압력을 초과할 우려가 있는 것

---

12 밀폐공간에서 작업을 시작하기 전에 근로자가 안전한 상태에서 작업하도록 확인하여야 할 사항 3가지를 쓰시오.

1) 작업일시, 기간, 장소 및 내용 등 작업정보
2) 관리감독자, 근로자, 감시인 등 작업자 정보
3) 산소 및 유해가스 농도의 측정결과 및 후속조치 사항
4) 작업 중 불활성가스 또는 유해가스의 누출·유입·발생 가능성 검토 및 후속조치 사항
5) 작업 시 착용하여야 할 보호구의 종류
6) 비상연락체계

---

13 출입금지 표지판의 배경반사율이 80%, 표지판 문자의 반사율이 20%일 때 표지판의 대비를 구하시오.

대비 $= \dfrac{Lb - Lt}{Lb} \times 100 = \dfrac{80 - 20}{80} \times 100 = 75\%$

여기서, Lb : 배경의 광속 발산도
Lt : 표적의 광속 발산도

산업안전산업기사
실기 필답형
2017년 제3회

01 다음 [표]는 정기교육에 대한 교육대상별 교육시간이다. (　)안에 알맞은 수치를 쓰시오.

교육대상		교육시간
사무직 종사 근로자		매분기 (①)시간 이상
사무직 종사 근로자 외의 근로자	판매업무에 직접 종사하는 근로자	매분기 (②)시간 이상
	판매업무에 직접 종사하는 근로자 외의 근로자	매분기 (③)시간 이상
관리감독자의 지위에 있는 사람		연간 (④)시간 이상

 ① 3　② 3　③ 6　④ 16

▶ 산업안전·보건 관련 교육과정별 교육시간(시행규칙 별표 8)

교육과정	교육대상		교육시간
가. 정기교육	사무직 종사 근로자		매분기 3시간 이상
	사무직 종사 근로자 외의 근로자	판매업무 직접 종사하는 근로자	매분기 3시간 이상
		판매업무에 직접 종사하는 근로자 외의 근로자	매분기 6시간 이상
	관리감독자의 지위에 있는 사람		매분기 16시간 이상
나. 채용 시의 교육	일용근로자		1시간 이상
	일용근로자를 제외한 근로자		8시간 이상
다. 작업내용 변경 시의 교육	일용근로자		1시간 이상
	일용근로자를 제외한 근로자		2시간 이상
라. 특별교육	별표 8의2 제1호라목 각 호의 어느 하나에 해당하는 작업에 종사하는 일용근로자		2시간 이상
	별표 8의2 제1호라목 각 호의 어느 하나에 해당하는 작업에 종사하는 일용근로자를 제외한 근로자		· 16시간 이상(최초 작업에 종사하기 전 4시간 이상 실시하고 12시간은 3개월 이내에서 분할하여 실시가능) · 단기간 작업 또는 간헐적 작업인 경우에는 2시간 이상
마. 건설업기초 안전·보건교육	건설일용근로자		4시간

02 유해·위험설비를 보유한 사업장은 그 설비로부터의 위험물질 누출, 화재, 폭발 등으로 인하여 사업장 내의 근로자에게 즉시 피해를 주거나 사업장 인근지역에 피해를 줄 수 있는 사고(중대산업사고)를 예방하기 위하여 공정안전보고서를 작성하여 고용노동부장관에게 제출하고 사업장에 갖춰 두어야 한다. 공정안전보고서에 포함되어야 할 사항을 4가지 쓰시오.

1) 공정안전자료
2) 공정위험성 평가서
3) 안전운전계획
4) 비상조치계획
[주] 공정안전보고서의 내용 : 시행령 제33조의7

03 3m 거리에서 조도가 120lux라면 5m에서는 조도가 얼마인지 계산하시오.

 조도 = $120(\text{lux}) \times \left(\dfrac{3}{5}\right)^2 = 43.2\text{lux}$

조도(조명) : 거리의 제곱에 반비례한다.
조도 = $\dfrac{1}{(거리)^2}$

04 공기압축기의 작업시작 전 점검사항 4가지를 쓰시오.

1) 공기저장 압력용기의 외관상태
2) 드레인 밸브의 조작 및 배수
3) 압력방출장치의 기능
4) 언로드 밸브의 기능
5) 윤활유의 상태
6) 회전부의 덮개 또는 울
7) 그 밖의 연결부위의 이상 유무
[주] 공기압축기의 작업시작 전 점검사항 : 안전보건규칙 별표 3

05 산업안전보건법상 경고표지 중 흰색바탕에 그림색은 빨강색 또는 검정색에 해당하는 표지 종류 5가지를 쓰시오.

1) 인화성물질 경고
2) 산화성물질 경고
3) 폭발성물질 경고
4) 급성독성물질 경고
5) 부식성물질 경고
6) 발암성 · 변이원성 · 생식독성 · 전신독성 · 호흡기 과민성 물질 경고

[주] 안전 · 보건표지의 종류별 용도, 사용장소, 형태 및 색채 : 시행규칙 별표 2

▶ 경고표지 중 바탕은 노란색, 기본모형 · 관련부호 및 그림은 검정색인 표지 종류
1) 방사선물질 경고   2) 고압전기 경고
3) 매달린물체 경고   4) 낙하물체 경고
5) 고온 경고   6) 저온 경고
7) 몸균형상실 경고   8) 레이저광선 경고
9) 위험장소 경고

---

06 다음 내용은 강풍에 대한 양중기 등의 안전기준이다. ( )안에 알맞은 수치를 쓰시오.

1) 옥외에 설치되어 있는 주행크레인에 대하여 이탈방지조치를 해야할 순간 풍속
 : ( )m/sec 초과
2) 옥외에 설치되어 있는 양중기에 대하여 이상유무를 점검하여야 할 순간 풍속
 : ( )m/sec 초과
3) 건설작업용 리프트(지하에 설치된 것 제외)에 대하여 받침수를 증가시키는 등 붕괴방지조치를 해야 할 순간 풍속 : ( )m/sec 초과
4) 옥외에 설치되어 있는 승강기에 대하여 받침수를 증가시키는 등 도괴방지조치를 해야 할 순간 풍속 : ( )m/sec 초과

1) 30
2) 30
3) 35
4) 35

[주] 폭풍에 의한 이탈방지조치, 이상유무 점검, 붕괴 · 도괴방지 등 : 안전보건규칙 제140조, 제143조, 제154조

07 다음 내용은 달비계에 사용하는 달기체인의 사용금지에 관한 사항이다. (   )안에 알맞은 내용을 쓰시오.

1) 달기체인의 길이가 달기체인이 제조된 때의 길이의 (①)를 초과한 것
2) 링의 단면지름이 달기체인이 제조된 때의 해당 링의 지름의 (②)를 초과하여 감소한 것
3) 균열이 있거나 심하게 (③)된 것

 ① 5%　　　　　　　　　　② 10%
③ 변형
[주] 달기체인의 사용금지 : 안전보건규칙 제63조 제2호

08 프레스기의 방호장치인 수인식 방호장치의 수인끈, 수인끈의 안내통, 손목밴드의 구비조건을 4가지 쓰시오.

1) **수인끈** : 작업자와 작업공정에 따라 그 길이를 조정할 수 있을 것
2) **수인끈의 안내통** : 끈의 마모와 손상을 방지할 수 있는 조치를 할 것
3) **손목밴드** : 착용감이 좋으며 쉽게 착용할 수 있는 구조일 것
4) **각종레버** : 경량이면서 충분한 강도를 가질 것

> ▶ 수인식 방호장치의 일반구조(방호장치 안전인증고시)
> 1) 손목밴드(wrist band)의 재료는 유연한 내유성 피혁 또는 이와 동등한 재료를 사용해야 한다.
> 2) 손목밴드는 착용감이 좋으며 쉽게 착용할 수 있는 구조이어야 한다.
> 3) 수인끈의 재료는 합성섬유로 직경이 4mm 이상이어야 한다.
> 4) 수인끈은 작업자와 작업공정에 따라 그 길이를 조정할 수 있어야 한다.
> 5) 수인끈의 안내통은 끈의 마모와 손상을 방지할 수 있는 조치를 해야 한다.
> 6) 각종 레버는 경량이면서 충분한 강도를 가져야 한다.
> 7) 수인량의 시험은 수인량이 링크에 의해서 조정될 수 있도록 되어야 하며 금형으로부터 위험한계 밖으로 당길 수 있는 구조이어야 한다.

09 폭발방지를 위한 불활성화방법 중 퍼지(purge)의 종류 4가지를 쓰시오.

 1) 압력퍼지　　　　　　　2) 진공퍼지
3) 사이펀퍼지　　　　　　4) 스위프퍼지
[주] 퍼지의 종류 : 화학공장의 화재예방에 관한 기술 지침(공단)

10 안전보건개선계획서에 포함되는 사항 4가지를 쓰시오.

1) 시설
2) 안전·보건관리체제
3) 안전·보건교육
4) 산업재해예방 및 작업환경의 개선을 위하여 필요한 사항

> **길잡이**
> 1) 안전보건개선계획을 수립·제출해야할 대상 사업장(법 제50조)
>   ① 산업재해율이 같은 업종의 규모별 평균 산업재해율보다 높은 사업장
>   ② 사업주가 안전보건조치의무를 이행하지 아니하여 중대재해가 발생한 사업장
>   ③ 유해인자의 노출기준을 초과한 사업장
> 2) 안전보건진단을 받아 안전보건개선계획을 수립·제출해야 할 대상사업장(시행규칙 제131조)
>   ① 안전·보건조치 의무를 이행하지 아니하여 발생한 중대 재해만 해당 발생 사업장
>   ② 산업재해율이 같은 업종 평균 산업재해율의 2배 이상인 사업장
>   ③ 직업성질병자가 연간 2명 이상(상시근로자 1,000명 이상 사업장의 경우 3명 이상)발생한 사업장
>   ④ 작업환경 불량, 화재·폭발 또는 누출사고 등으로 사회적 물의를 일으킨 사업장
>   ⑤ 제1호부터 제4호까지의 규정에 준하는 사업장으로서 고용노동부장관이 정하는 사업장

11 전기작업 등에 사용하는 절연용 보호구, 절연용 방호구, 활선작업용 기구, 활선작업용 장치에 대하여 각각의 사용목적에 적합한 종별·재질 및 치수의 것을 사용하여야 하는데 적용제외 기준이 있다. 적용제외 기준에 해당되는 대지전압이 얼마인지 쓰시오.

 30V(볼트) 이하

>
> 1) 절연용보호구 등의 사용(안전보건규칙 제323조)
>   · 다음 각 호의 작업에 사용하는 절연용 보호구, 절연용 방호구, 활선작업용 기구, 활선작업용 장치에 대하여 각각의 사용목적에 적합한 종별·재질 및 치수의 것을 사용하여야 한다.
>   ① 밀폐공간에서의 전기작업
>   ② 이동 및 휴대장비 등을 사용하는 전기작업
>   ③ 정전 전로 또는 그 인근에서의 전기작업
>   ④ 충전전로에서의 전기작업
>   ⑤ 충전전로 인근에서의 차량·기계장치 등의 작업
> 2) 적용제외(안전보건규칙 제324조)
>   · 상기 전기작업에 대한 규정은 대지전압이 30V 이하인 전기기계·기구·배선 또는 이동전선에 대해서는 적용하지 아니한다.

12 다음 그림은 FTA에 사용되는 사상기호이다. 각각의 명칭을 쓰시오.

①	②	③	④
◇	⬡—⬭	○	⌂

1) 생략사상
2) 억제게이트
3) 기본사상
4) 통상사상

13 산업안전보건법상 산업재해가 발생한 경우 기록·보존하여야 할 사항 4가지를 쓰시오.

1) 사업장의 개요 및 근로자의 인적사항
2) 재해발생의 일시 및 장소
3) 재해발생의 원인 및 과정
4) 재해 재발방지계획

[주] 산업재해 기록 등 : 시행규칙 제4조의2

> **길잡이**
>
> ▶ **산업재해발생보고**(시행규칙 제4조)
> 1) 산업재해로 사망자 발생, 3일 이상 휴업이 필요한 부상 또는 질병에 걸린 사람이 발생한 경우 1개월 이내에 「산업재해조사표」를 작성하여 지방고용노동관서의 장에게 제출할 것
> 2) 「중대재해」 발생시는 지체 없이 다음 사항을 지방고용노동관서의 장에게 보고할 것
>   ① 발생개요 및 피해상황
>   ② 조치 및 전망
>   ③ 그 밖에 중요한 사항
> 3) 중대재해
>   ① 사망자가 1명 이상 발생한 재해
>   ② 3개월 요양이 필요한 부상자가 동시에 2명이상 발생한 재해
>   ③ 부상자, 직업성 질병자가 동시에 10명 이상 발생한 재해

산업안전산업기사 실기 필답형 — 2018년 제1회

01 안전관리자 업무 내용 5가지를 쓰시오.

1) 산업안전보건위원회 또는 산업안전보건에 관한 노사협의체에서 심의·의결한 직무와 안전보건관리규정 및 취업규칙에서 정한 업무
2) 안전인증대상 기계·기구 등과 자율안전확인대상 기계·기구 등의 구입시 적격품 선정에 관한 보좌 및 지도·조언
3) 위험성 평가에 관한 보좌 및 지도·조언
4) 해당사업장 안전교육계획의 수립 및 안전교육 실시 관한 보좌 및 지도·조언
5) 사업장 순회점검·지도 및 조치의 건의
6) 산업재해 발생의 원인 조사 및 재발방지를 위한 기술적 보좌 미 지도·조언
7) 산업재해에 관한 통계의 유지·관리 분석을 위한 보좌 및 지도·조언(안전분야에 한함)
8) 법 또는 법에 다른 명령으로 정한 안전에 관한 사항의 이행에 관한 보좌 및 지도·조언
9) 업무수행 내용의 기록·유지
10) 그 밖에 안전에 관한 사항으로서 고용노동부장관이 정하는 사항

주 안전관리자의 업무 등 : 시행령 제18조

02 휴먼에러의 독립행동에 관한 분류 4가지를 쓰시오.

1) 생략적 과오(부작위 실수) 2) 순서적 과오(순서 착오)
3) 수행적 과오(작위 실수)   4) 시간적 과오(지연 오류)
5) 불필요한 과오(과잉 행동 에러)

> **길잡이**
> ▶ 휴먼에러의 분류
> 1) 독립행동에 관한 분류 : 심리적 분류
> 2) 원인적 분류 : ① 1차 에러(주 과오) ② 2차 에러 ③ 지시 에러

03 공기압축기 사용시 작업시작 전 점검사항 4가지를 쓰시오

 1) 공기저장 압력용기의 외관 상태
2) 드레인밸브의 조작 및 배수
3) 압력방출장치의 기능
4) 언로드밸브의 기능
5) 윤활유의 상태
6) 회전부의 덮개 도는 울
[주] 작업시작 전 점검사항 : 안전보건규칙 별표 3

04 비, 눈, 그 밖의 기상상태의 악화로 작업을 중지시킨 후 또는 비계를 조립·해체하거나 변경한 후에 그 비계에서 작업을 하는 경우 해당 작업시작 전 점검사항 4가지를 쓰시오.

 1) 발판재료의 손상여부 및 부착 또는 걸림 상태
2) 해당 비계의 연결부 또는 접속부의 풀림 상태
3) 연결재료 및 연결철물의 손상 또는 부식 상태
4) 손잡이의 탈락여부
5) 기둥의 침하·변형·변위 또는 흔들림 상태
6) 로프의 부착상태 및 매단장치의 흔들림 상태
[주] 비계의 점검 및 보수 : 안전보건규칙 제58조

05 경고표지에 대한 다음에 해당되는 색채를 쓰시오.

① 바탕색채 :
② 테두리 색채 :
③ 기호 색채 :

 ① 노란색
② 검은색
③ 검은색

▶ 산업안전표지의 종류와 색채(시행규칙 별표2)
  1) **금지표지** : 바탕은 흰색, 기본모형은 빨간색, 관련부호 및 그림은 검정색
  2) **경고표지** : 바당은 노란색, 기본모형, 관련부호 및 그림은 검정색[다만, 인화성물질 경고, 산화성물질 경고, 폭발성물질 경고, 급성독성물질 경고, 부식성물질 경고 및 발암성·변이원성·생식독성·호흡기과민성물질 경고의 경우 바탕은 무색, 기본모형은 빨간색(흑색도 가능)]
  3) **지시표지** : 바탕은 파란색, 관련그림은 흰색
  4) **안내표지** : 바탕은 흰색, 기본모형 및 관련 부호는 녹색, 바탕은 녹색, 관련부호 및 그림은 흰색
  5) **관계자외 출입금지표지** : 바탕은 흰색, 글자는 흑색, 다음 글자는 적색
    ① ○○○제조/사용/보관중
    ② 석면취급/해체중
    ③ 발암물질 취급중

06 화학설비의 탱크 내 작업시 특별안전보건교육의 내용을 3가지 쓰시오.

1) 차단장치·정지장치 및 밸브 개폐장치의 점검에 관한 사항
2) 탱크 내의 산소농도 측정 및 작업환경에 관한 사항
3) 안전보호구 및 이상 발생 시 응급조치에 관한 사항
4) 작업절차·방법 및 유해·위험에 관한 사항
[주] 교육대상별 교육내용 : 시행규칙 별표 8의2

07 산업안전보건법상 근로자가 방호조치에 대하여 지켜야할 사항 중 [보기]의 질문에 대한 답을 쓰시오.

① 방호조치를 해체하려는 경우 :
② 방호조치를 해체한 후 그 사유가 소멸된 경우 :
③ 방호조치의 기능이 상실된 것을 발견한 경우 :

① 사업주의 허가를 받아 해체할 것
② 지체 없이 원상으로 회복시킬 것
③ 지체 없이 사업주에게 신고할 것
[주] 방호조치에 대한 근로자 준수사항 : 시행규칙 제48조

08 대상화학물질을 양도하거나 제공하는 자는 이를 양도받거나 제공받는 자에게 물질안전보건자료를 작성하여 제공하여야 한다. 물질안전보건자료의 작성내용을 4가지 쓰시오. 단, 그 밖에 고용노동부령으로 정하는 사항은 제외한다.

1) 대상화학물질의 명칭
2) 구성성분의 명칭 및 함유량
3) 안전·보건상의 취급주의 사항
4) 건강 유해성 및 물리적 위험성

[주] 물질안전보건자료의 작성·비치 등 : 법 제41조

▶ 물질안전보건자료(NSDS) 작성항목 및 그 순서(고용노동부고시)
  1) 화학제품과 회사에 관한 정보   2) 유해성·위험성
  3) 구성 성분의 명칭 및 함유량   4) 응급조치 요령
  5) 폭발·화재 시 대체방법   6) 누출사고 시 대처방법
  7) 취급 및 저장방법   8) 노출방지 및 개인보호구
  9) 물리화학적 특성   10) 안정성 및 반응성
  11) 독성에 관한 정보   12) 환경에 미치는 영향
  13) 폐기 시 주의사항   14) 운송에 필요한 정보
  15) 법적 규제 현황   16) 그 밖의 참고사항

09 인간·기계 통합체계의 신뢰도가 0.7이고 인간의 신뢰도가 0.8이다. 기계의 신뢰도를 계산하시오.

1) 체계의 신뢰도 = 인간 신뢰도 × 기계 신뢰도
2) 기계 신뢰도 = $\dfrac{체계의 신뢰도}{인간 신뢰도} = \dfrac{0.7}{0.8} = 0.88$

10 다음 [보기] 내용은 동력을 사용하는 항타기 또는 항발기에 대하여 도괴를 방지하기 위하여 준수하여야 할 사항이다. (   )안에 알맞은 내용을 쓰시오.

[보기]
(가) 연약한 지반에 설치하는 경우에는 각부(脚部)나 가대(架臺)의 침하를 방지하지 위하여 (①) 등을 사용할 것
(나) 각부나 가대가 미끄러질 우려가 있는 경우에는 (②) 등을 사용하여 각부나 가대를 고정시킬 것
(다) 궤도 또는 차로 이동하는 항타기 또는 항발기에 대해서는 불시에 이동하는 것을 방지하기 위하여 (③) 등으로 고정시킬 것
(라) 평형추를 사용하여 안정시키는 경우에는 평형추의 이동을 방지하기 위하여 (④)에 견고하게 부착시킬 것

 ① 깔판·깔목
② 말뚝 또는 쐐기
③ 레일클램프 및 쐐기
④ 가대

▶ 항타기·항발기의 도괴를 방지하기 위하여 준수해야 할 사항
  1) 연약한 지반에 설치하는 때에는 각부 또는 가대의 침하를 방지하기 위하여 깔판, 깔목 등을 사용할 것
  2) 시설 또는 가설물 등에 설치하는 때에는 그 내력을 확인하고 내력이 부족한 때에는 그 내력을 보강할 것
  3) 각부 또는 가대가 미끄러질 우려가 있는 때에는 말뚝 또는 쐐기 등을 사용하여 각부 또는 가대를 고정시킬 것
  4) 궤도 또는 차로 이동하는 항타기 또는 항발기에 대하여는 불시에 이동하는 것을 방지하기 위하여 레일클램프 및 쐐기 등으로 고정시킬 것
  5) 버팀대만으로 상단부분을 안정시키는 때에는 버팀대는 3개 이상으로 하고 그 하단 부분은 견고한 버팀·말뚝 또는 철골 등으로 고정시킬 것
  6) 버팀줄만으로 상단부분을 안정시키는 때에는 버팀줄을 3개 이상으로 하고 같은 간격으로 배치할 것
  7) 평형추를 사용하여 안정시키는 때에는 평형추의 이동을 방비하기 위하여 가대에 견고하게 부착시킬 것

11 다음은 롤러기 설치위치 기준이다. (   ) 안에 알맞은 수치를 쓰시오.

급정지장치의 종류	설치위치
손조작로프식	밑면에서 1.8m 이내
복부 조작식	밑면에서 (①)m 이상 (②)m 이내
무릎 조작식	밑면에서 (③)m 이내

 ① 0.8   ② 1.1
③ 0.6

12 다음 [보기] 내용은 누전차단기에 관한 사항이다. ( ) 안에 알맞은 내용을 쓰시오.

[보기]
전기기계·기구에 설치되어 있는 누전차단기는 정격감도전류가 (①)밀리암페어 이하이고 작동시간은 (②)초 이내일 것. 다만, 정격전부하전류가 50암페어 이상인 전기기계·기구에 접속되는 누전차단기는 오작동을 방지하기 위하여 정격감도전류는 (③)밀리암페어 이하로 작동시간은 (④)초 이내로 할 수 있다.

해답
① 30 ② 0.03
③ 200 ④ 0.1

길잡이

▶ 전기기계·기구에 누전차단기를 접속하는 경우 준수사항(안전보건규칙 제304조 ③항)
1) 전기기계·기구에 설치되어 있는 누전차단기는 정격감도전류가 30밀리암페어 이하이고 작동시간은 0.03초 이내일 것. 다만, 정격전부하전류가 50암페어 이상인 전기기계·기구에 접속되는 누전차단기는 오작동을 방지하기 위하여 정격감도 전류는 200밀리암페어 이하로, 작동시간은 0.1초 이내로 할 수 있다.
2) 분기회로 또는 전기기계·기구마다 누전차단기를 접속할 것. 다만, 평상시 누설전류가 매우 적은 소용량 부하의 전로에는 분기회로에 일괄하여 접속할 수 있다.
3) 누전차단기는 배전반 또는 분전반 내에 접속하거나 꽂음접속형 누전차단기를 콘센트에 접속하는 등 파손이나 감전사고를 방지할 수 있는 장소에 접속할 것
4) 지락보호전용 기능만 있는 누전차단기는 과전류를 차단하는 퓨즈나 차단기 등과 조합하여 접속할 것

13 다음 [보기]에 해당하는 작업을 하는 근로자에 대하여 작업조건에 맞는 지급하여야할 보호구의 명칭을 쓰시오.

[보기]
① 고열에 의한 화상 등의 위험이 있는 작업 :
② 물체의 낙하·충격, 물체에의 끼임, 감전 또는 정전기의 대전(帶電)에 의한 위험이 있는 작업 :
③ 높이 또는 깊이 2미터 이상의 추락할 위험이 있는 장소에서 하는 작업 :

① 방열복
② 안전화
③ 안전대

▶ 보호구의 지급 등(안전보건규칙 제32조)
· 다음 각 호의 어느 하나에 해당하는 작업을 하는 근로자에 대해서는 다음 각 호의 구분에 따라 그 작업조건에 맞는 보호구를 작업하는 근로자 수 이상으로 지급하고 착용하도록 하여야 한다.
 1) 물체가 떨어지거나 날아올 위험 또는 근로자가 추락할 위험이 있는 작업 : 안전모
 2) 높이 또는 깊이 2미터 이상의 추락할 위험이 있는 장소에서 하는 작업 : 안전대(安全帶)
 3) 물체의 낙하·충격, 물체에의 끼임, 감전 또는 정전기의 대전(帶電)에 의한 위험이 있는 작업 : 안전화
 4) 물체가 흩날릴 위험이 있는 작업 : 보안경
 5) 용접 시 불꽃이나 물체가 흩날릴 위험이 있는 작업 : 보안면
 6) 감전의 위험이 있는 작업 : 절연용 보호구
 7) 고열에 의한 화상 등의 위험이 있는 작업 : 방열복
 8) 선창 등에서 분진(粉塵)이 심하게 발생하는 하역작업 : 방진마스크
 9) 섭씨 영하 18도 이하인 급냉동어창에서 하는 하역작업 : 방한모·방한복·방한화·방한장갑
 10) 물건을 운반하거나 수거·배달하기 위하여 「자동차관리법」에 따른 이륜자동차를 운행하는 작업 : 「도로교통법 시행규칙」 기준에 적합한 승차용 안전모

산업안전산업기사 실기 필답형 — 2018년 제2회

01 다음 프레스 방호장치의 설명에 적합한 방호장치의 명칭을 각각 쓰시오. ▶ 13/1(기)

(1) 2개의 누름버튼을 위험점으로부터 안전거리 이상으로 격리시켜 놓고 양손으로 동시에 조작하지 않으면 슬라이드가 작동되지 않는 구조
(2) 슬라이드와 작업자의 손을 끈으로 연결하여 슬라이드 하강시 작업자 손을 당겨 위험영역에서 빼낼 수 있도록 한 장치
(3) 슬라이드가 하강중일 때 손이나 신체의 일부가 금형에 접근하는 것을 검출기구를 통해서 감지하고 제어회로를 통해서 자동적으로 슬라이드를 정지시키는 장치
(4) 제수봉이 슬라이드와 직결되어 슬라이드 하강에 의해 위험구역 내에 있는 작업자의 손을 우에서 좌로 또는 좌에서 우로 쳐내어 방호하는 장치

해답
(1) 양수조작식 방호장치
(2) 수인식 방호장치
(3) 감응식 방호장치
(4) 손쳐내기식 방호장치

> **길잡이**
> ▶ 프레스기 및 행정길이에 따른 방호장치
> (1) 1행정 1정지식, 크랭크 프레스
>   ① 양수조작식 방호장치
>   ② 게이트 가드식 방호장치
> (2) 행정길이(stroke)가 40mm 이하인 프레스
>   ① 손쳐내기식 방호장치
>   ② 수인식 방호장치
> (3) 슬라이드 작동 중 정지 가능한 구조, 마찰프레스 : 감응식(광전자식) 방호장치

02 다음 내용은 근로자가 상시 작업하는 장소의 조도 기준이다. (   )안에 알맞은 내용을 쓰시오.

1) 초정밀작업 : (①)럭스 (lux) 이상
2) 정밀작업 : (②)럭스 이상
3) 보통작업 : (③)럭스 이상
4) 그 밖의 작업 : 75럭스 이상

해답 ① 750   ② 300   ③ 150

[주] 작업장 조도기준 : 안전보건규칙

03 밀폐공간에서 작업을 할 경우 실시하는 특별안전보건교육에 대한 다음 물음에 답하시오.

▶ 14/2(산)

(1) 일용근로자를 제외한 근로자의 교육시간을 쓰시오.
(2) 교육내용 3가지를 쓰시오.(단 그 밖의 안전 보건관리에 필요한 사항은 제외한다)

해답 (1) 교육시간
  ① 16시간 이상(최초 작업에 종사하기 전 4시간 실시하고 12시간은 3개월 이내에서 분할하여 실시가능
  ② 단기간 작업 또는 간헐적 작업인 경우에는 2시간 이상
(2) 교육내용
  ① 산소농도 측정 및 작업환경에 관한사항
  ② 사고시의 응급처치 및 비상시 구출에 관한사항
  ③ 보호구 착용 및 사용방법에 관한사항
  ④ 밀폐공간작업의 안전작업방법에 관한사항

[주] (1) 산업안전·보건 관련 교육과정별 교육시간 : 시행규칙 별표 8
   (2) 교육대상별 교육내용 : 시행규칙 별표 8의2

04 실내 작업장에서 8시간 작업 시 소음측정결과 90dB에서 4시간, 100dB에서 2시간, 110dB에서 1시간, 115dB에서 30분일 때 소음노출수준을 구하고 소음노출기준 초과여부를 판정하시오.

  1) 소음노출지수 $= \dfrac{C_1}{T_1} + \dfrac{C_2}{T_2} + \cdots + \dfrac{C_n}{T_n} = \dfrac{4}{8} + \dfrac{2}{2} + \dfrac{1}{0.5} + \dfrac{0.5}{0.25} = 5.5$

여기서, $C_1 \sim C_n$: 노출시간
$T_1 \sim T_n$: 허용노출시간

소음수준	80dB	85dB	90dB	95dB	100dB	105dB	110dB	115dB
허용노출시간	0	0	8hr	4hr	2hr	1hr	1/2hr	1/4hr

2) 소음노출지수 값이 1을 초과하므로 소음노출기준 초과판정

05 고용노동부장관이 안전보건개선계획의 수립·시행을 명할 수 있는 사업장 2곳을 쓰시오

1) 산업재해율이 같은 업종의 규모별 평균 산업재해율보다 높은 사업장
2) 사업주가 안전보건조치의무를 이행하지 아니하여 중대재해가 발생한 사업장
3) 유해인자의 노출기준을 초과한 사업장
[주] 안전보건개선계획 : 법 제 50조

06 구내운반차를 사용하여 작업을 할 때 작업시작 전 점검사항 4가지를 쓰시오.

  1) 제동장치 및 조종장치 기능의 이상 유무
2) 하역장치 및 유압장치 기능의 이상 유무
3) 바퀴의 이상 유무
4) 전조등, 후미등, 방향지시기 및 경보장치 기능의 이상 유무
5) 충전장치를 포함한 홀더 등의 결합상태의 이상 유무
[주] 작업시작 전 점검사항 : 안전보건규칙 별표 3

07 전원의 종류(직류, 교류)에 따라 전압을 저압, 고압, 특고압으로 구분하여 기술하시오.

▶ 11/2(산)

전원 종류 전압 구분	직류	교류
저압	(①)V 이하	(②)V 이하
고압	(①)V 초과~7,000V 이하	(②)V 초과~7,000V 이하
특별고압	7,000V 초과	

 ① 1500   ② 1000

08 금지표지의 종류를 4가지만 쓰시오.

1) 출입금지
2) 보행금지
3) 차량통행금지
4) 사용금지
5) 탑승금지
6) 금연
7) 화기금지
8) 물체이동금지

▶ 금지표지의 색채
 1) 바탕은 흰색
 2) 기본모형은 빨간색 (색도기준 : 7.6R 4/14)
 3) 관련부호 및 그림은 검은색

09 다음 내용은 사다리식 통로의 구조에 대한 사항이다. (   )안에 알맞은 내용을 쓰시오.

(가) 사다리의 상단은 걸쳐놓은 지점으로부터 (①)cm 이상 올라가도록 할 것
(나) 사다리식 통로의 길이가 10m이상인 경우에는 (②)m 이내마다 (③)을 설치할 것

① 60cm
② 5
③ 계단참

> **길잡이**
> ▶ 사다리식 통로 등의 구조(안전보건규칙 제24조)
> 1) 견고한 구조로 할 것
> 2) 심한 손상·부식 등이 없는 재료를 사용할 것
> 3) 발판의 간격은 일정하게 할 것
> 4) 발판과 벽과의 사이는 15cm 이상의 간격을 유지할 것
> 5) 폭은 30cm 이상으로 할 것
> 6) 사다리가 넘어지거나 미끄러지는 것을 방지하기 위한 조치를 할 것
> 7) 사다리의 상단은 걸쳐놓은 지점으로부터 60cm 이상 올라가도록 할 것
> 8) 사다리식 통로의 길이가 10m 이상인 경우에는 5m 이내마다 계단참을 설치할 것
> 9) 사다리식 통로의 기울기는 75도 이하로 할 것. 다만, 고정식 사다리식 통로의 기울기는 90도 이하로 하고, 그 높이가 7m 이상인 경우에는 바닥으로부터 높이가 2.5m 되는 지점부터 등받이울을 설치할 것
> 10) 접이식 사다리 기둥은 사용 시 접혀지거나 펼쳐지지 않도록 철물 등을 사용하여 견고하게 조치할 것

10 다음 내용은 말비계를 조립하여 사용하는 경우의 준수사항이다. (   )안에 알맞은 내용을 쓰시오.

(가) 지주부재(支柱部材)의 하단에는 미끄럼 방지장치를 하고, 근로자가 양측 끝부분에 서서 작업하지 않도록 할 것
(나) 지주부재와 수평면의 기울기를 (①)이하로 하고, 지주부재와 지주부재 사이를 고정 시키는 (②)를 설치할 것
(다) 말비계의 높이가 2m를 초과하는 경우에는 작업발판의 폭을 (③)cm 이상으로 할 것

① 75도
② 보조부재
③ 40

[주] 말비계 : 안전보조규칙 제67조

11 다음 내용은 항타기 · 항발기의 도괴방지를 위해 준수해야 할 사항이다. (   )안에 알맞은 내용을 쓰시오.

> (가) 연약한 지반에 설치하는 경우에는 각부(脚部)나 가대(架臺)의 침하를 방지하기 위하여 (①) 등을 사용할 것
> (나) 시설 또는 가설물 등에 설치하는 경우에는 그 내력을 확인하고 내력이 부족하면 그 내력을 보강할 것
> (다) 각부나 가대가 미끄러질 우려가 있는 경우에는 (②) 등을 사용하여 각부나 가대를 고정시킬 것
> (라) 궤도 또는 차로 이동하는 항타기 또는 항발기에 대해서는 불시에 이동하는 것을 방지하기 위하여 (③) 등으로 고정시킬 것
> (마) 버팀대만으로 상단부분을 안정시키는 경우에는 버팀대는 3개 이상으로 하고 그 하단 부분은 견고한 버팀말뚝 또는 철골 등으로 고정시킬 것
> (바) 버팀줄만으로 상단부분을 안정시키는 경우에는 버팀줄을 (④)개 이상으로 하고 같은 간격으로 배치할 것
> (사) 평형추를 사용하여 안정시키는 경우에는 평형추의 이동을 방지하기 위하여 (⑤)에 견고하게 부착시킬 것

해답 ① 깔판, 깔목 ② 말뚝 또는 쐐기
③ 레일클램프 및 쐐기 ④ 3
⑤ 가대

[주] 항타기 · 항발기 도괴의 방지 : 안전보건규칙 제209조

12 다음은 롤러기의 급정지장치 설치위치에 관한 사항이다. (   )안에 알맞은 내용을 쓰시오.

급정지장치의 종류	설치위치
손조작 로프식	밑면에서 (①)m 이내
(②)조작식	밑면에서 0.8m 이상 1.1m 이내
무릎 조작식	밑면에서 (③)이내

해답 ① 1.8 ② 복부 ③ 0.6

> 길잡이

1) 급정지장치의 성능(방호장치 자율안전기준 고시 [별표 3])

앞면 롤러의 표면속도(m/min)	급정지 거리
30 미만	앞면 롤러 원주의 1/3
30 이상	앞면 롤러 원주의 1/2.5

2) 롤러기의 표면속도

$$\therefore V = \frac{\pi DN}{1000} \, (\mathrm{m/min})$$

여기서, V : 표면속도(m/min)
D : 롤러 원통직경(mm)
N : 회전수(rpm)

13 다음은 인화성액체 및 부식성물질에 관한 사항이다. (   )안에 알맞은 내용을 쓰시오.

(1) 인화성액체
  (가) 에틸에테르, 가솔린, 아세트알데히드, 산화프로필렌, 그 밖에 인화점이 (①)℃ 미만이고 초기 끓는점이 35℃ 이하인 물질
  (나) 노르말헥산, 산화에틸렌, 아세톤, 메틸에틸케톤, 메틸알코올, 에틸알코올, 이황화탄소, 그 밖에 인화점이 23℃ 미만이고 초기 끓는점이 35℃를 초과하는 물질
  (다) 크실렌, 아세트산아밀, 등유, 경유, 테레핀유, 이소아밀알코올, 아세트산, 하이드라진, 그 밖에 인화점이 (②)℃ 이상 60℃ 이하인 물질
(2) 부식성물질
  (가) 부식성 산류
    1) 농도가 (③)% 이상인 염산, 황산, 질산, 그 밖에 이와 같은 정도 이상의 부식성을 가지는 물질
    2) 농도가 (④)% 이상인 인산, 아세트산, 불산, 그 밖에 이와 같은 정도 이상의 부식성을 가지는 물질
  (나) 부식성 염기류 : 농도가 40% 이상인 수산화나트륨, 수산화칼륨, 그 밖에 이와 같은 정도 이상의 부식성을 가지는 염기류

해답 ① 23   ② 23
③ 20   ④ 60

[주] 위험물질의 종류 : 안전보건규칙 별표 1

산업안전산업기사 실기 필답형 — 2018년 제3회

01 산업재해 발생 시 사업주가 기록·보존 하여야 할 사항 4가지를 쓰시오.

해답
1) 사업장의 개요 및 근로자의 인적사항
2) 재해발생의 일시 및 장소
3) 재해발생의 원인 및 과정
4) 재해 재발방지 계획
   [주] 산업재해 기록 등 : 시행규칙 제4조의 2

02 다음 [보기] 내용은 금지표지의 색채에 관한 사항이다. ( )안에 알맞은 내용을 쓰시오.

[보기]
(1) 바탕 : (①)
(2) 기본모형 : (②)
(3) 관련부호 및 그림 : (③)

해답
① 흰색
② 빨간색
③ 검은색

03 안전인증대상 기계·기구 등의 적합여부를 확인하기 위해 안전인증기관에서 실시하는 심사의 종류별 심사기간을 쓰시오. (단, 제품심사에 관한 것은 제외한다.)

해답
1) 예비심사 : 7일
2) 서면심사 : 15일
3) 기술능력 및 생산체계심사 : 30일

> **길잡이**
>
> ▶ **심사 종류별 심사기간** : 안전인증 기관은 안전인증 신청서를 제출받으면 다음 각호에서 정한 심사종류별 기간 내에 심사하여야 한다. 다만 제품심사의 경우 처리기간 내에 심사를 끝낼 수 없는 부득이한 사유가 있을 때에는 15일의 범위에서 심사기간을 연장할 수 있다.
>   (1) 예비심사 : 7일
>   (2) 서면심사 : 15일 (외국에서 제조한 경우는 30일)
>   (3) 기술능력 및 생산체계심사 : 30일 (외국에서 제조한 경우는 45일)
>   (4) 제품심사
>   ① 개별제품심사 : 15일
>   ② 형식별 제품심사 : 30일(방폭구조 전기기계·기구 및 부품 보호구 가목~아목까지는 60일)

04 조명은 근로자들이 작업환경의 측면에서 중요한 안전요소이다. 산업안전보건법상 다음의 작업에서 근로자를 상시 작업시키는 경우의 조도기준을 쓰시오(단, 갱도 등의 작업장은 제외)

초정밀작업	정밀작업	보통작업	그 밖의 작업
(①)Lux이상	(②)Lux이상	(③)Lux이상	(④)Lux이상

① 750　　　　　　　　　② 300
③ 150　　　　　　　　　④ 75

[주] 작업면의 조도기준 : 안전보건규칙 제8조

05 공기 압축기를 가동하는 때 작업 시작 전 점검사항 4가지를 쓰시오. (단, 그 밖의 연결부위의 이상유무는 제외한다.)

1) 공기저장 압력용기의 외관 상태
2) 드레인밸브의 조작 및 배수
3) 압력방출장치의 기능
4) 언로드밸브의 기능
5) 윤활유의 상태
6) 회전부의 덮개 또는 울
7) 그 밖의 연결 부위의 이상 유무

06 다음 사항에 대한 도수율을 구하시오.

- 평균근로자수 : 800명
- 연간 재해발생건수 : 5건
- 연근로일 수 및 일일 시간수 : 300일/년, 8시간/일

 도수율 $= \dfrac{\text{재해건수}}{\text{연 근로시간수}} \times 10^6 = \dfrac{5}{800 \times 8 \times 300} \times 10^6 = 2.6$

07 다음 내용은 교류아크용접기용 방호장치에 대한 용어의 정의를 설명한 것이다. ( )안에 알맞은 내용을 쓰시오.

(1) (①) : 교류아크 용접기의 주회로를 제어하는 장치를 가지고 있어, 용접봉의 조작에 따라 용접할 때에만 용접기의 주회로를 형성하고, 그 외에는 용접기의 출력측의 무부하전압을 25V(볼트)이하로 저하시키도록 동작하는 장치를 말한다.
(2) (②) : 용접봉을 피용접물에 접촉시켜서 전격방지기의 주접점이 폐로될(닫힘)때까지의 시간을 말한다.
(3) (③) : 용접봉 홀더에 용접기 출력측의 무부하전압이 발생한 후 주접점이 개방될 때까지의 시간을 말한다.
(4) (④) : 정격전원전압에 있어서 전격방지기를 시동시킬 수 있는 감도로서 명판에 표시된 것을 말한다.

① 자동전격방지기
② 시동시간
③ 지동시간
④ 표준시동감도

[주] 교류아크용접기 자동전격방지기 용어의 정의 : 방호장치 자율안전기준 고시 제2022-70호

▶ 자동전격방지기의 성능
  1) 아크발생을 정지시킬 때 주접점이 개로될 때까지의 시간(지동시간)은 1초 이내일 것
  2) 2차 무부하전압은 25V 이내일 것

08 목재 가공용 둥근톱 기계의 방호장치 2가지를 쓰시오.

 1) 톱날접촉예방장치
2) 반발예방장치

[주] 둥근톱기계의 반발예방장치 · 톱날접촉예방장치 : 안전보건규칙 제105조 · 제106조

▶ 목재가공용 둥근톱기계의 반발예방장치의 종류
① 분할날　　② 반발방지기구(finger)　　③ 반발방지롤(roll)

09 다음 내용은 프레스 등의 금형조정작업의 위험방지에 대한 사항이다. (　)안에 알맞은 내용을 쓰시오.

· 프레스 등의 금형을 부착 · 해체 또는 조정작업을 할 때에 해당작업에 종사하는 근로자의 신체가 위험한계 내에 있는 경우 슬라이드가 갑자기 작동함으로써 근로자에게 발생할 우려가 있는 위험을 방지하기 위하여 (　　) 을 사용하는 등 필요한 조치를 하여야 한다.

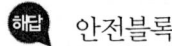 안전블록

10 차량계 건설기계를 사용하는 작업을 하는 경우 작업계획서의 내용 3가지를 쓰시오.

 1) 사용하는 차량계 건설기계의 종류 및 성능
2) 차량계 건설기계의 운행경로
3) 차량계 건설기계에 의한 작업방법

[주] 사전조사 및 작업계획서 내용 : 안전보건규칙 별표4

11 터널 등의 건설작업을 하는 경우에 낙반 등에 의한 위험방지 조치사항 2가지를 쓰시오.

 1) 터널지보공 설치
2) 록 볼트의 설치
3) 부석의 제거

[주] 낙반 등에 의한 위험의 방지 : 안전보건규칙 제351조

12 다음 내용은 보일러의 방호장치인 압력방출장치의 설치기준에 관한 사항이다. ( )안에 알맞은 내용을 쓰시오.

> (가) 보일러의 안전한 가동을 위하여 보일러 규격에 적합한 압력방출장치를 1개 또는 2개 이상 설치하고 최고사용압력 이하에서 작동되도록 할 것
> (나) 다만 압력방출장치가 2개 이상 설치된 경우에는 최고사용압력 이하에서 1개가 작동되고, 다른 압력방출장치는 최고 사용압력 ( )배 이하에서 작동되도록 할 것

 1.05

[주] 압력방출장치 : 안전보건규칙 제116조

13 추락 등의 위험을 방지하기 위하여 설치하는 안전난간의 구성요소 4가지를 쓰시오.

1) 상부난간대
2) 중간난간대
3) 발끝막이판
4) 난간기둥

▶ 안전난간의 구조 및 설치요건(안전보건규칙 제13조)
1) 상부난간대, 중간난간대, 발끝막이판 및 난간기둥으로 구성할 것(중간난간대, 발끝막이판 및 난간기둥은 이와 비슷한 구조 및 성능을 가진 것으로 대체할 수 있다.)
2) 상부난간대는 바닥면, 발판 또는 경사로의 표면(이하 "바닥면 등")으로부터 90cm 이상지점에 설치하고, 상부난간대를 120cm 이하에 설치하는 경우 중간난간대는 상부난간대와 바닥면 등의 중간에 설치하여야 하며, 120cm 이상 지점에 설치하는 경우에는 중간난간대를 2단 이상으로 균등하게 설치하고 난간의 상하간격은 60cm 이하가 되도록 할 것
3) 발끝막이판은 바닥면 등으로부터 10m 이상의 높이를 유지할 것(물체가 떨어지거나 날아올 위험이 없거나 그 위험을 방지할 수 있는 망을 설치하는 등 필요한 예방조치를 한 장소는 제외)
4) 난간기둥은 상부난간대와 중간난간대를 견고하게 떠받칠 수 있도록 적정 간격을 유지할 것
5) 상부난간대와 중간난간대는 난간길이 전체에 걸쳐 바닥면 등과 평행을 유지할 것
6) 난간대는 지름 2.7cm 이상의 금속제 파이프나 그 이상의 강도를 가진 재료일 것
7) 안전난간은 임의의 점에서 임의의 방향으로 움직이는 100kg 이상의 하중에 견딜 수 있는 튼튼한 구조일 것

산업안전기사 실기 필답형 2019년 제1회

01 방호조치를 하지 아니하고는 양도, 대여, 설치 또는 사용에 제공하거나 양도, 대여의 목적으로 진열하여서는 안 되는 기계·기구 4가지와 각각의 방호장치를 쓰시오.

1) 예초기 : 날접촉 예방장치
2) 원심기 : 회전체접촉 예방장치
3) 공기압축기 : 압력방출장치
4) 금속절단기 : 날접촉 예방장치
5) 포장기계 : 구동부 방호 연동장치
6) 지게차 : 헤드가드, 백레스트, 전조등, 후미등, 안전벨트

[주] 기계·기구의 방호조치 : 시행규칙 제98조

02 과압에 따른 폭발을 방지하기 위하여 폭발방지성능과 규격을 갖춘 파열판을 설치하여야 하는 경우 3가지를 쓰시오. ▶ 17.2(산)

1) 반응폭주 등 급격한 압력상승 우려가 있는 경우
2) 급성 독성물질의 누출로 인하여 주위의 작업환경을 오염시킬 우려가 있는 경우
3) 운전 중 안전밸브에 이상 물질이 누적되어 안전밸브가 작동되지 아니할 우려가 있는 경우

▶ **안전밸브 또는 파열판의 설치**(안전보건규칙 제261조)
다음 각 호의 설비에 대해서는 과압에 따른 폭발을 방지하기 위하여 폭발방지 성능과 규격을 갖춘 안전밸브 또는 파열판을 설치하여야 한다.
1) 압력용기(안지름이 150cm 이하인 압력용기는 제외하며, 압력용기 중 관형 열교환기의 경우에는 관의 파열로 인하여 상승한 압력이 압력용기의 최고 사용압력을 초과할 우려가 있는 경우만 해당)
2) 정변위 압축기
3) 정변위 펌프(토출측에 차단밸브가 설치된 것만 해당)
4) 배관(2개 이상의 밸브에 의하여 차단되어 대기온도에서 액체의 열팽창에 의하여 파열될 우려가 있는 것으로 한정)
5) 그 밖의 화학설비 및 그 부속설비로서 해당 설비의 최고 사용압력을 초과할 우려가 있는 것

03 다음 [표]는 산업안전보건법상 안전·보건교육에 대한 교육시간을 나타낸 것이다. (   ) 안에 알맞은 내용을 쓰시오. ▶ 15/3(산)

교육과정	교육대상	교육시간
정기교육	사무직 종사 근로자	(①)
	관리감독자의 지위에 있는 사람	(②)
채용시의 교육	일용근로자	(③)
작업내용 변경시의 교육	일용근로자를 제외한 근로자	(④)

1) 매분기 3시간 이상
2) 연간 16시간 이상
3) 1시간 이상
4) 2시간 이상

> **길잡이**
>
> ▶ 산업안전·보건 관련 교육과정별 교육시간(시행규칙 별표 8)
>
> | 교육과정 | 교육대상 | | 교육시간 |
> |---|---|---|---|
> | 가. 정기교육 | 사무직 종사 근로자 | | 매분기 3시간 이상 |
> | | 사무직 종사 근로자 외의 근로자 | 판매업무에 직접 종사하는 근로자 | 매분기 3시간 이상 |
> | | | 판매업무에 직접 종사하는 근로자 외의 근로자 | 매분기 6시간 이상 |
> | | 관리감독자의 지위에 있는 사람 | | 연간 16시간 이상 |
> | 나. 채용시의 교육 | 일용근로자 | | 1시간 이상 |
> | | 일용근로자를 제외한 근로자 | | 8시간 이상 |
> | 다. 작업내용 변경시의 교육 | 일용근로자 | | 1시간 이상 |
> | | 일용근로자를 제외한 근로자 | | 2시간 이상 |
> | 라. 특별교육 | 별표 8의 2 제1호 라목 각 호의 어느 하나에 해당하는 작업에 종사하는 일용근로자 | | 2시간 이상 |
> | | 별표 8의 2 제1호 라목 각 호의 어느 하나에 해당하는 작업에 종사하는 일용근로자를 제외한 근로자 | | · 16시간 이상(최초 작업에 종사하기 전 4시간 이상 실시하고 12시간은 3개월 이내에서 분할하여 실시가능)
· 단기간 작업 또는 간헐적 작업인 경우에는 2시간 이상 |
> | 마. 건설업기초 안전·보건교육 | 건설일용근로자 | | 4시간 |

04 안전관리조직의 유형 3가지를 쓰시오.

1) 직계식 조직(line형)
2) 참모형 조직(staff형)
3) 직계·참모식 조직(line·staff형)

05 전기화재의 1)등급과 2)적응소화기를 2가지 쓰시오.

1) 등급 : C급화재
2) 적응소화기
   ① 분말소화기
   ② CO_2 소화기
   ③ 할로겐화합물 등 유기성소화기

> **길잡이**
> ▶ 화재의 종류와 적응소화기
>
> | 구분 | A급 화재(백색)
일반화재 | B급 화재(황색)
유류화재 | C급 화재(청색)
전기화재 | D급 화재
금속화재 |
> |---|---|---|---|---|
> | 소화 효과 | 냉각 | 질식 | 질식, 냉각 | 질식 |
> | 적응 소화기 | ① 물소화기
② 강화액소화기
③ 산알칼리소화기 | ① 포말소화기
② 분말소화기
③ 증발성액체소화기
④ CO_2 소화기 | ① 분말소화기
② 유기성소화기
③ CO_2 소화기 | ① 건조사
② 팽창질석 및 팽창진주암 |

06 크레인을 사용하여 작업을 하는 경우 작업시작 전 점검사항 3가지를 쓰시오. ▶ 17/2(산)

1) 권과방지장치 · 브레이크 · 클러치 및 운전장치의 기능
2) 주행로의 상측 및 트롤리(trolley)가 횡행하는 레일의 상태
3) 와이어로프가 통하고 있는 곳의 상태

[주] 작업시작 전 점검사항 : 안전보건규칙 별표3

> **길잡이**
> ▶ 이동식 크레인의 작업시작 전 점검사항
>   1) 권과방지 장치나 그 밖의 경보장치의 기능
>   2) 브레이크 · 클러치 및 조정장치의 기능
>   3) 와이어로프가 통하고 있는 곳 및 작업장소의 지반상태

07 다음 TF에서 시스템의 신뢰도는 약 얼마인가?
(단, 발생확률은 X_1, X_4 는 0.05 X_2, 7. X_3은 0.1)

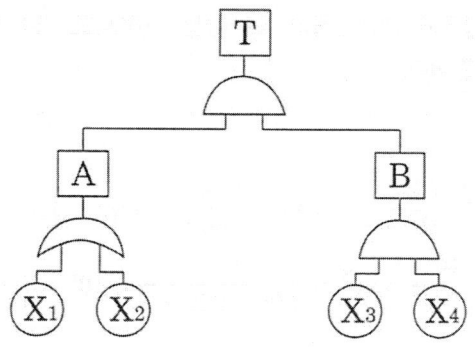

1) 시스템의 재해발생확률(T)
$$T = A \times B = [1-(1-X_1)(1-X_2)] \times (X_3 \times X_4)$$
$$= [1-(1-0.05)(1-0.1) \times (0.1 \times 0.05)] = 0.000725$$
2) 신뢰도 R_t
$$R_t = 1 - T = 1 - 0.000725 = 0.999275 ≒ 1.00$$

08 재해예방의 기본 4원칙을 쓰시오.

1) 손실우연의 원칙
2) 원인계기의 원칙
3) 예방가능의 원칙
4) 대책선정의 원칙

09 K사업장의 근로자 수가 500명이고 연간 사상자수가 6명 발생하고, 재해발생 건수가 10건 발생하였을 경우에 연천인율과 도수율을 구하시오.
(단, 연간근무일수는 250일, 하루 근로시간은 9시간이다)

1) 연천인율 $= \dfrac{\text{사상자수}}{\text{연평균근로자수}} \times 1000 = \dfrac{6}{500} \times 1000 = 12$
2) 도수율 $= \dfrac{\text{재해건수}}{\text{연근로시간수}} \times 10^6 = \dfrac{10}{500 \times 250 \times 9} \times 10^6 = 8.89$

10 근로자가 소음작업, 강렬한 소음작업 또는 소음작업에 종사하는 경우에 근로자에게 알려주어야 할 사항 3가지를 쓰시오. (단, 그 밖의 소음으로 인한 건강장해 방지에 필요한 사항은 제외한다)

 1) 해당 작업장소의 소음 수준
2) 인체에 미치는 영향과 증상
3) 보호구의 선정과 착용방법
4) 그 밖의 소음으로 인한 건강장해 방지에 필요한 사항

[주] 소음수준의 주지 등 : 안전보건규칙 제514조

11 누전차단기를 설치해야 할 전기기계·기구 3가지를 쓰시오.

 1) 대지전압이 150V를 초과하는 이동형 또는 휴대형 전기기계·기구
2) 물 등 전도성이 높은 액체가 있는 습윤 장소에서 사용하는 저압(직류 750V 이하, 교류 600V 이하)용 전기기계·기구
3) 철판·철골 위 등 도전성이 높은 장소에서 사용하는 이동형 또는 휴대용 전기기계·기구
4) 임시배선의 전로가 설치되는 장소에서 사용하는 이동형 또는 휴대형 전기기계·기구

▶ 누전차단기의 설치 및 접지의 적용 제외 대상
  1) 이중절연구조일 것
  2) 비접지 방식의 전로에 접속하여 사용하는 것
  3) 절연대 위에서 사용하는 것

12 다음 [보기]에 관련된 안전관리자의 최소 인원을 쓰시오.

[보기]
(1) 총 공사금액 1000억원 이상인 건설업에서 안전관리자 수를 쓰시오.
(2) 선임하여야 할 안전관리자의 수가 3명 이상인 사업장의 경우에는 3명 중에 1명은 필수로 선임하여야 하는 자격을 쓰시오.

(1) 2명
(2) 건설안전기술사

▶ 안전관리자를 두어야 할 사업 중 건설업

사업규모	안전관리자 수
1. 공사금액 120억원(토목공사업은 150억원) 이상 800억원 미만	1명 이상
2. 공사금액 800억원 이상 1500억원 미만	2명 이상
3. 공사금액 1500억원 이상 2200억원 미만	3명 이상

[비고] 선임하여야 할 안전관리자의 수가 3명 이상인 경우에는 건설안전기술사(건설안전기사 또는 산업안전기사는 7년 이상이 경력, 건설안전 산업기사 또는 산업안전산업기사는 10년 이상의 경력) 자격을 취득한 사람이 1명 이상 포함되어야 한다.

13 관리대상 유해물질을 취급하는 작업장의 보기 쉬운 곳에 게시하여야 할 사항 3가지를 쓰시오

1) 관리대상 유해물질의 명칭
2) 인체에 미치는 영향
3) 취급상 주의 사항
4) 착용하여야 할 보호구
5) 응급조치와 긴급방재요령

[주] 관리대상 유해물질 취급 시 명칭 등의 게시 : 안전보건규칙 제442조

01 근로자가 1시간 동안 1분당 6kcal의 에너지를 소모하는 작업을 수행하는 경우 1) 휴식시간 2) 작업시간을 각각 구하시오. (단, 작업에 대해 권장에너지소비량은 분당 5kcal)

해답
1) 휴식시간$(R) = \dfrac{60(E-5)}{E-1.5} = \dfrac{60(6-5)}{6-1.5} = 13.333 = 13.33$분
2) 작업시간 $= 60 - 13.33 = 46.67$분

02 다음은 압력용기의 안전검사 주기에 관한 내용이다. 검사주기를 쓰시오.

[보기]
1) 최초안전검사는 사업장에서 설치가 끝난 날부터 몇 년 이내에 실시하는가?
2) 최초안전검사 실시 이후 몇 년마다 안전검사를 실시하는가?
3) 공정안전보고서를 제출하여 확인을 받은 압력용기는 몇 년마다 안전검사를 실시하는가?

해답 1) 3년   2) 2년   3) 4년

[주] 안전검사의 주기 : 시행규칙 제73조의 3 제3항

03 다음 보기 내용은 목재가공용 둥근톱기계의 방호장치 중 분할날에 대한 것이다. (   ) 안에 알맞은 수치를 쓰시오.   ▶ 15/1(기)

[보기]
1) 분할날의 두께는 둥근톱 두께의 (①)배 이상으로 한다.
2) 견고히 고정할 수 있으며 분할톱과 톱날 원주면과의 거리는 (②)mm 이내로 조정, 유지할 수 있어야 한다.
3) 분할날의 길이는 테이블면 상의 톱 뒷날의 (③) 이상을 덮도록 한다.

해답 ① 1.1   ② 12   ③ 2/3

[주] 방호장치 자율안전고시 별표5 : 고용노동부고시 제2015-94호

> 길잡이
> 1) 분할날 두께(t_2), 톱날두께(t_1), 치진폭(b)
>   ∴ $1.1t_1 \leq t_2 < b$
> 2) 분할날의 길이 $= \pi D \times \dfrac{1}{4} \times \dfrac{2}{3}$

04 기계설비에 형성되는 위험점을 5가지 쓰시오.

1) **협착점** : 왕복운동을 하는 동작부분과 움직임이 없는 고정부분 사이에 형성되는 위험점
2) **끼임점** : 고정부분과 회전하는 동작부분이 함께 만드는 위험점
3) **절단점** : 회전하는 운동부분 자체의 위험에서 초래되는 위험점
4) **물림점** : 회전하는 두 개의 회전체에 물려 들어갈 위험성이 형성되는 것
5) **접선물림점** : 회전하는 부분의 접선방향으로 물려 들어갈 위험이 존재하는 점
6) **회전말림점** : 회전하는 물체에 작업복 등이 말려드는 위험이 존재하는 점

05 승강기의 설치·조립·수리·점검 또는 해체작업을 하는 경우 조치사항을 3가지 쓰시오.

1) 작업을 지휘하는 사람을 선임하여 그 사람의 지휘 하에 작업을 실시할 것
2) 작업을 할 구역에 관계근로자가 아닌 사람의 출입을 금지하고 그 취지를 보기 쉬운 장소에 표시할 것
3) 비·눈 그밖에 기상상태의 불안정으로 날씨가 몹시 나쁜 경우에는 그 작업을 중지시킬 것

[주] 승강기 조립 등의 작업 시 조치사항 : 안전보건규칙 제162조

> 길잡이
> ▶ **승강기의 방호장치**(안전보건규칙 제134조)
>   1) 과부하방지장치
>   2) 비상정지장치
>   3) 파이널 리미트 스위치(final limit switch)
>   4) 속도조절기
>   5) 출입문 인터록(inter lock)

06 다음 방폭구조의 기호를 쓰시오.

방폭구조	방폭기호
내압방폭구조	①
유입방폭구조	②
본질안전방폭구조	③
안전증방폭구조	④
몰드방폭구조	⑤

 ① d ② o ③ ia, ib ④ e ⑤ m

▶ 방폭구조의 기호[방폭구조의 상징(심벌), EX]

방폭구조	기호
1. 내압방폭구조	d
2. 압력방폭구조	p
3. 안전증방폭구조	e
4. 본질안전방폭구조	ia 또는 ib
5. 유입방폭구조	o
6. 특수방폭구조	s
7. 충전방폭구조	q
8. 몰드방폭구조	m
9. 비점화방폭구조	n

07 안전인증제품인 보호구에 표시할 사항을 4가지 쓰시오.

1) 형식 또는 모델명
2) 규격 또는 등급
3) 제조자명
4) 제조번호 및 제조연월
5) 안전인증번호

08 노사협의체의 구성인원을 근로자위원과 사용자위원으로 구분하여 기술하시오.

 1) 근로자위원
① 도급 또는 하도급을 포함한 전체 사업의 근로자 대표
② 근로자대표가 지명하는 명예감독관 1명(다만, 명예감독관이 위촉되지 않는 경우에는 근로자대표가 지명하는 해당 사업장 근로자 1명)
③ 공사금액이 20억원 이상인 도급 또는 하도급 사업의 근로자 대표

2) 사용자위원
① 해당사업의 대표자
② 안전관리자 1명
③ 보건관리자 1명(선임대상 건설업으로 한정)
④ 공사금액이 20억원 이상인 도급 또는 하도급 사업의 사업주

▶ 노사협의체 설치대상 사업 및 정기회의 개체주기
1) 설치대상 : 공사금액 120억원(토목공사업은 150억원) 이상인 건설업
2) 정기회의 개체주기 : 2개월마다

09 인간이 기계보다 우수한 기능을 5가지 쓰시오.

 1) 예기치 못한 사건들을 감지하는 기능
2) 복잡 다양한 자극의 형태를 식별하는 기능
3) 원칙을 적용하여 다양한 문제를 해결하는 기능
4) 주관적으로 추산하고 평가하는 기능
5) 귀납적 추리능력

▶ 인간과 기계의 성능비교

인간이 우수한 기능	기계가 우수한 기능
① 저에너지 자극(시각, 청각, 후각 등 감지)	① 인간 감지범위 밖의 자극감지(X선, 초음파 등)
② 복잡 다양한 자극형태 식별	② 인간 및 기계에 대한 모니터 기능
③ 예기지 못한 사건감지(예감, 느낌)	③ 드물게 발생하는 사상 감지
④ 다량 정보를 오래 보관	④ 암호화된 정보를 신속하게 대량 보관
⑤ 귀납적 추리	⑤ 연역적 추리
⑥ 과부하 상황에서는 주요한 일에만 전념	⑥ 과부하시 효율적으로 작동
⑦ 임기응변, 융통성, 원칙적용, 주관적 추산, 독창력 발휘 등의 기능	⑦ 정량적 정보처리, 장시간 중량작업, 반복작업, 동시에 여러 가지 작업수행

10 크레인의 방호장치 4가지를 쓰시오.

1) 과부하방지장치
2) 권과방지장치
3) 비상정지장치
4) 제동장치

11 옹벽의 안정조건 3가지를 쓰시오.

1) 전도에 대한 안정
2) 활동에 대한 안정
3) 지반지지력에 대한 안정

12 다음은 적정공기에 대한 사항이다. (   ) 안에 알맞은 내용을 쓰시오.

[보기]
1) 산소농도의 범위 : (①)% 이상 (②)% 미만
2) 탄산가스의 농도 : (③)% 미만
3) 일산화탄소의 농도 : (④)ppm 미만
4) 황화수소의 농도 : (⑤)ppm 미만

① 18   ② 23.5   ③ 1.5   ④ 30   ⑤ 10

[주] 용어의 정의 : 안전보건규칙 제618조

13 동작경제의 3원칙을 쓰시오.

1) 신체사용에 관한 원칙
2) 작업장 배치에 관한 원칙
3) 공구 및 설비의 설계에 관한 원칙

산업안전산업기사 실기 필답형 — 2019년 제3회

01 비계 등 가설구조물이 갖추어야 할 요소 3가지를 쓰시오.

1) 안전성   2) 작업성   3) 경제성

02 관계근로자가 아닌 사람의 출입을 금지하여야 할 장소 3가지를 쓰시오.

1) 추락에 의하여 근로자에게 위험을 미칠 우려가 있는 장소
2) 화재 또는 폭발의 위험이 있는 장소
3) 해체작업을 하는 장소

> **길잡이**
> ▶ 출입의 금지장소(안전보건규칙 제20조)
> 1) 추락에 의하여 근로자에게 위험을 미칠 우려가 있는 장소
> 2) 유압, 체인 또는 로프 등에 의하여 지탱되어 있는 기계·기구의 덤프, 램, 리프트, 포크 및 암 등이 갑자기 작동함으로써 근로자에게 위험을 미칠 우려가 있는 장소
> 3) 케이블 크레인을 사용하여 작업을 하는 경우에는 권상용 와이어로프 또는 횡행용 와이어로프가 통하고 있는 도르래 또는 그 부착부의 파손에 의하여 위험을 발생시킬 우려가 있는 그 와이어로프의 내각측에 속하는 장소
> 4) 인양전자석부착 크레인을 사용하여 작업을 하는 경우에는 달아 올려진 화물의 아래쪽 장소
> 5) 리프트를 사용하여 작업을 하는 다음 각 목의 장소
>   ① 리프트 운반구가 오르내리다가 근로자에게 위험을 미칠 우려가 있는 장소
>   ② 리프트의 권상용 와이어로프 내각 측에 그 와이어로프가 통하고 있는 도르래 또는 그 부착부가 떨어져 나감으로써 근로자에게 위험을 미칠 우려가 있는 장소
> 7) 지게차, 구내운반차, 화물자동차 등의 차량계 하역운반기계 및 고소작업대(이하 '차량계 하역운반기계 등'이라 한다)의 포크, 버킷(bucket), 암 또는 이들에 의하여 지탱되어 있는 화물의 밑에 있는 장소. 다만, 구조상 갑작스러운 하강을 방지하는 장치가 있는 것은 제외한다.
> 8) 운전 중인 항타기 또는 항발기의 권상용 와이어로프 등의 부착부분의 파손에 의하여 와이어로프가 벗겨지거나 드럼, 도르래 뭉치 등이 떨어져 근로자에게 위험을 미칠 우려가 있는 장소
> 9) 화재 또는 폭발의 위험이 있는 장소
> 10) 낙반 등의 위험이 있는 장소
>   ① 부석의 낙하에 의하여 근로자에게 위험을 미칠 우려가 있는 장소
>   ② 터널 지보공의 보강작업 또는 보수작업을 하고 있는 장소로서 낙반 또는 낙석 등에 의하여 근로자에게 위험을 미칠 우려가 있는 장소

11) 토석이 떨어져 근로자에게 위험을 미칠 우려가 있는 채석작업을 하는 굴착작업장의 아래 장소
12) 암석채취를 위한 굴착작업, 채석에서 암석을 분할가공하거나 운반하는 작업, 그밖에 이러한 작업에 수반한 작업(이하 '채석작업'이라 한다)을 하는 경우에는 운전중인 굴삭기계, 분할기계, 적재기계 또는 운반기계(이하 '굴착기계 등'이라 한다)에 접촉함으로써 근로자에게 위험을 미칠 우려가 있는 장소
13) 해체작업을 하는 장소
14) 하역작업을 하는 경우에는 쌓아놓은 화물이 무너지거나 화물이 떨어져 근로자에게 위험을 미칠 우려가 있는 장소

03 지반굴착시 히빙(heaving)이 일어나기 쉬운 지반조건과 발생원인 2가지를 쓰시오.

1) 지반조건 : 연약성 점토지반
2) 발생원인
  ① 흙막이 벽체의 근입장 깊이 부족
  ② 흙막이벽 배면과 저면(굴착면)의 중량 차이가 클 때
  ③ 굴착저면의 피압수

04 1000명의 근로자가 근무하는 사업장에서 연간 20건의 재해가 발생하여 사망 1명, 14급 장애가 115명 발생하였다.
1) 연천인율과 2) 강도율을 구하시오.

1) 연천인율 $= \dfrac{\text{사상자수}}{\text{연평균근로자수}} \times 1000 = \dfrac{(1+115)}{1000} \times 1000 = 116$

2) 강도율 $= \dfrac{\text{근로손실일수}}{\text{연근로시간수}} \times 1000 = \dfrac{7500 + (50 \times 115)}{1000 \times 2400} \times 1000 = 5.52$

05 TWA-TLV(시간가중 평균노출기준)에 대하여 설명하시오.

1) TWA : 하루 8시간(주 40시간) 동안에 노출되는 평균농도이다.
2) TWA 농도에서는 오래 작업하여도 건강장애를 일으키지 않는 관리지표로 사용한다 (장시간 동안의 만성적 노출을 평가하기 위한 기준).

▶ 노출기준(고용노동부 고시)
1) 가간가중평균노출기준(TWA) : 1일 8시간 작업을 기준으로 하여 유해인자의 측정치에 발생시간을 곱하여 8시간으로 나눈 값을 말하며, 다음 식에 따라 산출한다.

$$TWA\ 환산값 = \frac{C_1 T_1 + C_2 T_2 + \cdots C_n T_n}{8}$$

여기서, C : 유해인자의 측정치(농도: rpm 또는 mg/m³)
T : 유해인자의 발생시간(단위 : 시간)

2) 단시간노출기준(STEL)
근로자가 1회에 15분간 유해인자에 노출되는 경우의 기준으로 이 기준 이하에서는 1회 노출간격이 1시간 이상인 경우에 1일 작업시간동안 4회 노출이 허용될 수 있는 기준을 말한다.

3) 최고노출기준(C)
근로자가 1일 작업시간동안 잠시라도 노출되어서는 아니되는 기준을 말하며, 노출기준 앞에 'C'를 붙여 표시한다.

06 다음의 위험 분석기법에 대해서 설명하시오.

1) FTA 2) ETA 3) THERP 4) FMEA

1) **FTA(결함수 분석법)** : 정상사상인 재해현상으로부터 기본사상인 재해원인을 향해 연역적 분석(top-down) 및 재해발생확률을 산정할 수 있는 정량적 분석이 가능한 위험분석기법이다.
2) **ETA(사상수 분석법)** : 시스템의 안전도를 나타내는 시스템모델의 하나로서 귀납적이고 정량적인 분석방법으로 재해의 확대요인을 분석하는데 적합한 위험분석기법이다.
3) **THERP(인간과오율 예측기법)** : 인간의 과오를 정량적으로 평가하기 위해 개발된 기법이다.
4) **FMEA(고장의 형과 영향분석)** : 시스템에 영향을 미치는 전체요소의 고장을 형태별로 분석하여 그 영향을 정성적 및 귀납적 방법으로 검토하는 위험분석기법이다.

07 부주의 현상 4가지를 쓰시오.

1) 의식의 단절
2) 의식의 우회
3) 의식수준의 저하
4) 의식의 과잉

> ▶ 부주의 현상
> 1) **의식의 단절** : 지속적인 의식의 흐름에 단절이 생기고 공백의 상태가 나타나는 것으로 특수한 질병이 있는 경우에 나타난다(의식의 수준 : phase 0).
> 2) **의식의 우회** : 의식의 흐름이 옆으로 빗나가 발생하는 경우로서 작업도중 걱정, 고뇌, 욕구불만 등에 의해 다른 것에 정신을 혼미하게 빼앗기는 경우이다(의식의 수준 : phase 0).
> 3) **의식수준의 저하** : 혼미한 정신상태에서 심신이 피로할 경우나 단조로운 반복작업시 일어나기 쉽다(의식의 수준 : phase 1 이하).
> 4) **의식의 과잉** : 지나친 의욕에 의해서 생기는 부주의 현상으로 긴급사태시 순간적으로 긴장이 한 방향으로 쏠리게 되는 경우이다(의식의 수준 : phase Ⅳ).

08 재해조사의 목적에 대해서 설명하시오.

재해조사는 동종재해 및 유사재해의 재발방지를 위해서 실시한다.

> ▶ 재해조사시 유의사항
> 1) 사실을 수집한다(이유는 뒤에 확인).
> 2) 목격자 등이 증언하는 사실 이외의 추측의 말은 참고로만 한다.
> 3) 조사는 신속히 행하고, 긴급조치하여 2차 재해의 방지를 도모한다.
> 4) 사람, 기계설비 양면의 재해요인을 모두 도출한다.
> 5) 객관적인 입장에서 공정하게 조사하며 조사는 2인 이상이 한다.
> 6) 책임추궁보다 재발방지를 우선으로 하는 기본태도를 갖는다.
> 7) 피해자에 대한 구급조치를 우선한다.

09 전기설비의 방폭구조의 종류 4가지를 쓰시오.

1) 압력방폭구조
2) 내압방폭구조
3) 유입방폭구조
4) 안전증방폭구조
5) 본질안전방폭구조
6) 특수방폭구조

▶ 전기설비의 방폭화 방법
  1) **점화원의 방폭적 격리** : 내압, 압력, 유입방폭구조의 전기설비
  2) **전기설비의 안전도증강** : 안전증방폭구조
  3) **점화능력의 본질적억제** : 본질안전방폭구조의 전기설비

10 산업용 로봇의 교시 등의 작업시작 전 점검사항 3가지를 쓰시오.

1) 외부전선의 피복 또는 외장의 손상 유무
2) 매니퓰레이터(Manipulator) 작동의 이상 유무
3) 제동장치 및 비상정지장치의 기능

11 비파괴검사 종류 4가지를 쓰시오.

1) 육안검사
2) 초음파검사
3) 방사선투과검사
4) 자기탐상검사(자분검사)
5) 누설검사
6) 음향검사
7) 침투검사

12 안전보건개선 계획서에 포함되는 사항 4가지를 쓰시오.

 1) 시설
2) 안전·보건관리체계
3) 안전·보건교육
4) 산업재해예방 및 작업환경의 개선을 위하여 필요한 사항

> 길잡이
> ▶ 안전보건개선 계획을 수립·제출해야 할 대상사업장(법 제50조)
>   1) 산업재해율이 같은 업종의 규모별 평균 산업재해율보다 높은 사업장
>   2) 사업주가 안전보건조치 의무를 이행하지 아니하여 중대재해가 발생한 사업장
>   3) 유해인자의 노출기준을 초과한 사업장

13 유해·위험설비를 보유한 사업장은 그 설비로부터 위험물질 누출, 화재, 폭발 등으로 인하여 사업장 내의 근로자에게 즉시 피해를 주거나 사업장 인근지역에 피해를 줄 수 있는 사고(중대산업사고)를 예방하기 위하여 공정안전보고서를 작성하여 고용노동부장관에게 제출하고 사업장에 갖춰두어야 한다. 공정안전보고서에 포함되어야 할 사항을 4가지 쓰시오. ▣ 17/3(기)

 1) 공정안전자료
2) 공정위험성 평가서
3) 안전운전계획
4) 비상조치계획

[주] 공정안전보고서의 내용 : 시행령 제33조의 7

산업안전산업기사 실기 필답형 — 2020년 제1회

01 위험점의 종류 3가지를 쓰시오.

1) 협착점
2) 끼임점
3) 절단점
4) 물림점
5) 접선물림점
6) 회전말림점

▶ 기계설비의 위험점(작업점)의 분류
  1) **협착점**(Squeeze) : 고정부와 왕복운동을 하는 운동부 사이에 형성되는 위험점(예: 프레스, 성형기, 절곡기 등)
  2) **끼임점**(Shear point) : 고정부와 회전 또는 직선운동과 함께 형성하는 부분 사이에 형성되는 위험점
     (예 : 연삭숫돌과 작업대, 반복 동작되는 링크기구, 교반기의 교반날개와 몸체 사이)
  3) **절단점**(Cutting point) : 회전하는 운동부분 자체와 운동하는 기계 자체에 위험이 형성되는 점
     (예 : 둥근톱날, 띠톱기계의 날, 밀링커터 등)
  4) **물림점**(Nip point) : 회전하는 두 개의 회전체에 물려들어갈 위험성이 형성되는 점(중심점 + 회전운동)
     (예 : 롤러, 기어와 피니언 등)
  5) **접선물림점**(Tangential nip point) : 회전하는 부분의 접선방향에서 만들어지는 위험점(접선점 + 회전운동)
     (예 : 벨트와 폴리, 체인과 스프라켓, 랙과 피니언 등)
  6) **회전말림점**(Trapping point) : 크기, 길이, 속도가 다른 회전운동에 의한 위험점으로 회전하는 부분에 돌기 등이 돌출되어 작업복 등이 말리는 위험점(예 : 회전축, 드릴축, 커플링 등)

02 근로자수가 350명인 회사에 연간 20건의 재해가 발생하였을 때 도수율을 계산하시오.(단, 연간 300일, 1일 근무시간은 8시간이다)

해답 도수율 $= \dfrac{재해건수}{연근로시간수} \times 10^6$
$= \dfrac{20}{350 \times 300 \times 8} \times 10^6 = 23.81$

03 위험예지훈련의 4Round를 쓰시오.

1) 1R : 현상파악
2) 2R : 본질추구
3) 3R : 대책수립
4) 4R : 목표설정

04 물질안전보건자료(MSDS) 기재사항 5가지를 쓰시오.

1) 유해성, 위험성
2) 응급조치요령
3) 폭발, 화재시 대처방법
4) 누출 사고시 대처방법
5) 노출방지 및 개인보호구
6) 안정성 및 반응성
7) 독성에 관한 정보
8) 환경에 미치는 영향
9) 운송에 필요한 정보
10) 법적규제현황
11) 화학제품과 회사에 관한 정보
12) 구성성분의 명칭 및 함유량
13) 취급 및 저장방법
14) 물리화학적 특성
15) 폐기시 주의사항
16) 그밖에 참고사항

Guide MSDS 기재사항 16항목 중 5가지만 쓰면 정답이 됩니다.

05 다음 용어를 간략히 설명하시오
1) 페일 세이프(fail safe)
2) 풀 프루프(fool proof)

1) **페일 세이프** : 인간 또는 기계에 과오나 동작상의 실수가 있어도 사고를 발생시키지 않도록 2중, 3중으로 통제를 가하는 것이다.
2) **풀 프루프** : 인간의 착오나 실수(과오)가 발생하더라도 기계설비 등이 안전을 확보하는 인터록(연동기구) 개념을 의미한다.

06 공정안전보고서 제출대상이 되는 유해, 위험설비 4가지를 쓰시오.

1) 원유정제 처리업
2) 석유정제물 재처리업
3) 석유화학계 기초화합물 또는 합성수지 및 플라스틱물질 제조업(단, 합성수지 및 기타 플라스틱물질 제조업은 별표 10의 제1호, 제2호에 해당하는 경우에 한함)
4) 질소, 인산 및 칼리질 비료 제조업
5) 복합비료 제조업(단순 혼합 또는 배합에 의한 경우는 제외)
6) 농약 제조업(원제 조제에 한함)
7) 화약 및 불꽃제품 제조업

> **길잡이**
> ▶ 공정안전보고서 제출대상에서 제외되는 유해, 위험설비(시행령 제33조의 5) 11/2(기)
>   1) 원자력 설비
>   2) 군사시설
>   3) 해당 사업장 내에서 직접 사용하기 위한 난방용 연료의 저장설비
>   4) 도, 소매시설
>   5) 차량 등의 운송설비
>   6) 「액화석유가스)LPG)의 안전관리 및 사업법」에 의한 액화석유가스의 충전, 저장시설
>   7) 「도시가스사업법」에 의한 가스공급시설
>   8) 그밖에 고용노동부장관이 누출, 화재, 폭발 등으로 인한 피해 정도가 크지 아니하다고 인정하여 고시하는 설비

07 자율안전확인 대상 방호장치 4가지를 쓰시오.

1) 아세틸렌 용접장치용 또는 가스집합 용접장치용 안전기
2) 교류아크 용접기용 자동전격 방지기
3) 롤러기 급정지장치
4) 연삭기 덮개
5) 목재가공용 둥근톱 반발예방장치 및 날접촉 예방장치
6) 동력식 수동 대패용 칼날접촉 방지장치

> **길잡이**
> ▶ 안전인증대상 방호장치
>   1) 프레스 및 전단기 방호장치
>   2) 양중기용 과부하방지장치
>   3) 보일러 압출방출용 안전밸브
>   4) 압력용기 압력방출용 안전밸브
>   5) 압력용기 압력방출용 파열판
>   6) 절연용 방호구 및 활선작업용 기구
>   7) 방폭구조 전기기계, 기구 및 부품
>   8) 추락, 낙하 및 붕괴 등의 위험방지 및 보호 필요한 가설자재로서 고용노동부장관이 정하여 고시하는 것

08 다음 내용은 계단의 설치기준에 관한 사항이다. ( ) 안에 알맞은 내용을 쓰시오.

(1) 계단 및 계단참을 설치하는 경우 매 제곱미터 당 (①)kg 이상의 하중에 견딜 수 있는 강도를 가진 구조로 설치하여야 하며, 안전율은 (②) 이상이어야 한다.
(2) 높이가 3m를 초과하는 계단에 높이 3m이내마다 너비 (③)m 이상인 계단참을 설치하여야 한다.

1) 500
2) 4
3) 1.2

[주] (1) 계단의 강도 : 안전보건규칙 제26조
(2) 계단참의 높이 : 안전보건규칙 제28조

09 고용노동부장관이 안전보건개선계획의 수립·시행을 명할 수 있는 사업장 2곳을 쓰시오.

1) 산업재해율이 같은 업종의 규모별 평균 산업재해율 보다 높은 사업장
2) 사업주가 안전보건조치의무를 이행하지 아니하여 중대재해가 발생한 사업장
3) 유해인자의 노출기준을 초과한 사업장
[주] 안전보건개선계획 수립대상 사업장 : 법 제50조

> **길잡이**
>
> ▶ 안전보건진단을 받아 안전보건개선계획을 수립·시행하여야 할 사업장(시행규칙 제131조)
> 1) 산업재해율이 같은 업종의 규모별 평균 산업재해율 보다 높은 사업장 중 중대재해(사업주가 안전, 보건조치의무를 이행하지 아니하여 발생한 중대재해만 해당) 발생 사업장
> 2) 산업재해율이 같은 업종 평균 산업재해율의 2배 이상인 사업장
> 3) 직업병에 걸린 사람이 연간 2명 이상(상시근로자 1천명 이상 사업장의 경우 3명 이상) 발생한 사업장
> 4) 작업환경 불량, 화재, 폭발 또는 누출사고 등으로 사회적 물의를 일으킨 사업장

10 차량계 건설기계 작업시 작업계획서에 포함되어야 할 사항 3가지를 쓰시오.

1) 사용하는 차량계 건설기계의 종류 및 능력
2) 차량계 건설기계의 운행경로
3) 차량계 건설기계에 의한 작업방법
[주] 작업계획서 작성내용 : 안전보건규칙 별표

11 다음은 근로자가 상시 작업하는 장소의 작업면의 조도기준이다. ( ) 안에 알맞은 내용을 쓰시오.
(1) 초정밀작업 : (①)럭스 이상
(2) 정밀작업 : (②)럭스 이상
(3) 보통작업 : (③)럭스 이상
(4) 그밖의 작업 : (④)럭스 이상

① 750 ② 300
③ 150 ④ 75
[주] 조도 : 안전보건규칙 제8조

12 피뢰기의 성능(구비조건) 3가지를 쓰시오.

1) 반복작동이 가능할 것
2) 점검보수가 간단할 것
3) 충격방전개시전압과 제한전압이 낮을 것(피뢰기의 충격방전개시전압=공칭전압×4.5배)
4) 구조가 견고하며 특성이 변화하지 않을 것
5) 뇌전류의 방전능력이 크고 속류의 차단이 확실하게 될 것

13 다음 [표]는 안전표지의 색채, 색도기준 및 용도를 표시한 것이다. ( ) 안에 알맞은 내용을 쓰시오.

색채	색도기준	용도	사용례
빨간색	(①)	금지	정지신호, 소화설비 및 그 장소, 유해행위의 금지
		(②)	화학물질 취급장소에서의 유해, 위험 경고
파란색	2.5PB 4/10	(③)	특정행위의 지시 및 사실의 고지
흰색	N9.5		(④)
검정색	(⑤)		문자 및 빨간색 또는 노란색에 대한 보조색

① 7.5R 4/14
② 경고
③ 지시
④ 파란색 또는 녹색에 대한 보조색
⑤ NO.5

▶ 안전표지의 색채, 색도기준 및 용도(시행규칙 별표3)

색채	색도기준	용도	사용례
빨간색	7.5R 4/14	금지	정지신호, 소화설비 및 그 장소, 유해행위의 금지
		경고	화학물질 취급장소에서의 유해, 위험 경고
파란색	2.5PB 4/10	지시	특정행위의 지시 및 사실의 고지
녹색	2.5G 4/10	안내	비상구 및 피난소, 사람 또는 차량의 통행표지
흰색	N9.5		파란색 또는 녹색에 대한 보조색
검정색	NO.5		문자 및 빨간색 또는 노란색에 대한 보조색

산업안전산업기사 실기 필답형 — 2020년 제2회

01 장갑을 낀 작업자가 연삭기를 사용하여 강재의 연마작업 중에 장갑을 낀 손이 숫돌에 말려들어가 연삭기 덮개가 파괴되면서 파편이 날아와 머리를 다치는 사고가 발생하였다. 재해원인을 분석하시오.

> 1) 재해유형 :
> 2) 기인물 :
> 3) 가해물 :

1) 재해유형 : 끼임
2) 기인물 : 연삭기 덮개
3) 가해물 : 파편

02 다음과 같은 시스템의 전체 신뢰도를 구하시오.
(단, 정답은 소수점을 모두 나타낼 것)

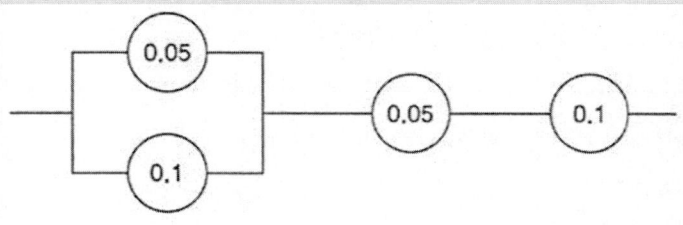

신뢰도(R)
R = [1 − (1 − 0.05) × (1 − 0.1)] × 0.05 × 0.1 = 0.000725

03 수인식 방호장치의 수인끈, 수인끈의 안내통, 손목밴드의 구비조건을 각각 쓰시오.

1) **수인끈** : 작업자의 작업공정에 따라 그 길이를 조정할 수 있을 것
2) **수인끈의 안내통** : 끈의 마모와 손상을 방지할 수 있는 조치를 할 것
3) **손목밴드** : 착용감이 좋고 쉽게 착용할 수 있는 구조일 것

> **길잡이**
> ▶ 수인끈과 손목밴드의 재료
> 1) 수인끈의 재료 : 합성섬유로 직경이 4mm 이상일 것
> 2) 손목밴드의 재료 : 유연한 내유성 피복 또는 이와 동등한 재료를 사용할 것

04 다음 [보기]는 누전차단기에 대한 내용이다. (   ) 안에 알맞은 용어, 수치를 쓰시오.

[보기]
(1) 누전차단기는 지락검출장치, (①), 개폐기구 등으로 구성되어 있다.
(2) 중감도형 누전차단기는 정격감도전류가 (②)~1000mA 이하이다.
(3) 시연형(지연형) 누진차단기는 동작시간이 0.1초 초과 (③)초 이내이다.

① 트립장치   ② 30   ③ 2

> **길잡이**
> ▶ 1) 누전차단기의 종류별 동작시간
>
> | 종류 | 동작시간 |
> |---|---|
> | 고속형 | · 정격감도전류에서 0.1초 이내 |
> | 반한시형 | · 정격감도전류에서 0.2초 초과 1초 이내
· 정격감도전류가 1.4배에서 0.1초 초과 0.5초 이내
· 정격감도전류가 4.4배에서 0.05초 이내 |
> | 시연형 | · 정격감도전류에서 0.1초 초과 2초 이내 |
>
> 2) 감도별 누전차단기
>   ① 고감도형 : 정격감도전류가 30mA 이하인 누전차단기
>   ② 중감도형 : 정격감도전류가 30mA 초과 1000mA 이하인 누전차단기
>   ③ 저감도형 : 정격감도전류가 1000mA 초과 20mA 이하인 누전차단기
> 3) 누전차단기를 설치해야 할 전기기계 · 기구   19/2(기)
>   ① 대지전압이 150V를 초과하는 이동형 또는 휴대형 전기기계 · 기구
>   ② 물 등 도전성이 높은 액체가 있는 습윤장소에서 사용하는 저압(직류 750V 이하, 교류 600V 이하)용 전기기계 · 기구
>   ③ 철판 · 철골 위 등 도전성이 높은 장소에서 사용하는 이동형 또는 휴대형 전기기계 · 기구
>   ④ 임시배선의 전로가 설치되는 장소에서 사용하는 이동형 또는 휴대형 전기기계 · 기구

05 재해사례 연구순서 전제조건 및 4단계를 쓰시오.

1) 전제조건 : 재해 상황의 파악
2) 제1단계 : 사실의 확인
3) 제2단계 : 문제점의 발견
4) 제3단계 : 근본문제점의 결정
5) 제4단계 : 대책수립

06 안정성평가의 6단계를 순서대로 나열하시오.

1) 1단계 : 관계 자료의 정비검토
2) 2단계 : 정성적 평가
3) 3단계 : 정량적 평가
4) 4단계 : 안전대책
5) 5단계 : 재해정보에 의한 재평가
6) 6단계 : FTA에 의한 재평가

07 '작업발판 일체형 거푸집'이란 거푸집의 설치, 해체, 철근조립, 콘크리트타설, 콘크리트 면처리 작업 등을 위하여 거푸집을 작업발판과 일체로 제작하여 사용하는 거푸집을 말한다. 작업발판 일체형 거푸집의 종류 4가지를 쓰시오.

1) 갱폼   2) 슬립폼   3) 클라이밍 폼   4) 터널 라이닝 폼

[주] 작업발판 일체형 거푸집의 안전조치 : 안전보건규칙 제337조

> **길잡이**
> 1) **갱폼**(gang form) : 사용할 때마다 작은 부재의 조립, 분해를 반복하지 않고 대형화, 단순화하여 한번에 설치하고 해체하는 거푸집 시스템을 말한다.
> 2) **슬립폼**(slip form) : 수직적 또는 수평적으로 연속된 구조물을 시공이음이 없이 균일한 형상으로 시공하기 위하여 거푸집을 연속적으로 이동시키면서 콘크리트를 타설하는데 사용되는 거푸집이다.
> 3) **클라이밍폼**(climbing form) ; 벽체용 거푸집으로서 거푸집과 벽체 마감공사를 위한 비계틀을 일체로 조립하여 한꺼번에 인양시켜 설치하는 거푸집을 말한다.
> 4) **터널라이닝폼**(tunnel lining form) : 벽식 철근콘크리트 구조를 시공할 경우 벽과 바닥의 콘크리트타설을 한번에 가능하게 하기 위하여 벽체용 거푸집과 슬래브 거푸집을 일체로 제작하여 한번에 설치하고 해체할 수 있도록 한 거푸집이다.

08 산업안전보건법상의 사업주가 근로자에게 시행해야 하는 안전보건교육의 종류 4가지를 쓰시오.

1) 정기 교육
2) 채용시 교육
3) 작업내용 변경 시 교육
4) 특별교육
5) 건설업 기초안전보건교육

▶ 산업안전·보건 관련 교육과정별 교육시간(시행규칙 별표8)

교육과정	교육대상		교육시간
가. 정기교육	사무직 종사 근로자		매분기 3시간 이상
	사무직 종사 근로자 외의 근로자	판매업무에 직접 종사하는 근로자	매분기 3시간 이상
		판매업무에 직접 종사하는 근로자 외의 근로자	매분기 6시간 이상
	관리감독자의 지위에 있는 사람		연간 16시간 이상
나. 채용시의 교육	일용근로자		1시간 이상
	일용근로자를 제외한 근로자		8시간 이상
다. 작업내용 변경 시의 교육	일용근로자		1시간 이상
	일용근로자를 제외한 근로자		2시간 이상
라. 특별교육	별표 8의 2 제1호 라목 각 호의 어느 하나에 해당하는 작업에 종사하는 일용근로자		2시간 이상
	별표 8의 2 제1호 라목 각 호의 어느 하나에 해당하는 작업에 종사하는 일용근로자를 제외한 근로자		· 16시간 이상(최초 작업에 종사하기 전 4시간 이상 실시하고 12시간은 3개월 이내에서 분할하여 실시가능) · 단기간 작업 또는 간헐적 작업인 경우에는 2시간 이상
마. 건설업기초 안전·보건교육	건설일용근로자		4시간

09 양중기에 사용하는 달기체인의 사용금지사항 2가지를 쓰시오. (단, 균열이 있거나 심하게 변형된 것은 제외한다)

1) 달기체인의 길이가 달기체인이 제조된 때의 길이의 5%를 초과한 것
2) 링의 단면지름이 달기체인이 제조된 때의 해당 링의 지름의 10%를 초과하여 감소한 것

[주] 늘어난 달기체인 등의 사용금지 : 안전보건규칙 제167조

10 산업안전보건법상 다음 그림에 해당하는 안전보건표지의 명칭을 쓰시오.

①	②	③	④	⑤

1) 화기금지
2) 산화성물질경고
3) 고압전기경고
4) 고온경고
5) 들 것

[주] 안전보건표지의 종류와 형태 : 시행규칙 별표 1의 2

11 980kg의 화물을 두줄걸이 로프로 상부 각도 90°의 각으로 들어 올릴 때, 각각의 와이어로프에 걸리는 하중 kg을 구하시오

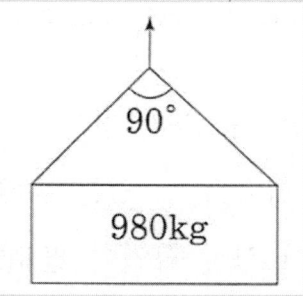

두 줄 걸이 로프에 걸리는 하중(장력 : W)

$$W = \frac{짐의 무게}{로프의 수} \div COS(\frac{로프의 각도}{2}) = \frac{980}{2} \div COS(\frac{90}{2}) = 692.96 kg$$

12 안전보건개선계획서에 대한 다음 물음에 답하시오.

1) 제출시기 :
2) 안전보건개선계획에 포함되는 사항 4가지 :

해답
1) 제출시기 : 안전보건개선계획서 수립·시행명령을 받은 날부터 60일 이내
2) 안전보건개선계획서에 포함되는 사항
　　① 시설
　　② 안전보건관리체제
　　③ 안전보건교육
　　④ 산업재해예방 및 작업환경의 개선을 위해 필요한 사항

13 밀폐 공간에 작업을 하도록 하는 경우 밀폐 공간 작업프로그램에 포함되는 내용 3가지를 쓰시오.

해답
1) 사업장 내 밀폐공간의 위치파악 및 관리방안
2) 밀폐 공간 내 질식, 중독 등을 일으킬 수 있는 유해·위험요인의 파악 및 관리방안
3) 제2항에 따라 밀폐 공간작업 시 사전확인이 필요한 사항에 대한 확인절차
4) 안전보건교육 및 훈련
5) 그 밖의 밀폐 공간 작업근로자의 건강장해 예방에 관한 사항

[주] 밀폐공간 작업 프로그램의 수립 시행 : 안전보건규칙 제619조

01 이황화탄소(CS_2)의 폭발상한계가 44.0vol%, 하한계가 1.2vol% 일 때, 이황화탄소의 위험도를 구하시오.

 위험도 = $\dfrac{상한계 - 하한계}{하한계}$ = $\dfrac{44 - 1.2}{1.2}$ = 35.67

02 다음은 산업안전보건법상 유해·위험방지를 위하여 방호조치가 필요한 기계·기구 등이다. 기계·기구별로 방호장치를 하나씩 쓰시오.
1) 예초기
2) 원심기
3) 공기압축기
4) 금속절단기
5) 지게차
6) 포장기계(진공포장기, 랩핑기로 한정)

1) **예초기** : 날접촉 예방장치
2) **원심기** : 회전체접촉 예방장치
3) **공기압축기** : 압력방출장치
4) **금속절단기** : 날접촉 예방장치
5) **지게차** : 헤드가드, 백레스트, 전조등, 후미등, 안전벨트
6) **포장기계** : 구동부 방호 연동장치

[주] 유해·위험한 기계·기구 등의 방호장치 : 시행규칙 제98조

02 가공기계에 사용되는 Fool proof 중 1) 고정가드와 2) 인터록가드에 대해서 설명하시오.

 1) **고정가드** : 개구부로부터 가공물과 공구 등을 넣어도 손은 위험영역에 머무르지 않는다.
2) **인터록가드** : 기계가 작동 중에 개폐되는 경우 기계가 정지한다.

▶ 1) Fool proof 중 가드의 종류
① 고정가드 : 개구부로부터 가고물과 공구 등을 넣어도 손은 위험영역에 머무르지 않는다.
② 인터록가드 : 기계가 작동 중에 개폐되는 경우 기계가 정지한다.
③ 조절가드 : 가공불과 공구에 맞도록 형상과 크기를 조절한다.
④ 경고가드 : 손이 위험영역에 들어가기 전에 경고한다.
2) Fool proof의 기계·기구   15/1(산)
① 가드   ② lock기구   ③ 오버런기구
④ 밀어내기기구   ⑤ 트립기구   ⑥ 기동방지기구

---

04 다음 용어를 간략히 설명하시오.

(1) MTTF :
(2) MTTR :
(3) MTBF :

 1) **MTTF(평균고장시간)** : 제품고장 시 수명이 다하는 것으로 고장까지의 평균시간
2) **MTTR(평균수리시간)** : 고장 발생 순간부터 수리완료 후 정상작동 시까지의 평균시간
3) **MTBF(평균고장간격)** : 고장이 발생하여도 다시 수리를 해서 쓸 수 있는 제품을 의미

---

05 산업안전보건법상의 사업주가 근로자에게 시행해야 하는 안전보건교육의 종류 4가지를 쓰시오.

 1) 정기교육
2) 채용시 교육
3) 작업내용 변경 시 교육
4) 특별교육
5) 건설업 기초 안전보건교육

06 고용노동부장관이 안전보건 개선계획의 수립·시행을 명할 수 있는 사업장 2곳을 쓰시오.

18/2(산)

 1) 산업재해율이 같은 업종의 규모별 평균 산업재해율보다 높은 사업장
2) 사업주가 안전보건조치 의무를 이행하지 아니하여 중대재해가 발생한 사업장
3) 유해인자의 노출기준을 초과한 사업장

주) 안전보건개선계획 : 법 제50조

▶ 안전보건진단을 받아 안전보건 개선계획을 수립할 대상사업장(시행령 제49조) 16/3(산)
1) 산업재해율이 같은 업종 평균 산업재해율의 2배 이상인 사업장
2) 사업주가 필요한 안전조치 또는 보건조치를 이행하지 아니하여 중대재해가 발생한 사업장
3) 직업성 질병자가 연간 2명 이상(상시근로자 1천명 이상 사업장의 경우 3명 이상) 발생한 사업장
4) 그밖에 작업환경 불량, 화재, 폭발 또는 누출사고 등으로 사업장 주변까지 피해가 확산된 사업장으로서 고용노동부령으로 정하는 사업장

07 바닥에 묻어있는 기름 때문에 작업자가 넘어져서 밀링머신에 머리를 부딪치는 사고가 발생하였다(7일간 입원하여 치료를 받음). 재해분석을 하시오.
1) 재해형태 :
2) 기인물 :
3) 가해물 :

 1) 재해형태 : 전도(넘어짐)
2) 기인물 : 바닥
3) 가해물 : 밀링머신

08 다음 안전보건표지의 명칭을 쓰시오.

①	②	③	④

 해답
1) 낙하물 경고
2) 폭발성물질 경고
3) 보안면 착용
4) 세안장치

> **Guide** 보건안전표지의 종류와 형태(금지표지 : 8, 경고표지 : 15, 지시표지 : 9, 안내표지 : 8, 관계자의 출입금지 : 3)는 표지를 보고 명칭을 쓸 수 있도록 완변하게 숙지하여야 합니다.

09 제어계는 많은 계기 및 제어장치의 결합으로 구성되어 있으며 이들 요소 하나하나의 고장발생률은 사용기관과 함께 달라진다. 다음 물음에 답하시오.
(1) 고장률의 유형 3가지를 쓰시오.
(2) 고장률을 구하는 공식을 쓰시오.

 해답
1) 고장률의 유형
   ① 초기고장(감소형)
   ② 우발고장(일정형)
   ③ 마모고장(증가형)
2) 고장률(λ) 관계식
$$\lambda = \frac{r(고장건수)}{t(총가동시간)}$$

▶ MTBF, $R_{(t)}$, $F_{(t)}$ 관계식 11/3(산)
1) MTBF : 평균고장간격
   $$\mathrm{MTBF} = \frac{1}{\lambda}(\lambda : 고장률)$$
2) $R_{(t)}$; 기계설비의 신뢰도(고장을 일으키지 않을 확률)
   $$R_{(t)} = e^{-\lambda t} = e^{-t/t_0}(t : 가동시간, t_0 : 평균수명)$$
3) $F_{(t)}$: 기계설비의 불신뢰도(고장을 일으킬 확률)
   $$F_{(t)} = 1 - R_{(t)}$$

10 롤러기의 회전수가 100rpm, 앞면롤러 원통지름이 50cm일 때, 롤러기의 표면속도 및 급정지거리를 계산하시오.

 1) 표면속도$(V) = \dfrac{\pi DN}{1000} = \dfrac{3.14 \times 500 \times 100}{1000} = 157 m/\min$

2) 급정지거리 = 원주길이 $\times \dfrac{1}{2.5} = \pi D \times \dfrac{1}{2.5} = 3.14 \times 500 \times \dfrac{1}{2.5} = 628 mm$

▶ 급정지장치의 성능

앞면 롤러의 표면속도(m.min)	급정지거리
30 미만	앞면 롤러 원주의 1/3
30 이상	앞면 롤러 원주의 1/2.5

11 토사의 붕괴형태 중 사면의 붕괴형태 3가지를 쓰시오. ▣ 12/2(산)

 1) 사면천단부 붕괴
2) 사면중심부 붕괴
3) 사면하단부 붕괴

▶ 토사붕괴 형태
  1) 토사의 미끄러져 내림
  2) 얕은 토층의 붕괴
  3) 깊은 절토 법면의 붕괴
  4) 성토 경사면의 붕괴
  5) 사면의 붕괴 : 사면 천단부 붕괴, 사면중심부 붕괴, 사면하단부 붕괴

12 슬레이트, 선라이트 등 강도가 약한 재료로 덮은 지붕 위에서 작업을 할 경우 위험방지 조치사항 2가지를 쓰시오.

1) 폭 30cm 이상의 발판설치
2) 추락보호망설치

[주] 지붕 위에서 위험방지 : 안전보건규칙 제45조

13 부탄(C_4H_{10})의 연소반응식(화학양론식)을 쓰고, 최소 산소농도(MOC)를 구하시오.

 1) 부탄(C_4H_{10})의 연소반응식

$C_4H_{10} + 6.5O_2 \rightarrow 4CO_2 + 5H_2O$

2) 부탄의 최소 산소농도(MOC)

$MOC = 폭발하한계 \times \dfrac{O_2 mol수}{연료 mol수} = 1.9 \times \dfrac{6.5}{1} = 12.35 vol\%$

산업안전산업기사 실기 필답형 — 2020년 제4회

01 비, 눈 그밖에 기상상태의 악화로 작업을 중지시킨 후 또는 비계를 조립·해체하거나 변경한 후에 그 비계에서 작업하는 경우 해당 작업을 시작하기 전에 점검하여야 할 사항 4가지를 쓰시오.

1) 발판 재료의 손상여부 및 부착 또는 결림 상태
2) 해당 비계의 연결부 또는 접속부의 풀림 상태
3) 연결재료 및 연결 철물의 손상 또는 부식 상태
4) 손잡이의 탈락 여부
5) 기둥의 침하, 변형, 변위 또는 흔들림 상태
6) 로프의 부착상태 및 매단 장치의 흔들림 상태

주 비계의 점검·보수 : 안전보건규칙 제58조

02 인간과오(Human error)의 분류 중 심리적 분류의 종류 4가지를 쓰시오.

1) 생략적 과오(omission error)
2) 수행적 과오(commission)
3) 시간적 과오(time error)
4) 순서적 과오(sequential)
5) 불필요한 과오(extraneous error)

03 가죽제 안전화의 성능시험항목 4가지를 쓰시오.

1) 내압박성
2) 내답발성
3) 내충격성
4) 박리저항

04 파열판에 안전인증 외 추가표시사항 5가지를 쓰시오.

1) 용도
2) 호칭지름
3) 설정압력 및 설정온도
4) 파열판의 재질
5) 유체흐름방향지시

05 고체의 연소형태 4가지를 쓰시오.

1) 표면연소
2) 분해연소
3) 증발연소
4) 자기연소

▶ 연소형태
1) **확산연소** : 가연성가스와 공기가 확산에 의해 혼합되면서 연소되는 것(수소, 아세틸렌 등의 기체연소)
2) **증발연소** : 액체표면에 발생한 증기가 연소하는 것(알코올, 에테르, 등유, 경유 등의 액체연소)
3) **분해연소** : 열분해에 의해 가연성가스를 방출시켜 연소하는 것(중유, 석탄, 목재, 고체파라핀 등의 고체연소)
4) **표면연소** : 고체표면에서 연소가 일어나는 것(숯, 알루미늄박, 마그네슘 리본 등의 고체연소)

06 근로자수가 400명인 K회사의 연간재해건수 20건, 근로손실일수 150일, 휴업일수 73일, 1일 8시간, 연간 300일, 잔업시간이 연간 50시간일 때 도수율과 강도율을 구하시오.

1) 도수율 $= \dfrac{\text{재해건수}}{\text{연근로시간수}} \times 10^6 = \dfrac{20}{(400 \times 8 \times 300) + 50} \times 10^6 = 20.83$

2) 강도율 $= \dfrac{\text{근로손실일수}}{\text{연근로시간수}} \times 10^3 = \dfrac{150 + (73 \times \dfrac{300}{365})}{(400 \times 8 \times 300) + 50} \times 10^3 = 0.22$

▶ 재해율 공식

1) 연천인율 $= \dfrac{\text{사상자수}}{\text{연평균근로자수}} \times 1000$

2) 연천인율과 도수율과의 관계
   ① 연천인율 $=$ 도수율 $\times 2.4$
   ② 도수율 $= \dfrac{\text{연천인율}}{2.4}$

3) 환산도수율과 환산강도율
   ① 환산도수율 $= \dfrac{\text{도수율}}{10}$
   ② 환산강도율 $=$ 강도율 $\times 100$

4) 종합재해지수 $= \sqrt{\text{도수율} \times \text{강도율}}$

5) $safe \cdot T \cdot Score = \dfrac{\text{현재빈도율} - \text{과거빈도율}}{\sqrt{\dfrac{\text{과거빈도율}}{\text{연간근로시간수}} \times 10^6}}$

Guide 재해율 공식은 반드시 암기하여 계산문제에 적용할 수 있도록 하여야 합니다(계산문제의 표준화).
1) 공식을 쓴다.
2) 공식에 수치를 대입시킨다.
3) 계산기에 의해 계산을 정확히 한 후 소수점 처리를 한다.

07 보일링 현상이 발생하기 쉬운 지반조건을 쓰시오.

사질토 지반

▶ 보일링 현상 방지대책 14/1(기), 20/3(기)
1) 주변의 지하수위를 감소시킨다.
2) 흙막이벽의 근입심도를 깊게 한다(널말뚝을 깊게 박는다).
3) 굴착토를 즉시 원상 매립한다.
4) 작업을 중지시킨다.

08 달비계에 사용하는 섬유로프 또는 섬유벨트의 사용금지사항 2가지를 쓰시오.

1) 꼬임이 끊어진 것
2) 심하게 손상되거나 부식된 것

[주] 섬유로프 등 사용금지사항 : 안전보건규칙 제63조

> **길잡이**
> ▶ 1) 달비계에 사용하는 와이어로프 사용금지사항
>   ① 이음매가 있는 것
>   ② 와이어로프의 한꼬임[스트랜드(strand)를 말한다. 이하 같다]에서 끊어진 소선[필러(pillar)선은 제외]의 수가 10% 이상(비자전로프의 경우에는 끊어진 소선의 수가 와이어로프 호칭지름의 6배 길이 이내에서 4개 이상이거나 호칭지름 30배 길이 이내에서 8개 이상)인 것
>   ③ 지름의 감소가 공칭지름의 7%를 초과하는 것
>   ④ 꼬인 것
>   ⑤ 심하게 변형 또는 부식된 것
>   ⑥ 열과 전기충격에 의해 손상된 것
> 2) 달비계에 사용하는 달기체인의 사용금지사항(안전보건규칙 제63조)
>   ① 달기체인의 길이가 달기체인이 제조된 때의 길이의 5%를 초과한 것
>   ② 링의 단면지름이 달기체인이 제조된 때의 해당 링의 지름의 10%를 감소한 것
>   ③ 균열이 있거나 심하게 변형된 것

Guide 와이어로프, 달기체인, 섬유로프 등 사용금지사항은 출제율이 매우 높습니다.

09 교류아크 용접기의 방호장치인 자동전격 방지기의 설치장소 3가지를 쓰시오.

1) 선박의 이중 선체 내부, 밸러스트 탱크(평형수 탱크), 보일러 내부 등 도전체에 둘러싸인 장소
2) 추락할 위험이 있는 높이 2m 이상의 장소로 철골 등 도전성이 높은 물체에 근로자가 접촉할 우려가 있는 장소
3) 근로자가 물, 땀 등으로 인하여 도전성이 높은 습윤 상태에서 작업하는 장소

[주] 교류아크 용접기의 자동전격 방지기 설치장소 : 안전보건규칙 제306조 제2항

> **길잡이**
> ▶ **자동전격 방지장치 부착시 주의사항** 14/1(산)
> 1) 직각으로 부착할 것
> 2) 용접기의 이동, 진동, 충격으로 이완되지 않도록 이완방지 조치를 취할 것
> 3) 작동상태를 알기 위한 표시등은 보기 쉬운 곳에 설치할 것
> 4) 작동상태를 시험하기 위한 테스트 스위치는 조작하기 쉬운 곳에 설치할 것

10 시각장치를 사용하는 것이 유리한 경우 3가지를 쓰시오.

1) 전언이 복잡하고 길다.
2) 전언이 후에 재참조 된다.
3) 전언이 공간적인 위치를 이룬다.
4) 수신자의 청각계통이 과부하 상태일 때

> **길잡이**
> ▶ 표시장치의 선택(청각장치와 시각장치의 선택)

청각장치 사용	시각장치 사용
① 전언이 간단하고 짧다.	① 전언이 복잡하고 길다.
② 전언이 후에 재참조 되지 않는다.	② 전언이 후에 재참조 된다.
③ 전언이 즉각적인 사상을 이룬다.	③ 전언이 공간적인 위치를 이룬다.
④ 전언이 즉각적인 행동을 요구한다.	④ 전언이 즉각적인 행동을 요구하지 않는다.
⑤ 수신자의 시각계통이 과부하 상태일 때	⑤ 수신자의 청각계통이 과부하 상태일 때
⑥ 수신장소가 너무 밝거나 암조용 유지가 필요할 때	⑥ 수신장소가 너무 시끄러울 때
⑦ 직무상 수신자가 자주 움직이는 경우	⑦ 직무상 수신자가 한 곳에 머무르는 경우

11 동력식 수동대패기에 대한 다음 물음에 답하시오.

(1) 방호장치 명칭 :
(2) 방호장치와 송급테이블면과의 간격 :

1) 방호장치 : 날접촉 예방장치(덮개)
2) 날접촉 예방장치인 덮개와 송급테이블면과의 간격 : 8mm 이하

12 컷셋(cut set)과 패스셋(path set)에 대해서 설명하시오.

1) 컷셋 : 정상사상을 일으키는 기본사상의 집합을 말한다.
2) 패스셋 : 정상사상이 일어나지 않는 기본사상의 집합을 말한다.

13 다음은 안전보건 총괄책임자 지정대상사업에 관한 사항이다. (   ) 안에 알맞은 내용을 쓰시오.

안전보건 총괄책임자를 지정해야 하는 사업의 종류 및 사업장의 상시근로자 수는 관계수급인에게 고용된 근로자를 포함한 상시근로자가 (①)명 이상인 사업이나 관계수급인의 공사금액을 포함한 해당 공사의 총 공사금액이 (②)억원 이상인 건설업으로 한다.

1) 100
2) 20

주 안전보건 총괄책임자 지정대상사업 : 시행령 제52조

산업안전산업기사 실기 필답형 — 2021년 제1회

01 산업안전보건법상의 안전관리자의 직무를 4가지 쓰시오.
(단, 그밖에 안전에 관한 사항으로서 고용노동부장관이 정하는 사항은 제외한다)

해답
1) 산업안전보건위원회 또는 안전·보건에 관한 노사협의체에서 심의·의결한 업무와 해당 사업장의 안전보건관리규정 및 취업규칙에서 정한 업무
2) 안전인증대상 기계·기구 등과 자율안전 확인대상 기계·기구 등의 구입시 적격품 선정에 관한 보좌 및 지도·조언
3) 위험성평가에 관한 보좌 및 지도·조언
4) 해당 사업장 안전교육계획의 수립 및 실시에 관한 보좌 및 지도·조언
5) 사업장 순회점검·지도 및 조치의 건의
6) 산업재해 발생의 원인조사·분석 및 재해방지를 위한 기술적 보좌 및 지도·조언
7) 산업재해에 관한 통계의 유지·관리·분석을 위한 보좌 및 지도·조언
8) 법 또는 법에 따른 명령으로 정한 안전에 관한 사항의 이행에 관한 보좌 및 지도·조언
9) 업무수행 내용의 기록 및 유지

주 안전관리자 등의 직무 : 시행령 제18조

02 위험기계의 조정장치를 촉각적으로 암호화할 수 있는 차원 3가지를 쓰시오.

해답
1) 조종장치 형상의 암호화
2) 표면촉감을 이용한 암호화
3) 크기를 이용한 암호화

03 다음 용어를 간단히 설명하시오.

(1) Fail Safe :
(2) Fool Proof :

 1) Fail Safe : 인간이나 기계에 과오나 동작상의 실수가 있어도 사고방지를 위해 2중, 3중으로 통제를 가하는 것을 의미한다.
2) Fool Proof : 인간이 기계 등의 취급을 잘못해도 사고로 연결되는 일이 없도록 기계 등의 안전을 확보하는 연동기구(inter lock)를 의미한다.

04 교류아크용접기에 자동전격방지기를 설치하여야 할 장소 2가지를 쓰시오.

 1) 선박의 이중선체 내부, 밸러스트 탱크(평형수 탱크), 보일러 내부 등 도전체에 둘러싸인 장소
2) 추락할 위험이 있는 높이 2m 이상의 장소로 철골 등 도전성이 높은 물체에 근로자가 접촉할 우려가 있는 장소
3) 근로자가 물, 땀 등으로 인하여 도전성이 높은 습윤 상태에서 작업하는 장소

〔주〕 교류아크용접기 등 : 안전보건규칙 제306조

> **길잡이**
> ▶ 교류아크용접기의 방호장치인 자동전격방지장치를 부착할 때 주의사항 14/1(산)
>   1) 직각으로 부착할 것
>   2) 용접기의 이동, 진동, 충격으로 이완되지 않도록 이완방지조치를 취할 것
>   3) 작동상태를 알기 위한 표시 등은 보기 쉬운 곳에 설치할 것
>   4) 작동상태를 시험하기 위한 테스트 스위치는 조작하기 쉬운 곳에 설치할 것

05 가죽제 안전화의 성능시험항목 4가지를 쓰시오.

 1) 내압박성
2) 내답발성
3) 내충격성
4) 박리저항

06 양중기의 종류 5가지를 쓰시오.

1) 크레인(호이스트 포함)
2) 이동식 크레인
3) 리프트(이삿짐운반용은 적재하중 0.1톤 이상인 것)
4) 곤돌라
5) 승강기

[주] 양중기의 종류 : 안전보건규칙 제132조

07 화학설비의 탱크 내 작업을 할 경우 실시해야 하는 특별교육내용 3가지를 쓰시오.

1) 차단장치·정지장치 및 밸브 개폐장치의 점검에 관한 사항
2) 탱크 내의 산소농도측정 및 작업환경에 관한 사항
3) 안전보호구 및 이상 발생시 응급조치에 관한 사항
4) 작업절차·방법 및 유해·위험에 관한 사항
5) 그밖에 안전·보건관리에 필요한 사항

[주] 특별교육대상 작업별 교육내용 : 시행규칙 별표5

08 다음 내용은 양중기의 와이어로프 등 달기구의 안전계수이다. ( ) 안에 알맞은 수치를 쓰시오.

[보기]
(1) 근로자가 탑승하는 운반구를 지지하는 달기와이어로프 또는 달기체인의 경우 : (①) 이상
(2) 화물의 하중을 직접 지지하는 달기와이어로프 또는 달기체인의 경우 : (②) 이상
(3) 훅, 샤클, 클램프, 리프팅 빔의 경우 : (③) 이상
(4) 그 밖의 경우 : 4이상

① 10
② 5
③ 3

[주] 와이어로프 등 달기구의 안전계수 : 안전보건규칙 제163조

09 산업안전보건법상 산업재해가 발생한 경우 기록·보존하여야 할 사항 4가지를 쓰시오.

 1) 사업장의 개요 및 근로자의 인적사항
2) 재해발생의 일시 및 장소
3) 재해발생의 원인 및 과정
4) 재해재발방지계획
  [주] 산업재해 기록 등 : 시행규칙 제72조

10 강제 환기의 개념에 대해서 쓰시오.

 강제 환기 : 송풍기를 이용하여 기계적으로 압력차를 만들어 환기시키는 방법이다.

> **길잡이**
> ▶ 강제 환기의 장점 및 단점
>   1) **장점** : 작업환경을 일정하게 유지할 수 있다(필요한 공기량을 송풍기 용량으로 조절).
>   2) **단점** : 소음, 진동의 발생과 운전에 따른 에너지 비용이 소요된다.

11 가스집합용접장치의 가스장치실의 설치기준(가스장치실의 구조) 3가지를 쓰시오.

 1) 가스가 누출된 경우에는 그 가스가 정체되지 않도록 할 것
2) 지붕과 천장에는 가벼운 불연성 재료를 사용할 것
3) 벽에는 불연성 재료를 사용할 것
  [주] 가스장치실의 구조 등 : 안전보건규칙 제292조

12 소음이 심한 기계로부터 4m 떨어진 곳의 음압수준이 100dB이라면 이 기계로부터 30m 떨어진 곳의 음압수준은 얼마인가?

해답 $dB_2 = dB_1 - 20\log\left(\dfrac{d_2}{d_1}\right)$

$= 100 - 20\log\left(\dfrac{30}{4}\right) = 82.50 dB$

13 연삭기 덮개에 자율안전 확인표시 이외에 추가로 표시할 사항 2가지를 쓰시오.

해답 1) 숫돌사용 원주속도
2) 숫돌회전방향

산업안전산업기사
실기 필답형
2021년 제2회

01 산업안전보건법령상 밀폐공간에서의 작업시의 특별교육내용 4가지를 쓰시오.(단, 그밖에 안전·보건관리에 필요한 사항은 제외한다)

 1) 산소농도 측정 및 작업환경에 관한 사항
2) 사고시의 응급처치 및 비상시 구출에 관한 사항
3) 보호구 착용 및 사용방법에 관한 사항
4) 밀폐공간작업의 안전작업방법에 관한 내용
[주] 안전보건교육 교육대상별 교육내용 : 시행규칙 별표5

02 연평균근로자수가 350명인 회사에 연천인율이 3.5이다. 도수율을 구하시오.

 도수율 $= \dfrac{\text{연천인율}}{2.4} = \dfrac{3.5}{2.4} = 1.46$

03 다음 내용은 누전차단기를 접속하는 경우의 준수사항이다. ( ) 안에 알맞은 숫자를 쓰시오.

(1) 전기기계·기구에 설치되어 있는 누전차단기는 정격감도전류가 (①)mA 이하이고, 작동시간은 (②)초 이내일 것
(2) 다만, 정격전부하전류가 50Ω 이상인 전기기계·기구에 접속되는 누전차단기는 오작동을 방지하기 위하여 정격감도전류는 (③)mA 이하로, 작동시간은 (④)초 이내로 할 수 있다.

 ① 30
② 0.03
③ 200
④ 0.1
[주] 누전차단기에 의한 감전방지 : 안전보건규칙 제304조

04 산업안전보건법령상 중대재해 정의 3가지를 쓰시오.

1) 사망자가 1명 이상 발생한 재해
2) 3개월 이상의 요양이 필요한 부상자가 동시에 2명 이상 발생한 재해
3) 부상자 또는 직업성질병자가 동시에 10명 이상 발생한 재해
  [주] 중대재해의 정의 : 시행규칙 제3조

05 흙막이지보공 설치 시 정기점검사항 4가지를 쓰시오.

1) 부재의 손상, 변형, 부식, 변위 및 탈락의 유무와 상태
2) 버팀대의 긴압의 정도
3) 부재의 접속부, 부착부 및 교차부의 상태
4) 침하의 정도
  [주] 붕괴 등의 위험방지 : 안전보건규칙 제347조

▶ 터널지보공 설치시 수시점검 사항(안전보건규칙 제366조)
  1) 부재의 손상, 변형, 부식, 변위 탈락의 유무 및 상태
  2) 부재의 긴압 정도
  3) 부재의 접속부 및 교차부의 상태
  4) 기둥침하의 유무 및 상태

06 다음 [보기] 내용은 작업영역에 대한 설명이다. ( ) 안에 알맞은 용어를 쓰시오.

[보기]
(1) 전완과 상완을 곧게 펴서 파악할 수 있는 구역 : (①)
(2) 상완을 자연스럽게 수직으로 늘어트린 채 전완만으로 편하게 뻗어 작업하는 구역 : (②)

① 최대작업영역
② 정상작업영역

07 하인리히와 버드의 사고연쇄성이론 5단계를 각각 쓰시오.

 1) 하인리히의 사고연쇄성이론 5단계
   ① 1단계 : 사회적 환경과 유전적 요소
   ② 2단계 : 개인적 결함
   ③ 3단계 : 불안전한 행동 및 불안전한 상태
   ④ 4단계 : 사고
   ⑤ 5단계 : 재해
2) 버드의 사고연쇄성이론 5단계
   ① 1단계 : 통제부족(관리소홀)
   ② 2단계 : 기본원인(기원)
   ③ 3단계 : 직접원인(징후)
   ④ 4단계 : 사고(접촉)
   ⑤ 5단계 : 상해(손해, 손실)

▶ 아담스와 웨버의 사고연쇄성이론 5단계

아담스 이론	웨버 이론
1단계 : 관리구조	1단계 : 유전적 환경
2단계 : 작전적 에러	2단계 : 인간의 결함
3단계 : 전술적 에러	3단계 : 불안전한 행동 및 심리
4단계 : 사고	4단계 : 사고
5단계 : 상해 또는 손해	5단계 : 상해(재해)

08 고장발생확률이 0.0004회/시간일 경우 1000시간 가동하였을 때 고장이 일어나지 않을 확률인 신뢰도를 계산하시오.

 $R_t(신뢰도) = e^{-\lambda t} = e^{-(0.0004 \times 1000)} = 0.67$

09 산업안전보건기준에 관한 규칙에 규정되어 있는 사다리식 통로 설치 시 준수사항 4가지를 쓰시오.

 1) 견고한 구조로 할 것
2) 심한 손상, 부식 등이 없는 재료를 사용할 것
3) 발판의 간격은 일정하게 할 것
4) 발판과 벽과의 사이는 15cm 이상의 간격을 유지할 것
5) 폭은 30cm 이상으로 할 것
6) 사다리가 넘어지거나 미끄러지는 것을 방지하기 위한 조치를 할 것
7) 사다리의 상단은 걸쳐놓은 지점으로부터 60cm 이상 올라가도록 할 것
8) 사다리식 통로의 길이가 10m 이상인 경우에는 5m 이내마다 계단참을 설치할 것
9) 사다리식 통로의 기울기는 75도 이하로 할 것. 다만, 고정식 사다리식 통로의 기울기는 90도 이하로 하고, 그 높이가 7m 이상인 경우에는 바닥으로부터 높이가 2.5m 되는 지점부터 등받이울을 설치할 것
10) 접이식 사다리 기둥은 사용시 접혀지거나 펼쳐지지 않도록 철물 등을 사용하여 견고하게 조치할 것

주 사다리식 통로 등의 구조 : 안전보건규칙 제24조

---

10 다음 [보기] 내용은 안전모의 시험성능기준에 관한 사항이다. ( ) 안에 알맞은 내용을 쓰시오.

[보기]
(1) 내관통성시험 : AE, ABE종 안전모는 관통거리가 (①)mm 이하이고, AB종 안전모는 관통거리가 (②)mm 이하이어야 한다.
(2) 충격흡수시험 : 최고전달충격력이 (③)N을 초과해서는 안되며, 모체와 착장체의 기능이 상실되지 않아야 한다.
(3) 내전압성시험 : AE, ABE종 안전모는 교류 20kV에서 1분간 절연파괴 없이 견뎌야 하고, 이때 누설되는 충전전류는 (④)mA 이하이어야 한다.

 ① 9.5 ② 11.1
③ 4450 ④ 10

주 추락 및 감전위험방지용 안전모 성능기준 : 보호구 안전인증 고시 별표1

11 파열판을 설치하여야 하는 경우 3가지를 쓰시오.

1) 반응폭주 등 급격한 압력상승 우려가 있는 경우
2) 급성독성물질의 누출로 인하여 주위의 작업환경을 오염시킬 우려가 있는 경우
3) 운전중 안전밸브에 이상 물질이 누적되어 안전밸브가 작동되지 아니할 우려가 있는 경우

[주] 파열판의 설치 : 안전보건규칙 제262조

12 산업안전보건법상 방호조치를 하지 아니하고는 양도, 대여, 설치 진열해서는 안 되는 기계 · 기구 4가지를 쓰시오.

1) 예초기
2) 원심기
3) 공기압축기
4) 금속절단기
5) 지게차
6) 포장기계(진공포장기, 랩핑기로 한정)

[주] 유해 · 위험방지를 위한 방호조치가 필요한 기계·기구 : 시행령 별표20

13 앞면 롤러기의 지름이 30cm이고, 300rpm으로 회전하는 경우 앞면 롤러의 표면속도를 구하시오. (단, 지름을 mm로 변환하여 계산하시오)

표면속도(V)

$$V = \frac{\pi \cdot D \cdot N}{1000} = \frac{\pi \times 30 \times 10 \times 300}{1000} = 282.74 m/\min$$

▶ 급정지거리(안전거리) 기준

표면속도(m/min)	급정지거리
30 이상	롤러원주(π D)의 1/2.5이내
30 미만	롤러원주(π D)의 1/3이내

2021년 제3회 산업안전산업기사 실기 필답형

01 기계 고장률을 나타내는 그래프를 그리고 3등분하여 명칭 또는 내용을 쓰시오.

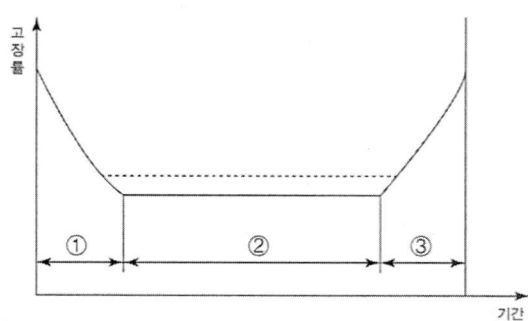

1) 초기고장(감소형)
2) 우발고장(일정형)
3) 마모고장(증가형)

> **길잡이**
> ▶ **고장률의 유형**
> 1) **초기고장** : 점검작업이나 시운전 등에 의해 사전에 방지할 수 있는 고장
>   ① 디버깅(debugging)기간 : 결함을 찾아내 고장률을 안정시키는 구간
>   ② 번인(burn in)기간 : 실제로 장시간 움직여보고 그동안 고장 난 것을 제거하는 공정기간
> 2) **우발고장** : 예측할 수 없을 때 생기는 시운전이나 점검작업으로는 방지할 수 없는 고장
> 3) **마모고장** : 수명이 다해 생기는 고장으로, 안전진단 및 적당한 보수(정비)에 의해서 방지할 수 있는 고장

02 A, B, C 3개의 부품이 병렬결합 모델로 만들어진 시스템이 있다. 시스템 작동 안 됨을 정상사상(T)으로 하고 A, B, C 부품의 고장을 기본사상으로 판 FT도를 작성하고 정상사상(T)이 발생할 확률을 구하시오. A, B, C 각 부품의 고장확률은 0.12이다(단, 소수 다섯째자리에서 반올림하여 소수 넷째자리까지 표기할 것).

1) FT도

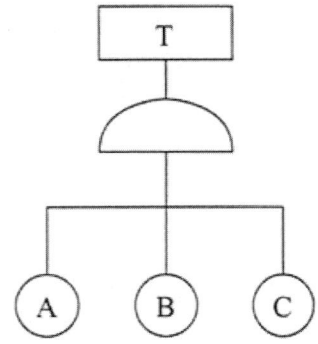

2) T=A×B×C
   =0.12×0.12×0.12
   =0.001728
   =0.0017

03 K사업장의 근무상황 및 재해발생현황이 다음과 같을 경우에 이 사업장의 근로손실일수를 구하시오.

(1) 강도율 : 0.8 (2) 연총근로시간 : 2400시간
(3) 근로자수 : 250명 (4) 재해건수 : 5건

1) 강도율 = $\dfrac{\text{근로손실일수}}{\text{연근로시간수}} \times 1000$

2) 근로손실일수 = 강도율 × 연근로시간수 × $\dfrac{1}{1000}$
   = $0.8 \times 2400 \times 250 \times \dfrac{1}{1000}$ = 480일

04 다음 표지판의 명칭을 쓰시오.

①	②	③	④

해답
1) 사용금지
2) 산화성물질경고
3) 낙하물경고
4) 방진마스크 착용

05 산업안전보건법령상 내부의 이상 상태를 조기에 파악하기 위하여 필요한 온도계, 유량계, 압력계 등의 계측장치를 설치하여야 하는 특수화학설비의 종류 3가지를 쓰시오.

해답
1) 발열반응이 일어나는 반응장치
2) 증류, 정류, 증발, 추출 등의 분리를 하는 장치
3) 가열시켜주는 물질의 온도가 가열되는 위험물질의 분해온도 또는 발화점보다 높은 상태에서 운전되는 설비
4) 반응폭주 등 이상 화학반응에 의하여 위험물질이 발생할 우려가 있는 설비
5) 온도가 섭씨 350도 이상이거나 게이지 압력이 980kPa 이상인 상태에서 운전되는 설비
6) 가열로 또는 가열기

[주] 계측장치 등의 설치 : 안전보건규칙 제273조

06 산업안전보건법령상 공정안전보고서에 포함되어야 할 사항 4가지를 쓰시오.

해답
1) 공정안전자료
2) 공정위험성 평가서
3) 안전운전계획
4) 비상조치계획

[주] 공정안전보고서의 내용 : 시행령 제44조

07 인간의 주의에 대한 특성인 선택성, 변동성, 방향성의 의미를 각각 쓰시오.

1) **선택성** : 여러 종류의 자극을 지각할 때 소수의 특정한 것에 한하여 선택하는 기능
2) **변동성(단속성)** : 주의에는 주기적으로 부주의적 리듬이 존재한다.
3) **방향성** : 주시점만 인지하는 기능을 말한다.

08 산업안전보건법령상 차량계 하역운반기계 등의 운전자가 운전위치를 이탈하는 경우 해당 운전자가 준수하여야 할 사항 2가지를 쓰시오. (단, 운전석에 잠금장치를 하는 등 운전자가 아닌 사람이 운전하지 못하도록 조치한 경우는 제외)

1) 포크, 버킷, 디퍼 등의 장치를 가장 낮은 위치 또는 지면에 내려둘 것
2) 원동기를 정지시키고 브레이크를 확실히 거는 등 갑작스러운 주행이나 이탈을 방지하기 위한 조치를 할 것
3) 운전석을 이탈하는 경우에는 시동키를 운전대에서 분리시킬 것(다만, 운전석에 잠금장치를 하는 등 운전자가 아닌 사람이 운전하지 못하도록 조치한 경우는 제외).
[주] 운전위치 이탈시의 조치 : 안전보건규칙 제99조

09 건물 등의 해체작업계획서에 포함사항을 3가지 쓰시오.

1) 해체의 방법 및 해체 순서도면
2) 가설설비, 방호설비, 환기설비 및 살수·방화설비 등의 방법
3) 사업장 내 연락방법
4) 해체물의 처분계획
5) 해체작업용 기계·기구 등의 작업계획서
6) 해체작업용 화약류 등의 사용계획서
7) 기타 안전·보건에 관련된 사항
[주] 사전조사 및 작업계획서 내용 : 안전보건규칙 별표4

10 산업보건법령상 로봇의 작동범위 내에서 그 로봇에 관하여 교시 등의 작업을 하는 경우 작업시작 전 점검사항 3가지를 쓰시오.

1) 외부 전선의 피복 또는 외장의 손상 유무
2) 매니플레이터(manipulator) 작동의 이상 유무
3) 제동장치 및 비상정지장치의 기능
   [주] 작업시작 전 점검사항 : 안전보건규칙 별표3

11 산업보건법령상 누전에 의한 감전위험을 방지하기 위하여 해당 전로의 정격을 적합하고 감도가 양호하며 확실하게 작동하는 감전방지용 누전차단기를 설치하는 전기기계·기구를 3가지 쓰시오.

1) 대지 전압이 150V를 초과하는 이동형 또는 휴대형 전기기계·기구
2) 물 등 도전성이 높은 액체가 있는 습윤 장소에서 사용하는 저압(1,500V 이하 직류전압이나 1,000V 이하의 교류전압을 말함)용 전기기계·기구
3) 철판, 철골 위 등 도전성이 높은 장소에서 사용하는 이동형 또는 휴대형 전기기계·기구
4) 임시배선의 전로가 설치되는 장소에서 사용하는 이동형 또는 휴대형 전기기계·기구

▶ 전압의 분류(KEC규정)

구분	전압범위
저압	직류(AC) 1.5kV 이하 교류(DC) 1kV 이하
고압	직류(AC) 1.5kV 초과 7kV 이하 교류(DC) 1kV 초과 7kV 이하
특고압	7kV 초과

12 다음은 통계적 원인분석 방법에 대한 설명이다. ( ) 안에 재해분석 방법의 이름을 쓰시오.

(1) 사고의 유형, 기인물 등 분류항목을 큰 순서대로 도표화 한 분석법 : (①)
(2) 특성과 요인관계를 도표로 하여 어골상으로 세분화 한 분석법 : (②)

1) 파레이토도
2) 특성요인도

▶ 통계적 원인분석방법
1) **파레이토도** : 사고의 유형, 기인물 등 분류항목을 큰 순서대로 도표화하여 분석하는 방법이다.
2) **특성요인도** : 특성과 요인을 도표로 하여 어골상(魚骨狀)으로 세분화한다.
3) **크로즈분석** : 데이터를 집계하고 표로 표시하여 요인별 결과내역을 교차한 크로즈 그림을 작성하여 분석한다 (2개 이상의 문제관계를 분석하는데 이용).
4) **관리도** : 재해발생건수 등의 추이를 파악하고 목표관리를 행하는데 필요한 월별 재해발생수를 그래프화하여 관리선을 설정·관리하는 방법이다.

13 산업안전보건법령상 다음의 와이어로프를 달비계에 사용이 가능한지 또는 불가능한지를 이유와 함께 쓰시오.
(1) 공칭지름 : 10cm
(2) 현재지름 : 9.2cm

1) 지름의 감소율 $= \dfrac{지름감소량}{공칭지름} \times 100 = \dfrac{10-9.2}{10} \times 100 = 8\%$

2) **사용불가능** : 지름의 감소가 8%로 공칭지름의 7%를 초과하였기 때문에 사용할 수 없다.

▶ 와이어로프의 사용금지사항
1) 이음매가 있는 것
2) 와이어로프의 한 꼬임(스트랜드)에서 끊어진 소선의 수가 10% 이상인 것
3) 지름의 감소가 공칭지름의 7%를 초과하는 것
4) 꼬인 것
5) 심하게 변형 또는 부식된 것
6) 열과 전기충격에 의해 손상된 것

산업안전산업기사 실기 필답형 — 2022년 제1회

01 산업안전보건법상 교량작업 시 작업계획서의 내용 5가지를 쓰시오. 단, 그 밖에 안전, 보건에 관련된 사항은 제외한다.

해답
1) 작업 방법 및 순서
2) 부재의 낙하, 전도 또는 붕괴를 방지하기 위한 방법
3) 작업에 종사하는 근로자의 추락위험을 방지하기 위한 안전조치 방법
4) 공사에 사용되는 가설 철구조물 등의 설치, 사용, 해체시 안전성 검토방법
5) 사용하는 기계 등의 종류 및 성능, 작업 방법
6) 작업지휘자의 배치계획
7) 그 밖에 안전, 보건에 관련된 사항

[주] 사전조사 및 작업계획서 내용 : 안전보건규칙 [별표4]

02 다음은 상시 작업하는 장소의 작업면 조도기준이다. ( ) 안에 알맞은 내용을 쓰시오.

(1) 초정밀작업 : (①)Lux 이상   (2) 정밀작업 : (②)Lux 이상
(3) 보통작업 : (③)Lux 이상   (4) 그 밖의 작업 : 75Lux 이상

해답 ① 750   ② 300   ③ 150

[주] 조도 : 안전보건규칙 제8조

03 둥근 톱의 두께가 0.8mm일 경우 분할 날의 두께는 몇 mm 이상으로 하여야 하는가?

해답 분할날의 두께(t_2)
$t_2 = 1.1 \times t_1 (톱의 두께)$
$= 1.1 \times 0.8 = 0.88mm$

04 산업안전보건법상 중대재해의 정의 3가지를 쓰시오.

 1) 사망자가 1명 이상 발생한 재해
2) 3개월 이상 요양이 필요한 부상자가 동시에 2명 이상 발생한 재해
3) 부상자 또는 직업성 질병자가 동시에 10명 이상 발생한 재해
[주] 중대재해의 범위 : 시행규칙 제3조

05 산업안전보건법령상 산업안전보건위원회 심의의결 사항을 4가지 쓰시오. 단, 그 밖의 해당 사업장 근로자의 안전 및 보건을 유지, 증진시키기 위하여 필요한 사항은 제외한다.

 1) 사업장의 산업재해 예방계획의 수립에 관한 사항
2) 안전보건관리규정의 작성 및 변경에 관한 사항
3) 안전보건교육에 관한 사항
4) 작업환경측정 등 작업환경의 점검 등 개선에 관한 사항
5) 근로자의 건강진단 등 건강관리에 관한 사항
6) 산업재해의 원인 조사 및 재발방지대책 수립에 관한 사항 중 중대재해에 관한 사항
7) 산업재해에 관한 통계의 기록 및 유지에 관한 사항
8) 유해하거나 위험한 기계, 기구, 설비를 도입한 경우 안전 및 보건 관련 조치에 관한 사항
[주] 산업안전보건위원회의 심의, 의결사항 : 법 제24조 ②항

06 산업안전보건법령상 과압에 따른 폭발을 방지하기 위하여 폭발방지 성능과 규격을 갖춘 안전밸브 또는 파열판을 설치하여야 하는데 이 중 파열판을 설치하여야 하는 경우 3가지를 쓰시오.

 1) 반응 폭주 등 급격한 압력상승 우려가 있는 경우
2) 급성 독성물질의 누출로 인하여 주위의 작업환경을 오염시킬 우려가 있는 경우
3) 운전 중 안전밸브에 이상 물질이 누적되어 안전밸브가 작동되지 아니할 우려가 있는 경우
[주] 파열판의 설치 : 안전보건규칙 제263조

07 다음 [보기] 내용은 충전전로에서의 전기작업시 조치사항이다. ( ) 안에 알맞은 내용을 쓰시오.

[보기]
(1) 충전전로를 취급하는 근로자에게 그 작업에 적합한 (①)를 착용시킬 것
(2) 충전전로에 접근한 장소에서 전기작업을 하는 경우에는 해당 전압에 적합한 (②)를 설치할 것
(3) 유자격자가 아닌 근로자가 충전전로 인근의 높은 곳에서 작업할 때에는 근로자의 몸 또는 긴 도전성 물체가 방호되지 않는 충전전로에서 대지전압이 50kV 이하인 경우에는 (③)cm 이내로, 대지 전압이 50kV를 넘는 경우에는 (④)kV당 (⑤)cm씩 더한 거리 이내로 각각 접근할 수 없도록 할 것

해답
① 절연용보호구
② 절연용방호구
③ 300
④ 10
⑤ 10

[주] 충전전로에서의 전기작업 : 안전보건규칙 제321조

08 산업안전보건법령상 콘크리트 타설작업을 하기 위하여 콘크리트 펌프 또는 콘크리트 펌프카를 사용하는 경우 사업주의 준수사항 3가지를 쓰시오.

해답
1) 작업을 시작하기 전에 콘크리트 펌프용 비계를 점검하고 이상을 발견하였으면 즉시 보수할 것
2) 건축물의 난간 등에서 작업하는 근로자가 호스의 요동, 선회로 인하여 추락하는 위험을 방지하기 위하여 안전난간 설치 등 필요한 조치를 할 것
3) 콘크리트 펌프카의 붐을 조정하는 경우에는 주변의 전선 등에 의한 위험을 예방하기 위한 적절한 조치를 할 것
4) 작업 중에 지반의 침하, 아웃트리거의 손상 등에 의하여 콘크리트 펌프카가 넘어질 우려가 있는 경우에는 이를 방지하기 위한 적절한 조치를 할 것

[주] 콘크리트 덤프 등 사용시 준수사항 : 안전보건규칙 제335조

09 산업안전보건법상 다음 경고표지의 명칭을 쓰고 용도 및 설치, 부착 장소에 대해서 쓰시오.

①	②	③	④
(보행금지)	(사용금지)	(탑승금지)	(물체이동금지)

명칭	용도 및 설치, 부착 장소
1. 보행금지	사람이 걸어 다녀서는 안 될 장소
2. 사용금지	수리 또는 고장 등으로 만지거나 작동시키는 금지해야할 기계, 기구 및 설비
3. 탑승금지	엘리베이터 등에 타는 것이나 어떤 장소에 올라가는 것을 금지
4. 물체이동금지	정리정돈 상태의 물체나 움직여서는 안 될 물체를 보존하기 위하여 필요한 장소

[주] 안전보건표지의 종류와 형태, 용도 및 설치, 부착장소 : 시행규칙 [별표6],[별표7]

10 산업안전보건법령상 사업장에 승강기의 설치, 조립, 수리, 점검 또는 해체 작업을 하는 경우 사업주의 조치사항 3가지를 쓰시오.

1) 작업을 지휘하는 사람을 선임하여 그 사람의 지휘하에 작업을 실시할 것
2) 작업을 할 구역에 관계근로자가 아닌 사람의 출입을 금지하고 그 취지를 보기 쉬운 장소에 표시할 것
3) 눈, 비 그 밖의 기상상태의 불안정으로 날씨가 몹시 나쁜 경우에는 그 작업을 중지시킬 것

[주] 승강기의 조립 등의 작업시 조치사항 : 안전보건규칙 제162조

11 다음 [보기]의 내용은 보일러의 방호장치 설치기준에 관한 사항이다. ( ) 안에 알맞은 내용을 쓰시오.

[보기]
(1) 사업주는 보일러의 안전한 가동을 위하여 보일러 규격에 맞는 (   )를 1개 또는 2개 이상 설치하고 최고사용 압력 이하에서 작동되도록 하여야 한다.
(2) 사업주는 보일러의 과열을 방지하기 위하여 최고사용압력과 상용압력 사이에서 보일러의 버너연소를 차단할 수 있도록 (   )를 부착하여 사용하여야 한다.

1) 압력방출장치   2) 압력제한스위치

[주] 1) 압력방출장치 : 안전보건규칙 제116조   2) 압력제한스위치 : 안전보건규칙 제 117조

12 다음 [표]는 산업안전보건법상 안전보건교육에 대한 교육시간을 나타낸 것이다. ( ) 안에 알맞은 내용을 쓰시오.

교육과정	교육대상		교육시간
정기교육	사무직 종사근로자		매분기 (①)시간 이상
	사무직 종사근로자 외의 근로자	판매업무에 직접 종사하는 근로자	매분기 (②)시간 이상
		판매업무에 직접 종사하는 근로자 외의 근로자	매분기 (③)시간 이상
	관리감독자의 지위에 있는 사람		매분기 (④)시간 이상

 ① 3 ② 3
③ 6 ④ 16

주 산업안전보건관련 교육과정별 교육시간 : 시행규칙 [별표8]

길잡이 산업안전보건관련 교육과정별 교육시간 : 시행규칙 [별표8]

교육과정	교육대상		교육시간
1. 정기교육	사무직종사 근로자		매분기 3시간 이상
	사무직종사 근로자 외의 근로자	판매업무에 직접 종사하는 근로자	매분기 3시간 이상
		판매업무에 직접 종사하는 근로자 외의 근로자	매분기 6시간 이상
	관리감독자의 지위에 있는 사람		매분기 16시간 이상
2. 채용시의 교육	일용근로자		1시간 이상
	일용근로자를 제외한 근로자		8시간 이상
3. 작업내용 변경시의 교육	일용근로자		1시간 이상
	일용근로자를 제외한 근로자		2시간 이상
4. 특별교육	특별교육 대상작업[별표5]에 해당하는 작업에 종사하는 일용근로자		2시간 이상
	타워크레인 신호작업에 종사하는 일용근로자		8시간 이상
	특별교육 대상작업[별표5]에 해당하는 작업에 종사하는 일용근로자를 제외한 근로자		・16시간 이상(최초 작업에 종사하기 전 4시간 이상 실시하고 12시간은 3개월 이내에서 분할하여 실시가능) ・단기간 작업 또는 간헐적 작업인 경우에는 2시간 이상
5. 건설업기초 안전, 보건교육	건설일용 근로자		4시간

13 다음 시스템 블록 다이어그램에 대한 신뢰도를 계산하시오.

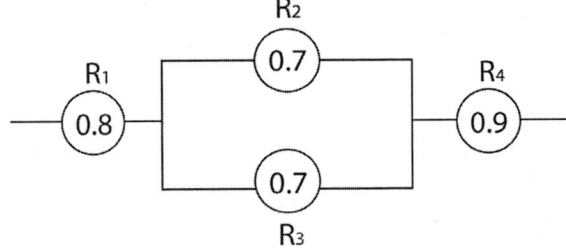

해답 시스템 신뢰도(R)

$R = R_1 \times [1-(1-R_2)(1-R_3)] \times R_4$
$\quad = 0.8 \times [1-(1-0.7)(1-0.7)] \times 0.9$
$\quad = 0.66$

산업안전산업기사 실기 필답형 — 2022년 제2회

01 산업안전보건법상 안전보건에 관한 노사협의체를 구성할 경우 근로자위원과 사용자위원의 자격을 2가지씩 쓰시오.

1) 근로자위원
　① 도급 또는 하도급 사업을 포함한 전체 사업의 근로자대표
　② 근로자대표가 지명하는 명예산업안전감독관 1명. 다만, 명예산업안전감독관이 위촉되어 있지 않는 경우에는 근로자대표가 지명하는 해당 사업장 근로자 1명
　③ 공사금액이 20억원 이상인 공사의 관계수급인의 각 근로자대표

2) 사용자위원
　① 도급 또는 하도급 사업을 포함한 전체 사업의 대표자
　② 안전관리자 1명
　③ 보건관리자 1명. 보건관리자 선임대상 건설업으로 한정
　④ 공사금액이 20억원 이상인 공사의 관계수급인의 각 대표자

[주] 노사협의체의 구성 : 시행령 제64조

길잡이
1) 노사협의체의 설치대상(시행령 제63조) : 공사금액이 120억원(토목공사업은 150억원) 이상인 건설공사
2) 노사협의체의 협의사항 등(시행규칙 제93조)
　① 산업재해 예방방법 및 산업재해가 발생한 경우의 대피방법
　② 작업의 시작시간, 작업 및 작업장 간의 연락방법
　③ 그밖에 산업재해 예방과 관련된 사항

02 산업안전보건법상의 중대재해 3가지를 쓰시오.

1) 사망자가 1명 이상 발생한 재해
2) 3개월 이상의 요양이 필요한 부상자가 동시에 2명 이상 발생한 재해
3) 부상자 또는 직업성 질병자가 동시에 10명 이상 발생한 재해

[주] 중대재해의 범위 : 시행규칙 제3조

▶ 산업재해의 정의(법 제2조)
  1) 노무를 제공하는 사람이
  2) 업무에 관계되는 건설물·설비·원재료·가스·증기·분진 등에 의하거나
  3) 작업 또는 그밖에 업무로 인하여
  4) 사망 또는 부상하거나 질병에 걸리는 것을 말한다.

03 다음 안전보건교육 대상자별 교육시간을 나타낸 것이다. ( ) 안에 알맞은 내용을 쓰시오.

(1) 사무직 종사 근로자의 정기교육시간 : (①)
(2) 일용근로자의 채용시 교육시간 : (②)
(3) 상시근로자의 작업내용 변경시 교육시간 : (③)
(4) 관리감독자의 지위에 있는 사람의 정기교육시간 : (④)

① 매분기 3시간 이상
② 1시간 이상
③ 2시간 이상
④ 연간 16시간 이상
[주] 산업안전보건 관련 교육과정별 교육시간 : 시행규칙 별표8

04 산업안전보건법상 안전인증대상 기계·기구 등의 방호장치 4가지를 쓰시오.

1) 프레스 및 전단기 방호장치
2) 양중기용 과부하방지장치
3) 보일러 압력방출용 안전밸브
4) 압력용기 압력방출용 안전밸브
5) 압력용기 압력방출용 파열판
6) 절연용 방호구 및 활선작업용 기구
7) 방폭구조 전기기계 기구 및 부품
8) 추락·낙하 및 붕괴의 위험방호에 필요한 가설기자재
[주] 안전인증대상 기계·기구 등 : 시행령 제74조

▶ **자율안전확인대상 기계·기구 등의 방호장치**(시행령 제77조)
1) 아세틸렌용접장치용 또는 가스집합용접장치용 안전기
2) 교류아크용접기용 자동전격방지기
3) 롤러기 급정지장치
4) 연삭기 덮개
5) 목재가공용 둥근톱 반발예방장치와 날접촉예방장치
6) 동력식 수동대패용 칼날접촉방지장치

05 보호구 안전인증제품의 안전인증표시 외의 표시사항 5가지를 쓰시오.

1) 형식 또는 모델명
2) 규격 또는 등급 등
3) 제조자명
4) 제조번호 및 제조연월
5) 안전인증번호

[주] 안전인증제품의 안전인증표시 외의 표시사항 : 고용노동부고시(보호구 안전인증 고시)

06 압축기를 가동하는 때 작업시작 전 점검사항 4가지를 쓰시오. 다만, 그밖에 연결부위의 이상 유무에 대한 내용은 제외한다.

1) 공기저장 압력용기의 외관 상태
2) 드레인밸브의 조작 및 배수
3) 압력방출장치의 기능
4) 언로드밸브의 기능
5) 윤활유의 상태
6) 회전부의 덮개 또는 울
7) 그밖에 연결부위의 이상 유무

[주] 작업시작 전 점검사항 : 안전보건규칙 별표3

07 다음은 산업안전보건법상 작업장의 조도기준에 관한 내용이다. (   ) 안에 알맞은 내용을 쓰시오. ▶ 18/2산

초정밀작업	정밀작업	보통작업	그밖에 작업
(①)lux 이상	(②)lux 이상	(③)lux 이상	(④)lux 이상

해답 ① 750   ② 300   ③ 150   ④ 75

[주] 작업면 조도기준 : 안전보건규칙 제8조

08 양중기에 사용하는 달기체인의 사용금지사항 2가지를 쓰시오. 단, 균열이 있거나 심하게 변형된 것은 제외한다.

해답
1) 달기체인의 길이가 달기체인이 제조된 때의 길이의 5%를 초과한 것
2) 링의 단면지름이 달기체인이 제조된 때의 해당 링의 지름의 10%를 초과하여 감소한 것

[주] 늘어난 달기체인 등의 사용금지 : 안전보건규칙 제167조

09 근로자가 노출된 충전부 또는 그 부근에서 작업함으로서 감전될 우려가 있는 경우에 작업에 들어가기 전에 해당 전로를 차단하여야 하는 절차 6가지를 쓰시오.

해답
1) 전기기기 등에 공급되는 모든 전원을 관련 도면, 배선도 등으로 확인할 것
2) 전원을 차단한 후 각 단로기 등을 개방하고 확인할 것
3) 차단장치나 단로기 등에 잠금장치 및 꼬리표를 부착할 것
4) 개로된 전로에서 유도전압 또는 전기에너지가 축적되어 근로자에게 전기 위험을 끼칠 수 있는 전기기기 등은 접촉하기 전에 잔류전하를 완전히 방전시킬 것
5) 검전기를 이용하여 작업 대상 기기가 충전되었는지를 확인할 것(검전기를 이용하여 충전여부를 확인)
6) 전기기기 등이 다른 노출 충전부와의 접촉, 유도 또는 예비동력원의 역송전 등으로 전압이 발생할 우려가 있는 경우에는 충분한 용량을 가진 단락 접지기구를 이용하여 접지할 것

[주] 정전전로에서의 전기작업 : 안전보건규칙 제319조

10 출입금지 표지판의 배경반사율이 80%, 표지판 문자의 반사율이 20%일 때, 표지판의 대비를 구하시오.

 대비 $= \dfrac{Lb - Lt}{Lb} \times 100 = \dfrac{80-20}{80} \times 100 = 75\%$

여기서, Lb : 배경의 광속 발산도
Lt : 표적의 광속 발산도

11 다음은 롤러기의 급정지장치 설치위치에 관한 사항이다. ( ) 안에 알맞은 내용을 쓰시오.

급정지장치의 종류	설치 위치
손조작 로프식	밑면에서 (①)m이내
(②)조작식	밑면에서 0.8m 이상 1.1m이내
무릎 조작식	밑면에서 (③)이내

 ① 1.8 ② 복부 ③ 0.6

> **길잡이**
>
> 1) 급정지장치의 성능(방호장치 자율안전기준 고시[별표3])
>
> | 앞면 롤러의 표면속도(m/min) | 급정지 거리 |
> |---|---|
> | 30 미만 | 앞면 롤러 원주의 1/3 |
> | 30 이상 | 앞면 롤러 원주의 1/2.5 |
>
> 2) 롤러기의 표면속도
> $V = \dfrac{\pi DN}{1000} (m/\min)$
>
> 여기서, V : 표면속도(m/min)
> D : 롤러 원통직경(min)
> N : 회전수(rpm)

12 사업장에 근로자가 1400명 있고, 연간 300일 1일 8시간 작업을 하며, 연간 20건의 재해가 발생하여 근로손실일수 1200일, 사망 1명, 30일 휴업 1명, 7일 휴업 1명이 발생하였다. 강도율을 계산하시오.

해답 강도율 = $\dfrac{근로손실일수}{연근로시간수} \times 1000$

$= \dfrac{1200 + 7500 + [(30+7) \times \dfrac{300}{365}]}{1400 \times 300 \times 8} \times 1000$

$= 2.60$

13 A, B, C 3개의 부품이 병렬결합 모델로 만들어져 있다. 「시스템 작동 안됨」을 정상사상(기호 : T)으로 하고 A고장, B고장, C고장을 기본사상으로 한 1) FT도를 작성하고 2) 정상사상 발생 확률을 계산하시오. A, B, C 고장 발생확률은 각각 5%, 15%, 25%이다(단, 계산과정을 나타내고 답은 소수점 다섯째자리에서 반올림할 것).

해답 1) FT도

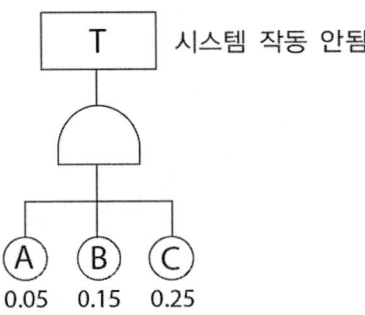

2) T = A × B × C = 0.05 × 0.15 × 0.25 = 0.001875 ≒ 0.0019

1) **신뢰도에서 병렬연결** : FT도에서는 AND 게이트
2) **신뢰도에서 직렬연결** : FT도에서는 OR 게이트

산업안전산업기사 실기 필답형
2022년 제3회

01 산업안전보건법상 안전보건진단을 받아 안전보건개선 계획을 수립하여야 할 대상 사업장 2가지를 쓰시오.

해답
1) 산업재해율이 같은 업종 평균 산업재해율의 2배 이상인 사업장
2) 사업주가 필요한 안전조치 또는 보건조치를 이행하지 아니하여 중대재해가 발생한 사업장
3) 직업성 질병자가 연간 2명 이상(상시근로자 1천명 이상 사업장의 경우 3명 이상) 발생한 사업장
4) 그밖에 작업환경 불량, 화재, 폭발 또는 누출사고 등으로 사업장 주변까지 피해가 확대된 사업장으로서 고용노동부령으로 정하는 사업장

[주] 안전보건진단을 받아 안전보건개선계획을 수립할 대상 : 시행령 제49조

길잡이 산업안전보건법상 안전보건진단을 받아 안전보건개선 계획을 수립·시행하여야 할 대상 사업장(법 제49조)
1) 산업재해율이 같은 업종의 규모별 평균산업재해율보다 높은 사업장
2) 필요한 안전조치 또는 보건조치를 이행하지 아니하여 중대재해가 발생한 사업장
3) 직업성질병자가 연간 2명 이상 발생한 사업장
4) 유해인자의 노출기준을 초과한 사업장

02 다음 [보기] 내용은 프레스기에서 양수조작식 방호장치의 일반구조에 관한 사항이다. ( ) 안에 알맞은 내용을 쓰시오.

> [보기]
> 1) 정상동작표시등은 (①), 위험표시등은 (②)으로 하며, 쉽게 근로자가 볼 수 있는 곳에 설치해야 한다.
> 2) 슬라이드 하강 중 정전 또는 방호장치의 이상 시에 정지할 수 있는 구조이어야 한다.
> 3) 방호장치는 릴레이, 리미트 스위치 등의 전기부품의 고장, 전원전압의 변동 및 정전에 의해 슬라이드가 불시에 동작하지 않아야 하며, 사용전원전압의 ±20%의 변동에 대하여 정상으로 작동되어야 한다.
> 4) 1행정 1정지 기구에 사용할 수 있어야 한다.
> 5) 누름버튼을 양손으로 동시에 조작하지 않으면 작동시킬 수 없는 구조이어야 하며, 양쪽 버튼의 작동시간 차이는 최대 (③)초 이내일 때 프레스가 동작되도록 해야 한다.
> 6) 1행정마다 누름버튼에서 양손을 떼지 않으면 다음 작업의 동작을 할 수 없는 구조이어야 한다.
> 7) 램의 하중정중 버튼(레버)에서 손을 뗄 시 정지하는 구조이어야 한다.
> 8) 누름버튼의 상호간 내측거리는 (④)mm 이상이어야 한다.

해답 ① 녹색 ② 붉은색 ③ 0.5 ④ 300

[주] 양수조작식 방호장치의 일반구조 : 방호장치 안전인증고시 별표1

03 산업안전보건법상 안전관리자의 업무 5가지를 쓰시오(단, 그밖에 안전에 관한 사항으로서 고용노동부장관이 정하는 사항은 제외함).

해답
1) 산업안전보건위원회 또는 노사협의체에서 심의·의결한 업무와 해당 사업장의 안전보건관리 규정 및 취업규칙에서 정한 업무
2) 위험성 평가에 관한 보좌 및 지도·조언
3) 안전인증 대상기계 등과 자율안전 확인대상 기계 등 구입시 적격품의 선정에 관한 보좌 및 지도·조언
4) 안전교육 계획의 수립 및 안전교육 실시에 관한 보좌 및 지도·조언
5) 사업장 순회점검, 지도 및 조치 건의
6) 산업재해 발생의 원인 조사·분석 및 재발방지를 위한 기술적 보좌 및 지도·조언
7) 산업재해에 관한 통계의 유지·관리·분석을 위한 지도·조언
8) 안전에 관한 사항의 이행에 관한 보좌 및 지도·조언
9) 업무수행 내용의 기록·유지

[주] 안전관리자의 업무 등 : 시행령 제18조

04 폭굉유도거리(DID)란 최초의 원만한 연소가 격렬한 폭굉으로 발전할 때까지의 거리를 말한다. 폭굉유도거리(DID)가 짧아지는 조건 4가지를 쓰시오.

1) 압력이 높을수록
2) 연소속도가 빠를수록
3) 관경이 작을 경우
4) 관 속에 방해물이 있을 때
5) 점화원의 에너지가 강할수록

▶ 폭굉 : 가스 중의 음속보다 화염전파속도(폭발속도)가 큰 경우에 충격파라고 하는 솟구치는 압력파가 생겨 격렬한 파괴작용을 일으키는 현상을 말한다.

05 산업안전보건법상 교류아크용접기에 자동전격방지기를 설치하여야 할 장소 3곳을 쓰시오.

1) 선박의 이중선체 내부, 밸러스트 탱크(ballast tank, 평형수 탱크), 보일러 내부 등 도전체에 둘러싸인 장소
2) 추락할 위험이 있는 높이 2m 이상의 장소로 철골 등 도전성이 높은 물체에 근로자가 접촉할 우려가 있는 장소
3) 근로자가 물, 땀 등으로 인하여 도전성이 높은 습윤 상태에서 작업하는 장소
[주] 교류아크용접기의 방호장치인 자동전격방지기 설치장소 : 안전보건규칙 제306조

06 산업안전보건법상 산업재해가 발생한 때 사업주가 기록·보존해야 할 사항 4가지를 쓰시오. 단, 산업재해조사표의 사본을 보존하거나 요양신청서의 사본에 재해재발방지 계획을 첨부하여 보존한 경우에는 제외함.

1) 사업장의 개요 및 근로자의 인적사항
2) 재해발생의 일시 및 재해발생의 장소
3) 재해발생의 원인 및 과정
4) 재해 재발방지 계획
[주] 산업재해 기록 등 : 시행규칙 제72조

07 다음 내용은 방호장치 자율안전기준 고시(고용노동부고시)상 교류아크용접기용 방호장치와 관련된 용어의 뜻을 설명한 것이다. (   ) 안에 알맞은 내용을 쓰시오.

(1) (①)란 대상으로 하는 용접기의 주회로(변압기의 경우는 1차회로 또는 2차회로)를 제어하는 장치를 가지고 있어, 용접봉의 조작에 따라 용접할 때에만 용접기의 주회로를 형성하고, 그 외에는 용접기의 출력측의 무부하전압을 25V 이하로 저하시키도록 동작하는 장치
(2) (②)이란 용접봉을 피용접물에 접촉시켜 전격방지기의 주접점이 폐로될(닫힐) 때까지의 시간
(3) (③)이란 용접봉 홀더에 용접기 출력측의 무부하전압이 발생한 후 주접점이 개발될 때까지의 시간을 말한다.
(4) (④)란 정격전원전압(전원을 용접기의 출력측에서 취하는 경우는 무부하전압의 하한값을 포함한다)에 있어서 전격방지기를 시동시킬 수 있는 출력회로의 시동감도로서 명판에 표시된 것을 말한다.

① 교류아크용접기용 자동전격방지기
② 시동시간
③ 지동시간
④ 표준시동강도
[주] 교류아크용접기용 자동전격방지기 관련용어의 정의 : 방호장치 자율안전기준고시 제4조

08 산업안전보건법상 터널공사 등의 건설작업을 할 때에 인화성가스가 존재하여 폭발이나 화재가 발생할 위험이 있는 경우에는 인화성가스 농도의 이상상승을 조기에 파악하기 위하여 그 장소에 자동경보장치를 설치하여야 한다. 자동경보장치에 대하여 당일 작업시작 전 점검사항 3가지를 쓰시오.

1) 계기의 이상 유무
2) 검지부의 이상 유무
3) 경보장치의 작동상태
[주] 인화성가스의 농도측정 등 : 안전보건규칙 제350조

09 위험예지훈련 4R(라운드)를 순서대로 쓰시오.

1) 제1단계 : 현상파악
2) 제2단계 : 본질추구
3) 제3단계 : 대책수립
4) 제4단계 : 목표설정

10 하인리히의 재해구성비율을 쓰고 그 예시를 들어 설명하시오.

 하인리히의 재해구성비율 : 1 : 29 : 300
1) 중상 또는 사망(중대사고) : 1회
2) 경상(인적·물적 손실 수반) : 29회
3) 무상해사고(물적손실, 고장포함, 아차사고) : 300회

 ▶ 버드의 재해구성비율
　　중상도는 폐질 : 경상 : 무상해사고 : 무상해무사고 = 1 : 10 : 30 : 600

11 인간의 신뢰도가 0.8, 기계의 신뢰도가 0.95이다. 다음 시스템의 신뢰도(%)를 각각 구하시오.
(1) 인간과 기계가 직렬인 경우
(2) 인간과 기계가 병렬인 경우

 (1) 인간과 기계가 직렬인 경우 신뢰도(R_1)
　　$R_1 = 0.8 \times 0.95 = 0.76 = 76\%$
(2) 인간과 기계가 병렬인 경우 신뢰도(R_2)
　　$R_2 = 1 - (1 - 0.8)(1 - 0.95) = 0.99 + 99\%$

12 인간 실수확률에 대한 추정기법 4가지를 쓰시오.

 1) 위급사건기법(CIT)
2) 인간과오율예측기법(THERP)
3) 직무위급도분석법(TCRAM)
4) 조작자행동나무(OAT)
5) 결함수분석법(FTA)

13 보호구 안전인증 고시 상 방진마스크 중 분리식에 해당하는 명칭 4가지를 쓰시오.

 1) 격리식 전면형
2) 직결식 전면형
3) 격리식 반면형
4) 직결식 반면형

> 길잡이
> ▶ 방진마스크의 종류
>
> | 분리식 | | 안면부여과식 |
> |---|---|---|
> | 격리식 | 직결식 | |
> | 전면형 | 전면형 | |
> | 반면형 | 반면형 | |

산업안전산업기사 실기 필답형 — 2023년 제1회

01 산업안전보건법상 사업장의 안전 및 보건을 유지하기 위하여 사업주는 다음 [보기] 사항이 포함된 서류를 작성하여야 한다. 서류의 명칭을 쓰시오.

[보기]
1) 안전 및 보건에 관한 관리조직과 그 직무에 관한 사항
2) 안전보건교육에 관한 사항
3) 작업장의 안전 및 보건관리에 관한 사항
4) 사고 조사 및 대책수립에 관한 사항

 안전관리규정

[주] 안전관리규정의 작성 : 법 제25조

02 안전보건진단을 받아 안전보건 개선계획을 수립해야 할 대상 사업장 4곳을 쓰시오.

1) 사업주가 필요한 안전조치 또는 보건조치를 이행하지 아니하여 중대재해가 발생한 사업장
2) 산업재해 발생률이 같은 업종 평균 산업재해 발생률의 2배 이상인 사업장
3) 직업병에 걸린 사람이 연간 2명 이상(상시 근로자 1,000명 이상 사업장의 경우는 3명 이상) 발생한 사업장
4) 그 밖에 작업환경 불량, 화재, 폭발 또는 누출사고 등으로 사업장 주변까지 피해가 확산된 사업장으로서 고용노동부령으로 정하는 사업장

[주] 안전보건 진단을 받아 안전보건 개선계획 수립대상 사업장 등 : 시행령 제49조

03 산업안전보건법상 안전인증대상 기계·기구 등의 방호장치 4가지를 쓰시오.

1) 프레스 및 전단기 방호장치
2) 양중기용 과부하방지장치
3) 보일러 압력방출용 안전밸브
4) 압력용기 압력방출용 안전밸브
5) 압력용기 압력방출용 파열판
6) 절연용 방호구 및 활선작업용 기구
7) 방폭구조 전기기계 기구 및 부품
8) 추락, 낙하 및 붕괴의 위험방호에 필요한 가설기자재
[주] 안전인증대상 기계·기구 등 : 시행령 제74조

> **길잡이** 자율안전확인대상 기계·기구 등의 방호장치(시행령 제77조)
> 1) 아세틸렌용접장치용 또는 가스집합용접장치용 안전기
> 2) 교류아크용접기용 자동전격방지기
> 3) 롤러기 급정지장치
> 4) 연삭기 덮개
> 5) 목재가공용 둥근톱 반발예방장치와 날접촉예방장치
> 6) 동력식 수동대패용 칼날접촉방지장치

04 산업안전보건법령상 안전보건 관리책임자의 업무를 4가지 쓰시오.

1) 산업재해 예방계획의 수립에 관한 사항
2) 안전보건관리규정의 작성 및 변경에 관한 사항
3) 근로자의 안전·보건교육에 관한 사항
4) 작업환경측정 등 작업환경의 점검 및 개선에 관한 사항
5) 근로자의 건강진단 등 건강관리에 관한 사항
6) 산업재해의 원인조사 및 재발방지 대책수립에 관한 사항
7) 산업재해에 관한 통계의 기록 및 유지에 관한 사항
8) 안전장치 및 보호구 구입시의 적격품에서 확인에 관한 사항
[주] 안전보건관리책임자의 업무내용 : 법 제15조

05 산업안전보건법상 안전보건교육의 종류 4가지를 쓰시오.

1) 근로자 정기교육
2) 관리감독자 정기교육
3) 채용시 교육
4) 작업내용 변경시 교육
5) 특별교육

[주] 안전보건교육 교육과정별 교육시간 : 시행규칙 [별표4]

06 어느 기계의 고장발생 확률이 0.0004건/시간이다. 신뢰도(Rt)를 계산하시오 (단, %로 구할 것).

$Rt = e^{-\mu t}$
$= e^{-(0.0004 \times 1000)} = 0.67 = 67\%$

07 시스템의 각 구성요소(작업자 포함)의 초기 사건을 시작으로 하여 이로부터 발생되는 최종결과를 귀납적이고 정량적인 방법으로 평가하는 위험성 평가 기법의 명칭을 쓰시오.

사상수분석법(ETA)

 사상수분석법(ETA) : 사고의 발단이 되는 초기 사상의 시스템으로 입력될 경우 그 영향이 계속해서 어떤 부적합한 사상으로 발전해 가는 과정을 나뭇가지가 갈라지는 식으로 추구해 분석하는 방법이다.

08 산업안전보건법상 공정안전보고서의 제출대상 사업장 5가지를 쓰시오.

1) 원유정제처리업
2) 기타 석유정제물 재처리업
3) 석유화학계 기초화학물질 제조업 또는 화학수지 및 기타 플라스틱물질 제조업(다만, 합성수지 및 기타 플라스틱물질 제조업은 별표 10의 제1호 또는 제2호에 해당하는 경우로 한정)
4) 질소화합물, 질소, 인산 및 칼리질 화학비료 제조업 중 질소질 화학비료 제조업
5) 복합비료 및 기타 화학비료 제조업 중 복합비료 제조업(단순혼합 또는 배합에 의한 경우는 제외)
6) 화학 살균, 살충제 및 농업용 약제 제조업(농약 원제 제조만 해당)
7) 화약 및 불꽃제품 제조업

주 공정안전보고서의 제출대상 : 시행령 제43조

 공정안전보고서 제출대상에서 제외되는 유해ㆍ위험설비가 아닌 설비(시행령 제43조 2항)
1) 원자력 설비
2) 군사시설
3) 사업주가 해당 사업장 내에서 직접 사용하기 위한 난방용 연료의 저장설비 및 사용설비
4) 도매ㆍ소매시설
5) 차량 등의 운송설비
6) 「액화석유가스의 안전관리 및 사업법」에 따른 액화석유가스의 충전ㆍ저장시설
7) 「도시가스사업법」에 따른 가스공급시설
8) 그 밖에 고용노동부장관이 누출, 화재, 폭발 등으로 인한 피해의 정도가 크지 않다고 인정하여 고시하는 설비

---

09 산업안전보건법상 교류아크용접기에 자동전격방지기를 설치해야 하는 장소 2곳을 쓰시오.

1) 선박의 이중 선체 내부, 밸러스트 탱크(ballast tank ; 평형수 탱크), 보일러 내부 등 도전체에 둘러싸인 장소
2) 추락할 위험이 있는 높이 2m 이상의 장소로 철골 등 도전성이 높은 물체에 근로자가 접촉할 우려가 있는 장소
3) 근로자가 물, 땀 등으로 인하여 도전성이 높은 습윤상태에서 작업하는 장소

주 교류아크용접기 : 안전보건규칙 제306호

10 다음 내용은 산업안전보건법상 위험물을 저장, 취급하는 화학설비 및 그 부속 설비를 설치하는 경우 폭발이나 화재에 따른 피해를 줄일 수 있도록 설비 시설 간에 유지하여야 할 안전거리이다. ( ) 안에 알맞은 내용을 쓰시오.

구분	안전거리
1. 단위공정시설 및 설비로부터 다른 단위공정시설 및 설비의 사이	설비의 바깥 면으로부터 (①)m 이상
2. 플레어스택으로부터 단위공정시설 및 설비, 위험물질 저장탱크 또는 위험물질 하역설비의 사이	플레어스택으로부터 반경 (②)m 이상. 다만, 단위공정 등이 불연재로 시공된 지붕아래에 설치된 경우에는 그러하지 아니하다.
3. 위험물질 저장탱크로부터 단위공정시설 및 설비, 보일러 또는 가열로의 사이	저장탱크의 바깥면으로부터 (③)m 이상. 다만, 저장탱크의 방호벽, 원격조정 화설비 또는 살수설비를 설치한 경우에는 그러하지 아니하다.
4. 사무실, 연구실, 실험실, 정비실 또는 식당으로부터 단위공정시설 및 설비, 위험물질 저장탱크, 위험물질 하역설비, 보일러 또는 가열로의 사이	사무실 등의 바깥면으로부터 (④)m 이상. 다만, 난방용 보일러인 경우 또는 사무실 등의 벽을 방호구조로 설치한 경우에는 그러하지 아니하다.

1) 10
2) 20
3) 20
4) 20

[주] 안전거리 : 안전보건규칙 [별표8]

11 보호구 안전인증고시상 추락, 낙하 및 비래, 감전에 의한 위험을 방지할 수 있는 안전모의 시험성능 항목 5가지를 쓰시오.

1) 내관통성시험
2) 충격흡수성시험
3) 내전압성시험
4) 내수성시험
5) 난연성시험
6) 턱끈풀림시험

[주] 추락 및 감전위험방지용 안전모의 성능기준 : 보호구 안전인증고시 [별표1]

12 다음 내용은 비계의 높이가 2m 이상인 작업장소에 설치하는 작업발판의 구조에 관한 사항이다. ( ) 안에 알맞은 내용 또는 수치를 쓰시오.

[보기]
1. 발판재료는 작업할 때의 하중을 견딜 수 있도록 견고한 것을 할 것
2. 작업발판의 폭은 (①)cm 이상으로 하고, 발판재료 간의 틈은 (②)cm 이하로 할 것. 다만, 외줄비계의 경우에는 고용노동부장관이 별도로 정하는 기준에 따른다.
3. 제2호에도 불구하고 선박 및 보트 건조작업의 경우 선박블로 또는 엔진실 등의 좁은 작업공간에 작업발판을 설치하기 위하여 필요하면 작업발판의 폭을 30cm 이상으로 할 수 있고, 걸침비계의 경우 강관기둥 때문에 발판재료 간의 틈을 3cm 이하로 유지하기 곤란하면 5cm 이하로 할 수 있다. 이 경우 그 틈 사이로 물체 등이 떨어질 우려가 있는 곳에는 출입금지 등의 조치를 하여야 한다.
4. 추락의 위험이 있는 장소에는 (③)을 설치할 것. 다만, 작업의 성질상 (③)을 설치하는 것이 곤란한 경우, 작업의 필요상 임시로 안전난간을 해체할 때에 (④)을 설치하거나 근로자로 하여금 (⑤)를 사용하도록 하는 등 추락위험 방지조치를 한 경우에는 그러하지 아니하다.
5. 작업발판의 지지물은 하중에 의하여 파괴될 우려가 없는 것을 사용할 것
6. 작업발판 재료는 뒤집히거나 떨어지지 않도록 둘 이상의 지지물에 연결하거나 고정시킬 것
7. 작업발판을 작업에 따라 이동시킬 경우에는 위험방지에 필요한 조치를 할 것

해답
1) 40
2) 3
3) 안전난간
4) 추락방호망
5) 안전대

[주] 작업발판의 구조 : 안전보건규칙 제56조

13 윤전기의 앞면 롤러의 지름이 120mm이고, 분당 회전속도가 60rpm이다. 앞면 롤러의 표면속도와 관련규정에 따른 급정지거리(mm)를 구하시오.

해답
1) 롤러기의 표면속도(V)

$$V = \frac{\pi DN}{1000} = \frac{\pi \times 120 \times 60}{1000}$$
$$= 22.619 \text{m/min}$$

2) 표면속도가 30m/min 미만인 경우 급정지거리

$$급정지거리 = \pi D \times \frac{1}{3}$$
$$= \pi \times 120 \times \frac{1}{3} = 125.66mm \text{ 이내}$$

산업안전산업기사 실기 필답형 — 2023년 제2회

01 산업안전보건법상 구내운반차를 사용하여 작업할 때 작업시간 전 점검사항 5가지를 쓰시오.

1) 제동장치 및 조동장치 기능의 이상 유무
2) 하역장치 및 유압장치 기능의 이상 유무
3) 바퀴의 이상 유무
4) 전조등, 후미등, 방향지시기 및 경음기 기능의 이상 유무
5) 충전장치를 포함한 홀더 등의 결합상태의 이상 유무
  [주] 작업 시작 전 점검사항 : 안전보건규칙 [별표3]

02 산업안전보건법상 가연물이 있는 장소에서 하는 화재위험 작업에 대한 특별안전교육 내용 4가지를 쓰시오. 단, 그 밖에 안전보건관리에 필요한 사항은 제외한다.

1) 작업준비 및 작업절차에 관한 사항
2) 작업장 내 위험물, 가연물의 사용, 보관, 설치현황에 관한 사항
3) 화재위험작업에 따른 인근 인화성 액체에 대한 방호조치에 관한 사항
4) 화재위험작업으로 인한 불꽃, 불티 등의 흩날림 방지조치에 관한 사항
5) 인화성 액체의 증기가 남아 있지 않도록 환기 등의 조치에 관한 사항
6) 화재감시자의 직무 및 피난교육 등 비상조치에 관한 사항
  [주] 특별교육 대상 작업별 교육내용 : 시행규칙 [별표5]

03 산업안전보건법상 항타기 또는 항발기를 조립하는 경우 점검하여야 할 사항 4가지를 쓰시오.

1) 본체 연결부의 풀림 또는 손상의 유무
2) 권상용 와이어로프, 드럼 및 도르래의 부착상태의 이상 유무
3) 권상장치의 브레이크 및 쐐기장치 기능의 이상 유무
4) 권상기의 설치상태의 이상 유무
5) 버팀의 방법 및 고정상태의 이상 유무
  [주] 항타기 또는 항발기 조립시 점검사항 : 안전보건규칙 제207조

04 A 사업장의 도수율이 4이고, 연간 5건의 요양재해와 350일의 근로손실일수가 발생하였다. A 사업장의 강도율을 구하시오.

1) 도수율 = $\dfrac{재해건수}{연근로시간수} \times 10^6$

   연근로시간수 = $\dfrac{재해건수}{도수율} \times 10^6$

   $= \dfrac{5}{4} \times 10^6 = 1.25 \times 10^6$ 시간

2) 강도율 = $\dfrac{근로손실일수}{연근로시간수} \times 1000$

   $= \dfrac{350}{1.25 \times 10^6} \times 1000 = 0.28$

05 산업안전보건법상 자율안전확인대상 기계 또는 설비 5가지를 쓰시오.

1) 연삭기 또는 연마기(휴대형은 제외)
2) 산업용 로봇
3) 혼합기
4) 파쇄기 또는 분쇄기
5) 식품가공용 기계(파쇄, 절단, 혼합, 제면기만 해당)
6) 컨베이어
7) 자동차정비용 리프트
8) 공작기계(선반, 드릴기, 평삭·형삭기, 밀링만 해당)
9) 고정형 목재가공용 기계(둥근톱, 대패, 루타기, 띠톱, 모떼기 기계만 해당)
10) 인쇄기

[주] 자율안전확인대상 기계 또는 설비 : 시행령 77조

길잡이 안전인증대상 기계 또는 설비(시행령 74조)
1) 프레스
2) 전단기 및 절곡기
3) 크레인
4) 리프트
5) 압력용기
6) 롤러기
7) 사출성형기
8) 고소작업대
9) 곤돌라

06 Swain의 심리적 오류(독립행동에 관한 오류) 4가지를 쓰시오.

1) omission error(부작위 오류, 생략 과오) : 필요한 task 또는 절차를 수행하지 않는 데 기인한 error
2) time error(시간적 과오, 지연 오류) ; 필요한 task 또는 절차의 수행 지연으로 인한 error
3) commission error(작위 오류, 수행적 과오) : 필요한 task 또는 절차의 불확실한 수행으로 인한 error
4) sequential error(순서적 과오) : 필요한 task 또는 절차의 순서착오로 인한 error
5) extraneous error(불필요한 과오, 과잉행동 오류) : 불필요한 task 또는 절차를 수행함으로써 기인한 error

07 산업안전보건법상 근로자가 노출된 충전부 또는 그 부근에서 작업함으로써 감전될 우려가 있는 경우에는 작업에 들어가기 전에 해당 전로를 차단하여야 한다. 다음 [보기] 내용은 전로차단 절차에 관한 사항이다. (   ) 안에 알맞은 내용을 쓰시오.

(1) 전기기기 등에 공급되는 모든 전원을 관련도면, 배선도 등으로 확인할 것
(2) 전원을 차단한 후 각 단로기 등을 개방하고 확인할 것
(3) 차단장치나 단로기 등에 (①) 및 (②)를 부착할 것
(4) 개로된 전로에서 유도전압 또는 전기에너지가 축적되어 근로자에게 전기위험을 끼칠 수 있는 전기기기 등은 접촉하기 전에 (③)를 완전히 방전시킬 것
(5) (④)를 이용하여 작업대상 기기가 충전되었는지를 확인할 것
(6) 전기기기 등이 다른 노출 충전부와의 접촉, 유도 또는 예비동력원의 역송전 등으로 전압이 발생할 우려가 있는 경우에는 충분한 용량을 가진 (⑤)를 이용하여 접지할 것

1) 잠금장치
2) 꼬리표
3) 잔류전차
4) 점전기
5) 단락접지기구

[주] 정전전로에서 전기작업 : 안전보건규칙 제319조

08 다음 [보기] 내용은 크레인과 압력용기의 안전검사의 주기에 관한 사항이다. ( ) 안에 알맞은 내용 또는 수치를 쓰시오.

> [보기]
> (가) 크레인은 사업장에 설치가 끝난 날부터 (①)년 이내에 최초 안전검사를 실시하고, 그 이후부터 (②)년마다(건설현장에서 사용하는 것은 최초로 설치한 날부터 (③)개월 마다) 안전검사를 받아야 한다.
> (나) 압력용기는 사업장에 설치가 끝난 날부터 (④)년 이내에 최초 안전검사를 실시하되, 공정안전보고서를 제출하여 확인을 받은 압력용기는 (⑤)년마다 안전검사를 실시한다.

 1) 3   2) 2   3) 6
4) 3   5) 4

> **길잡이** 안전검사의 주기(시행규칙 제126조 1항)
> 1) 크레인(이동식 크레인은 제외), 리프트(이삿짐 운반용 리프트는 제외) 및 곤돌라 : 사업장에 설치가 끝난 날부터 3년 이내에 최초 안전검사를 실시하되, 그 이후부터 2년마다(건설현장에서 사용하는 것은 최초로 설치한 날부터 6개월마다) 안전검사를 실시한다.
> 2) 이동식 크레인, 이삿짐 운반용 리프트 및 고소작업대 : 「자동차관리법」에 따른 신규등록 이후 3년 이내에 최초 안전검사를 실시하되, 그 이후부터 2년마다 안전검사를 실시한다.
> 3) 프레스, 전단기, 압력용기, 국소배기장치, 원심기, 롤러기, 사출성형기, 컨베이어 및 산업용 로봇 : 사업장에 설치가 끝난 날부터 3년 이내에 최초 안전검사를 실시하되, 그 이후부터 2년마다(공정안전보고서를 제출하여 확인을 받은 압력용기는 4년마다) 안전검사를 실시한다.

09 다음 [보기] 내용은 산업안전보건법상 가설통로 설치시 준수사항에 관한 내용이다. ( ) 안에 알맞은 내용을 쓰시오.

> [보기]
> (가) 경사는 (①)° 이하 일 것
> (나) 경사가 (②)°를 초과하는 경우에는 미끄러지지 않는 구조로 할 것
> (다) 다만, 계단을 설치하거나 높이 (③)m 미만의 가설통로로서 튼튼한 손잡이를 설치한 경우에는 그러하지 아니하다.
> (라) 추락할 위험이 있는 장소에는 (④)을 설치할 것

 1) 30   2) 15
3) 2   4) 안전난간

[주] 가설통로의 구조 : 안전보건규칙 제23조

10 산업안전보건법상 안전보건 개선계획서 제출에 관하여 다음 ( ) 안에 알맞은 내용 또는 수치를 쓰시오.

> (가) 사업주는 안전보건 개선계획서 수립 · 시행 명령을 받은 날부터 (①)일 이내에 관할 지방고용노동관서의 장에게 해당 계획서를 제출(전자문서로 제출하는 것을 포함한다)한다.
> (나) 지방고용노동관서의 장이 제61조에 따른 안전보건 개선계획서를 접수한 경우에는 접수일부터 (②)일 이내에 심사하여 사업주에게 그 결과를 알려야 한다.

 1) 60 2) 15

 [주] 1) 안전보건 개선계획의 제출 등 : 시행규칙 제61조
     2) 안전보건 개선계획서의 검토 등 : 시행규칙 제62조

11 프레스의 방호장치인 수인식 방호장치의 수인끈, 수인끈의 안내통, 손목밴드의 구비조건을 4가지 쓰시오.

1) **수인끈** : 작업자와 작업공정에 따라 그 길이를 조정할 수 있을 것
2) **수인끈의 안내통** : 끈의 마모와 손상을 방지할 수 있는 조치를 할 것
3) **손목밴드** : 착용감이 좋으며 쉽게 착용할 수 있는 구조일 것
4) **각종 레버** : 경량이면서 충분한 강도를 가질 것

 **수인식 방호장치의 일반구조**(방호장치 안전인증고시)

1) 손목밴드(wrist band)의 재료는 유연한 내유성 피혁 또는 이와 동등한 재료를 사용해야 한다.
2) 손목밴드는 착용감이 좋으며 쉽게 착용할 수 있는 구조이어야 한다.
3) 수인끈의 재료는 합성섬유로 직경이 4mm 이상이어야 한다.
5) 수인끈의 안내통은 끈의 마모와 손상을 방지할 수 있는 조치를 해야 한다.
6) 각종 레버는 경량이면서 충분한 강도를 가져야 한다.
7) 수인량의 시험은 수인량이 링크에 의해서 조정될 수 있도록 되어야 하며 금형으로부터 위험한계 밖으로 당길 수 있는 구조이어야 한다.

12 다음 방폭구조의 기호를 쓰시오.

(1) 내압방폭구조 :

(2) 유입방폭구조 :

(3) 안전방폭구조 :

 1) Ex d

2) Ex o

3) Ex e

▶ 방폭구조의 기호[방폭구조의 상징(심벌), EX)]

방폭구조	기호
1. 내압방폭구조	d
2. 압력방폭구조	p
3. 안전증방폭구조	e
4. 본질안전방폭구조	ia 또는 ib
5. 유입방폭구조	o
6. 특수방폭구조	s
7. 충전방폭구조	q
8. 몰드방폭구조	m
9. 비점화방폭구조	n

13 다음 [보기]의 안전표지 명칭을 각각 쓰시오.

①	②	③	④

 1) 화기금지

2) 산화성물질경고

3) 고압전기경고

4) 고온경고

[주] 안전보건표지의 종류와 형태 : 시행규칙 [별표6]

산업안전산업기사 실기 필답형 — 2023년 제3회

01 다음 [표]는 적응기제에 대해서 설명한 것이다. (   ) 안에 알맞은 내용을 쓰시오.

적응기제	내　용
(①)	자신의 결함과 무능에 의하여 생긴 열등감이나 긴장을 해소시키기 위하여 장점 같은 것으로 그 결함을 보충하려는 행동
(②)	자기의 실패나 약점을 그럴듯한 이유를 들어 남의 비난을 받지 않도록 하는 기제
(③)	억압당한 욕구를 다른 가치있는 목적을 실현하도록 노력함으로써 욕구를 충족하는 기제
(④)	자신의 불만이나 불안을 해소시키기 위해서 남에게 뒤집어씌우는 방식의 기제

해답
1) 보상
2) 합리화
3) 승화
4) 투사

길잡이 적응기제

(1) 방어적 기제
 1) **보상** : 자신의 결함과 무능에 의하여 생긴 열등감이나 긴장을 해소시키기 위하여 자신의 장점 같은 것으로 그 결함을 보충하려는 행동이다.
 2) **합리화** : 자기의 실패난 약점을 그럴듯한 이유를 들어 남의 비난을 받지 않도록 하거나 자위하는 방어기제이다.
 3) **투사** : 자신의 불만이나 불안을 해소시키기 위해서 남에게 뒤집어씌우는 식의 적응기제이다.
 4) **동일시** : 자기가 실현할 수 없는 적응을 타인이나 어떤 집단에서 발견하고 자신을 그 타인이나 집단과 동일한 것으로 여겨 자신의 욕구를 만족시키는 행위이다.
 5) **승화** : 억압당한 욕구를 다른 가치있는 목적을 실현하도록 노력함으로써 욕구를 충족하는 기제이다.
 6) **치환** : 어떤 감정이나 태도를 취해보려는 대상을 다른 대상으로 바꾸어 향하게 하는 적응기제이다.

(2) 도피적 기제
 1) **고립** : 자신이 없을 때 현실로부터 벗어남으로써 곤란한 상황과의 접촉을 피하여 자기 내부로 도피하는 행동이다.
 2) **퇴행** : 발달단계를 역행함으로써 욕구를 충족하려는 행동이다.
 3) **억압** : 불쾌한 생각, 감정 등을 눌러서 의식을 밑바닥에 가라앉게 하고, 의식에 떠오르지 않도록 하는 것이다.
 4) **백일몽** : 현실적으로 도저히 만족시킬 수 없는 욕구나 소원을 공상의 세계에서 이루려 하는 도피의 한 형식이다.

02 산업안전보건법상 안전인증 대상 기계·기구 등이 적합한지를 확인하기 위해 안전인증 기관에서 심사하는 심사의 종류와 심사기간을 각각 쓰시오.

[해답]
1) 예비심사 : 7일
2) 서면심사 : 15일(외국에서 제조한 경우는 30일)
3) 기술능력 및 생산체계심사 : 30일(외국에서 제조한 경우는 45일)
4) 제품심사
   ① 개별제품심사 : 15일
   ② 형식별제품심사 : 30일

[주] 안전인증 심사의 종류 및 방법 : 시행규칙 제110조

03 상시 근로자 수가 150명인 사업장에 사망 1건, 재해 10등급 4건이 발생하였다. 도수율과 강도율을 구하시오. 단, 1일 9시간 연 280일을 근무한다.

[해답]
1) 도수율 $= \dfrac{\text{재해건수}}{\text{연근로시간수}} \times 10^6 = \dfrac{(1+4)}{150 \times 9 \times 280} \times 10^6 = 13.23$

2) 강도율 $= \dfrac{\text{근로손실일수}}{\text{연근로시간수}} \times 1000 = \dfrac{(7500 + 600 \times 4)}{150 \times 9 \times 280} \times 1000 = 0.03$

04 다음은 산업안전보건법상 계단에 관한 내용이다. ( ) 안에 알맞은 내용을 쓰시오.

1) 사업주는 계단 및 계단참을 설치하는 경우 매 제곱미터당 (①)kg 이상의 하중에 견딜 수 있는 강도를 가진 구조로 설치하여야 하며, 안전율은 (②) 이상으로 하여야 한다.
2) 계단을 설치하는 경우 그 폭을 (③)m 이상으로 하여야 한다.
3) 높이가 (④)m 초과하는 계단에는 높이 3m 이내마다 너비 1.2m 이상의 계단참을 설치하여야 한다.
4) 높이가 (⑤)m 이상인 계단의 개방된 측면에 안전난간을 설치하여야 한다.

[해답]
1) ① 500   ② 4
2) ③ 1
3) ④ 3
4) ⑤ 1

[주] 1) 계단의 강도 : 안전보건규칙 제26조
    2) 계단의 폭 : 안전보건규칙 제27조
    3) 계단참의 높이 : 안전보건규칙 제28조
    4) 계단의 난간 : 안전보건규칙 제30조

05 과압에 따른 폭발을 방지하기 위하여 폭발방지성능과 규격을 갖춘 파열판을 설치하여야 하는 경우 3가지를 쓰시오.

 1) 반응 폭주 등 급격한 압력상승 우려가 있는 경우
2) 급성독성물질의 누출 우려로 인하여 주위의 작업환경을 오염시킬 우려가 있는 경우
3) 운전 중 안전밸브에 이상물질이 누적되어 안전밸브가 작동되지 않을 우려가 있는 경우

주 파열판의 설치 : 안전보건규칙 제262조

> **길잡이** 안전밸브 또는 파열판의 설치(안전보건규칙 제261조)
> · 다음 각호의 설비에 대해서는 과압에 따른 폭발을 방지하기 위하여 폭발방지 성능과 규격을 갖춘 안전밸브 또는 파열판을 설치하여야 한다.
> 1) 압력용기(안지름이 150mm 이하인 압력용기는 제외하며, 압력용기 중 관형 열교환기의 경우에는 관의 파열로 인하여 상승한 압력이 압력용기의 최고 사용압력을 초과할 우려가 있는 경우만 해당)
> 2) 정변위 압축기
> 3) 정변위 펌프(토출축에 차단밸브가 설치된 것만 해당)
> 4) 배관(2개 이상의 밸브에 의하여 차단되어 대기온도에서 액체의 열팽창에 의하여 파열될 우려가 있는 것으로 한정)
> 5) 그 밖의 화학설비 및 그 부속설비로서 해당 설비의 최고 사용압력을 초과할 우려가 있는 것

06 다음 그림은 FTA에 사용되는 사상기호이다. 각각의 명칭을 쓰시오.

①	②	③	④
◇	⬡—⬭	○	△

 1) 생략사상
2) 억제게이트
3) 기본사상
4) 통상사상

07 유해위험 방지계획서 제출대상 기계·기구 및 설비 5가지를 쓰시오.

1) 금속이나 그 밖에 광물의 용해로
2) 화학설비
3) 건조설비
4) 가스집합 용접장치
5) 근로자의 건강에 상당한 장해를 일으킬 우려가 있는 물질로서 고용노동부령으로 정하는 물질의 밀폐, 환기, 배기를 위한 설비

[주] 유해위험 방지계획서 제출대상 : 시행령 제42조

08 교류아크용접기의 방호장치인 자동전격방지기의 설치장소 3곳을 쓰시오.

1) 선박의 이중 선체 내부, 밸러스트 탱크(ballast tank ; 평형수 탱크), 보일러 내부 등 도전체에 둘러싸인 장소
2) 추락할 위험이 있는 높이 2m 이상의 장소로 철골 등 도전성이 높은 물체에 근로자가 접촉할 우려가 있는 장소
3) 근로자가 물, 땀 등으로 인하여 도전성이 높은 습윤상태에서 작업하는 장소

[주] 교류아크용접기의 자동전격방지기 설치장소 : 안전보건규칙 제306조 제2항

길잡이 자동전격방지장치 부착시 주의사항
1) 직각으로 부착할 것
2) 용접기의 이동, 진동, 충격으로 이완되지 않도록 이완방지 조치를 취할 것
3) 작동상태를 알기 위한 표시등은 보기 쉬운 곳에 설치할 것
4) 작동상태를 시험하기 위한 테스트 스위치는 조작하기 쉬운 곳에 설치할 것

---

09 방독마스크의 안전인증 표시 외에 추가표시 사항 3가지를 쓰시오.

1) 파과곡선도
2) 사용시간 기록카드
3) 정화통의 외부 측면의 표시색
4) 사용상의 주의사항

10 시각장치를 사용하는 것이 유리한 경우 3가지를 쓰시오.

 1) 전언이 복잡하고 길다.
2) 전언이 후에 재참조된다.
3) 전언이 공간적인 위치를 이룬다.
4) 수신자의 청각계통이 과부하 상태일 때

> **길잡이**
> ▶ 표시장치의 선택(청각장치와 시각장치의 선택)
>
> | 청각장치 사용 | 시각장치 사용 |
> | --- | --- |
> | ① 전언이 간단하고 짧다.
 ② 전언이 후에 재참조 되지 않는다.
 ③ 전언이 즉각적인 사상을 이룬다.
 ④ 전언이 즉각적인 행동을 요구한다.
 ⑤ 수신자의 시각계통이 과부하 상태일 때
 ⑥ 수신장소가 너무 밝거나 암조응 유지가 필요할 때
 ⑦ 직무상 수신자가 자주 움직이는 경우 | ① 전언이 복잡하고 길다.
 ② 전언이 후에 재참조 된다.
 ③ 전언이 공간적인 위치를 이룬다.
 ④ 전언이 즉각적인 행동을 요구하지 않는다.
 ⑤ 수신자의 청각계통이 과부하 상태일 때
 ⑥ 수신장소가 너무 시끄러울 때
 ⑦ 직무상 수신자가 한 곳에 머무르는 경우 |

11 비·눈 그 밖의 기상상태의 악화로 작업을 중지시킨 후 또는 비계를 조립·해체하거나 변경한 후에 그 비계에서 작업하는 경우 해당 작업 시작 전 점검사항 4가지를 쓰시오.

 1) 발판재료의 손상 여부 및 부착 또는 걸림 상태
2) 해당 비계의 연결부 또는 접속부의 풀림 상태
3) 연결재료 및 연결철물의 손상 또는 부식 상태
4) 손잡이의 탈락 여부
5) 기둥의 침하, 변형, 변위 또는 흔들림 상태
6) 로프의 부착상태 및 매단 장치의 흔들림 상태

[주] 비계의 점검보수 : 안전보건규칙 제58조

12. 가스폭발 위험장소와 분진폭발 위험장소를 각각 쓰시오.

해답
1) 가스폭발 위험장소 : ① 0종 장소   ② 1종 장소   ③ 2종 장소
2) 분진폭발 위험장소 : ① 20종 장소   ② 21종 장소   ③ 22종 장소

길잡이 위험장소의 분류

분류		적요	예
가스폭발 위험장소	0종 장소	인화성 액체의 증기 또는 가연성 가스에 의한 폭발위험이 지속적으로 또는 장기간 존재하는 장소	용기, 장치, 배관 등의 내부 등(Zone 0)
	1종 장소	정상작동 상태에서 인화성 액체의 증기 또는 가연성 가스에의한 폭발위험 분위기가 존재하기 쉬운 장소	맨홀, 벤트, 피트 등의 주위(Zone 1)
	2종 장소	정상작동 상태에서 인화성 액체의 증기 또는 가연성 가스에 의한 폭발위험 분위기가 존재할 우려가 없으나, 존재할 경우 그 빈도가 아주 적고 단기간만 존재할 수 있는 장소	개스킷, 패킹 등의 주위(Zone 2)
분진폭발 위험장소	20종 장소	분진운 형태의 가연성 분진이 폭발농도를 형성할 정도로 충분한 양이 정상작동 중에 연속적으로 또는 자주 존재하거나, 제어할 수 없을 정도의 양 및 두께의 분진층이 형성될 수 있는 장소	호퍼, 분진저장소, 집진장치, 피터 등의 내부
	21종 장소	20종 장소 외의 장소로서, 분진운 형태의 가연성 분진이 폭발농도를 형성할 정도의 충분한 양이 정상작동 중에 존재할 수 있는 장소	집진장치, 백필터, 배기구 등의 주위, 이송밸트 샘플링 지역 등
	22종 장소	21종 장소 외의 장소로서, 가연성 분진운 형태가 드물게 발생 또는 단기간 존재할 우려가 있거나, 이상작동 상태하에서 가연성 분진층이 형성될 수 있는 장소	21종 장소에서 예방조치가 취해진 지역, 환기설비 등과 같은 안전장치 배출구 주위 등

13. 다음 [보기] 내용은 권상용 와이어로프의 안전계수 및 길이 등에 관한 것이다. ( ) 안에 알맞은 용어 또는 수치를 쓰시오.

[보기]
1) 항타기 또는 항발기의 권상용 와이어로프의 안전계수는 (①) 이상일 것
2) 권상용 와이어로프 추 또는 해머가 최저의 위치에 있을 때 또는 널말뚝을 빼내기 시작할 때를 기준으로 권상장치의 드럼에 적어도 (②)회 감기고 남을 수 있는 충분한 길이일 것

해답
1) 5   2) 2

1) 권상용 와이어로프의 안전계수 : 안전보건규칙 제211조
2) 권상용 와이어로프의 길이 등 : 안전보건규칙 제212조

산업안전산업기사 실기 필답형 2024년 제1회

01 산업안전보건법상 안전인증대상 기계 등에 속하는 항목중 보호구의 종류 5가지만 쓰시오

1) 추락 및 감전위험방지용 안전모
2) 안전화
3) 안전장갑
4) 방진마스크
5) 방독마스크
6) 송기마스크
7) 전동식 호흡 보호구
8) 보호복
9) 안전대
10) 차광 및 비산물 위험방지용 보안경
11) 용접용 보안면
12) 방음용 귀마개 또는 귀덮개

주 안전인증대상 보호구 : 시행령 제 74조 제 1항 제 3호

▶ 자율 안전확인 대상 보호구 (시행령 제 77조 제 1항 제 3호)
   1) 안전모(추락 및 감정위험방지용 안전모는 제외)
   2) 보안경(차광 및 비산물 위험방지용 보안경은 제외)
   3) 보안면 (용접용 보안면의 제외)

안전인증대상 보호구 12가지는 얼굴(8개), 손(1개), 발(1개), 허리(1개), 몸전체(1개) 5개로 구분하여 쓸 수 있도록 암기하십시오
장기기억은 반복하는 것입니다

02 산업안전보건법상 암석이 떨어질 우려가 있는 등 위험한 장소에서 차량계건설기계를 사용하는 경우 견고한 낙하물 보호구조를 갖춰야하는 차량계건설기계 4가지를 쓰시오

1) 불도저
2) 트랙터
3) 굴착기
4) 로더(loader : 흙 따위를 퍼올리는 데 쓰는 기계)
5) 스크레이퍼(scraper : 흙을 절삭·운반하거나 펴 고르는 등의 작업을 하는 토공기계)
6) 덤프트럭
7) 모터그레이더(motor grader : 땅 고르는 기계)
8) 롤러(roller : 지반 다짐용 건설기계)
9) 천공기
10) 항타기 및 항발기

주 낙하물 보호구조(헤드가드) : 안전보건규칙 제198조

종류를 쓰는 문제는 보통 5가지 이내의 내용을 쓰는 문제가 출제됩니다. 낙하물 보호구조를 갖춰야하는 차량계건설기계 종류 10가지 중 암기하기 쉬운 순서를 정하여 5가지는 암기하고 나머지 5가지는 눈으로만 익혀두면됩니다

03 산업안전보건법상 곤돌라형 달비계를 설치하는 경우 달비계에 사용해서는 아니되는 와이어로프 5가지를 쓰시오

1) 이음매가 있는 것
2) 와이어로프의 한 꼬임(스트랜드)에서 끊어진 소선의 수가 10% 이상 인 것
3) 지름의 감소가 공칭지름의 7%를 초과하는 것
4) 꼬인 것
5) 심하게 변형 또는 부식된 것
6) 열과 전기충격에 의한 손상된 것

(주) 달비계에 사용해서는 아니되는 와이어로프의 금지사항 : 안전보건규칙 제 63조)

1) 달비계에 사용해서는 아니되는 달기체인의 금지사항(안전보건규칙 제 63조)
  ① 달기체인의 길이가 달기체인이 제조 된 때의 길이의 5%를 초과한 것
  ② 링의 단면지름이 달기체인이 제조된 때의 해당 링의 지름의 10%를 초과하여 감소한 것
  ③ 균열이 있거나 심하게 변형된 것
2) 달비계의 작업용 섬유로프 또는 안전대의 서유벨트 사용금지사항(안전보건규칙 제 63조)
  ① 꼬임이 끊어진 것
  ② 심하게 손상되거나 부식된 것
  ③ 2개 이상의 작업용 섬유로프 또는 섬유벨트를 연결한 것
  ④ 작업높이보다 길이가 짧은 것

1) 상기 와이어로프, 달기체인, 섬유로프 또는 섬유벨트 등의 사용금지사항은 양중기에서도 똑같이 적용됩니다
2) 상기 와이어로프 사용금지사항은 항타기 및 항발기에 사용되는 와이어로프 금지사항과 동일 합니다.
3) 출제율이 매우 높습니다.

04 매슬로우의 욕구 5단계를 순서대로 쓰시오

1) 제 1단계 : 생리적 욕구
2) 제 2단계 : 안전 욕구
3) 제 3단계 : 사회적 욕구
4) 제 4단계 : 자기 존경의 욕구
5) 제 5단계 : 자아실현의 욕구

(ZzamSo) 매슬로우의 욕구 5단계는 특히 출제율이 매우 높은 내용입니다

05 산업안전보건법령상 가스폭발 위험장소 또는 분질폭발 위험장소에 설치되는 건축물 등에 대해서 해당하는 부분을 내화구조로 해야하며, 그 성능이 항상 유지될 수 있도록 점검·보수 등 적절한 조치를 해야한다. 이와 같이 내화구조로 하여야 하는 해당부분 3가지를 쓰시오. (3점)

1) 건출물의 기둥 및 보 : 지상 1층(지상 1층의 높이가 6m를 초과하는 경우에는 6m)까지
2) 위험물 저장·취급용기의 지지대(높이가 30cm 이하인 것은 제외) : 지상으로부터 지지대의 끝부분까지
3) 배관·전선관 등의 지지대 : 지상으로부터 1단(1단의 높이가 6m를 초과하는 경우에는 6m) 까지

주) 내화기준 : 안전보건규칙 제 270조

1) 출제율이 높습니다
2) 3가지 모두 암기하십시오

06 산업안전보건법상 아세틸렌 용접장치 또는 가스집합용접장치를 사용하는 금속의 용접·용단 또는 가열작업(발생기·도관 등에 의하여 구성되는 용접장치만 해당)을 하는 경우 사업주가 근로자에게 실시하여야 하는 특별안전·보건교육의 내용을 5가지 쓰시오
(단, 그 밖에 안전 보건관리에 필요한 사항 제외)

1) 용접 흄, 분진 및 유해광선 등의 유해성에 관한 사항
2) 가스용접기, 압력조정기, 호스 및 취관두(불꽃이 나오는 용접기의 앞부분) 등의 기기점검에 관한 사항
3) 작업방법·순서 및 응급처치에 관한 사항
4) 안전기 및 보호구 취급에 관한 사항
5) 화재예방 및 초기대응에 관한 사항
6) 그 밖에 안전·보건관리에 필요한 사항

㈜ 특별교육대상 작업별 교육내용 : 시행규칙 별표 5

 시험에 1회 이상 출제되었던 기출문제는 언제든지 다시 출제될 수 있다고 생각하고 암기하여야합니다

07 사업장의 조건이 다음[보기]와 같을 경우 도수율을 구하시오

[보기]
1. 근로자 수 : 800명
2. 재해건수 : 5건
3. 하루 근무시간 : 8시간
4. 1년 근무일 수 : 300일

$$도수율 = \frac{재해건수}{연근로시간수} \times 10^6$$
$$= \frac{5}{800 \times 8 \times 300} \times 10^6 = 2.60$$

1) 계산문제는 풀이과정이 있어야 합니다
2) 재해율 계산문제는 출제율이 매우 높습니다
3) 계산문제는 소수점 처리를 정확히 하여야 합니다

08 다음[표]는 산업안전보건법상 색채종류, 색도기준 및 용도에 관한 것이다. ( )안에 알맞은 내용을 쓰시오

색체	색도기준	용도	사용 예
①	7.5R 4/14	금지	정지신호, 소화설비 및 그 장소, 유해행위의 금지
	7.5R 4/14	경고	화학물질 취급장소에서의 유해·위험 경고
②	5Y 8.5/12	경고	화학물질 취급장소에서의 유해·위험 경고 이외의 위험경고, 주의표지 또는 기계방호물
③	2.5PB 4/10	지시	특정행위의 지시 및 사실의 고지
④	2.5G 4/10	안내	비상구 및 피난소, 사람 또는 차량의 통행표지
흰색	N 9.5		파란색 또는 녹색에 대한 보조색
검은색	N 0.5		문자 및 빨간색 또는 노란색에 대한 보조색

① 빨간색
② 노란색
③ 파란색
④ 녹색

㈜ 안전보건표지의 색도기준 및 용도 : 시행규칙 별표 8

1) 색체에 따른 색도기준과 용도를 암기하고 사용례를 이해하여야합니다
2) 색도기준에 관한 내용은 출제율이 높은 편입니다

09 다음[보기]내용을 이용하여 지게차에 안전하게 적재할 수 있는 화물의 하중은 얼마(톤)이하 인지 구하시오

[보기]
W : 화물하중(톤)
G : 지게차 중량 : 1톤
a : 지게차 앞바퀴에서 화물중심까지의 거리 : 0.5m
b : 지게차 앞바퀴에서 지게차 중심까지의 거리 : 1m

 해답

지게차가 안정하기 위한 관계식

$W \times a \leq G \times b$

$W \leq \dfrac{G \times b}{a}$

$W \leq \dfrac{1톤 \times 1m}{0.5m}$

$W \leq 2톤$

화물하중(W) : 2톤 이하

▶ **지게차의 안전성**

$W \cdot a < G \cdot b$

여기서, W : 화물중량(kg)
G : 차량의 중량(kg)
a : 전차륜에서 화물의 중심까지의 최단거리(m)
b : 전차륜에서 차량의 중심까지의 최단거리(m)

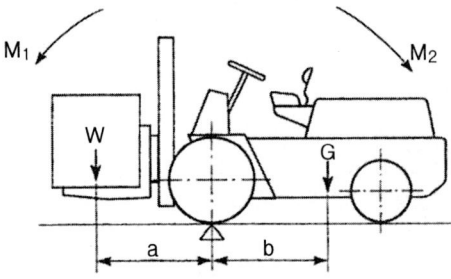

M_1 : $W \times a$ … 화물의 모멘트
M_2 : $G \times b$ … 차의 모멘트

지게차의 안전성에 대한 길잡이의 그림 내용을 이해하여야 합니다

10 다음[보기]내용은 방호장치 안전인증고시상 프레스기의 양수조작식 방호장치의 일반구조에 관한 사항이다. ( ) 속에 알맞은 내용 (용어 또는 수치)을 쓰시오

[보기]

양수 조작식 방호장치의 일반구조

1) 정상동작표시등은 (①), 위험표시등은 (②)으로 하며, 쉽게 근로자가 볼 수 있는 곳에 설치해야 한다.
2) 슬라이드 하강 중 정전 또는 방호장치의 이상 시에 정지할 수 있는 구조이어야 한다.
3) 방호장치는 릴레이, 리미트스위치 등의 전기부품의 고장, 전 원전압의 변동 및 정전에 의해 슬라이드가 불시에 동작하지 않아야 하며, 사용전원전압의 ±%의 변동에 대하여 정상으로 작동되어야 한다.
4) 1행정1정지 기구에 사용할 수 있어야 한다.
5) 누름버튼을 양손으로 동시에 조작하지 않으면 작동시킬 수 없는 구조이어야 하며, 양쪽 버튼의 작동시간 차이는 최대 (③) 초 이내일 때 프레스가 동작되도록 해야 한다.
6) 1행정마다 누름버튼에서 양손을 떼지 않으면 다음 작업의 동작을 할 수 없는 구조이어야 한다.
7) 램의 하행정중 버튼(레버)에서 손을 뗄 시 정지하는 구조이어야 한다.
8) 누름버튼의 상호간 내측거리는 300 mm 이상이어야 한다.

① 녹색
② 붉은색
③ 0.5

주 프레스기의 양수조작식 방호장치의 일반구조 방호장치 안전인증 고시 제 2021-22호[별표1]

1) 고용노동부 고시에 관한 문제입니다
2) 상기[보기]내용에서 수치에 관한 내용은 꼭 암기하여야 합니다

11 다음[표]는 산업안전보건법상 관리감독자 대상 안전보건교육시간이다.
( )안에 알맞은 숫자를 쓰시오

교육과정	교육시간
1. 정기교육	연간(①) 시간 이상
2. 채용시 교육	(②)시간 이상
3. 작업비용변경시 교육	(③)시간 이상
4. 특별교육	• 16시간이상 (최초작업에 종사가기전 4시간 이상 실시하고, 12시간은 3개월 이내에서 분할하여 실시 가능
	• 단기간 작업 또는 간헐적 작업인 경우(④)시간 이상

① 16
② 8
③ 2
④ 2

12 산업안전보건법상 안전보건관리담당자의 선임 등에 관련된 (　)안에 알맞은 숫자를 쓰시오

> 사업주는 상시근로자 (①) 명 이상 50명 미만인 사업장에 안전보건관리 담당자를 (②) 명 이상 선임하여야 한다

 해답

① 20
② 1

주) 안전보건관리담당자의 선임 등 : 시행령 제 24조

▶ 안전보건관리 담당자를 선임해야 할 사업장 (시행령 제 24조 제 ①항)
  1) 제조업
  2) 임업
  3) 하수, 폐수 및 분뇨 처리업
  4) 폐기물 수집, 운반, 처리 및 원료 재생업
  5) 환경 정화 및 복원업

 1) 반드시 암기해야 할 간단한 법규 문제입니다
2) 법규 내용에 숫자가 있는 것은 ()넣기로 쓰는 문제가 많이 출제가 됩니다

13 산업안전보건법상 다음 [보기] (　)안에 알맞은 숫자를 쓰시오

> [보기]
> 절연용 보호구 등의 사용규정은 대지전압이 (　)볼트 이하인 전기기계·기구·배선 또는 이동전선에 대해서는 적용하지 아니한다

 해답

30

주) 절연용보호구 등의 사용규정 제외 : 안전보건규칙 제 324조

길잡이

▶ 절연용 보호구의 종류
  1) 절연안전모
  2) 절연장갑
  3) 절연화(절연장화)
  4) 절연복(안전작업복)

법규 내용은 정확한 숫자와 단위를 기억해야합니다
(길잡이) 안전보건교육 교육과정별 교육시간(2023.11 개정)

▶ 절연용 보호구의 종류

교육과정	교육대상	교육시간
1. 정기교육	1) 사무직·판매직 근로자	매반기 6시간 이상
	2) 사무직·판매직 근로자외의 근로자	매반기 12시간 이상
2. 채용시 교육	1) 일용직 근로자 및 근로 계약기간이 1주일 이하인 기간제 근로자	1시간 이상
	2) 근로계약기간이 1주일 초과 1개월 이하인 기간제 근로자	4시간 이상
	3) 그 밖에 근로자	8시간 이상
3. 작업내용 변경시 교육	1) 일용근로자 및 근로계약기간에 1주일 이하인 기간제 근로자	1시간 이상
	2) 그 밖에 근로자	2시간 이상
4. 특별교육	1) 특별교육대상 작업에 종사하는 일용근로자 및 근로계약기간이 1주일 이하인 기간제 근로자	2시간 이상
	2) 특별교육대상 작업 중 타워크레인 신호작업에 종사하는 일용근로자 및 근로계약기간이 1주일 이하인 기간제 근로자	8시간 이상
	3) 특별교육대상 작업에 종사하는 일용근로자 및 근로계약기간이 1주일 이하인 기간제 근로자를 제외한 근로자	• 16시간 이상 (최초 작업에 종사하기 전 4시간 이상 실시하고 12시간은 3개월이내에서 분할하여 실시가능 • 단기간 작업, 간헐적 작업인 경우 2시간 이상
5. 건설업 기초 안전보건교육	• 건설일용근로자	4시간 이상

 1) 관리감독자 교육시간과 길잡이에 교육과저별 교육시간은 출제율이 매우 높으므로 완벽하게 암기하여야합니다
2) (   )에 교육시간을 쓰는 문제가 주로 출제됩니다

산업안전산업기사 실기 필답형 2024년 제2회

01 하인리히와 버드의 사고연쇄성이론 5단계를 각각 쓰시오

 해답

1) 하인리히의 사고연쇄성이론 5단계
   ① 1단계 : 사회적 환경과 유전적 요소
   ② 2단계 : 개인적 결함
   ③ 3단계 : 불안전한 행동 및 불안전한 상태
   ④ 4단계 : 사고
   ⑤ 5단계 : 재해
2) 버드의 사고연쇄성이론 5 단계
   ① 1단계 : 통제부족(관리소홀)
   ② 2단계 : 기본원인(기원)
   ③ 3단계 : 직접원인(징후)
   ④ 4 단계 : 사고 (접촉)
   ⑤ 5단계 : 상해(손해, 손실)

 길잡이

▶ 아담스의 사고연쇄성 이론 5단계
  1) 1단계 : 관리구조
  2) 2단계 : 작전적 에러
  3) 3단계 : 전술적 에러
  4) 4단계 : 사고
  5) 5단계 : 상해 또는 손해

하인리히, 버드, 아담스 사고연쇄성이론 5단계 순서대로 반드시 암기하여야 합니다. 출제율이 매우 높습니다

02 다음 내용은 근로자가 상시 작업하는 장소의 조도 기준이다.
( ) 안에 알맞은 내용을 쓰시오.

1) 초정밀작업 : (①) 럭스(lux) 이상
2) 정밀작업 : (②) 럭스 이상
3) 보통작업 : (③) 럭스 이상
4) 그 밖의 작업: 75 럭스 이상

① 750
② 300
③ 150

주) 작업면 조도기준 : 안전보건규칙 제 8조

03 고용노동부장관이 안전보건개선계획의 수립·시행을 명할 수 있는 사업장 2곳을 쓰시오
➡ 18, 2 산

1) 산업재해율이 같은 업종의 규모별 평균 산업재해율보다 높은 사업장
2) 사업주가 안전보건조치의무를 이행하지 아니하여 중대재해가 발생한 사업장
3) 유해인자의 노출기준을 초과한 사업장

주) 안전보건개선계획 : 법 제50조

> **길잡이**
>
> ▶안전보건진단을 받아 안전보건개선계획을 수립할 대상사업장(시행령 제49 조) [16/3 산]
> 1) 산업재해율이 같은 업종 평균 산업재해율의 2배 이상인 사업장
> 2) 사업주가 필요한 안전조치 또는 보건조치를 이행하지 아니하여 중대재해가 발생한 사업장
> 3) 직업성 질병자가 연간 2명 이상(상시근로자 1천명 이상 사업장의 경우 3명 이상) 발생한 사업장
> 4) 그 밖에 작업환경 불량, 화재·폭발 또는 누출 사고 등으로 사업장 주변까지 피해가 확산된 사업장으로서 고용노동부령으로 정하는 사업장

04 화학설비의 탱크내 작업시 특별안전보건교육의 내용을 3가지 쓰시오.

1) 차단장치 · 정지장치 및 밸브 개폐장치의 점검에 관한 사항
2) 탱크 내의 산소농도 측정 및 작업환경에 관한 사항
3) 안전보호구 및 이상 발생 시 응급조치에 관한 사항
4) 작업절차 · 방법 및 유해 · 위험에 관한 사항

주) 교육대상별 교육내용 : 시행규칙[별표 5]

05 다음 [표] 는 방진마스크의 분리식 및 안면부여과식의 시험성능기준에 있는 각 등급별여과재 분진등 포집효율 기준을 나타낸 것이다. ( ) 안에 알맞은 수치를 쓰시오.

▶ 14, 1 산

형태 및 등급		염화나트륨(NaCl) 및 파라핀 오일(Paraffin oil) 시험(%)
분리식	특급	(①) 이상
	1급	94.0 이상
	2급	(②) 이상
안면부여과식	특급	(③) 이상
	1급	94.0 이상
	2급	(④) 이상

① 99.95
② 80.0
③ 39.0
④ 80.0

06 안전인증대상 기계·기구 및 설비 5가지를 쓰시오. (단, 프레스, 크레인은 제외한다)

해답

1) 전단기 및 절곡기
2) 리프트
3) 압력용기
4) 롤러기
5) 사출성형기
6) 고소작업대
7) 곤돌라

주 안전인증대상 기계·기구 등 : 시행령 제28조

길잡이

▶ 안전인증대상 및 자율안전확인 대상 기계·기구 (안전보건규칙 제 74조, 제 77조)

1) 안전인증대상 기계·기구	2) 자율안전확인대상 기계기구
① 프레스 ② 전단기 및 절곡기 ③ 크레인 ④ 리프트 ⑤ 압력용기 ⑥ 롤러기 ⑦ 사출성형기 ⑧ 고소작업대 ⑨ 곤돌라	① 연삭기 또는 연마기(휴대형은 제외) ② 산업용 로봇 ③ 혼합기 ④ 파쇄기 또는 분쇄기 ⑤ 식품가공용 기계(파쇄·절단·혼합·제면기만 해당) ⑥ 컨베이어 ⑦ 자동차정비용 리프트 ⑧ 공작기계(선반, 드릴기, 평삭·형삭기, 밀링만 해당) ⑨ 고정형 목재가공용기계(둥근톱, 대패, 루타기, 띠톱, 모떼기 기계만 해당) ⑩ 인쇄기

안전인증대상과 자율안전확인대상 기계·기구를 구분하여 암기하여 합니다. 문제에서 (제외) 조건을 잘 파악하여 정답을 써야 합니다

07 다음 내용은 사다리식 통로의 구조에 대한 사항이다. ( ) 안에 알맞은 내용을 쓰시오.

1) 사다리의 상단은 걸쳐놓은 지점으로부터 (①)cm 이상 올라가도록 할 것
2) 사다리식 통로의 길이가 10m 이상인 경우에는 (②)m 이내마다 계단 참을 설치할 것
3) 발판과 벽 사이는 (③)cm 이상 간격을 유지할 것

① 60
② 5
③ 15

▶ **사다리식 통로 등의 구조** (안전보건규칙 제24 조)
  1) 견고한 구조로 할 것
  2) 심한 손상·부식 등이 없는 재료를 사용할 것
  3) 발판의 간격은 일정하게 할 것
  4) 발판과 벽과의 사이는 15cm 이상의 간격을 유지할 것
  5) 폭은 30 센티미터 이상으로 할 것
  6) 사다리가 넘어지거나 미끄러지는 것을 방지하기 위한 조치를 할 것
  7) 사다리의 상단은 걸쳐놓은 지점으로부터 60cm 이상 올라가도록 할 것
  8) 사다리식 통로의 길이가 10미터 이상인 경우에는 5미터 이내마다 계단참을 설치할 것
  9) 사다리식 통로의 기울기는 75도 이하로 할 것. 다만, 고정식 사다리식 통로의 기울기는 90도 이하로 하고, 그 높이가 7m 이상인 경우에는 바닥으로부터 높이가 2.5m 되는 지점부터 등받이울을 설치할 것
  10) 접이식 사다리 기둥은 사용 시 접혀지거나 펼쳐지지 않도록 철물 등을 사용하여 견고하게 조치할 것

출제율이 매우 높습니다.
순서를 정해서 5가지 정도 암기하고 숫자는 ( )넣기로 출제되오니 모두 암기하여야 합니다

08 다음 내용은 교류아크용접기용 방호장치에 대한 용어의 정의를 설명한 것이다. ( ) 안에 알맞은 내용을 쓰시오.

[18/3산]

1) (①) : 교류아크 용접기의 주회로를 제어하는 장치를 가지고 있어, 용접봉의 조작에 따라 용접할 때에만 용접기의 주회로를 형성하고, 그 외에는 용접기의 출력측의 무부하전압을 25V(볼트) 이하로 저하시키도록 동작하는 장치를 말한다.
2) (②) : 용접봉을 피용접물에 접촉시켜서 전격방지기의 주접점이 폐로될(닫힘) 때까지의 시간을 말한다.
3) (③) : 용접봉 홀더에 용접기 출력측의 무부하전압이 발생한 후 주접점이 개방될 때까지의 시간을 말한다.
4) (④) : 정격전원전압에 있어서 전격방지기를 시동시킬 수 있는 감도로서 명판에 표시된 것을 말한다.

① 자동전격방지기
② 시동시간
③ 지동시간
④ 표준시동감도

㈜ 교류아크용접기 자동전격방지기 용어의 정의 : 방호장치 자율안전기준 고시 2022-70 호

▶ 자동전격방지기의 성능
  1) 아크발생을 정지시킬 때 주접점이 개로될 때까지의 시간 (지동시간) 은 1초 이내일 것
  2) 2차 무부하전압은 25V 이내일 것

09 근로자의 정기안전·보건교육의 교육내용 4가지를 쓰시오

해답

1) 산업안전 및 사고 예방에 관한 사항
2) 산업보건 및 직업병 예방에 관한 사항
3) 건강증진 및 질병 예방에 관한 사항
4) 유해·위험 작업환경 관리에 관한 사항
5) 산업안전보건법령 및 산업재해보상보험 제도에 관한 사항
6) 직무스트레스 예방 및 관리에 관한 사항
7) 직장 내 괴롭힘, 고객의 폭언 등으로 인한 건강장해 예방 및 관리에 관한 사항

[주] 근로자의 정기교육 내용 : 시행규칙 [별표5]

10 Off·J·T 와 비교간 O·J·T의 특성 5가지를 쓰시오

해답

1) 개별교육이 가능하다.
2) 실정에 맞는 실제적 훈련이 가능하다.
3) 교육효과가 즉시 업무에 연결된다.
4) 업무의 계속성이 끊어지지 않는다.
5) 효과가 업무에 나타난다.
6) 상호신뢰 및 이해도가 높아진다.

길잡이

▶OJT와 OFF JT 의 특징

O·J·T	Off·J·T
① 개개인에게 적합한 지도훈련이 가능	① 다수의 근로자에게 조직적 훈련이 가능
② 직장의 실정에 맞는 실체적 훈련을 할 수 있다.	② 훈련에만 전념하게 된다.
③ 훈련에 필요한 업무의 계속성이 끊어지지 않음	③ 특별 설비 기구를 이용할 수 있음
④ 즉시 업무에 연결되는 관계로 신체와 관련 있음	④ 전문가를 강사로 초청할 수 있음
⑤ 효과가 곧 업무에 나타나며 훈련의 좋고 나쁨에 따라 개선이 용이함	⑤ 각 직장의 근로자가 많은 자식이나 경험을 교류할 수 있음
⑥ 교육을 통한 훈련 효과에 의해 상호 신뢰 이해도가 높아짐	⑥ 육훈련 목표에 대해서 집단적 노력이 흐트러질 수도 있음

11 다음 [보기] 내용은 양중기의 종류에 대한 정의를 설명한 것이다
( )안에 알맞는 내용을 쓰시오

[보기]
1) 달기발판 또는 운반구, 승강장치, 그 밖의 장치 및 이들에 부속된 기계부품에 의하여 구성되고, 와이어로프 또는 달기강선에 의하여 달기발판 또는 운반구가 전용 승강장치에 의하여 오르내리는 설비를 말한다. : (①)
2) 동력을 사용하여 사람이나 화물을 운반하는 것을 목적으로 하는 기계설비를 말한다 : (②)

① 곤돌라
② 리프트
주) 양중기 : 안전보건규칙 제 132조

12 다음 [보기] 내용은 크레인의 제작 및 안전기준에 관련된 내용이다
( ) 안에 알맞는 용어 또는 수치를 쓰시오

[보기]
1) 펜던트 스위치에는 크레인의 비상정지용 누름버튼과 손을 떼면 자동적으로 (①) 로 복귀되는 각각의 작동종류에 대한 누름버튼 또는 스위치 등이 비치되어 있고 정상적으로 작동해야한다.
2) 조작전압은 대지전압 교류 (②) 이하 또는 직류 (③) 이하여야 한다.

① 정지위치
② 150 볼트
③ 300 볼트
주) 크레인의 제작 및 안전기준 : 위험기계·기구 안전인증고시 (고용노동부교시 제 2023-46호)
[별표 1]

13 다음 [보기] 의 조건에 관계되는 사업장의 휴업재해율을 구하시오

[보기]
- 사업장 내 생산설비에 의한 휴업재해자 수 : 50명
- 통상 출퇴근 재해에 의한 휴업재해자수 : 10명
- 총 휴업재해 일수 : 300일
- 임금근로자수 : 1000명
- 총 요양 근로손실일수 : 500일

$$\text{휴업재해율} = \frac{\text{휴업재해자수}}{\text{임금근로자수}} \times 100$$
$$= \frac{50}{1000} \times 100 = 5\%$$

2024년 제3회 산업안전산업기사 실기 필답형

01 건물 등의 해체작업계획서에 포함사항을 3가지 쓰시오.

▶ 21, 3 산

1) 해체의 방법 및 해체 순서도면
2) 가설비 · 방호설비 · 환기설비 및 살수 · 방화설비 등의 방법
3) 사업장 내 연락방법
4) 해체물의 처분계획
5) 해체작업용 기계 · 기구 등의 작업계획서
6) 해체작업용 화약류 등의 사용계획서
7) 기타 안전 · 보건에 관련된 사항

㈜ 사전조사 및 작업계획서 내용 : 안전보건규칙 [별표 4]

02 수소 28%, 메탄 45%, 에탄 27% 일 때, 이 혼합 기체의 공기 중 폭발 상한계의 값과 메탄의 위험도를 계산하시오

	폭발하한계	폭발상한계
수소	4.0[VOL%]	75[VOL%]
메탄	5.0[VOL%]	15[VOL%]
에탄	3.0[VOL%]	12.4[VOL%]

해답

1) 혼합기체 폭발상한계 값(U)

$$U_1 = \frac{V_1 + V_2 + V_3}{\frac{V_1}{L_1} + \frac{V_2}{L_2} + \frac{V_3}{L_3}} = \frac{28 + 45 + 27}{\frac{28}{75} + \frac{45}{15} + \frac{27}{12.4}} = 18.02 vol\%$$

2) 메탄의 위험도

$$= \frac{U-L}{L} = \frac{15-5}{5} = 2$$

03 산업현장에서 사용되고 있는 출입금지 표지판의 배경 반사율이 80%이고, 관련 그림의 반사율이 30% 일 경우 표지판의 대비를 구하시오

해답

대비 $= \frac{L_b - L_t}{L_b} \times 100\% = \frac{80-30}{80} \times 100 = 62.5\%$

여기서, L_b : 배경의 반사율
L_t : 표적의 반사율

04 다음 [보기] 내용은 동력을 사용하는 항타기 또는 항발기에 대하여 무너짐을 방지하기 위한 준수사항이다. ( )안에 알맞는 내용을 쓰시오

[보기]
1) 연약한 지반에 설치하는 경우에는 아웃트리거·받침 등 지지구조물의 침하를 방지하기 위하여 (①) 등을 사용할 것
2) 시설 또는 가설물 등에 설치하는 경우에는 그 내력을 확인하고 내력이 부족하면 그 내력을 보강할 것
3) 아웃트리거·받침 등 지지구조물이 미끄러질 우려가 있는 경우에는 말뚝 또는 쐐기 등을 사용하여 해당 지지구조물을 고정시킬 것
4) 궤도 또는 차로 이동하는 항타기 또는 항받기에 대해서는 불시에 이동하는 걸 방지하기 위하여 (②) 등으로 고정시킬 것
5) 상단 부분은 (③)로 고정하여 안정시키고, 그 하단 부분은 견고한 버팀·말뚝 또는 철골 등으로 고정시킬 것

① 깔판·받침목
② 레일클램프(rail clamp) 및 쐐기
③ 버팀대·버팀줄
㈜ 항타기·항발기의 무너짐의 방지 : 안전보건규칙 제 209조

05 하인리히의 사고 연쇄성 이론 5단계 중 3단계 내용 2가지를 쓰시오

1) 불안전 행동
2) 불안전 상태

> **길잡이**
>
> 1) 하인리히와 버드의 사고인쇄성이론 5단계
>   ① 1단계 : 사회적 환경과 유전적 요소
>   ② 2단계 : 개인적 결함
>   ③ 3단계 : 불안전한 행동 및 불안전한 상태
>   ④ 4단계 : 사고
>   ⑤ 5단계 : 재해
> 2) 버드의 사고연쇄성이론 5 단계
>   ① 1단계 : 통제부족(관리소홀)
>   ② 2단계 : 기본원인(기원)
>   ③ 3단계 : 직접원인 (징후)
>   ④ 4단계 : 사고(접촉)
>   ⑤ 5단계 : 상해(손해, 손실)

06 산업재해조사표중 건설법에서만 작성하는 사업장 정보를 다음 [보기]에서 4가지를 골라 번호를 쓰시오

[보기]
① 원수급 사업장명   ② 고용형태   ③ 상해종류   ④ 발주자
⑤ 공정율   ⑥ 휴대전화번호 ⑦ 휴업예상일수 ⑧ 공사현장명

① ④ ⑤ ⑧

▶ 산업재해조사표 (별지 제30 호 서식)
1) 산업장 정보 : 산재관리번호 (사업개시번호), 사업자등록번호, 사업장명, 근로자수, 업종, 소재지, 재해자가 사내수급인 소속인 경우[원도급사업장명, 사업장 산재관리 번호(사업개시 번호) 등
2) 건설업만 작성하는 사업장 정보 : 발주자, 원수급사업장명, 원수급사업개시번호, 공사종류, 공사현장명, 공정률, 공사금액 등
3) 재해정보 : 성명, 주민등록호, 성명, 주소, 휴대전화, 국적, 입사일, 고용형태, 근무형태, 상해종류(질병명), 상해부위, 휴업예상일수, 사망여부 등
4) 재해발생개요 및 원인 : 발생일시, 발생장소, 작업유형, 당시상황, 재해발생원인
5) 재발방지 계획

07 산업안전보건법상 안전인증대상 방호장치 5가지를 쓰시오 (단, 산업용로봇 방호장치 및 가설기자재 관련된것은 제외한다)

1) 양중기용 과부하방지장치
2) 보일러 압력방출용 안전밸브
3) 압력용기 압력방출용 안전밸브
4) 압력용기 압력방출용 파열판
5) 절연용 방호구 및 활선작업용 기구
6) 방폭구조 전기기계 기구 및 부품
7) 추락 · 낙하 및 붕괴의 위험방호에 필요한 가설기자재

주) 안전인증대상 기계 · 기구 등 : 시행령 제74조

> **길잡이**
>
> ▶ **자율안전확인대상 기계 · 기구 등의 방호장치** (시행령 제77조)
> 1) 아세틸렌용접장치용 또는 가스집합용접장치용 안전기
> 2) 교류아크용접기용 자동전격방지기
> 3) 롤러기 급정지장치
> 4) 연삭기 덮개
> 5) 목재가공용 둥근톱 반발예방장치와 날접촉예방장치
> 6) 동력식 수동대패용 칼날접촉방지장치

08 산업안전보건법에서 정하고 있는 중대재해의 종류를 3가지 쓰시오.

1) 사망자가 1명 이상 발생한 재해
2) 3개월 이상의 요양이 필요한 부상자가 동시에 2명 이상 발생한 재해
3) 부상자 또는 작업성 질병자가 동시에 10명 이상 발생한 재해

주) 중대재해의 범위 : 시행규칙 제3조

09 전기설비의 종류 5가지를 쓰시오

해답

1) 내압방폭구조
2) 압력방폭구조
3) 안전증방폭구조
4) 본질안전방폭구조
5) 유입방폭구조
6) 특수방폭구조
7) 충전방폭구조
8) 몰드방폭구조
9) 비점화방폭구조

길잡이

▶ **방폭구조의 기호** [방폭구조의 상징(심벌), EX]

방폭구조	기호
1) 내압방폭구조	d
2) 압력방폭구조	p
3) 안전증방폭구조	e
4) 본질안전방폭구조	ia 또는 ib
5) 유입방폭구조	o
6) 특수방폭구조	s
7) 충전방폭구조	q
8) 몰드방폭구조	m
9) 비점화방폭구조	n

10 근로자수가 350명인 회사에 연간 20건의 재해가 발생하였을 때 도수율을 계산하시오. (단, 년간 300일, 1일 근무시간은 8시간이다.)

 해답

$$도수율 = \frac{재해건수}{연근로시간수} \times 10^6$$
$$= \frac{20}{350 \times 300 \times 8} \times 10^6 = 23.81$$

11 다음은 금지표지에 대한 설명이다. (   )안에 알맞은 내용을 쓰시오

1) (①) : 엘리베이터 등에 타는 것이나 어떤 장소에 올라가는 것을 금지
2) (②) : 정리정돈 상태의 물체나 움직여서는 안될 물체를 보전하기 위하여 필요한 장소

 해답

① 탑승금지
② 물체이동금지

㈜ 안전보건표지의 종류별 용도 및 설치·부착장소 : 시행규칙[별표7]

12 다음 내용은 화물자동차의 승강설비에 관한 설명이다.
( )안에 알맞는 내용을 쓰시오

> 사업주는 (①)으로부터 짐 윗면까지의 높이가 (②)m 이상인 화물자동차에 짐을 싣는 작업 또는 내리는 작업을 하는 경우에는 근로자의 추가 위험을 방지하기 위하여 해당 작업에 종사하는 근로자가 바닥과 적재함의 짐 윗면 간을 안전하게 오르내리기 위한 설비를 설치하여야 한다.

① 바닥
② 2
㊟ 화물자동차 승강설비 : 안전보건규칙 제187조

13 다음 [보기] 내용은 안전대에 관련된 용어의 정의를 나타면 것이다.
해당되는 것을 ( ) 안 골라 쓰시오

> [보기]
> 1) (①) : 신체지지의 목적으로 전신에 착용가는 띠 모양의 것
> 2) (②) : 벨트 또는 안전그네를 구명줄 또는 구조물 등 그밖의 걸이설비와 연결하기 위로 줄모양의 부품
> 3) (③) : 벨트 또는 안전그네를 설치에 착용하기 위하여 그 끝에 부착한 금속장치
> 4) (④) : 죔줄과 걸이설비등 또는 1) 링과 연결하기 위는 금속장치
> 5) (⑤) : 안전그네와 연결하여 추락발생시 추락을 억제할 수 있는 자동잠김장치가 갖추어져 있고 죔줄이 자동적으로 수축되는 장치

① 안전그네
② 죔줄
③ 버클
④ 훅 및 카라비너
⑤ 안전블록
㊟ 안전대 용어의 정의 : 보호구 안전인증고시 (제2023-64호) 제26조

P.A.R.T

01

실기 작업형
산업안전산업기사

산업안전산업기사 실기 작업형 — 2013년 제1회 A형

01 동영상 화면은 크롬도금작업을 하는 장면을 보여주고 있다. 크롬도금작업시 착용해야 할 보호구의 종류 2가지를 쓰시오.(단, 유기화합물용 안전장갑(고무장갑)과 고무장화(고무제 안전화)는 제외한다.)
▶ 06 기, 13 산

해답
1) 방독마스크
2) 불침투성 보호의

02 동영상 화면은 형강에 걸린 짐걸이 와이어로프가 빠지지 않아서 크레인을 사용하여 위로 올려 빼내려는 장면(A 작업자는 신호를 하고 있으며, B 작업자는 지렛대를 사용하여 형강을 들척이고 있는 장면)을 보여주고 있다. 다음 물음에 답하시오.

(1) 동영상의 작업상황에서 와이어로프가 빠질 때 와이어로프가 튕겨서 A 또는 B 작업자에 부딪치는 사고가 발생하였다면 가해물은 무엇인가?
(2) 동영상에서와 같이 크레인을 사용해서 와이어로프를 빼낼 때 안전한 작업방식을 2가지만 쓰시오.
▶ 06기, 04,05,07,08,09산

해답
(1) 가해물 : 와이어로프
(2) 안전한 작업방식
① 와이어를 위로 올려 빼낼 때 와이어가 튕기지 않도록 조치한다.
② 2인 이상의 작업자가 지렛대를 사용하여 형강이 무너져 내리지 않을 정도로 형강을 들어 올려 와이어를 빼낸다.

03 동영상은 작업자가 연삭기를 이용하여 봉강 연마작업 중 봉강이 튕겨서 작업자의 머리를 강타하는 사고발생 장면을 보여주고 있다. 다음 물음에 답하시오.

(1) 사고발생에 관계되는 ① 기인물 및 ② 가해물을 쓰시오.
(2) 연마작업시 파편이나 칩의 비래에 의해 위험방지를 위해 설치하는 방호장치를 쓰시오.

▶ 07기, 04,05산

04 동영상은 철골작업을 하는 장면을 보여주고 있다. 철골작업시 작업을 중지해야 할 기상조건을 3가지 쓰시오.

▶ 00,02,05기, 02,04,07,08,13,산

해답
1) 풍속이 초당 10m 이상인 경우
2) 강우량이 시간당 1m 이상인 경우
3) 강설량이 시간당 1cm 이상인 경우

[주] 철골작업의 제한 : 안전보건규칙 제383조

해답
(1) ① 기인물 : 연삭기
    ② 가해물 : 봉강
(2) 칩비산방지투명판(보호덮개)

05 동영상은 비닐장갑을 낀 작업자가 드라이버로 나이프스위치(knife switch)의 퓨즈 교체작업을 하는 중에 감전사고가 발생하는 장면을 보여주고 있다. 동영상에 나타난 감전사고를 발생시키는 원인을 2가지만 찾아서 쓰시오. ▶ 06,13산

06 동영상은 건물의 해체작업을 하고 있는 장면을 보여주고 있다. 동영상에서와 같이 해체작업을 하는 때에 작업계획서에 포함되는 사항을 2가지만 쓰시오.
▶ 04,07,08기, 13산

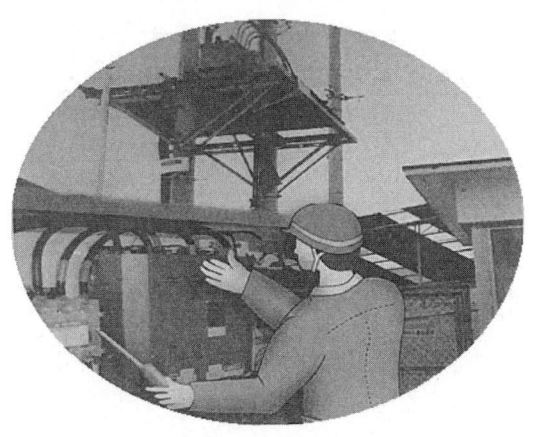

해답
1) 전원을 차단하지 않고 퓨즈 교체작업을 하다가 감전된다.
2) 절연장갑을 착용하지 않고 퓨즈 교체작업을 하다가 감전된다. (비닐장갑은 절연장갑이 아님)

길잡이
▶ 상기 동영상에 나타난 위험요인(위험의 포인트)
1) 드라이버로 상하간을 단락시켜 아크(arc)로 화상을 입는다.
2) 드라이버로 스위치 보호철함에 접촉하여 아크로 화상을 입는다.
3) 퓨즈를 교체하였을 때 부하전류에 의해 아크가 발생하여 화상을 입는다.
4) 비닐장갑은 절연장갑이 아니기 때문에 감전된다.
5) 전원을 차단하지 않고 퓨즈 교체작업을 하다가 감전된다.

해답
1) 해체의 방법 및 해체 순서도면
2) 가설설비·방호설비·환기설비 및 살수·방화설비 등의 방법
3) 사업장 내 연락 방법
4) 해체물의 처분계획
5) 해체작업용 기계·기구 등의 작업계획서
6) 해체작업용 화약류의 사용계획서
7) 그 밖에 안전·보건에 관련된 사항

주) 건물 등의 해체작업시 작업계획서 내용 : 안전보건규칙 별표 4 제10호

07 동영상 화면은 작업자가 DMF (DiMethylFormamide)를 취급하는 장면을 보여주고 있다. 동영상을 참고하여 물질안전보건자료를 취급근로자가 쉽게 볼 수 있는 장소에 게시하거나 갖추어 두어야 하는 물질안전보건자료의 기재사항 3가지를 쓰시오.   ▶ 07,13산

해답
1) 대상화학물질의 명칭, 구성성분의 명칭 및 함유량
2) 안전·보건상의 취급주의 사항
3) 건강 유해성 및 물리적 위험성
4) 그 밖의 고용노동부령으로 정하는 사항
   ① 물리·화학적 특성
   ② 독성에 관한 정보
   ③ 폭발·화재시의 대처방법
   ④ 응급조치 요령

[주] 물질안전보건자료의 작성·비치 등 : 법 제 41조, 시행규칙 제92조의4

08 동영상 화면 상에 보여준 보안경의 법적인 사용구분(의무안전인증 대상)에 따른 종류 4가지를 쓰시오.   ▶ 07,09산

   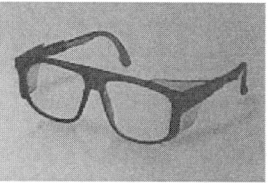

[화면번호-18 차광 보안경]   [화면번호-19 유리 보안경]

해답
1) 자외선용 보안경
2) 적외선용 보안경
3) 복합용 보안경
4) 용접용 보안경

길잡이
1) 보안경의 종류
   ① 차광 보안경 : 유해광선(자외선, 적외선, 강열한 가시광선 등)이 발생하는 장소에서 눈을 보호하기 위한 것
   ② 방진 보안경
      ㉠ 유리 보안경 : 미분, 칩 등 비산물로부터 눈을 보호하기 위한 것
      ㉡ 플라스틱 보안경 : 미분, 칩, 액체약품 등 비산물로부터 눈을 보호하기 위한 것
   ③ 도수렌즈 보안경 : 근시, 원시, 혹은 난시인 근로자가 빛이나 비산물 및 유해물질로부터 눈을 보호함과 동시에 시력을 교정하기 위한 것
2) 자율안전확인대상 보안경
   ① 유리 보안경
   ② 플라스틱 보안경
   ③ 도수렌즈 보안경

09 동영상 화면은 전신주 형강의 교체작업 장면을 보여주고 있다. 정전작업 중 조치사항을 4가지 쓰시오.
▶ 03,04,08,09,11기, 01,04,09,13산

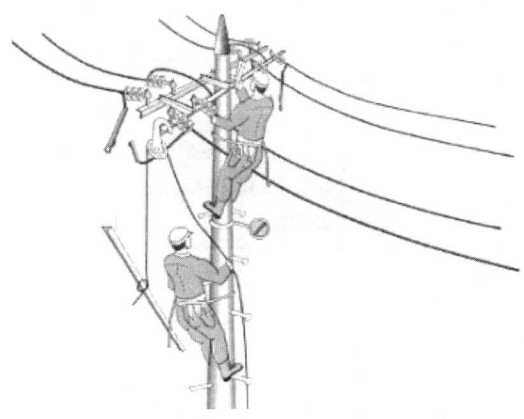

해답
1) 작업지휘자에 의한 지휘
2) 개폐기의 관리
3) 단락접지의 수시 확인
4) 근접활선에 대한 방호상태의 관리

길잡이

▶ 정전작업시 조치사항
1) 정전작업 전 조치사항
   ① 작업지휘자에 의한 작업내용의 주지 철저
   ② 개로기폐기의 시건 또는 표시
   ③ 잔류전하의 방전
   ④ 검전기에 의한 정전확인
   ⑤ 단락접지
   ⑥ 일부 정전작업시 정전선로 및 활선선로의 표시
   ⑦ 근접활선에 대한 방호
2) 정전작업 종료 후 조치사항
   ① 단락 접지기구의 철거
   ② 잠금장치와 표지판의 철거
   ③ 작업자에 대한 위험이 없는 것을 확인
   ④ 개폐기를 투입해서 송전재개

산업안전산업기사 실기 작업형 — 2013년 제1회 B형

01 동영상 화면은 작업자가 분전반 작업(스위치가 ON으로 되어있는 분전반을 일자(−)드라이버를 가지고 맨손으로 점검작업을 하고 있음) 중에 문틈에 손가락을 넣고 작업을 하다가 다른 작업자가 문을 닫아 버려서 손을 다치는 사고발생 장면을 보여 주고 있다. 동영상 화면에 나타나는 위험요인 2가지를 쓰시오.

▶ 07산

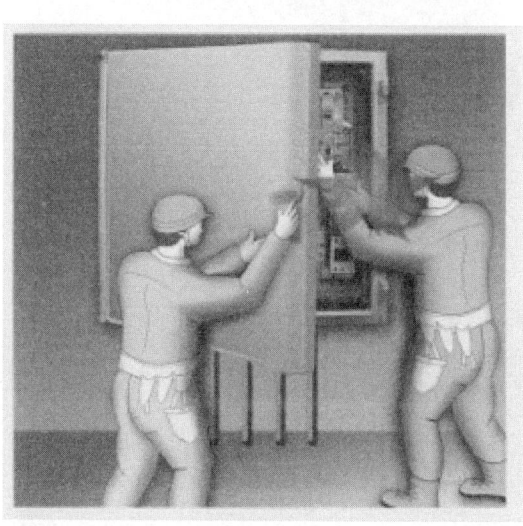

해답
1) 작업 중임을 나타내는 표지판을 설치하지 않았다.
2) 전원을 차단하지 않고 점검작업을 하고 있으며, 절연장갑을 착용하지 않았다.

02 동영상 화면은 인쇄윤전기를 청소하던 중에 사고가 발생하는 장면(작업자가 인쇄용 윤전기의 전원을 끄지 않고 빙글빙글 서로 맞물려서 돌아가는 롤러기를 체중을 앞으로 실어서 힘 있게 닦고 맞물리는 지점까지 걸레를 집어넣고 닦다가 순간적으로 작업자의 손이 롤러기 사이에 끼이는 사고 발생 장면)을 보여주고 있다. 동영상을 참고하여 롤러기 청소시 핵심위험요인을 2가지만 쓰시오.

▶ 03기, 13산

해답
1) 회전 중 롤러의 맞물림 점에서 직접 손으로 눌러 닦고 있어서 손이 말려 들어간다.
2) 체중을 걸쳐 닦고 있어서 말려들어가게 된다.
3) 안전장치 미부착으로 걸레를 물고 들어가며 손이 같이 말려들게 된다.

03 동영상 화면은 작업자가 용접용 보안면을 착용한 교류아크 용접기로 배관에 용접 작업을 하는 장면을 보여주고 있다. 교류아크 용접기에서 감전되기 쉬운 장비의 위치를 4가지 쓰시오. ▶ 06기

04 동영상은 에어배관의 필터를 떼어내고 점검·청소를 하기 위해 배관 플랜지를 푸는 작업 중(파이프렌치 등 전용용구가 아닌 일반펜치로 작업함)에 고압의 증기가 터져 나와 작업자가 눈에 재해를 당하는 장면을 보여주고 있다. 에어배관 작업(점검·청소 등)시 위험요인을 2가지만 쓰시오. ▶ 04기, 06,13산

해답
1) 용접봉 홀더
2) 용접봉 케이블
3) 용접봉 케이스
4) 용접봉 와이어
5) 용접기의 리드단자

길잡이
▶ 교류아크 용접작업시 착용보호구
  1) 용접용 보안면(핸드실드형, 헬멧형) : 차광 및 화상방지
  2) 보안경 : 차광보호구
  3) 절연장갑 : 화상 및 감전방지
  4) 가죽제 앞치마 : 작업자의 가슴에서 대퇴부까지 보호
  5) 각반 및 팔걸이 : 화상방지
  6) 안전화 : 화상 및 감전방지

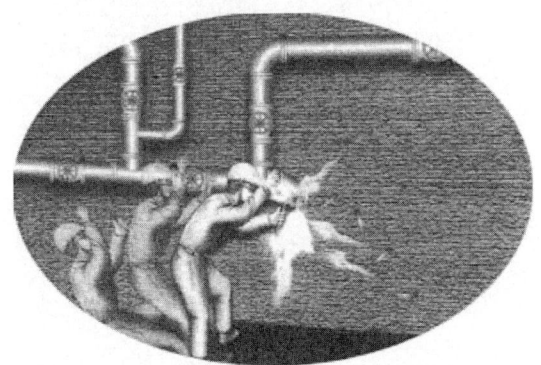

해답
1) 배관 내에 남은 압력을 제거하지 않은 상태에서 배관 플랜지를 푸는 작업을 하였다.
2) 보안경을 착용하지 않고 작업을 하였기 때문에 고압증기에 의한 눈을 다치는 사고가 발행하였다.

길잡이
▶ **행동목표** : 상기 동영상의 작업상황에 대하여 위험예지 훈련을 실시할 경우의 행동목표
1) 배관 내의 점검·청소를 위해 플랜지를 풀 때는 주밸브를 잠그고 남은 압력이 빠진 것을 확인한 후 작업을 실시하자.
2) 배관 내의 점검·청소시에는 보안경을 착용하자.

05 동영상 화면 속의 사진(그림)을 보고 (1) 안전대의 명칭과 (2) ①, ②의 명칭을 쓰시오. ▶ 03,04,05기, 06,10,13산

해답 (1) 죔줄
(2) ① 카라비나
② 훅

> **길잡이**
> 1) **죔줄** : 벨트 또는 안전그네를 구명줄 또는 구조물 등 기타 걸이설비와 연결하기 위한 줄 모양의 부품
> 2) **카라비나 및 훅** : 죔줄과 걸이설비 등 또는 D링과 연결하기 위한 금속장치

06 동영상 화면은 작업자가 사출성형기의 금형에 손으로 이물질을 제거하다가 금형에 손이 눌리는 사고가 발생하는 장면을 보여주고 있다. 동영상에 발생한 (1) 재해형태와 (2) 산업안전보건법상에 설치해야 할 방호장치 종류 2가지를 쓰시오. ▶ 04,06기, 09,13산

해답 (1) 재해형태 : 협착
(2) 방호장치
① 게이트가드식
② 양수조작식

> **길잡이**
> ▶ **사출성형기 등의 방호장치**(안전보건규칙 제121조)
> · 사출성형기·주형조형기 및 형단조기(프레스 등은 제외) 등에 근로자의 신체 일부가 말려들어갈 우려가 있는 경우 게이트가드(gate guard) 또는 양수조작식 등에 의한 방호장치 그 밖에 필요한 방호조치를 하여야 한다.
> 1) **연동구조** : 게이트가드는 닫지 아니하면 기계가 작동되지 아니하는 연동구조여야 한다.
> 2) **방호덮개** : 기계의 히터 등의 가열부위 또는 감전우려가 있는 부위에는 방호덮개를 설치하는 등 필요한 안전조치를 하여야 한다.

07 동영상 화면은 건설작업용 리프트가 화물을 운반하는 장면을 보여주고 있다. 리프트(간이리프트는 제외)에 설치해야 할 방호장치 종류 4가지를 쓰시오.
▶ 06,07,13산

해답
1) 권과방지장치
2) 과부하방지장치
3) 비상정지장치
4) (조작반에) 잠금장치

> **길잡이**
> 1) **리프트의 방호장치**(안전보건규칙 제151조) : 리프트(간이리프트는 제외)의 운반구 이탈등 의 위험을 방지하기 위하여 ①권과방지장치 ②과부하 방지장치 ③비상정지장치등을 설치하여야 한다.
> 2) **리프트 조작반(盤)에 잠금장치 설치**(안전보건규칙 제152조 제2항) : 관계근로자가 아닌 사람이 리프트를 임의로 조작함으로써 발행하는 위험을 방지하기 위하여 리프트 조작반에 잠금장치를 설치하여야 한다.

08 동영상 화면은 이동식 크레인으로 배관을 인양하던 도중에 사고가 발생하는 장면(배관을 와이어로프가 아닌 끈으로 가운데 한 군데만 묶어서 위로 끌어올리다가 다시 작업자들 머리 부분까지 내려와 밑에 있던 2명의 작업자가 배관을 손으로 지지하던 중에 배관이 순간 흔들거리면서 날아와 작업자 1명을 쳐버리는 사고 장면)을 보여 주고 있다. 재해예방대책을 3가지 쓰시오.
▶ 05,07기, 13산

해답
1) 크레인의 작업반경 내의 관계근로자 이외의 자의 출입을 금지시킨다.
2) 작업지휘자 또는 신호수를 배치하여 작업지휘자의 지휘 및 신호수의 신호에 따라 운반작업을 하도록 한다.
3) 배관을 양끝부분의 2군데를 묶어(2줄걸이) 흔들거리지 않게 수평으로 인양한다.
4) 보조(유도)로프를 사용하여 화물의 흔들거림을 방지한다.

> **길잡이**
> 1) 재해예방대책(안전대책) 및 위험요인을 작성하는 문제는 동영상에서 사고가 발생되는 장면을 자세히 관찰하여 사고발생원인(위험요인)을 색출하여야 합니다.
> 2) 사고발생원인(위험요인)을 반대로 생각하면 재해예방대책이 되므로 작업상황에 맞는 정답을 3가지만 쓰면 됩니다.

09 동영상 화면은 터널 내에 설치한 가설전선을 점검하던 중 감전사고가 발생되는 장면(작업자가 절연테이프로 taping된 전선의 연결부분을 맨손으로 만지다가 감전되는 사고장면)을 보여주고 있다. 감전위험 방지대책을 3가지 쓰시오.

➡ 07,13산

 1) 이동전선에 절연조치를 할 것
2) 정전작업을 실시할 것
3) 누전차단기를 설치할 것
4) 절연용 장갑, 절연안전모 등 감전에 대비한 절연용 보호구를 착용할 것

산업안전산업기사 실기 작업형 — 2013년 제2회

01 동영상은 김치공장의 제조공정 중 슬라이싱 머신(slicing machine)에 의해 무채를 썰어내는 작업 중에 갑자기 기계가 멈추어서 작업자가 기계를 점검하다가 기계가 작동되어 슬라이싱 칼날에 손을 베이는 사고장면을 보여주고 있다. 사고방지를 위해 설치해야 하는 방호장치의 명칭을 쓰시오.
➡ 02,03,09,11,13기, 08산

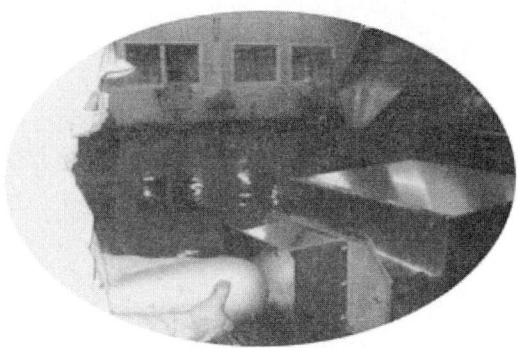

해답 인터록(inter lock) 장치(연동장치)

 길잡이
▶ 상기 동영상의 작업상황에서의 기인물·가해물
1) 기인물 : 슬라이싱 머신
2) 가해물 : 슬라이싱 칼날

02 동영상의 보호구 사진에 대한 다음 물음에 답하시오.(단, 정화통의 문자표기는 무시한다.)
(1) 방독마스크의 종류를 쓰시오.
(2) 방독마스크의 형식을 쓰시오.
(3) 방독마스크의 시험가스 종류를 쓰시오.
➡ 10, 13기

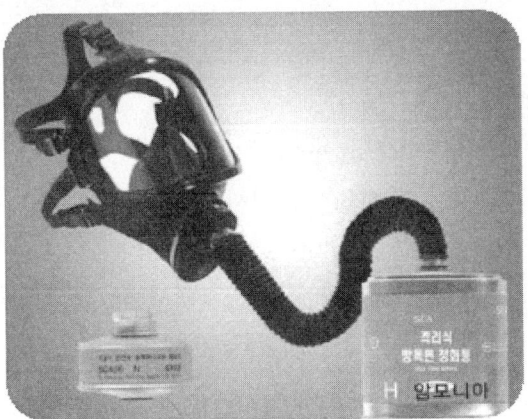

해답 (1) 종류 : 암모니아용 방독마스크
(2) 형식 : 격리식 전면형
(3) 시험가스 종류 : 암모니아 가스

 길잡이
▶ 본 문제는 동영상의 방독마스크 정화통에 '암모니아용'이라는 용도 표시가 되어 있다.

03 동영상 화면은 띠톱으로 강재를 절단하는 작업 중에 사고가 발생하는 장면(작업자가 보안경을 착용하지 않은 상태에서 고개를 숙이고 강재를 절단한 후, 띠톱을 정지 시키고 작업대에서 강재를 꺼내려다가 일반 면장갑 손등부분이 띠톱날에 걸리는 사고장면)을 보여주고 있다. 동영상의 작업상황에 대한 위험요소 3가지를 쓰시오. ▷ 13기

해답
1) 띠톱기계 등 회전기계 작업시 장갑을 착용하여 위험하다.
2) 보안경을 착용하지 않은 상태에서 고개를 숙여 작업하다가 칩이 튀어 눈을 다칠 위험이 있다.
3) 공구를 사용하지 않고 손에 힘을 주어 강재를 제거하는 등 작업방법에 문제가 있다.

04 동영상은 작업자가 방진마스크를 착용하고 석면을 취급하는 작업 장면을 보여주고 있다. 다음 물음에 답하시오.
(1) 작업자가 마스크를 착용하고 있으나 석면분진 폭로 위험성에 노출되어 있어 직업성 질병에 이환될 우려가 있다. 그 이유를 상세히 설명하시오.
(2) 석면분진에 장기간 노출시 발생위험이 높은 질병 3가지를 쓰시오.

해답 (1) 이유 : 해당 작업자가 착용한 마스크는 방진 전용마스크가 아니기 때문에 석면분진이 마스크를 통해 흡입될 수 있다.
(2) **직업병(질병) 명칭**
① 석면폐증
② 폐암
③ 악성중피종(中皮腫)

05 동영상은 타워크레인을 이용하여 철제 비계를 인양하던 도중 신호수(작업자)가 있는 곳에서 다소 흔들리며 내려오다가 신호수와 부딪치는 사고장면을 보여주고 있다. 동영상에서와 같이 타워크레인의 화물인양작업시 재해발생원인 3가지를 쓰시오.

해답
1) 보조로프를 사용하지 않아 화물의 흔들림을 방지하지 못하였다.
2) 신호수(작업자)가 크레인의 권상하중 아래에 있었다.
3) 운전자와 신호수 간에 신호체계가 제대로 정해지지 않았다.
4) 정격하중 이상의 화물을 매달았다.
5) 크레인의 작업반경 내에 출입금지조치를 하지 않았다.

06 동영상은 비계에 작업발판을 설치하던 중에 위에 작업자가 자재를 밑으로 떨어뜨려 아래 작업자가 맞는 사고발생 장면을 보여주고 있다. (1) 재해형태와 (2) 정의를 각각 쓰시오. ▶ 06,11,13기, 09산

해답 (1) 재해형태 : 낙하
(2) 정의 : 물체가 주체가 되어 사람이 맞는 경우

07 동영상은 A 작업자가 변압기의 2차전압을 측정하기 위해 유리창 너머의 B 작업자에게 신호를 주고 전원을 켠 후, 다시 차단하라고 신호를 보내고 기기를 만지다가 감전사고가 발생하는 장면을 보여주고 있다. 재해발생원인을 3가지만 쓰시오.
➡ 07, 13기

08 동영상 화면은 작업자가 수중에서 펌프 작업 중 접속부위에 감전되는 사고장면을 보여주고 있다. 습윤한 장소에서 사용되는 이동전선의 사용 전 점검사항 3가지를 쓰시오.
➡ 13기

해답
1) 절연용 고무장갑 등 절연용 보호구를 착용하지 않았다.
2) A 작업자와 B 작업자의 신호전달이 잘 이루어지지 않았다.
3) A 작업자가 전원차단신호를 보낸 후 전원차단을 확인하지 않고 기기를 만졌다. (안전확인 소홀)

해답
1) 전선의 피복 또는 손상유무 점검
2) 접속부위의 절연상태 점검
3) 절연저항 측정

09 동영상은 자동차 부품인 브레이크 라이닝을 화학약품을 사용하여 세척하는 작업 장면(세정제가 바닥에 흩어져 있으며 고무장화 등을 착용하지 않고 작업을 하고 있음)을 보여주고 있다. 착용해야할 보호구 3가지를 쓰시오. ▶ 13 기

해답
1) 보안경
2) 고무장갑 및 고무장화
3) 불침투성 보호복
4) 방독마스크

산업안전산업기사 실기 작업형

2013년 제3회

01 동영상은 작업자가 이동식 사다리를 딛고 올라서 고온의 증기가 흐르는 스팀배관의 플랜지 볼트를 조이다가 밑으로 떨어지는 사고장면을 보여주고 있다. 동영상의 작업상황에서 위험요인을 3가지만 쓰시오. ▶ 10 기, 13 산

해답
1) 작업자가 방열장갑, 방열복 등의 보호구를 착용하지 않아 고압증기에 의한 화상사고의 위험이 있다.
2) 작업자가 딛고 선 이동식사다리 설치가 불안전하여 추락사고가 발생할 수 있다.
3) 보안경 미착용으로 고압증기에 의한 눈 부위에 손상의 위험이 있다.

02 동영상은 고압전선에 근접한 장소에서 항타기·항발기에 의해 항타작업 도중에 항타기 붐대가 고압전선에 접촉되어 근로자의 감전사고가 발생되는 장면을 보여주고 있다. 사업주가 조치하여야할 사항을 3가지 쓰시오. ▶ 04기, 13산

해답
1) 항타기 붐대 등 기계장치를 충전전로의 충전부로부터 300cm 이상 이격시켜 유지시키되, 대지전압이 50kV를 넘을 경우에는 10kV 증가할 때마다 이격거리를 10cm씩 증가시킬 것
2) 충전전로의 전압에 적합한 절연용 방호구를 설치할 것
3) 해당 충전전로에 방책을 설치할 것
4) 감시인을 배치할 것

[주] 충전전로 인근에서의 차량·기계장치 작업 : 안전보건규칙 제322조

03 동영상은 작업자가 컨베이어 위에 올라가 벨트 양쪽에 두발을 걸치고 물건을 올리는 작업 중에 벨트에 신발이 딸려가서 넘어지고 옆에 작업자가 부축하는 장면을 보여 주고 있다. 컨베이어 작업 중에 재해방지를 위한 방호장치 2가지를 쓰시오. ▷ 06기, 08,13산

04 동영상은 작업자가 MCC 패널의 문을 열고 중앙제어실에서 스피커를 통해 나오는 지시사항을 정확히 듣지 못한 상태에서 배선용차단기 2대를 쳐다보며 어느 것을 투입할까 생각하다가 그 중 하나를 투입하였는데 잘못 투입하여 위험상황이 발생하였는지 당황하는 표정을 짓는 장면을 보여주고 있다. 동영상의 작업상황에 대한 재해방지대책을 3가지 쓰시오.

해답
1) 비상정지장치
2) 덮개 또는 울
3) 이탈 방지장치
4) 역주행방지장치

> **길잡이**
> ▶ 컨베이어 방호장치(안전보건규칙 제191조~제193조)
> 1) **이탈방지장치 및 역주행 방지장치** : 컨베이어, 이송용 롤러 등을 사용하는 경우에는 정전·전압강하 등에 따른 화물 또는 운반구의 이탈 및 역주행을 방지하는 장치를 갖출 것
> 2) **비상정지장치** : 컨베이어 등에 해당 근로자의 신체의 일부가 말려드는 등 위험해질 우려가 있는 경우 및 비상시에는 즉시 컨베이어의 운전을 정지시킬 수 있는 장치를 설치할 것
> 3) **덮개 또는 울** : 컨베이어 등으로부터 화물이 떨어져 근로자가 위험해질 우려가 있는 경우에는 해당 컨베이어 등에 덮개 또는 울을 설치할 것

해답
1) 각 차단기별로 회로명을 확실하게 표기하여 오동작을 방지한다.
2) 확실한 지시가 아닐 경우 반드시 확인한 후에 전원을 투입하도록 한다.
3) 잠금장치(시건장치) 및 표찰을 부착하여 관계자 이외의 자에 의한 오작동을 방지한다.
4) 절연장갑을 착용하고 작업하도록 한다.

> **길잡이**
> ▶ MCC(Motor Control Center) 패널
> · 전동기를 제어하기 위해 만들어진 패널

05 동영상은 작업자가 사출성형기 노즐 부분에 끼인 잔류물을 제거하다가 감전사고가 발생하는 사고장면을 보여주고 있다. (1) 기인물과 (2) 가해물을 각각 구분하여 쓰시오. ▶ 04,06,07기, 13산

해답 (1) 기인물 : 사출성형기
(2) 가해물 : 사출성형기 노즐 충전부(전류 또는 전기)

06 동영상 화면은 박공지붕 설치작업 도중에 사고발생 장면(박공지붕에는 안전난간 및 안전방망 등이 설치되어 있지 않았고 지붕위쪽 중간에서 음료수를 마시면서 앉아 휴식을 취하는 작업자(안전모, 안전화 착용)들과 지붕왼쪽 위편에 적재물이 적치되어 있고 그 앞에서 작업자들이 휴식을 취하던 중 적재물이 무너지면서 작업자들에게 덮쳐서 앞으로 쓰러지는 사고장면)을 보여주고 있다. 재해방지대책 3가지를 쓰시오. ▶ 04기, 06,13산

해답
1) 위험한 장소에서 휴식을 취하지 않도록 한다.
2) 지붕 위에 적재물을 과적하여 쌓아 놓지 않는다.
3) 작업발판, 안전방망 등 방호설비를 설치한다.
4) 안전대부착설비를 설치하고 안전대를 착용한다.

07 동영상 화면에서 보여주는 보안경을 사용구분에 따른 종류 3가지를 쓰시오.
➡ 11 산

 1) 유리보안경
2) 플라스틱 보안경
3) 도수렌즈보안경

길잡이

종류	사용구분	렌즈의 재질
차광 보안경	눈에 대하여 해로운 자외선 및 적외선 또는 강렬한 가시광선 (이하 유해광선이라 한다.) 이 발생하는 장소에서 눈을 보호하기 위한 것	유리 및 플라스틱
유리 보호안경	미분, 칩, 기타 비산물로부터 눈을 보호하기 위한 것	유리
플라스틱 보호안경	미분, 칩, 액체약품 등 기타 비산물로부터 눈을 보호하기 위한 것	플라스틱
도수렌즈 보호안경	근시, 원시, 혹은 난시인 근로자가 차광안경, 유리보호안경을 착용해야 하는 장소에서 작업하는 경우, 빛이나 비산물 및 기타 유해물질로부터 눈을 보호함과 동시에 시력을 교정하기 위한 것	유리 및 플라스틱

08 동영상은 인화성 액체가 들어 있는 드럼통(200ℓ 용)이 적치된 저장창고에서 작업자가 인화성 물질이 든 운반용 캔(40ℓ 용)을 운반하던 중 휴식을 취하려고 드럼통 옆에서 웃옷을 벗는 순간 "펑" 소리와 함께 폭발사고가 발생한 상황이다. 다음 물음에 답하시오.(6점)
(1) 폭발의 종류(유형)를 쓰시오.
(2) 폭발이 발생한 이유(위험 point)를 간략히 설명하시오.
➡ 04,08기, 05,13산

(1) 폭발의 종류 : 증기운 폭발
(2) 폭발의 발생 이유 : 인화성 액체에서 발생한 기화증기가 공기 중에서 폭발성 혼합기체를 형성하여 정전기에 의한 불꽃방전으로 인해 인화·폭발하였다.

길잡이

▶ 증기운(蒸氣雲) 폭발
· 다량의 가연성 가스 또는 기화하기 쉬운 가연성 액체(인화성 액체)가 지표면에 유출되어 다량의 폭발성 혼합기체를 형성하여 점화원(발화원)에 의해 폭발이 일어나는 것을 말한다.

09 동영상은 아세틸렌 용접작업 중 (아세틸렌 용기가 뉘어져 있고 용접작업시 필요한 보호구도 착용하지 않은 상태임)에 가스용기의 연결호스가 빠지면서 폭발사고를 일으키는 장면이다. (1) 위험요인과 (2) 안전대책을 쓰시오. ▶ 10, 13산

력보호를 위해 보안경 등의 보호구를 착용한다.

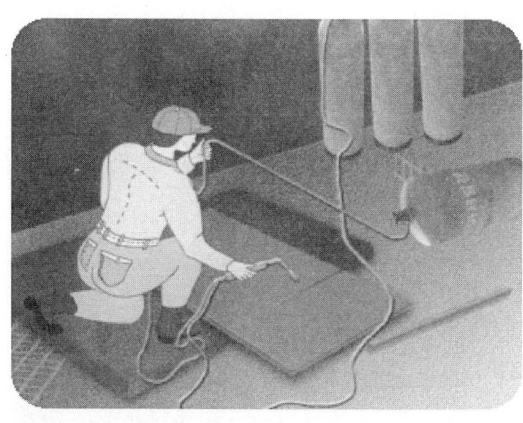

해답 (1) 위험요인
   ① 가스용기가 뉘어져 있다.
   ② 호스를 강하게 끌어당겨서 호스가 빠지게 되어 폭발사고를 일으켰다.
   ③ 용접작업에 필요한 보호구를 착용하지 않았다.

(2) 안전대책
   ① 가스용기를 세워 놓고 용접작업을 한다.
   ② 용접작업 전에 용기의 가스누출 여부를 점검하고 호스가 빠지지 않도록 주의하면서 작업을 하도록 한다.
   ③ 용접작업 중 불꽃 등의 튀김 등에 의한 화상방지를 위해 방화복, 가죽 앞치마, 가죽장갑 등과 시

산업안전산업기사 실기 작업형

2014년 제1회

01 동영상은 원심탈수기가 고장이 나서 작업자가 내부점검을 실시하는 장면을 보여주고 있다. 안전대책을 2가지 쓰시오.
▶ 14 산

해답
1) 점검 전에 스위치를 끄고 전원부에 잠금장치를 설치한다.
2) 점검·보수작업 중임을 알리는 표지판을 설치하거나 감시인을 배치한다.

02 동영상은 프레스기에 금형 교체작업을 하고 있다. 프레스기에 금형부착시 점검사항 2가지를 쓰시오.
▶ 02기, 04,14산

해답
1) 펀치와 다이의 평행도
2) 다이와 볼스터의 평행도
3) 펀치와 볼스터의 평행도
4) 다이홀더와 펀치의 직각도
5) 생크홀과 펀치의 직각도

03 동영상은 작업자가 물이 차 있는 단무지 저장고에서 작업 중에 물을 퍼내기 위해 펌프를 작동함과 동시에 감전되어 쓰러지는 장면을 보여주고 있다. 습윤장소에서 사용되는 수중펌프에 대하여 감전사고를 방지하기 위해 설치해야 할 방호장치 1가지를 쓰시오.   ▶ 14산

해답 누전 차단기

04 동영상은 박공지붕 위쪽과 바닥을 보여주면서 오른쪽에 안전난간 및 추락방지망 등 안전시설이 설치되지 않은 화면과 지붕 위쪽 중간에서 작업자(안전모, 안전화, 착용) 3명이 음료수를 마시면서 휴식을 취하고 있고, 작업자 왼쪽과 뒤편에 적재물이 적치되어 있는데 휴식중인 작업자를 향해 뒤에 있는 적재물이 굴러와 작업자 등에 충돌하여 작업자가 앞으로 쓰러지는 장면을 보여주고 있다. 동영상에서와 같은 재해가 발생하였을 경우 재해발생원인 2가지를 쓰시오.   ▶ 14 산

해답
1) 작업자가 위험한 장소에서 휴식을 취하고 있다.
2) 적재물을 한 곳에 과적하여 적치하였다.
3) 안전대 부착설비를 설치하지 않았고 안전대를 착용하지 않았다.
4) 추락방지망 등 안전시설을 설치하지 않았다.

05 동영상은 전주에 이동식 사다리를 걸치고 사다리 위에서 전선 점검작업 중에 사다리가 넘어지는 장면을 보여주고 있다. 이동식 사다리 설치시 준수사항 3가지를 쓰시오.

해답
1) 견고한 구조로 할 것
2) 재료는 심한 손상·부식 등이 없는 것으로 할 것
3) 폭은 30cm 이상으로 할 것
4) 다리부분에는 미끄럼방지장치를 설치하는 등 미끄러지거나 넘어지는 것을 방지하기 위해 필요한 조치를 할 것
5) 발판의 간격은 일정하게 할 것

06 동영상은 DMF(dimethyl formamide)를 취급하는 장면이다. 동영상을 참고하여 DMF에 대해 물질안전보건자료를 게시 또는 비치하고 정기 또는 수시로 점검·관리 하여야 하는 장소 3가지를 쓰시오.

해답
1) 대상화학물질 취급 작업공정 내
2) 안전사고 또는 직업병 발생 우려가 있는 장소
3) 사업장 내 근로자가 보기 쉬운 장소

07 동영상은 공작물을 손으로 잡고 드릴 작업을 하다가 공작물이 튀어서 작업자가 다치는 사고 장면을 보여주고 있다. 드릴 작업시 잘못된 점(위험요인)과 안전대책을 1가지씩 쓰시오. ▶ 14산

08 동영상은 지붕철골 상에 패널 설치 중 작업자가 발을 헛디뎌서 추락하여 사망한 재해사례 장면을 보여주고 있다. 동영상 화면을 참고하여 재해원인 2가지를 쓰시오.

해답
1) 안전대부착설비를 설치하지 않았고 안전대를 착용하지 않았다.
2) 추락방지망을 설치하지 않았다.

해답
1) **잘못된 점** : 공작물을 고정시키지 않고 손으로 잡고 작업하고 있다.
2) **안전대책** : 작은 공작물은 바이스를 사용하여 고정시킨 상태에서 드릴작업을 한다.

09 동영상 화면에 나타난 보호장구(보안면)의 면체의 성능기준항목 3가지를 쓰시오. ▶ 14 산

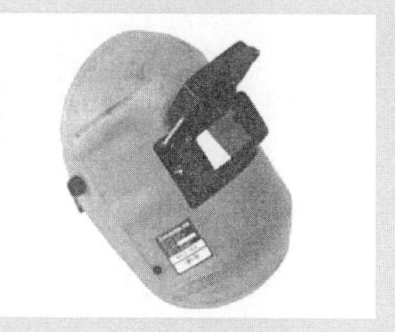

해답
1) 투과율   2) 내식성
3) 내노후성   4) 내발화성
5) 내충격성

산업안전산업기사 실기 작업형 — 2014년 제1회

01 동영상은 작업자가 컨베이어 위에 있는 벨트 양쪽 끝에 두 발을 걸치고 물건을 올리는 작업 중에 벨트에 신발이 딸려가서 넘어지고, 옆에 있던 다른 근로자가 부축하는 장면을 보여주고 있다. 동영상에서의 재해방지를 위한 안전장치 3가지를 쓰시오. ▶ 14산

해답
1) 비상정지장치
2) 덮개
3) 울

02 동영상은 작업자 한 명이 콘센트에 플러그를 꽂고 그라인더 작업 중이고 다른 작업자가 근처에 와서 작업을 위해 콘센트에 플러그를 꽂고 주변을 만지던 중에 감전되어 쓰러지는 장면을 보여주고 있다. 동영상에서와 같이 그라인더 기기를 사용하는 작업을 할 경우 위험요인 2가지를 쓰시오. ▶ 14산

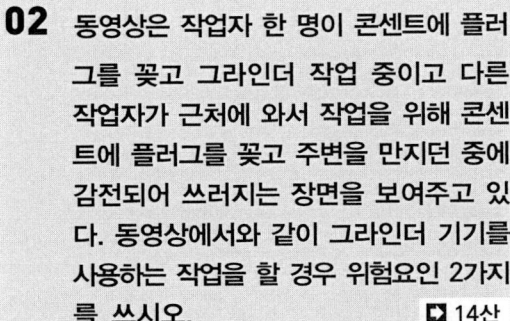

해답
1) 작업자가 절연장갑을 착용하지 않고 맨손으로 작업을 하여 위험하다.
2) 작업자에게 전기위험에 대한 안전교육을 시키지 않았다.

03 동영상은 탱크 내부의 밀폐된 공간에서 작업자가 그라인더 작업을 하고 있는데 다른 작업자가 외부에 설치된 국소배기장치를 발로 차서 전원공급이 차단되어 내부 작업자가 의식을 잃고 쓰러지는 장면을 보여주고 있다. 밀폐된 공간에서 그라인더 작업시 조치사항 3가지를 쓰시오.   ▶ 14 산

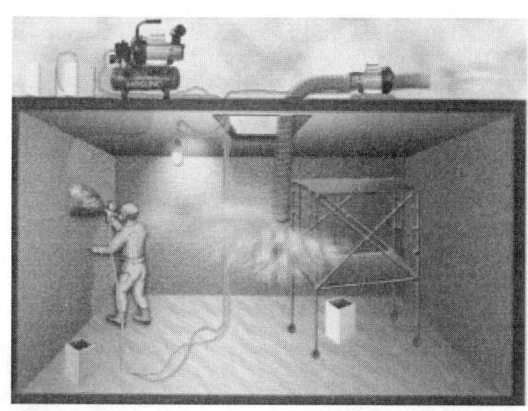

해답
1) 작업시작 전에 유해가스 및 산소농도를 측정하고 계속 환기를 시키도록 한다.
2) 환기 실시가 곤란하거나 산소결핍장소에 들어갈 때는 호흡용 보호구를 반드시 착용 시킨다.
3) 국소배기장치 등 환기시설 전원부에는 잠금장치를 하고 감시인을 배치시킨다.

04 동영상은 이동식 크레인을 이용하여 배관을 위로 올리는 인양작업(신호수 없는 작업)을 하는 장면을 보여주고 있다. 화물의 낙하·비래 위험을 방지하기 위한 조치사항 3가지를 쓰시오.   ▶ 14산

해답
1) 작업반경 내에는 관계근로자 이외의 자는 출입을 금지시킨다.
2) 인양도중에 화물이 빠질 우려가 있는지에 대해 확인한다.
3) 와이어로프의 안전 상태를 확인·점검한다.
4) 훅의 해지장치를 점검한다.

05 동영상은 작업자가 맨 얼굴에 목장갑을 끼고 가스용접작업 중에 산소통 호스줄을 당겨서 호스가 뽑혀 산소가 새어나오고 불꽃이 튀는 장면을 보여주고 있다. 위험요인 2가지를 쓰시오. ▶ 14 산

1) 작업자가 용접용 보안면과 안전장갑 등 보호구를 착용하지 않아 화상을 입을 수 있다.
2) 용기를 눕혀서 보관한 가운데 작업을 하지 않고 부주의로 산소호스가 산소통에서 뽑혀 화재·폭발사고가 발생할 수 있다.

06 동영상 화면은 사출성형기에 끼인 잔류물을 제거하다가 감전되어 뒤로 넘어지는 장면을 보여주고 있다. 잔류물 제거시 안전대책 3가지를 쓰시오. ▶ 14 산

1) 작업시작 전에 전원을 차단한다.
2) 작업시는 절연용 장갑 등 보호구를 착용한다.
3) 이물질을 제거할 때는 전용공구를 사용한다.

07 동영상은 작업자가 저장탱크 내부에서 슬러지 청소하는 장면을 보여주고 있다. 작업자가 탱크 내부에서 30분 이상 청소작업을 실시할 경우 착용해야 할 보호구 2가지를 쓰시오. ▶ 14 산

08 동영상은 작업자가 철골 위에 설치된 발판 상단을 지나가다가 바닥으로 떨어지는 장면을 보여주고 있다. ① 재해발생형태와 ② 기인물을 각각 쓰시오. ▶ 14산

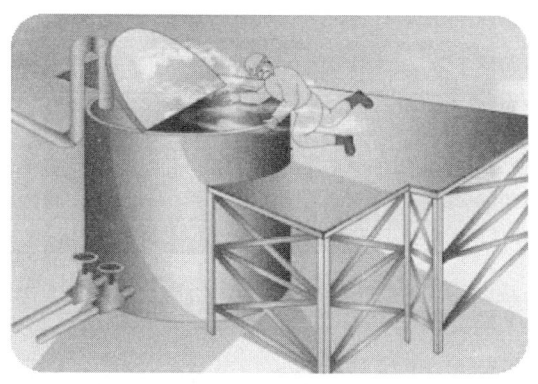

해답
1) 송기마스크
2) 공기호흡기

해답
① 재해발생형태 : 추락
② 기인물 : 발판

09 동영상 화면의 보호구의 종류와 기호를 쓰시오. ▶ 14 산

해답
1) 종류 : 귀덮개
2) 기호 : EM

2014년 제2회 산업안전산업기사 실기 작업형

01 동영상은 에어배관 점검작업 중에 고압의 증기누출로 작업자가 눈을 다치는 사고 장면을 보여주고 있다. 에어배관 점검작업시 위험요인 2가지를 쓰시오. ▶14산

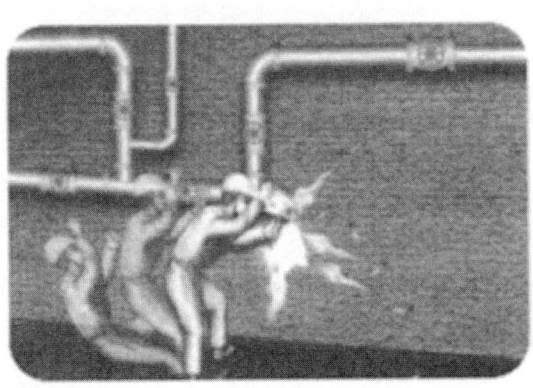

해답
1) 배관에 남은 고압증기를 제거하지 않은 상태에서 점검을 하였다.
2) 보안경을 착용하지 않았다.
3) 작업지휘자를 배치하지 않았다.

02 동영상은 공장지붕 철골 상에 패널 설치작업 중 작업자가 발을 헛디뎌서 추락하는 사고 장면이다. 위험요인 2가지를 쓰시오. ▶14산

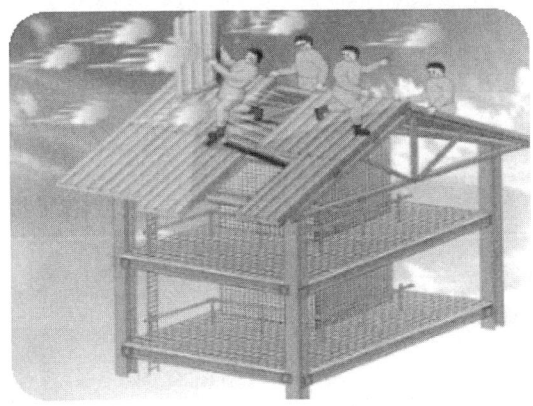

해답
1) 추락방지망을 설치하지 않았다.
2) 안전대부착설비를 설치하지 않았고 안전대도 착용하지 않았다.

03 동영상은 형강에 걸린 줄걸이 와이어를 빼내는 과정에서 줄걸이 와이어가 튕겨져 나와 작업자가 다치는 사고장면이다. 동영상의 사고 상황에서 (1) 가해물과 (2) 와이어를 빼내는 적합한 작업방식 2가지를 쓰시오. ▶ 06기, 04,05,14산

해답 (1) 가해물 : 와이어로프
(2) 작업방식
① 와이어가 물려 있는 형강 사이에 지렛대를 넣어 형강이 무너져 내리지 않을 정도로 서서히 지렛대를 들어올려 와이어가 튕겨나오지 않도록 하면서 와이어를 빼낸다.
② 2인 이상의 작업자가 공동으로 지렛대를 사용하여 와이어를 빼낸다.

04 동영상의 배관용접작업을 하는 장면(작업자가 용접용 보안면을 착용한 상태에서 배관의 용접작업을 하고 있으며 용접장치 조작스위치는 작업자 복부 정도에 위치)을 보여주고 있다. 배관 용접작업 중 감전되기 쉬운 부위 4가지를 쓰시오.
▶ 14산

해답 1) 용접용 홀더
2) 용접봉 케이블
3) 용접기 리드단자
4) 용접기 케이스

05 동영상 화면에 나타난 (1) 안전대의 명칭과 (2) 왼쪽①과 오른쪽② 부품의 명칭을 쓰시오. ▶ 14산

해답 (1) 죔줄
(2) ① 카라비너
② 훅

[주] 용어정의
1) 죔줄 : 벨트 또는 안전그네를 구명줄 또는 구조물 등 기타 걸이설비와 연결하기 위한 줄 모양의 부품을 말한다.
2) 훅 및 카라비너 : 죔줄과 걸이설비 또는 D링과 연결하기 위한 금속장치를 말한다.

06 동영상이 지반을 굴착한 후 흙막이지보공을 설치하는 장면을 보여주고 있다. 흙막이지보공 설치시 정기적 점검사항 3가지를 쓰시오.

해답
1) 부재의 손상·변형·부식·변위 탈락의 유무와 상태
2) 버팀대 긴압의 정도
3) 부재의 접속부·부착부 및 교차부의 상태
4) 침하의 정도

[주] 흙막이지보공 설치시 정기적 점검사항(붕괴등의 위험방지)
 : 안전보건규칙 제347조

07 동영상은 작업자가 퓨즈 교체작업을 하던 중 감전사고가 발생하는 장면이다. 감전 위험요인 2가지를 쓰시오. ▶ 14산

해답
1) 전원을 차단하지 않고 퓨즈 교체작업을 하고 있다.
2) 절연용 보호구를 착용하지 않았다.

08 동영상은 프레스기로 철판에 구멍을 뚫는 작업 장면을 보여주고 있다. 프레스기에 급정지장치를 부착하지 않고 사용할 수 있는 방호장치 4가지를 쓰시오. ▶ 14산

해답
1) 게이트 가드식
2) 손쳐내기식
3) 수인식
4) 양수기동식

> **길잡이**
> ▶ 급정지장치가 부착된 방호장치 : ① 양수조작식 방호장치
>   ② 감응식 방호장치

09 동영상은 도로에 임시로 설치한 가설전선을 점검하던 중에 감전사고가 발생한 장면이다. 가설전선 점검시 감전 방지대책 3가지를 쓰시오.

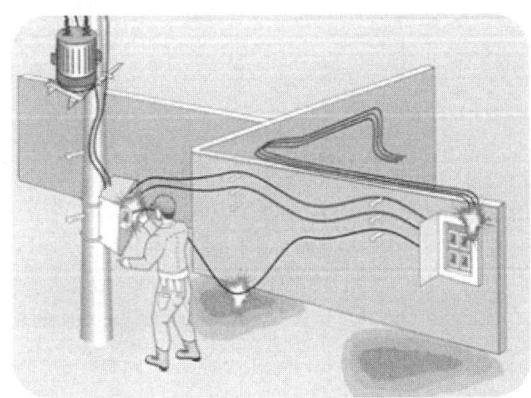

해답
1) 점검작업 전에 전로에 정전조치를 할 것
2) 감전방지를 위한 절연용 보호구를 착용할 것
3) 전로에 누전차단기를 설치할 것
4) 가설전선에 절연조치를 할 것

산업안전산업기사 실기 작업형 — 2014년 제2회

01 동영상은 목재 가공용 둥근톱기계를 사용하여 작업하는 장면을 보여주고 있다. 목재가공용 둥근톱기계의 (1) 방호장치와 (2) 자율안전확인대상 목재가공용 덮개 및 분할날에 추가 표시사항 2가지를 쓰시오. ▶14산

해답
(1) 방호장치
  ① 톱날접촉예방장치
  ② 반발예방장치
(2) 추가 표시사항
  ① 덮개의 종류
  ② 둥근톱의 사용 가능 치수

02 동영상은 크롬도금 작업장면을 보여주고 있다. 크롬도금 작업장에서 장기간 근무할 경우 크롬화합물의 증기가 인체에 유입될 수 있는 침입경로 3가지를 쓰시오. ▶14산

해답
1) 호흡기
2) 소화기
3) 피부점막

03 동영상은 분전반 앞에서 A작업자가 콘센트에 플러그를 꽂고 그라인더 작업을 하고 있고, B작업자가 다가와서 콘센트에 플러그를 꽂고 주변을 만지던 중에 감전에 의해 쓰러지는 사고장면을 보여주고 있다. 위험요인 2가지를 쓰시오. ▶14산

04 동영상은 크레인을 이용하여 전주를 옮기던 중에 전주에 맞아 사고가 발생하는 장면을 보여주고 있다. (1) 가해물과 (2) 감전방지용 안전모 2가지를 쓰시오. ▶14산

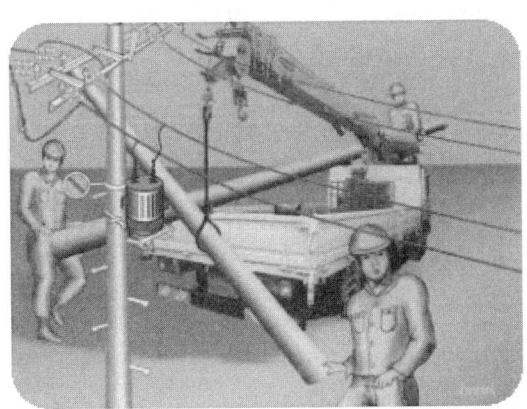

해답 1) 작업자가 절연장갑을 착용하지 않고 맨손으로 작업을 하고 있다.
2) 작업자에게 전기위험에 대한 안전교육을 시키지 않았다.

해답 (1) 가해물 : 전주
(2) 감전방지용 안전모
　① AE형
　② ABE형

05 밀폐공간에서 작업하는 경우 밀폐공간작업프로그램의 수립내용 3가지를 쓰시오.
➡ 14산

해답
1) 사업장 내 밀폐공간의 위치 파악 및 관리 방안
2) 밀폐공간 내 질식·중독 등을 일으킬 수 있는 유해·위험 요인의 파악 및 관리방안
3) 밀폐공간 작업 시 사전확인이 필요한 사항에 대한 확인 절차
4) 안전보건교육 및 훈련
5) 그 밖에 밀폐공간 작업 근로자의 건강장해 예방에 관한 사항

[주] 밀폐공간 보건작업 수립·시행 : 안전보건규칙 제619조

길잡이
▶ **용어의 정의** : 안전보건규칙 제618조
1) **밀폐공간** : 산소결핍, 유해가스로 인한 화재,폭발 등의 위험이 있는 장소
2) **유해가스** : 밀폐공간에서 탄산가스(CO_2), 일산화탄소(CO), 황화수소(H_2S) 등의 기체로 인체에 유해한 영향을 미치는 물질
3) **적정공기** : 산소농도의 범위가 18% 이상 23.5% 미만, 탄산가스(CO_2)의 농도가 1.5% 미만, 일산화탄소(CO)의 농도가 30ppm 미만, 황화수소(H_2S)의 농도가 10ppm 미만인 수준의 공기
4) **산소결핍** : 공기중의 산소농도가 18% 미만인 상태

06 동영상은 슬라이싱 머신(slicing machine)에 무채를 썰어내는 작업 중 갑자기 기계가 멈추어서 작업자가 기계를 점검하던 중 기계가 작동하여 칼날에 베이는 사고 장면을 보여주고 있다. 동영상의 작업상황에 대한 위험요인 2가지를 쓰시오.
➡ 02,03,07 기, 14 산

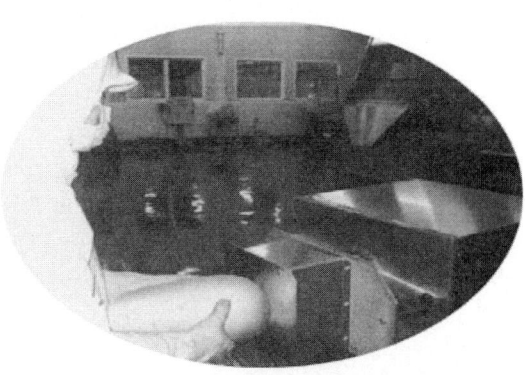

해답
1) 기계를 완전히 정지시키지 않은 상태에서 기계를 점검하면 손을 다칠 수 있다.
2) 인터록(inter lock, 연동장치)을 설치하지 않아 기계점검 중 손을 다칠 수 있다.

길잡이
▶ 슬라이싱 머신(slicing machine) 작업
1) 위험점 : 절단점
2) 재해원인분석
  ① 기인물 : 슬라이싱 머신
  ② 가해물 : 칼날
  ③ 재해형태 : 베임
3) 안전대책(사고방지대책)
  ① 위험점에 시건장치 설치 또는 인터록(inter lock) 등 방호장치 설치
  ② 덮개 설치
  ③ 울 설치

07 동영상은 아파트 창틀에서 작업 중인 A작업자가 작업발판을 처마 위에 작업자 B에게 건네준 후 작업자 B가 옆 처마 위로 이동하다가 발을 헛디뎌서 밑으로 떨어지는 사고 장면(주변은 어지럽게 널려져 있고 B작업자가 밟고 있던 콘크리트 부스러기도 같이 떨어짐)을 보여주고 있다. 동영상에서의 추락사고 발생원인 3가지를 쓰시오. ▶14산

🔵해답
1) 안전난간 미설치
2) 안전방망(추락방지망 미설치)
3) 안전대 부착설비 미설치 및 안전대 미착용

08 동영상은 아파트 건설현장에서 건설작업용 리프트의 운행 장면을 보여주고 있다. 건설작업용 리프트의 방호장치 4가지를 쓰시오. ▶14산

🔵해답
1) 권과방지장치
2) 과부하방지장치
3) 비상정지장치
4) 조작반의 잠금장치

[주] 리프트 방호장치(권과방지등, 무인작동의 제한) : 안전보건규칙 제151조, 제152조

09 동영상에 나타난 보호장구(보안면)의 (1) 등급을 나누는 기준과 (2) 투과율의 종류 3가지를 쓰시오. ▶ 14산

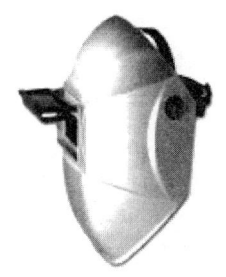 

해답 (1) 등급기준 : 차광도 번호

(2) 투과율 종류
① 시감 투과율
② 적외선 투과율
③ 자외선 최대 분광 투과율

01 동영상은 작업자가 목재 가공용 둥근톱 기계를 이용하여 목재를 자르는 작업 중에 고개를 옆으로 돌리고 곁눈질을 하는 등 부주의로 손가락이 베이는 사고 장면(둥근톱에는 덮개가 없고 보안경 및 방진마스크 미착용, 일반면장갑 착용)을 보여주고 있다. 동영상에서와 같은 둥근톱기계 작업시 사고방지대책(안전대책) 2가지를 쓰시오. ▷ 14산

> **길잡이**
> ▶ 둥근톱기계 작업시 필요한 방호장치 및 보조장치
>   1) 방호장치
>   ① 톱날접촉예방장치(덮개)
>   ② 반발예방장치(분할날, 반발방지기구, 반발방지롤)
>   2) 보조장치
>   ① 밀대
>   ② 직각정규
>   ③ 평행조정기

해답
1) 둥근톱기계 작업시에는 작업 중에 곁눈질 등 딴짓을 하지 말고 작업에 집중한다.
2) 둥근톱기계에는 톱날접촉예방장치·반발예방장치 등 방호장치를 설치한다.
3) 안전모, 보안경, 방진마스크 등 보호구를 착용한다.
4) 둥근톱기계 작업시는 장갑착용을 금지한다.

02 동영상은 컨베이어를 정지시킨 상태에서 작업자가 점검작업을 하던 중에 다른 작업자가 전원스위치 쪽으로 다가와서 전원 버튼을 누르는 순간 컨베이어가 작동하여 작업자가 벨트에 손이 끼이는 사고사례 장면이다. 컨베이어 작업시작 전 점검사항 3가지를 쓰시오. ▶14산

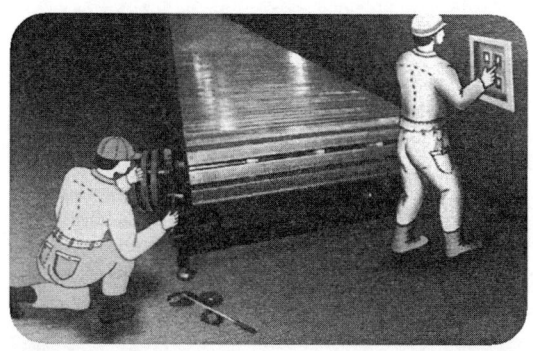

해답
1) 원동기 및 풀리 기능의 이상 유무
2) 이탈 등의 방지장치 기능의 이상 유무
3) 비상정지장치 기능의 이상 유무
4) 원동기·회전축·기어 및 풀리 등의 덮개 또는 울 등의 이상 유무

[주] 작업시작 전 점검사항 : 안전보건규칙 별표 3

 길잡이
▶ 상기 동영상에서 컨베이어 점검시 안전대책
1) 작업지휘자 또는 감시인을 배치한다.
2) 점검작업 중임을 알리는 표지판을 전원스위치 앞에 설치한다.
3) 전원스위치에 잠금장치를 설치한다.

03 동영상은 작업자(일반 캡모자와 면장갑 착용)가 교류아크용접기를 이용하여 용접을 한번 한 후 슬러지를 털어낸 뒤 다시 용접을 하기 위해 아크불꽃을 내는 순간 감전되어 쓰러지는 장면을 보여주고 있다. 다음 물음에 답하시오.
(1) 사고발생의 요인이 되는 기인물을 쓰시오.
(2) 교류아크용접작업시 눈과 감전사고를 방지하기 위하여 착용해야 할 보호구의 종류 2가지를 쓰시오.
14산

해답
(1) 기인물 : 교류아크용접기
(2) 착용 보호구 :
① 눈 : 용접용 보안면
② 감전방지용 : 용접용 장갑

04 동영상은 전신주의 형강을 교체하는 작업 장면(작업자 1명은 전주에 설치된 발판용 볼트에 발을 딛고 전주 위에 있는 변압기의 볼트를 풀면서 흡연을 하며 작업을 하고 있고 화면에는 발판용 컷아웃 스위치(COS, Cut Out Switch)가 임시로 걸쳐져 있음을 보여주고 있으며 근처에는 다른 작업자가 이동식 크레인 붐대 끝부분에 설치된 운반구에서 다른 작업을 하고 있음)을 보여주고 있다. 동영상의 작업상황에 대한 안전대책 3가지를 쓰시오.   ▶ 07,08,12,14 기

05 동영상은 인화성 액체가 들어있는 200L용 드럼통이 적치된 저장창고에서 작업자가 인화성 물질이 든 운반용 캔(40L용)을 운반하던 중 휴식을 취하려고 드럼통 옆에서 웃옷을 벗는 순간 "펑" 소리와 함께 폭발사고가 발생한 상황이다. 인화성 물질의 증기, 가연성 가스 및 분진 등이 존재하여 폭발 또는 화재가 발생할 우려가 있을 경우의 예방대책을 3가지 쓰시오.
▶ 14 기, 12 산

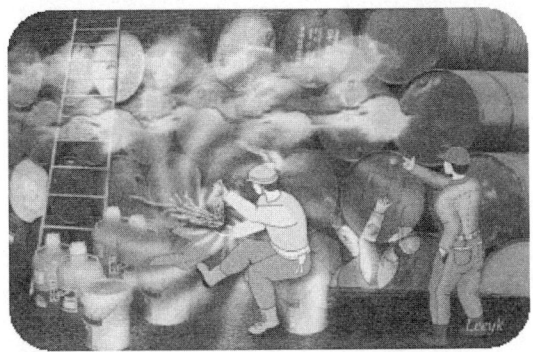

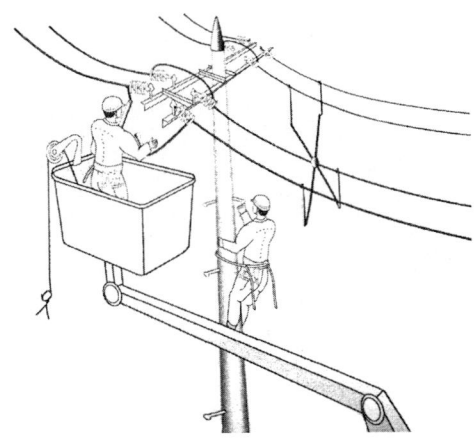

[해답]
1) 작업 중에는 작업에 집중하기 위하여 흡연을 금지한다.
2) 전주에 박혀 있는 발판용 볼트의 체결상태를 확인한 후 안정된 자세로 작업을 하도록한다.
3) 절연용 안전장갑·안전모 등 보호구를 착용한다.
4) COS를 발판용 볼트에 임시로 걸쳐놓지 않는다.

[주] 컷 아웃 스위치(COS, Cut Out Switch) : 인입 개폐기에 쓰이는 스위치(과전류차단기를 겸함)

[해답]
1) 통풍, 환기 및 제진 등의 필요한 조치를 할 것
2) 불꽃 또는 아크를 발생하거나 고온으로 될 우려가 있는 화기 또는 기계·기구 및 공구 등을 사용하지 않을 것
3) 폭발·화재를 미리 감지할 수 있는 가스검지경보장치를 설치하고 그 성능이 발휘될 수 있도록 할 것

[길잡이]
1) 동영상의 작업상황에서 폭발재해를 발생시키는 위험 point 및 대책
  ① 위험의 point : 인화성 액체에서 발생한 기화증기가 정전기에 의한 불꽃방전으로 인화 폭발하였다.
  ② 대책 : 인화성 물질 등의 저장창고에서 작업시는 인체의 제전조치를 한 후 작업을 실시할 것
2) 인화성 및 폭발성 물질 저장고 문 앞에서 신발에 물을 묻히는 이유 : 신발과 바닥면의 마찰 등에 의한 정전기의 대전을 방지하기 위해서이다. (07기)

06 동영상은 크롬도금작업 공정 중에 도금 상태를 검사하는 장면을 보여주고 있다. 다음 물음에 답하시오.
(1) 크롬(Cr) 도금조에 적합한 국소배기 장치의 명칭을 쓰시오.
(2) 크롬산 미스트(mist)의 억제방법을 쓰시오. ▷ 06,07,14산

해답 (1) 국소배기장치의 명칭 : Push-Pull
(2) 미스트 억제방법
① 크롬산 미스트가 발생되는 표면적을 줄여서 미스트 발생량을 최소화하기 위해 크롬 도금조에 소형 플라스틱 볼을 넣는다.
② 크롬산 미스트 발생을 억제하기 위해 계면활성제를 도금액제와 함께 투입한다.

07 동영상은 철골작업을 하는 장면을 보여주고 있다. 철골작업시 작업을 중지해야 할 기후조건 3가지를 쓰시오.
▷ 07,14 산

해답 1) 풍속이 초당 10m 이상인 경우
2) 강우량이 시간당 1mm 이상인 경우
3) 강설량이 시간당 1cm 이상인 경우

[주] 철골작업의 제한 : 안전보건규칙 제383조

08 동영상은 안전화의 종류 중 사진에 있는 안전화를 사용해야 할 사용장소를 구분하여 쓰시오. ▶ 10기, 11,14산

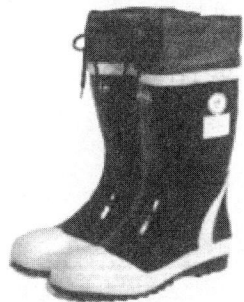

[해답] 고무제 안전화의 구분

구분	사용장소
일반용	일반작업장
내유용	탄산수소류의 윤활유 등을 취급하는 작업장

[주] 고무제 안전화의 성능기준 : 보호구안전인증고시

09 동영상은 건물을 해체하는 장면을 보여주고 있다. 해체작업시 작업계획서에 포함되는 내용 2가지를 쓰시오.
▶ 14산

[해답]
1) 해체의 방법 및 해체 순서도면
2) 가설설비·방호설비·환기설비 및 살수·방화설비 등의 방법
3) 사업장 내 연락방법
4) 해체물의 처분계획
5) 해체작업용 기계·기구 등의 작업계획서
6) 해체작업용 화약류 등의 사용계획서
7) 그 밖에 안전·보건에 관련된 사항

[주] 사전조사 및 작업계획서 내용 : 안전보건규칙 별표 4

01 동영상은 작업자가 승강기 설치 전 피트 내부에서 나무판자로 엉성하게 이어 붙인 발판 위에서 벽면에 돌출되어 있는 못을 망치로 제거하다가 밑으로 추락하는 사고 장면을 보여주고 있다. 핵심위험요인 3가지를 쓰시오. ▶14산

해답
1) 작업발판 미고정
2) 안전난간 및 추락방지망(안전방망) 미설치
3) 안전대 미착용

02 동영상은 작업자 2명이 공조기의 V벨트 교체작업을 하는 장면을 보여주고 있다. V벨트 교체작업시 사고방지를 위한 안전작업수칙 3가지를 쓰시오. ▶10,14산

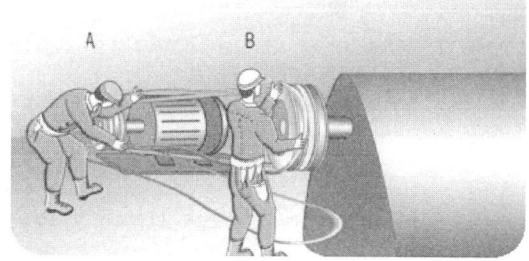

해답
1) 작업 전에 전원을 확실하게 차단한다.
2) V벨트 교체작업 중임을 표시하는 표지판을 전원개폐기에 부착한다.
3) 벨트를 벗기거나 끼울 때는 천대장치를 사용한다.

길잡이
1) 위험요인
① A가 V벨트를 당기고 있을 때 B의 왼손이 말려든다.
② B가 V벨트를 풀리에 걸 때 손이 끼인다.
③ B가 손을 벨트 사이에 넣고 있으므로 풀리에 끼인다.
④ 필요한 벨트 이외의 벨트가 널려 있어 걸려 넘어진다.
2) 위험점 : 접선물림점

03 동영상에서 전선의 활선여부를 확인할 수 있는 방법 3가지를 쓰시오. ▶ 14산

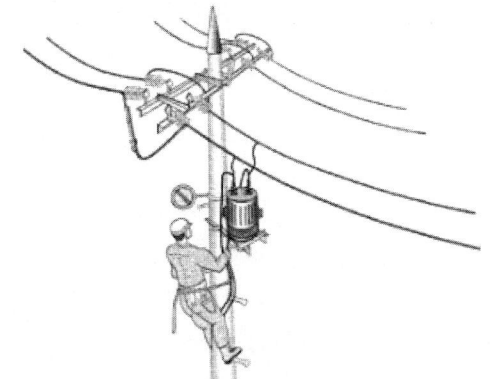

해답
1) 검전기로 확인한다.
2) 테스터 지시치를 확인한다.
3) 접지봉에 의해 접촉을 확인한다.

04 동영상은 교류아크용접작업을 실시하는 장면이다. 동영상에서와 같은 교류아크용접기를 사용하여 작업을 할 때에 작업(사용) 전 점검사항을 2가지만 쓰시오. ▶ 07,14 산

해답
1) 방호장치인 자동전격장치의 동작의 이상 유무
2) 홀더 절연물의 손상유무
3) 용접기 외함의 접지단자 및 2차측 귀선의 접지상태 여부
4) 용접기의 용접용 케이블 접속부의 접속 및 절연상태 여부
5) 용접용 케이블의 피복 손상유무
6) 1차배선과 용접기 단자와의 접속상태 여부
7) 전원개폐기에 사용하는 퓨즈의 적정 여부 및 과열에 의한 변색 여부

05 동영상은 LPG 저장소라고 표시되어 있는 문을 열고 들어가서 내부가 어두워 왼쪽에 있는 스위치를 눌러서 불을 점등하려는 순간에 스파크가 발생하여 폭발이 일어나는 장면을 보여주고 있다. LPG 용기 등의 저장소로서 부적합한 장소 3가지를 쓰시오. ▶ 09,14산

해답
1) 통풍이나 환기가 불충분한 장소
2) 화기를 사용하는 장소 및 그 부근
3) 위험물 또는 인화성 액체를 취급하는 장소 및 부근

[주] 가스 등의 용기 취급시 준수사항 : 안전보건규칙 제234조

06 동영상은 작업자가 드릴작업 중에 손가락을 다치는 사고사례 장면을 보여주고 있다. 동영상의 작업상황에서의 (1) 위험점의 명칭과 (2) 정의를 쓰시오. ▶ 11,14 산

해답
(1) 위험점 : 회전말림점
(2) 정의 : 회전하는 물체의 길이, 굵기, 속도 등의 불규칙 부위와 돌기회전 부위에 의해장갑 및 작업복 등이 말려 들어갈 위험이 형성되는 점

> 길잡이
> ▶ 회전말림점의 [예]
>   1) 회전하는 축(shaft)
>   2) 커플링(coupling)
>   3) 회전하는 드릴축(軸)과 드릴(drill)

07 동영상은 화학실험실에서 근로자가 실험 중에 위험물질이 든 병을 잠시 바닥에 놓아두고 이동하려다가 미끄러져 병을 발로 차서 병이 깨지는 장면을 보여주고 있다. 동영상에서와 같은 위험물질을 취급하는 실험실(또는 작업장) 바닥이 갖추어야 할 조건을 2가지만 쓰시오.
▶ 08, 14산

해답
1) 바닥은 불침투성 재료로 미끄럽지 않아야 한다.
2) 이동통로에는 장애물이 없도록 하고 위험물질을 임시로 놓은 장소와 이동통로는 확실 하게 구분시킨다.

08 동영상은 타워크레인을 이용하여 강관비계를 인양하던 중 신호수(작업자)가 있는 곳에서 약간 흔들리며 내려오다가 신호수와 부딪히는 사고사례 장면을 보여주고 있다. 사고발생원인 2가지를 쓰시오.
▶ 06기, 04,05,14산

해답
1) 흔들림(동요) 방지를 위한 보조로프를 사용하지 않았다.
2) 신호수(작업자)가 크레인의 권상하중 아래에 있었다.
3) 크레인 작업반경 내에 출입금지조치를 하지 않았다.
4) 강관비계를 묶은 슬링와이어의 상태가 부실하고 체결상태도 불안정하다.

09 가죽제 안전화의 성능시험항목 4가지를 쓰시오. ▶ 09기, 12,14산

해답
1) 내압박성 시험
2) 내충격성 시험
3) 내답발성 시험
4) 몸통과 겉창의 박리저항 시험

산업안전산업기사 실기 작업형 — 2015년 제1회

01 동영상은 운전 중인 인쇄운전기(롤러기)를 전면에서 양손으로 걸레를 잡고 청소하고 있는 장면을 보여주고 있다. 다음 물음에 답하시오. ▶ 04,15기, 06산
(1) 위험점의 명칭 :
(2) 위험점의 정의 :
(3) 위험점의 조건 :

02 동영상은 작업자가 컨베이어 벨트 양쪽 끝에 두 발을 걸치고 물건을 올리는 작업 중에 벨트에 신발이 딸려가서 작업자가 넘어지고 다른 작업자가 부축이는 사고장면을 보여주고 있다. 동영상에서 사고를 방지하기 위한 안전장치 2가지를 쓰시오. ▶ 15 기

해답
(1) 위험점의 명칭 : 물림점
(2) 위험점의 정의 : 회전하는 두 개의 회전체에 물려들어갈 위험성이 형성되는 점을 말한다.
(3) 위험점의 조건 : 두 개의 회전체가 서로 반대 방향으로 맞물려 회전하고 있다.

해답
1) 비상정지장치
2) 역주행방지장치
3) 이탈방지장치
4) 덮개
5) 울

03 동영상은 중앙제어실에서 스피커를 통해 지시된 NFB(No Fuse Breaker, 배선용 차단기)를 투입하는 장면을 보여주고 있다. 다음 물음에 답하시오.

▶ 06,15기, 04,05산

(1) 동영상의 작업상황에 대한 핵심위험요인(위험 point)을 3가지 쓰시오.
(2) 동영상의 작업상황에 대한 재해방지대책(안전대책)을 3가지 쓰시오.

해답
(1) 핵심위험요인(위험 point)
① 같은 번호이면서 각각 세 종류의 NFB가 있으므로 다시 확인하지 않을 경우 잘못 투입하여 사고가 발생한다.
② 단자부에 접촉하여 감전된다.
③ 맨손으로 전원을 투입하고 있으므로 충전부에 접촉하여 감전된다.

(2) 재해방지대책(안전대책)
① 확실한 지시기 아닐 경우 반드시 확인한 후 작업을 실시하도록 한다.
② 절연장갑을 착용하고 작업하도록 한다.
③ 각 차단기 별로 회로명을 확실하게 표기하여 오작동을 방지한다.
④ 시건장치(잠금장치) 및 표찰을 사용하여 관계자 이외에 오작동을 방지한다.

04 동영상은 작업자가 불안정한 의자 위에 올라가 배전반 점검을 하다가 아래로 떨어지는 사고장면을 보여주고 있다. 동영상의 사고장면에서 작업자의 불안정한 요소 2가지를 쓰시오.
▶ 15기

해답
1) 작업자가 딛고 있는 의자가 불안정하여 추락하였다.
2) 절연용 보호구를 착용하지 않아 감전의 위험이 있다.

05 동영상은 스팀이 흐르고 있는 스팀 배관의 플랜지를 맨손으로 점검하던 중에 스팀이 누출되는 사고 장면을 보여주고 있다. 위험요인을 3가지 쓰시오.
▶ 11, 15기

해답
1) 보안경 미착용으로 눈을 다칠 수 있다.
2) 방열장갑, 방열복 등의 보호구 미착용으로 화상을 입을 수 있다.
3) 사다리를 확실하게 고정시키지 않아 작업자가 떨어질 위험이 있다.

06 동영상 화면은 작업자가 강관(쇠파이프)을 눕혀 놓고 스프레이건으로 페인트칠을 하는 작업장면을 보여주고 있다. 동영상의 작업상황에서 착용하여야 할 방독마스크속에 들어 있는 흡수제 종류 2가지를 쓰시오.   ▶ 15 기

07 동영상은 작업자 A·B가 아파트 창틀을 설치하는 중에 사고가 발생하는 장면(A는 창틀에서 설치작업을 하고 있고, B는 작업발판 위에서 A에게 자재를 건네주고 옆으로 이동하다가 발을 헛디뎌 하부 바닥으로 추락하는 사고장면)을 보여주고 있다. 동영상에서 추락사고의 ① 기인물, ② 가해물을 쓰시오.   ▶ 04,05,15기

해답
1) 활성탄
2) 소다라임
3) 큐프라마이트

해답
1) 기인물 : 작업발판
2) 가해물 : 바닥

08 동영상은 고압선 근처에서 크레인에 의해 전주 세우기 작업을 하고 있는 장면을 보여주고 있다. 동영상의 작업상황에서 감전방지대책을 쓰시오. ▶ 15 기

> 1) 충전전로에 절연용 방호구를 설치할 것
> 2) 충전전로에 접촉하지 않도록 방책을 설치할 것
> 3) 감시인을 배치할 것
> 4) 충전부(고압선)로부터 300cm 이상 이격시킬 것
>   (50kV 초과시 10kV 증가할 때마다 10cm씩 이격거리를 증가시킬 것)

09 동영상 화면상에 나타난 보호장구(보안면)의 착색 투시부의 차광도를 구분하여 그 투과율(%)을 쓰시오.

> 1) 밝음 : 50±7%
> 2) 중간밝기 : 23±4%
> 3) 어두움 : 14±4%

산업안전산업기사 실기 작업형 — 2015년 제2회

01 동영상은 탁상용 연삭기에 의해 봉강을 연마작업하던 중에 봉강이 튀어 작업자의 머리를 때리는 사고장면을 보여주고 있다. 다음 물음에 답하시오. ▶ 15산

(1) 사고사례에서 ① 기인물과 ② 가해물을 쓰시오.
(2) 봉강 연마작업시 파편의 비래에 의한 위험방지를 위해서 필요한 방호장치를 쓰시오.

해답 (1) 사고원인분석
　　① 기인물 : 탁상용 연삭기
　　② 가해물 : 봉강
(2) 연삭기 방호장치 : 보호덮개

02 동영상 화면은 작은 공작물을 손으로 잡고 드릴을 이용하여 구멍을 뚫다가 공작물이 튕겨서 손을 다치는 작업장면을 보여주고 있다. 사고를 발생시킨 (1) 잘못된 점과 (2) 사고를 방지하기 위한 안전대책을 각각 쓰시오. ▶ 07기, 15산

해답 (1) 잘못된 점(사고원인) : 작은 공작물을 손으로 잡고 드릴작업을 하고 있다.
(2) 안전대책 : 작은 공작물은 바이스나 클램프에 견고하게 고정한 후 드릴작업을 하여야 한다. (공작물을 손으로 잡고 구멍을 뚫지 않을 것)

> **길잡이**
> ▶ 얇은 금속판(철판, 동판 등)에 구멍을 뚫을 경우 각목 등 나무판을 금속판 밑에 깔고 기구로 고정시킨 후 구멍을 뚫을 것

03 동영상은 고압변전설비(66,000V) 부근에서 공놀이를 하다가 공이 울타리 안쪽에 위치한 변압기 상단의 충전부에 떨어져 공을 주우러 가려하고 있다. 이 동영상에서 예상되는 재해의 종류를 쓰시오.
▶ 06기, 15산

 **재해의 종류** : 감전

> **길잡이**
> 1) 동영상에서 위험의 포인트
>   ① 문이 열려 있으므로 공을 주우러 고압설비 내에 들어가 감전된다.
>   ② 공을 잡으려고 뛰어오를 때 균형을 잃어 울타리에 부딪힌다.
>   ③ 고압설비가 스파크 되어 눈을 다친다.
> 2) 동영상에서 재해방지대책
>   ① 고압변전설비 출입구에 잠금장치를 하여 관계자 외의 자는 출입을 금지시킨다.
>   ② 고압변전설비 부근에서 공놀이를 하지 못하도록 경고표지판을 부착한다.
>   ③ 공을 꺼낼 때는 전원 차단 및 정전 확인 등 안전조치 후 공을 꺼내도록 한다.
>   ④ 고압변전설비의 위험에 대한 안전교육을 실시한다.

04 동영상은 A작업자가 변압기의 2차전압을 측정하기 위해 유리창 너머의 B작업자에게 신호를 주고 전원을 켠 후, 다시 차단하라고 신호를 보내고 기기를 만지다가 감전사고가 발생하는 장면을 보여주고 있다. 사고방지를 위해 착용해야 할 보호구 2개를 쓰시오.
▶ 11,15산

1) 절연장갑
2) 절연화

>  **길잡이**
> ▶ 동영상의 작업상황에서 사고 방지를 위해 설치해야 할 시설 중 가장 필요한 것은?
>   정답) 대화창 설치

05 동영상은 작업자가 원심기의 내부를 점검하는 장면을 보여주고 있다. 사고원인이 될 수 있는 위험요인과 안전대책을 각각 2가지씩 쓰시오. ▶ 15산

해답
1) 사고원인(위험요인)
   ① 내부점검 전에 전원부에 잠금장치를 설치하지 않았다.
   ② 점검작업 중 임을 알리는 표지판을 설치하지 않았다.
   ③ 감시인을 배치하지 않았다.
2) 안전대책
   ① 내부점검 전에 전원부에 잠금장치를 설치할 것
   ② 점검작업 중임을 알리는 표지판을 설치할 것
   ③ 감시인을 배치할 것

06 동영상 화면은 DMF(DiMethyl Formamide)를 취급하는 장면이다. 동영상을 참고하여 DMF에 대한 물질안전보건자료를 게시 또는 비치하고 정기 또는 수시로 점검·관리하여야 하는 장소 3가지를 쓰시오. ▶ 07,12,15산

해답
1) 대상화학물질 취급작업공정 내
2) 안전사고 또는 직업병 발생우려가 있는 장소
3) 사업장 내 근로자가 가장 보기 쉬운 장소

[주] 물질안전보건자료의 작성·비치에 관한 기준 : 법 제10조

> **길잡이**
> ▶ 물질안전보건자료의 작성시 기재사항 (법 제41조, 시행령 제92조의2)
> 1) 화학물질의 명칭·성분 및 함유량
> 2) 안전보건상의 취급 주의사항
> 3) 인체 및 환경에 미치는 영향
> 4) 다음 각 호의 고용노동부령으로 정하는 사항
>   ① 물리·화학적 특성
>   ② 독성에 관한 정보
>   ③ 폭발·화재시의 대처방법
>   ④ 응급조치 요령
>   ⑤ 기타 고용노동부장관이 정하는 사람

07 동영상은 경사진 박공지붕의 설치작업 중에 사고가 발생하는 장면(작업자 ○명은 지붕 위에 앉아서 빵을 먹으며 휴식을 취하고 있으며, 작업자 뒤편에 쌓여져 있는 패널이 휴식중인 작업자 뒤에서 무너져 작업자가 앞으로 쓰러지는 사고장면)을 보여 주고 있다. 동영상의 사고사례에서 (1) 재해발생원인과 (2) 재해방지대책을 각각 2가지씩 쓰시오. ▶ 04기, 07,11,15산

③ 추락방지망(안전방망)을 설치한다.
④ 박공지붕판을 한 곳에 과적하여 쌓아 놓지 않는다.
⑤ 위험한 장소에서 휴식을 취하지 않도록 한다.

해답 (1) 재해발생원인
① 작업발판을 설치하지 않았다.
② 안전대 부착설비 미설치 및 안전대를 착용하지 않았다.
③ 추락방지망을 설치하지 않았다.
④ 박공지붕판을 한곳에 과적하여 쌓아 놓았다.
⑤ 위험한 장소에서 휴식을 취하고 있었다..

(2) 재해방지대책
① 작업발판을 설치한 후 작업을 실시한다.
② 안전대 부착설비 및 지지로프를 설치하고 안전대를 착용한다.

08 동영상은 건물옥상(또는 공장지붕) 철골 상에 패널(panel) 설치작업 도중에 작업자가 실족하여 추락사고가 발생하는 장면을 보여주고 있다. 재해방지대책을 2가지만 쓰시오. ▶ 04기, 06,12,15산

해답
1) 추락방지망(안전방망)을 설치한다.
2) 안전대 부착설비 및 지지로프를 설치하고 안전대를 착용한다.

09 동영상의 보호구를 보고 강렬한 소음이 발생되는 작업장에서 착용해야 할 (1) 보호구의 명칭과 2) 화면번호를 쓰시오. (단, 안전모·안전화는 착용한 상태이다) ▶ 03,06,15 산

해답 (1) 보호구의 명칭 : 귀덮개
(2) 화면번호 : ○ ○

길잡이
▶ 방음 보호구의 종류

종류	기호	등급	성능
귀마개	EP-1	1종	저음에서 고음까지 차음하는 것
귀마개	EP-2	2종	주로 고음을 차음하며, 회화음 영역인 저음은 차음하지 않는 것
귀덮개	EM		저음부터 고음까지 차음하는 것

1. 산업안전산업기사 실기 작업형 **59**

산업안전산업기사 실기 작업형

2015년 제3회

01 동영상 화면은 프레스기로 판재에 구멍을 뚫는 작업장면을 보여주고 있다. 다음 물음에 답하시오.  00,01,07,15기

(1) 프레스기에 급정지기구가 부착되어 있지 않을 경우에 유효한 프레스기의 방호장치의 명칭을 3가지만 쓰시오.
(2) 프레스기에 금형을 부착할 때에 위험방지 조치사항을 3가지 쓰시오.

길잡이

(1) 급정지기구가 부착되어 있어야만 유효한 프레스기(마찰식 클러치 부착 프레스)의 방호장치
  ① 양수조작식 방호장치
  ② 감응식 방호장치
(2) 프레스기의 행정길이에 따른 방호장치

구분	방호장치
1행정 1정지식(크랭크 프레스)	양수조작식, 게이트 가드식
행정길이(stroke)가 40mm 이상의 프레스	손쳐내기식, 수인식
슬라이드 작동 중 정지 가능한 구조(마찰 프레스)	감응식 (광전자식)

(3) 프레스기에 금형 부착시 점검사항
  ① 펀치와 다이의 평행도
  ② 다이와 볼스터의 평행도
  ③ 펀치와 볼스터면의 평행도
  ④ 다이홀더와 펀치의 직각도
  ⑤ 생크홀과 펀치의 직각도

③ 자동송급, 배출장치를 사용할 것

해답
(1) 프레스기의 방호장치
  ① 수인식 방호장치
  ② 손쳐내기식 방호장치
  ③ 게이트가드식 방호장치
  ④ 양수기동식 방호장치
(2) 금형의 위험방지 조치사항
  ① 금형에 안전울을 설치할 것
  ② 상하간의 틈새를 8mm 이하로 하여 손가락이 들어가지 않도록 할 것

02 동영상은 작업자가 전주를 운반하던 중 전주에 깔리는 사고발생 장면을 보여주고 있다. 다음 물음에 답하시오.
(1) 가해물을 쓰시오.
(2) 감전방지용 안전모의 종류를 2가지 쓰시오.   ▶ 15기, 06산

해답 (1) 가해물 : 전주
(2) 감전방지용 안전모
① AE
② ABE

03 동영상은 에어배관의 필터를 떼어내고 점검·청소를 하기 위해 플랜지를 풀고 있는 장면을 보여주고 있다. 다음 물음에 답하시오.
(1) 동영상의 배관 플랜지를 푸는 작업 중에 에어가 터져 나와 작업자가 쓰러져 다치는 사고가 발생하였을 때의 기인물과 가해물을 쓰시오.
(2) 동영상의 작업상황에 대해서 위험예지훈련을 실시할 경우 행동목표를 2가지 쓰시오.
▶ 04, 08, 15기, 06산

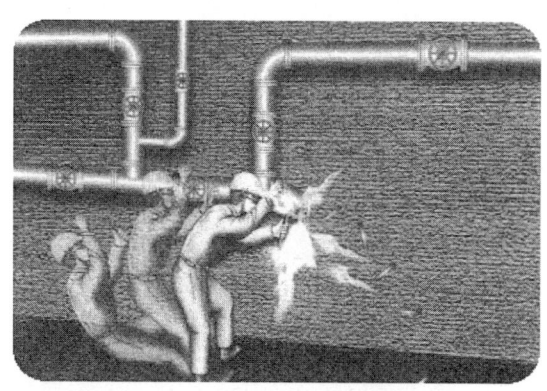

해답 (1) ① 기인물 : 배관 플랜지
② 가해물 : 에어(air)
(2) **행동목표**
① 배관 내의 점검·청소를 위해 플랜지를 뗄 때는 주 밸브를 잠그고 남은 압력이 빠진 것을 확인한 후 작업을 실시한다. (실시하자)
② 배관 내의 점검·청소시 눈에 먼지가 들어가지 않도록 보안경을 착용하자.

길잡이

▶ 동영상 작업상황의 위험 포인트(핵심위험요인)
1) 볼트를 풀 때 남은 압력에 먼지가 날려 눈에 들어간다.
2) 볼트를 전부 빼내는 순간 플랜지가 떨어져 발을 다친다.
3) 볼트를 조이고 스패너를 벗기려고 할 때 스패너가 벗어나 배관에 머리를 다친다.
4) 풀어놓은 볼트와 공구를 밟아 발을 삔다.
5) 갑자기 에어가 터져 나와 넘어져 다친다.

04 동영상 화면은 건설작업용 리프트 안전성 여부를 확인하는 점검작업 장면을 보여 주고 있다. 리프트의 방호장치 4가지를 쓰시오. ▶ 15기

해답
1) 과부하방지장치
2) 권과방지장치
3) 비상정지장치
4) 잠금장치(조작반에 설치)

[주] 권과방지 등 및 무인작동의 제한 : 안전보건규칙 제151조, 제152조

05 동영상 화면은 작업자가 사출성형기 노즐부분에 끼인 잔류물을 제거하다가 감전사고가 발생하는 장면을 보여주고 있다. 화면에서 나타난 재해원인 중 (1) 기인물과 (2) 가해물을 쓰시오.

해답
(1) 기인물 : 사출성형기
(2) 가해물 : 전기(또는 전류)

06 동영상은 저장탱크 내부에서 슬러지 청소장면을 보여주고 있다. 저장탱크 내부에서 30분 이상 청소작업을 실시할 경우 착용보호구를 2가지 쓰시오. ▶ 15기

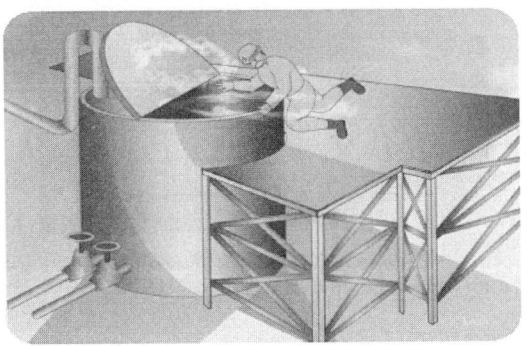

해답
1) 송기마스크
2) 공기호흡기

07 동영상 화면은 내전압용 절연장갑을 보여주고 있다. 화면을 참고하여 내전압용 절연 장갑의 등급을 쓰시오. ▶ 15기

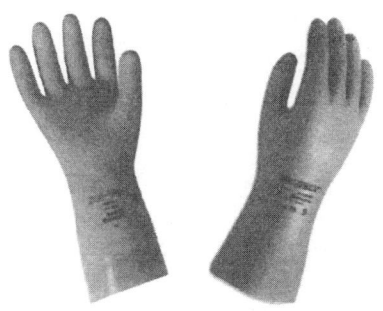

해답 등급 : 00, 0, 1, 2, 3, 4

08 동영상은 화물의 인양작업 장면을 보여주고 있다. 크레인을 사용하여 화물 인양 작업시 관리감독자의 직무사항 3가지를 쓰시오. ▶ 11, 15 기

해답 1) 작업방법과 근로자의 배치를 결정하고 그 작업을 지휘하는 일

2) 재료의 결함유무 또는 기구 및 공구의 기능을 점검하고 불량품을 제거하는 일
3) 작업 중 안전대 또는 안전모의 착용상황을 감시하는 일

[주] 크레인 작업시 관리감독자의 직무수행 내용 : 안전보건규칙 별표 2 제3호

09 동영상은 목재가공용 둥근톱기계에 의해서 목재를 가공하는 작업장면을 보여주고 있다. 다음 물음에 답하시오. ▶ 15기
(1) 방호장치 2가지를 쓰시오.
(2) 목재가공용 덮개 및 분할날에 자율안전확인표시 외에 추가로 표시하여야 할 사항 1가지를 쓰시오.

해답 (1) ① 톱날접촉예방장치
② 반발예방장치
(2) ① 덮개의 종류
② 둥근톱의 사용가능치수

산업안전산업기사 실기 작업형

2016년 제1회

01 동영상은 드릴작업중 발생한 사고사례장면을 보여주고 있다. 동영상의 작업상황에서의 (1) 위험점의 명칭을 쓰고 (2) 정의를 설명하시오.

해답
(1) 위험점 명칭 : 회전말림점
(2) 정의 : 회전하는 물체의 길이, 굵기, 속도 등의 불규칙부위와 돌기회전부위에 의해 작업 및 작업복 등이 말려들 위험이 형성되는 점을 말한다.

> **길잡이**
> ▶ Error의 심리적인 분류(swain)
> · 위험점(작업점) : 「일이 물체에 행해지는 점」 또는 「가공물이 가공되는 부분」 등 위험을 초래할 가능성 있는 부분으로 작업점이라고도 함
>   1) 협착점(Squeeze point) : 고정부와 왕복운동을 하는 운동부 사이에 형성되는 위험점(예 : 프레스, 성형기, 절곡기 등)
>   2) 끼임점(Shear point) : 고정부와 회전 또는 직선운동과 함께 형성하는 부분 사이에 형성되는 위험점(예 : 연삭숫돌과 작업대, 반복 동작되는 링크기구, 교반기의 교반날개 와 몸체 사이)
>   3) 절단점(Cutting point) : 회전하는 운동부분 자체와 운동하는 기계 자체와의 위험이 형성되는 점(예 : 둥근톱날, 띠톱기계의 날, 밀링커터 등)
>   4) 물림점(Nip point) : 회전하는 두 개의 회전체에 물려들어갈 위험성이 형성되는 점(중심점+회전운동)(예 : 롤러, 기어와 피니언 등)
>   5) 접선물림점(Tangential nip point) : 회전하는 부분의 접선방향에서 만들어지는 위험점(접선점+회전운동)(예 : 벨트와 풀리, 체인과 스프라켓, 랙과 피니언 등)
>   6) 회전말림점(Trapping point) : 크기, 길이, 속도가 다른 회전운동에 의한 위험점으로 회전하는 부분에 돌기 등이 도출되어 작업복 등이 말리는 위험점(예 : 회전축, 드릴축, 커플링 등)

02 동영상의 화면은 형강에 걸린 짐걸이 와이어로프가 빠지지 않아서 크레인을 사용하여 위로 올려 빼내려 하는 장면 (A는 신호를 하고 있으며 B는 지렛대를 사용해서 형강을 들척이고 있다.)을 보여주고 있다. 다음 물음에 답하시오.

🔲 04,05,16 산

(1) 동영상의 작업상황에서 와이어로프가 빠질 때 와이어로프가 튕겨서 A 또는 B에 부딪치는 사고가 발생하였다면 가해물은 무엇인가?

(2) 동영상에서와 같이 크레인을 사용해서 와이어로프를 빼낼 때 안전한 작업방식을 2가지만 쓰시오.

해답 (1) 가해물 : 와이어로프
(2) 안전한 작업방식
① 와이어를 위로 올려 빼낼 때 와이어가 튕기지 않도록 조치한다.
② 2인 이상의 작업자가 지렛대를 사용하여 형강이 무너져 내리지 않을 정도로 형강을 들어올려 와이어를 빼낸다.

03 동영상 화면은 작업자가 환기팬을 수리하기 위해 싱크대 위에 올라가 드라이버로 환기팬을 떼어 내던 중 싱크대 위에서 바닥으로 떨어지는 장면을 보여주고 있다. 다음 물음에 답하시오.

(1) 다음의 재해원인 분석을 하시오.
① 기인물 :
② 가해물 :
③ 재해형태 :
(2) 위험요인을 3가지만 쓰시오.

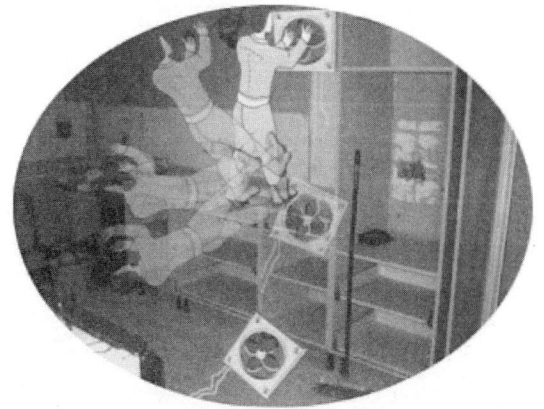

해답 (1) 재해원인 분석
① 기인물 : 싱크대
② 가해물 : 바닥
③ 재해형태 : 추락
(2) 위험요인(위험의 point)
① 싱크대를 헛디뎌서 추락한다.
② 발이 스위치에 접촉되어 스위치가 「ON」의 상태가 되어 팬이 회전하여 손을 다친다.
③ 환기팬을 해체할 때 힘을 지나치게 넣어 뒤쪽으로 전락한다.
④ 환기팬이 누전되어 있어 감전되고 그 쇼크 때문에 뒤쪽으로 전락한다.

⑤ 싱크대에 물이 묻어 있어 미끄러져 앞으로 넘어지면서 유리에 머리를 부딪힌다. (재해형태 : 충돌)
⑥ 환기팬을 해체할 때 먼지가 눈에 들어간다.

05 동영상은 밀폐된 공간 내에서 그라인더 작업을 하는 장면을 보여주고 있다. 동영상에서와 같이 밀폐공간 내에서 작업시 안전수칙 3가지를 쓰시오

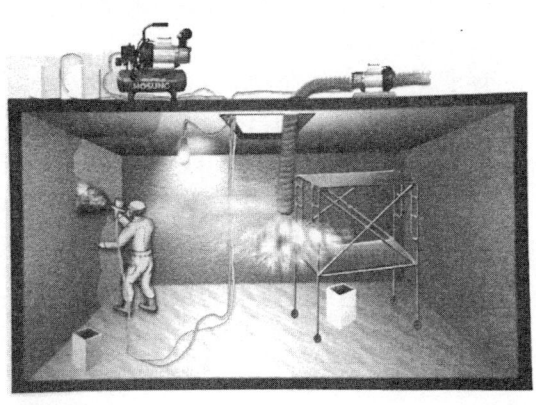

해답
1) 작업시작전 유해가스농도 및 산소농도를 측정할 것
2) 작업시작전 및 작업중에 적정한 공기상태가 유지되도록 환기를 실시할 것.
3) 환기 곤란시는 공기호흡기 또는 송기마스크 등 호흡용 보호구를 착용할 것
4) 해당 작업장과 외부의 감시인 사이에 상시연락을 취할 수 있는 설비를 설치할 것

04 동영상은 활선작업장면을 보여주고 있다. 활선작업시 위험 포인트를 3가지만 쓰시오.

➡ 06,16산

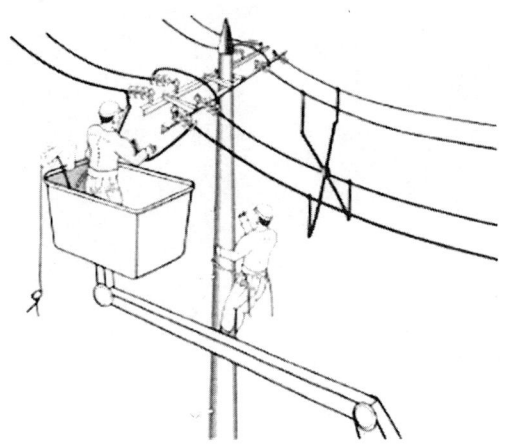

해답
1) 절연용 방호구 미설치 절연용 보호구 미착용으로 감전된다.
2) 전로의 활선상태를 정전상태로 착각하여 전로에 접촉되어 감전된다.
3) 전원을 차단하지 않은 상태에서 작업하여 감전된다.

06 동영상화면은 실험실에서 작업자가 황산(H_2SO_4)을 비커에 따르고 있는 장면(작업자는 맨손으로 마스크를 착용하지 않은 상태임)을 보여주고 있다. 황산 등 유해물질의 인체침입경로 2가지를 쓰시오.

해답
1) 호흡기
2) 피부
3) 소화기

07 동영상화면은 이동식크레인을 이용하여 철제배관을 인양하는 작업장면(신호수의 신호에 따라 배관인양 중 배관이 H빔에 부딪치면서 흔들리는 동영상)을 보여주고 있다. 배관 인양작업시 안전대책 3가지를 쓰시오

해답
1) 운전자와 신호수 간에 정확한 신호방법을 미리 정하여 둔다.
2) 보조로프(유도로프)를 사용하여 화물의 흔들림을 방지한다.
3) 화물이 낙하하지 않도록 슬링 와이어의 체결상태를 확인한다.

08 동영상화면은 작업자가 승강기 설치전 피트내에서 작업중에 개구부로 추락하는 사고장면을 보여주고 있다. 위험요인 2가지를 쓰시오

해답
1) 작업발판 미설치 또는 미고정
2) 안전방망 미설치
3) 안전난간 미설치
4) 안전대 미착용

09 동영상은 방음보호구 중 귀마개를 보여주고 있다. 다음 [표]의 빈칸에 알맞은 기호를 쓰시오.

형식	종류	기호
귀마개	1종	(①)
	2종	(②)

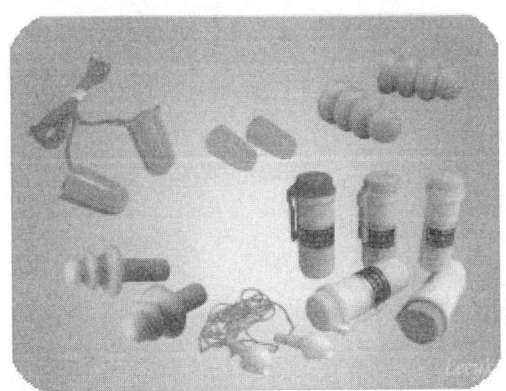

해답
① EP-1
② EP-2

산업안전산업기사 실기 작업형
2016년 제2회

01 동영상화면은 프레스기에 금형 교체작업을 하고 있다. 프레스기에 금형 부착시 안전상 점검사항 2가지를 쓰시오.

해답
1) 펀치와 다이의 평행도
2) 다이와 볼스터의 평행도
3) 펀치와 볼스터면의 평행도
4) 다이홀더와 펀치의 직각도
5) 생크홀과 펀치의 직각도

02 컨베이어 작업시작 전 점검사항 3가지를 쓰시오.

해답
1) 원동기 및 풀리 기능의 이상 유무
2) 이탈 등의 방지장치 기능의 이상 유무
3) 비상정지장치 기능의 이상 유무
4) 원동기·회전축·기어 및 풀리 등의 덮개 또는 울 등의 이상 유무

주 작업시작 전 점검사항 : 안전보건규칙 별표 3

03 동영상화면은 교류아크 용접작업중 감전재해가 발생된 장면을 보여주고 있다. 다음 물음에 답하시오.
(1) 기인물을 쓰시오
(2) 용접작업시 눈과 감전재해 위험으로부터 작업자를 보호하기 위해 착용해야할 보호구 명칭 2가지를 쓰시오

해답 (1) 기인물 : 교류아크용접기
(2) 보호구
　① 용접용 보안면
　② 용접용 장갑

04 콘크리트 전주를 세우기 위해 활선전로(가공전선) 근처에서 항타기·항발기를 사용하여 항타작업을 하고 있다. 감전재해를 방지하기 위한 조치사항을 3가지 쓰시오.

해답 1) 해당 충전전로를 이설할 것.
2) 감전의 위험을 방지하기 위한 방책을 설치할 것
3) 해당 충전전로에 절연용 방호구를 설치할 것.
4) 제①호 내지 제③호에 해당하는 조치를 하는 것이 현저히 곤란한 때에는 감시인을 두고 작업을 감시하도록 할 것.

Guide 1) 상기 문제의 해답은 안전보건규칙 신법에 관계되는 해답이며 「길잡이」내용은 법이 개정되기전의 구법 내용입니다. 추가된 내용(이격거리)과 삭제된 내용(충전전로이설)을 숙지하고 정답을 정확히 기술할 수 있어야 합니다.
2) 출제율이 매우 높습니다.

05 동영상화면은 인화성 물질의 취급 및 저장소를 보여주고 있다. 인화성 액체의 증가, 인화성 가스 또는 인화성고체가 존재하여 폭발 또는 화재가 발생할 우려가 있을 경우의 예방대책 3가지를 쓰시오 (단, 점화원에 관한 내용은 제외)

해답
1) 통풍·환기 및 분진 제거 등의 조치를 할 것
2) 폭발이나 화재를 미리 감지하기 위하여 가스 검지 및 경보 성능을 갖춘 가스 검지 및 경보 장치를 설치할 것
3) 인화성물질 용기에 밀폐를 확실히 하고, 작업자에게 인화성물질에 대한 안전교육을 실시한다.

[주] 폭발 또는 화재 등의 예방 : 안전보건규칙 제232조

06 동영상화면은 작업자가 스프레이건으로 쇠파이프 여러 개를 눕여 놓고 페인트칠을 하는 작업장면을 보여주고 있다. 동영상에서 사용하는 마스크의 명칭과 흡수제 3가지를 쓰시오.

해답
1) 마스크의 명칭 : 방독마스크
2) 흡수제
① 활성탄
② 큐프라마이트
③ 소다라임

07 동영상은 철골 위에 설치된 발판상단을 지나가다가 땅으로 떨어지는 사고장면을 보여주고 있다. ① 기인물과 ② 재해발생형태를 쓰시오.

해답
1) 기인물 : 발판
2) 재해발생형태 : 추락

08 동영상화면은 전신주 형강의 교체작업장면을 보여주고 있다. 정전작업 전 조치사항 3가지를 쓰시오

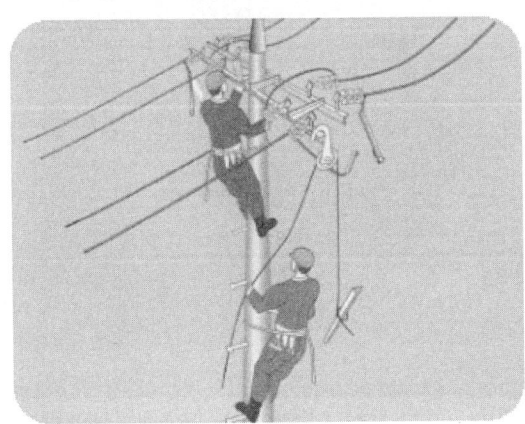

해답
1) 개로개폐기의 시건 또는 표시
2) 잔류전하의 방전
3) 검전기에 의한 정전확인
4) 단락접지

길잡이
▶ 전주 위에서 전기형강 교체작업 중 위험요인 14 기
① 작업 중 흡연을 하고 있다.
② 작업자가 딛고 선 발판이 불안정하다.
③ COS(Cut Out Switch)를 발판용 볼트에 임시로 걸쳐 놓았다.
※ COS(컷 아웃 스위치) : 인입 개폐기로 쓰이는 자기제의 소형 스위치로 뚜껑에 퓨즈가 붙어 있어 과전류를 차단한다. (개폐기와 과전류 차단기의 겸용)

09 동영상화면의 보호구 중 가죽제안전화 성능기준 항목 4가지를 쓰시오

해답
1) 내답발성 시험
2) 내충격성 시험
3) 내압박성 시험
4) 박리저항 시험
5) 내부식성 시험
6) 내유성 시험

산업안전산업기사 실기 작업형 — 2016년 제3회

01 동영상화면에서 보여준 보호구 중 안전인증 대상 보안경의 종류 4가지를 쓰시오.

해답
1) 자외선용
2) 적외선용
3) 복합용(자외선 및 적외선)
4) 용접용(자외선, 적외선, 강렬한 가시광선)

길잡이

▶ 자율안전확인 대상 보안경
1) 유리보안경
2) 플라스틱 보안경
3) 도수렌즈 보안경

---

02 동영상은 작업자가 탁상용 드릴 작업 중 발생한 쇠가루 이물질을 손으로 청소하다가 손이 말려 들어가 드릴날에 검지손가락이 상해를 입는 사고사례를 보여주고 있다. 동영상의 작업상황에서 (1) 위험점의 명칭 과 (2) 정의를 쓰시오

해답
(1) 위험점의 명칭 : 절단점
(2) 정의 : 회전하는 운동부분 자체와 운동하는 기계 자체에 위험이 형성되는 점을 말한다.

03 동영상은 철골구조물에서 작업자 2명이 볼트체결작업 중 1명이 추락하는 재해사례 장면을 보여주고 있다. 철골구조물에서 작업시 작업을 중지해야 하는 기상조건 3가지를 쓰시오.

04 동영상은 작업자가 화학물질을 취급하는 작업장면을 보여주고 있다. 유해물질을 취급하는 작업장의 보기 쉬운 장소에 게시하거나 갖추어 두어야 하는 사항 3가지를 쓰시오

해답
1) 풍속이 초당 10m 이상인 경우
2) 강우량이 시간당 1mm 이상인 경우
3) 강설량이 시간당 1cm 이상인 경우

주 작업의 제한 : 안전보건규칙 제383조

해답
1) 명칭
2) 인체에 미치는 영향
3) 취급상 주의 사항
4) 착용하여야 할 보호구
5) 응급조치와 긴급방재요령

05 동영상 화면은 작업자가 둥근톱기계로 나무판자를 자르던 중 장갑을 착용한 손가락이 절단되는 사고 사례 장면을 보여주고 있다. 둥근톱기계 작업시 필요한 안전 및 보조장치 3가지를 쓰시오.

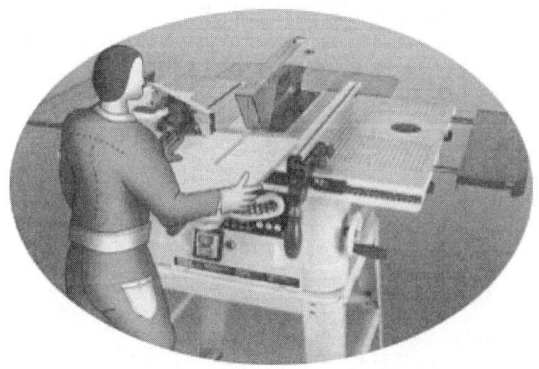

해답
1) 톱날덮개(톱날접촉예방장치)
2) 분할날
3) 밀대
4) 평행조정기
5) 직각정규

06 동영상의 화면과 관련된 화학설비 및 특수화학설비에 대한 다음 물음에 답하시오.
(1) 특수화학설비를 설치할 때에 내부의 이상상태를 조기에 파악하기 위하여 설치해야 할 장치를 2가지 쓰시오.
(2) 화학설비 및 그 부속설비에 파열판을 설치해야 할 경우를 3가지 쓰시오.

해답 (1) 특수화학설비 내부의 이상상태를 조기에 파악하기 위한 장치
① 온도계·유량계·압력계 등의 계측장치
② 자동경보장치
(2) ① 반응폭주 등 급격한 압력상승의 우려가 있는 경우
② 독성물질의 누출로 인하여 주위의 작업환경을 오염시킬 우려가 있는 경우
③ 운전 중 안전밸브에 이상 물질이 누적되어 안전밸브가 작동하지 아니할 우려가 있는 경우

[주] 파열판의 설치 : 안전보건규칙

07 동영상은 비계위에 설치된 작업발판 위에서 작업을 하고 있다. (1) 작업발판의 폭과 (2) 발판틈새가 얼마인지 쓰시오.

해답 (1) 작업발판의 폭 : 40cm 이상
(2) 발판 틈새의 폭 : 3cm 이하

> **길잡이**
>
> ▶ 작업발판의 구조 : 비계(달비계·달대비계 및 말비계는 제외)의 높이가 2m 이상인 작업장소에 설치하는 작업발판의 설치기준(안전보건규칙 제56조)
> 1) 발판재료는 작업시의 하중을 견딜 수 있도록 견고한 것으로 할 것
> 2) 작업발판의 폭은 40cm 이상으로 하고 발판재료간의 틈은 3cm 이하로 할 것
> 3) 추락의 위험성이 있는 장소에서 안전난간을 설치할 것
> 4) 작업발판의 지지물은 하중에 의하여 파괴될 우려가 없는 것을 사용할 것
> 5) 작업발판재료는 뒤집히거나 떨어지지 않도록 둘 이상의 지지물에 연결하거나 고정시킬 것
> 6) 작업발판은 작업에 따라 이동시킬 때에는 위험방지에 필요한 조치를 할 것

08 동영상화면은 작업시작 전 차단기를 내리고 승강기 컨트롤패널 점검중에 감전사고를 당하는 사고장면을 보여주고 있다. 감전원인을 쓰시오.

해답 잔류전하에 의한 감전

09 동영상화면은 작업자가 교류아크용접기에 의해 용접작업을 하는 장면을 보여주고 있다. 교류아크용접 작업시 "사용전 점검사항" 3가지를 쓰시오

해답
1) 전격방지기 외함의 접지상태
2) 전격방지기 외함의 뚜껑상태
3) 전자접촉기의 작동상태
4) 이상소음, 이상냄새의 발생유무
5) 전격방지기와 용접기와의 배선 및 이에 부속된 접속기구의 피복 또는 외장의 손상 유무

산업안전산업기사 실기 작업형 — 2017년 제1회

01 동영상은 경사진 컨베이어에서 작업자 A는 물건을 컨베이어에 올리고 작업자 B는 컨베이어 위에 올라가 물건을 받다가 물건이 발에 걸려 넘어지는 사고 발생 장면을 보여주고 있다. 사고의 위험요인과 사고 발생시 우선적으로 조치할 사항을 쓰시오. ▶ 07기, 08기

> **길잡이**
> ▶ 컨베이어의 방호장치(안전보건규칙)
> 1) 이탈 및 역주행 방지장치 : 컨베이어·이송용 롤러 등(이하 "컨베이어 등"이라 함)을 사용하는 때에는 정전·전압강하 등에 의한 화물 또는 운반구의 이탈 및 역주행을 방지하는 장치를 갖출 것. 단, 무동력 상태 또는 수평상태로만 사용하여 근로자에게 위험을 미칠 우려가 없는 때에는 제외
> 2) 비상정지장치 : 근로자의 신체가 말려드는 등 위험시와 비상시에는 즉시 운전을 정지 시킬 수 있는 비상정지 장치를 설치할 것.
> 3) 덮개 또는 울 : 컨베이어 등으로부터 화물의 낙하로 인하여 근로자에게 위험을 미칠 우려가 있는 때에는 당해 컨베이어 등에 덮개 또는 울을 설치하는 등 낙하방지를 위한 조치를 할 것.

해답
(1) 위험요인
 1) 작업자가 컨베이어 위에 올라가 작업을 하므로 미끄러져 넘어질 위험이 있다.
 2) 두 작업자간에 신호방법을 정하지 않아서 컨베이어 작업중에 호흡이 일치하지 않았다.
(2) 사고 발생시 우선적 조치사항 : 피재기계(컨베이어)를 정지시키고 피재자(작업자B)를 응급조치한다.

02 다음 물음에 답하시오.

▶ 02 산, 06 산

1) 동영상은 운전중의 인쇄롤러를 전면에서 양손으로 걸레를 잡고 청소하는 장면을 보여주고 있다. 위험의 포인트(핵심위험요인)를 3가지 쓰시오.
2) 동영상의 롤러기에 형성되는 위험점의 명칭을 쓰고 그 위험점의 정의를 간략히 설명하시오.

03 동영상은 작업자가 분전반 작업(스위치가 ON으로 되어 있는 분전반을 맨손으로 드라이버를 사용하여 작업을 하고 있음) 중에 문틈에 손가락을 넣고 작업을 하다가 다른 작업자가 문을 닫아 버려서 손을 다치는 사고가 발생하는 장면을 보여주고 있다. 동영상 화면에서 위험요인을 2가지 쓰시오. (4점)

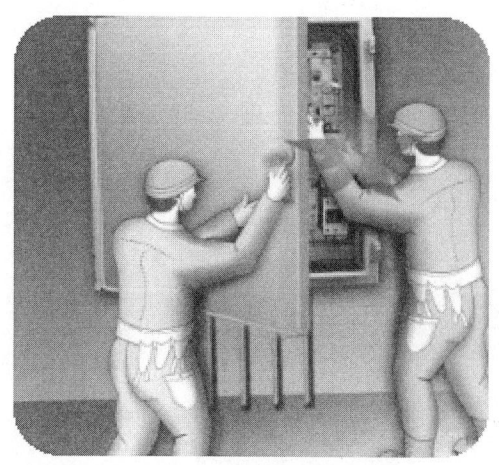

해답
1) 위험 Point
  ① 회전중 롤러의 투입측에서 직접 손으로 누르고 있어 손이 말려든다.
  ② 체중을 걸쳐놓고 있는 상태이므로 말려들어가게 된다.
  ③ 안전장치 미부착으로 걸레를 물고 들어가며 손이 같이 말려들게 된다.
  ④ 잉크의 용제를 흡입하여 몽롱해져 넘어진다.
2) 위험점 명칭 및 정의
  ① 위험점의 명칭 : 물림점
  ② 물림의점의 정의 : 회전하는 두 개의 회전체에 물려들어 갈 위험성이 형성되는 점

해답
1) 작업중임을 나타내는 표지판을 설치하지 않았고 감시인을 배치하지도 않았다.
2) 전원을 차단한 후 작업하지 않았고 절연장갑을 착용하지 않고 맨손으로 작업을 실시하였다.

길잡이
▶ 분전반(panel board)
  1) 분기 회로용의 배전반으로 과전류차단기·주개폐기·분기개폐기 등을 수납한 것
  2) 건물 등에서 배전반으로부터 각 층으로 분기한 분기 간선에서 부하로 분기하는 곳에 설치하는 곳으로 과전류, 단락사고 등을 최소범위로 방지한다.

04 동영상은 고압변전설비(66,000V) 부근에서 공놀이를 하다가 공이 울타리 안쪽에 위치한 변압기 상단의 충전부에 떨어져 공을 주우러 가려 하고 있다. 이 동영상에서 예상되는 재해의 종류와 위험의 point 및 재해방지대책을 각각 3가지씩 쓰시오.

▶ 06 기, 17 산

해답

1) 재해의 종류 : 감전

2) 위험의 포인트
   ① 문이 열려 있으므로 공을 주우러 고압설비 내에 들어가 감전된다.
   ② 공을 잡으려고 뛰어오를 때 균형을 잃어 울타리에 부딪힌다.
   ③ 고압설비가 스파크되어 눈을 다친다.

3) 재해방지 대책
   ① 고압변전설비 출입구에 잠금장치를 하여 관계자 외의 자는 출입을 금지시킨다.
   ② 고압변전설비 부근에서 공놀이를 하지 못하도록 경고표지판을 부착한다.
   ③ 공을 꺼낼 때는 전원 차단 및 정전 확인 등 안전조치 후 공을 꺼내도록 한다.
   ④ 고압변전설비의 위험에 대한 안전교육을 실시한다.

05 동영상은 에어배관의 필터를 떼어내고 점검·청소를 하기 위해 플랜지를 풀고 있는 장면을 보여주고 있다. 다음 물음에 답하시오. ▶ 04기, 06산, 15산, 17산

(1) 동영상의 배관 플랜지를 푸는 작업 중에 에어가 터져나와 작업자가 쓰러져 다치는 사고가 발생하였을 때의 기인물과 가해물을 쓰시오.
(2) 동영상의 작업상황에 대해서 위험예지훈련을 실시할 경우 행동목표를 2가지 쓰시오.

> **길잡이**
> ▶ 상기 동영상 작업상황에서의 위험 Point (핵심 위험 요인)
> 1) 볼트를 풀 때 남은 압력에 먼지가 날려 눈에 들어간다.
> 2) 볼트를 전부 빼내는 순간 플랜지가 떨어져 발을 다친다.
> 3) 볼트를 조이고 스패너를 벗기려고 할 때 스패너가 벗어나 배관에 머리를 다친다.
> 4) 풀어놓은 볼트와 공구를 밟아 발을 삔다.
> 5) 갑자기 에어가 터져나와 넘어져 다친다.

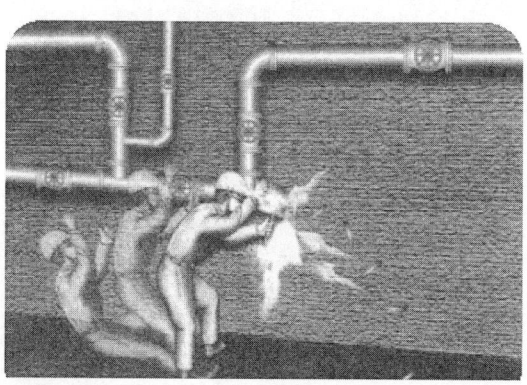

해답 (1) 기인물과 가해물
① 기인물 : 배관 플랜지
② 가해물 : 에어(air)

(2) 행동목표
① 배관 내의 점검·청소를 위해 플랜지를 뗄 때는 주밸브를 잠그고 남은 압력이 빠진 것을 확인 후 한 작업을 실시한다.
② 배관 내의 점검·청소 시 눈에 먼지가 들어가지 않도록 보안경을 착용한다.

06 동영상은 작업자가 저장탱크 내부에서 슬러지를 청소하는 장면을 보여주고 있다. 동영상에서와 같이 작업자가 탱크 내에 들어가 청소작업을 30분 이상 실시할 경우 착용해야 할 보호구의 명칭을 2가지 쓰시오. ➡ 07 산, 17 산

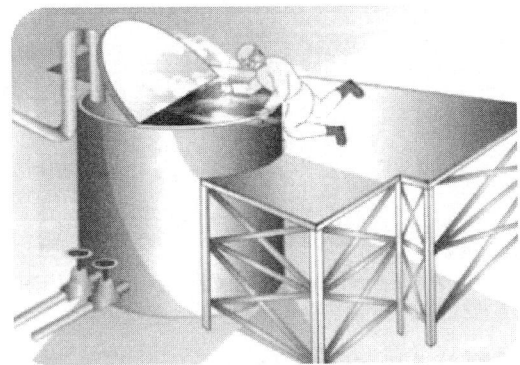

해답
1) 공기호흡기
2) 송기마스크

길잡이

1) 동영상의 작업상황에서의 위험요인
   ① 탱크 내가 산소결핍상태로 되어 있어 호흡이 곤란하여 질식한다.
   ② 탱크 내부로 내려가다가 사다리에서 발을 헛디뎌 추락한다.
   ③ 탱크 내에 유해가스가 포함되어 있어 중독된다.
   ④ 가연성 가스가 포함되어 있어 회중전등을 사용하였을 경우 폭발한다.
   ⑤ 탱크 내가 어두워서 부딪친다.
2) 동영상의 작업상황에서의 안전작업수칙
   ① 작업 전 산소농도 및 유해가스 농도를 측정한다.
   ② 작업시작 전 및 작업 중에 해당 작업장을 적정한 공기상태가 유지되도록 환기하여야 한다. (환기 곤란시는 송기마스크를 착용할 것.)
   ③ 작업지휘자(관리감독자)등 작업감시자를 배치한다.
3) 비상시 피난용구
   ① 로프 및 구명밧줄
   ② 도르래
   ③ 호흡용 보호구
   ④ 안전대(안전벨트)
   ⑤ 피재자 구조용 발판

07 동영상은 철골을 조립하는 장면을 보여주고 있다. 철골작업시 작업을 중지해야 할 경우 3가지를 쓰시오. ➡ 17 산

해답 철골작업을 중지해야 할 경우
1) 풍속이 초당 10m 이상인 경우
2) 강우량이 시간당 1mm 이상인 경우
3) 강설량이 시간당 1cm 이상인 경우

08 동영상의 화면은 건물 옥상(또는 공장 지붕) 철골상에 패널(panel) 설치 중에 작업자가 실족하여 추락하는 장면을 보여주고 있다. 재해원인과 안전대책을 각각 2가지씩 쓰시오.

해답
1) 재해원인
   ① 안전방망(추락방호망) 미설치
   ② 안전대 부착설비 미설치 및 안전대 미착용
2) 안전대책
   ① 안전방망(추락방호망) 설치
   ② 안전대 부착설비 설치 및 안전대 착용 철저

09 동영상화면 속의 사진(그림)의 (1) 안전대의 명칭과 (2) 확대 해놓은 부분 ①, ②의 명칭을 쓰시오.

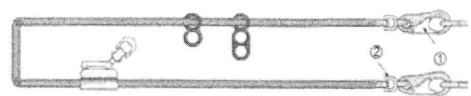

해답
(1) U자걸이용 안전대
(2) ① 훅
    ② 보조훅

산업안전산업기사 실기 작업형 — 2017년 제2회

01 동영상은 탁상용 그라인더로 둥근 봉을 연마하는 작업장면을 보여주고 있다. 다음 물음에 답하시오.
▶ 04 산, 05 산, 17 산

(1) 동영상의 작업상황에 대한 위험 point (핵심위험요인)를 3가지만 쓰시오.
(2) 동영상의 그라인더 작업중 둥근 봉이 튕겨 작업자를 가격하였다. ① 기인물 ② 가해물을 쓰시오.

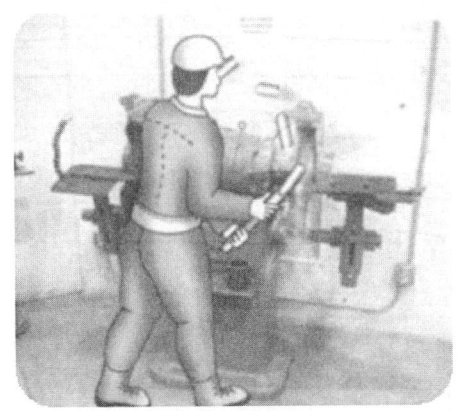

해답

(1) 위험의 point
1) 손의 균형을 잃어 둥근봉이 튕겨 날아가 얼굴 또는 손발을 다친다.
2) 칩이 튀어 눈을 다친다.
3) 숫돌이 파손되어 얼굴이나 몸을 다친다.
4) 지석의 파편이 튀어나와 맞는다.
5) 손의 균형이 깨져 그라인더에 다친다.
6) 그라인더 지석이 파손되어 날아가 주변의 사람이 다친다.
7) 마찰열로 뜨겁게 된 둥근봉이 손에서 떨어져 발을 다친다.
8) 뒤로 돌아서다가 주변의 물건에 걸려 넘어진다.

(2) ① 기인물 : 그라인더(연삭기)
② 가해물 : 둥근봉

02 동영상은 작업자가 지게차의 포크 밑에서 지게차를 수리·점검하는 장면을 보여주고 있다. 다음 물음에 답하시오.
➡ 04 기, 05 산
(1) 지게차의 포크 밑에서 수리·점검 작업시 위험방지 조치사항을 쓰시오.
(2) 지게차의 작업시작 전 점검사항을 4가지 쓰시오.

03 동영상은 전선의 활선 여부를 측정하는 장면을 보여주고 있다. 전선의 활선 여부를 확인 할 수 있는 방법을 3가지 쓰시오
➡ 00 기, 01 기 03 산, 05 산

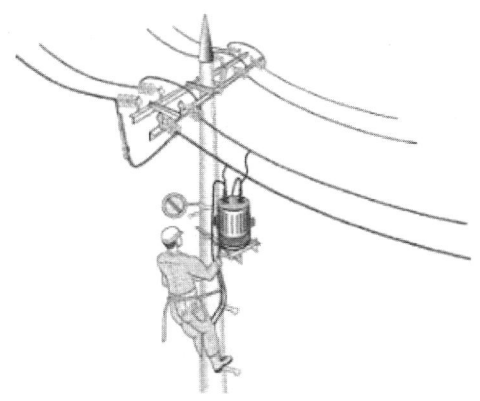

해답 1) 검전기로 확인한다.
2) 테스터의 지시치를 확인한다.
3) 접지봉에 의해 접촉 확인한다.

해답 (1) 안전지주 또는 안전블록을 사용할 것.
(2) 지게차의 작업시작전 점검사항
 1) 제동장치 및 조종장치 기능의 이상 유무
 2) 하역장치 및 유압장치 기능의 이상 유무
 3) 바퀴의 이상 유무
 4) 전조등·후미등·방향지시기 및 경보장치 기능의 이상 유무

[주] 지게차의 작업시작전 점검사항 : 안전보건규칙 별표 3

04 동영상은 가설전기작업 장면을 보여주고 있다. 다음 물음에 답하시오. ▶ 17 산
(1) 물 등 도전성이 높은 액체에 의한 습윤장소의 전원 접속부에 감전사고를 방지하기 위해 설치하는 방호장치를 쓰시오.
(2) 인체가 물에 젖어 있을 경우의 감전되기 쉬운 감전사고 원인을 인체 전기저항과 관련 하여 기술하시오.

05 동영상은 밀폐공간 내에서 작업하는 장면을 보여주고 있다. 다음 물음에 답하시오. ▶ 02 산, 05 기, 17 산
(1) 다음 가스에 대한 퍼지(purge)의 목적을 각각 쓰시오.
  1) 가연성 및 조연성 가스
  2) 불활성가스
  3) 독성가스
(2) 밀폐공간 등 산소결핍장소에서 작업시 안전작업수칙을 3가지만 쓰시오.

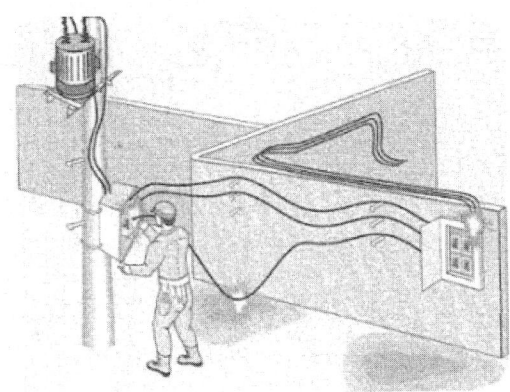

 (1) 누전차단기
(2) 인체가 물에 젖어 있을 경우 인체전기저항은 보통상태의 1/25 정도로 감소하기 때문에 감전되기 쉽다.

길잡이
▶ 인체의 전기저항
 1) 피부의 전기저항 : 2,500Ω
   (내부조직 저항 : 300Ω)
 2) 피부에 땀이 나 있을 경우 : 1/12 정도로 감소
 3) 피부가 물에 젖어 있을 경우 : 1/25 정도로 감소

 (1) 퍼지의 목적
 1) 화재·폭발사고 방지 및 산소결핍에 의한 질식사고 방지
 2) 산소결핍에 의한 질식사고 방지
 3) 중독사고 방지
(2) 산소결핍장소에서 작업시 안전작업수칙
 1) 작업전 산소농도 및 유해가스 농도를 측정한다.
 2) 작업시작전 및 작업중에 해당 작업장을 적정한 공기상태가 유지되도록 환기하여야 한다.
 3) 환기 곤란시는 호흡용 보호구(송기마스크 등)를 착용한다.
 4) 작업지휘자(관리감독자)등 작업감시자를 배치한다.

06 동영상 화면도(사진)는 LP가스 용기의 모습을 보여주고 있다. 다음 물음에 답하시오. ▶ 17 산

(1) LPG 용기 등 가연성 가스 용기의 저장소로서 부적합한 장소를 3가지 쓰시오.
(2) LP가스 누출시 공기와 혼합된 LP가스의 조성은 공기 40%, 프로판(C_3H_8) 50%, 부탄(C_4H_{10}) 10%이다. 이 때의 혼합가스(공기+LP가스)의 폭발하한치를 구하시오. (단, 공기중 프로판의 폭발하한치는 2.1%, 부탄의 폭발하한치는 1.8%이다.)

07 동영상 화면도는 크레인의 화물인양작업 장면을 보여주고 있다. 다음 물음에 답하시오. ▶ 00 산, 03 기, 05 기

(1) 천장크레인에 의한 화물인양작업시 안전대책을 3가지만 쓰시오.
(2) 화물의 하중을 직접 지지하는 와이어로프의 안전계수를 쓰시오.

해답 (1) 안전대책
  1) 신호방법을 정하여 신호에 따라 작업하도록 할 것.
  2) 유도(보조)로프를 사용하여 화물의 흔들림을 방지할 것.
  3) 와이어로프가 훅으로부터 벗겨지는 것을 방지하기 위한 해지장치를 사용하도록 할 것.
(2) 와이어로프의 안전계수 : 5 이상

해답 (1) 부적합한 용기저장소
  1) 통풍 또는 환기가 불충분한 장소
  2) 화기를 사용하는 장소 및 그 부근
  3) 위험물·화약류 또는 가연성 물질을 취급하는 장소 및 그 부근
(2) 혼합가스의 폭발하한치(L)

$$L = \frac{V_1 + V_2}{\frac{V_1}{L_1} + \frac{V_2}{L_2}} = \frac{50+10}{\frac{50}{2.1} + \frac{10}{1.8}}$$

$$= 2.04 (\text{vol}\%)$$

길잡이

1) 양중기의 와이어로프 또는 달기체인의 안전계수
  ① 근로자가 탑승하는 운반구를 지지하는 경우 : 10 이상
  ② 화물의 하중을 직접 지지하는 경우 : 5 이상
  ③ 훅, 샤클, 클램프, 리프팅 빔의 경우 : 3 이상
  ④ 그 밖의 경우 : 4 이상
2) 크레인의 화물인양작업시 화물에 와이어로프를 걸 때 슬링와이어의 매다는 각도 : 60도(60도 초과시는 불안정함)

08 동영상은 박공지붕 설치작업 도중에 휴식을 취하던 중 추락사고가 발생하는 장면을 보여 주고 있다. (1) 재해발생원인과 (2) 재해방지대책을 각각 3가지씩만 쓰시오.   ▶ 04 산, 17 산

Guide 1) 지붕위에서 발생될 수 있는 사고유형은 추락과 전도이며 지붕위에서 추락할 수 있는 원인이 바로 재해원인이 되는 것입니다.
2) 해답은 문제에서 제시한 항목 수만큼만 쓰면 됩니다.

해답 (1) 재해발생원인
① 작업발판을 설치하지 않았다.
② 안전대 부착설비 미설치 및 안전대를 착용하지 않았다.
③ 추락방지망을 설치하지 않았다.
④ 박공지붕판을 한곳에 과적하여 쌓아 놓았다.
⑤ 위험한 장소에서 휴식을 취하고 있었다.

(2) 재해방지대책
① 작업발판을 설치한 후 작업을 실시한다.
② 안전대부착설비 및 지지로프를 설치하고 안전대를 착용한다.
③ 추락방지망(안전방망)을 설치한다.
④ 박공지붕판을 한곳에 과적하여 쌓아 놓지 않는다.
⑤ 위험한 장소에서 휴식을 취하지 않도록 한다.

09 동영상에 나오는 (1) 보호구의 명칭과 (2) 종류를 쓰시오.

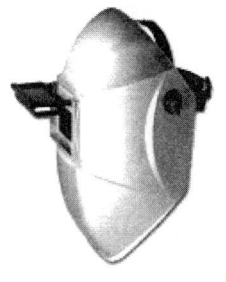 

해답 (1) 보호구의 명칭 : 보안면
(2) 종류 :
   1) 용접용 보안면
   2) 일반 보안면

길잡이

(1) 보안면 : 유해광선으로부터 눈을 보호하고 열 및 파편에 의한 화상의 위험에서 안면부를 보호하기 위하여 착용하는 보호구
(2) 보안면의 종류 및 사용구분

종류	사용구분	렌즈의 재질
용접용 보안면	아크용접 및 가스용접, 절단작업시에 발생하는 유해한 자외선, 가시광선 및 적외선으로부터 눈을 보호하고, 용접광 및 열에 의한 화상 또는 가열된 용재 등의 파편에 의한 화상의 위험에서 용접자의 안면, 머리부분 및 목부분을 보호하기 위한 것	벌카나이즈드 파이버 및 유리섬유 강화 플라스틱 또는 이와 동등 이상의 재질
일반 보안면	일반작업 및 점용접 작업시 발생하는 각종 비산물과 유해한 액체로부터 얼굴(머리의 전면, 이마, 턱, 목앞부분, 코, 입)을 보호하고 눈부심을 방지하기 위해 적당한 보안경 위에 겹쳐 착용하는 것	플라스틱

산업안전산업기사 실기 작업형 — 2017년 제3회

01 동영상의 화면은 작업자 2명이 정지중인 공조기의 V벨트를 교환하는 작업장면을 보여주고 있다. 다음 물음에 답하시오.
➡ 04 기, 06 기, 17 산

(1) 동영상의 작업상황에 나타난 위험요인(위험 point)를 3가지만 쓰시오.
(2) 동영상에 나타난 기계설비의 위험점을 쓰시오.
(3) V벨트 교환시 안전작업수칙 3가지를 쓰시오.

(2) 위험점 : 접선물림점
(3) V벨트 교환시 안전작업수칙
① 전원을 확실하게 차단한 후 2인이 신호에 맞추어 작업을 하도록 할 것.
② V벨트 교환작업중이라는 표지판을 설치한 후 작업을 실시할 것.
③ 벨트를 벗기거나 끼울 때는 천대장치를 사용할 것.

[주] **접선물림점** : 회전하는 부분이 접선방향에서 만들어지는 위험점(예 : 벨트와 풀리, 체인과 스프레킷, 랙과 피니언 등)

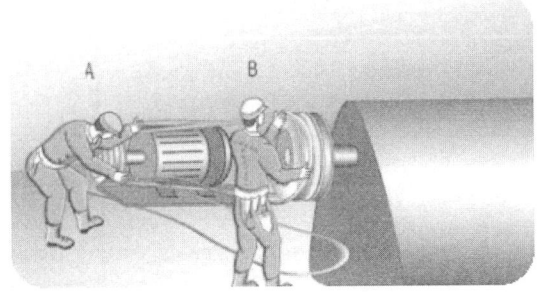

해답 (1) 위험요인
① A가 V벨트를 당기고 있을 때 B의 왼손이 말려든다.
② B가 V벨트를 풀리에 걸 때 손이 끼인다.
③ B가 손을 벨트 사이에 넣고 있으므로 풀리에 끼인다.
④ 필요한 벨트 이외의 벨트가 널려 있어 걸려 넘어진다.

02 동영상의 화면은 전신주 형강의 교체작업장면을 보여주고 있다. 다음 물음에 답하시오. ➡ 00 산, 01 산, 04 기, 17 산

(1) 동영상에서와 같이 전신주 형강 교체작업시 착용해야 할 보호구를 3가지 쓰시오.
(2) 전신주 형강의 교체작업(정전작업)을 종료한 후에 조치사항을 3가지 쓰시오.

길잡이
▶ 정전작업시 조치사항

단 계	실무 조치사항
작업 전	① 작업지휘자에 의한 작업내용의 주지 철저 ② 개로개폐기의 시건 또는 표시 ③ 잔류전하의 방전 ④ 검전기에 의한 정전 확인 ⑤ 단락접지 ⑥ 일부정전작업시 정전선로 및 활선선로의 표시 ⑦ 근접활선에 대한 방호
작업 중	① 작업지휘자에 의한 지휘 ② 개폐기의 관리 ③ 단락접지의 수시확인 ④ 근접활선에 대한 방호상태의 관리
작업 종료 후	① 단락접지기구의 철거 ② 표지의 철거 ③ 작업장에 대한 위험이 없는 것을 확인 ④ 개폐기를 투입해서 송전재개

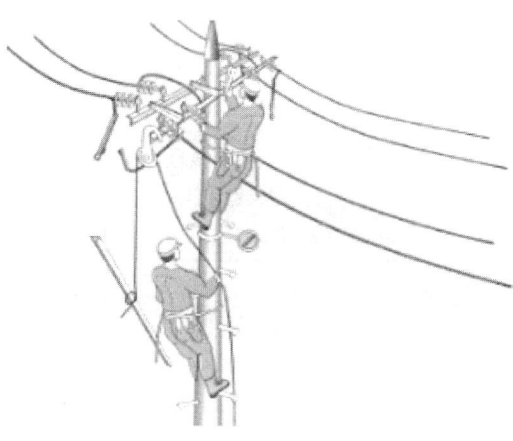

해답
(1) 착용 보호구
   ① 절연안전모(AE・ABE)
   ② 절연고무장갑
   ③ 절연고무장화
   ④ 안전대
(2) 정전작업 종료 후 조치사항
   ① 단락접지기구의 제거
   ② 통전금지표지판의 제거
   ③ 작업자에 대한 위험이 없는 것을 확인
   ④ 개폐기를 투입해서 송전 재개

03 동영상은 중앙제어실에서 스피커를 통해 지시된 NFB(No Fuse Breaker : 배선용 차단기)를 투입하는 장면을 보여주고 있다. 다음 물음에 답하시오.

▶ 04 산, 05 산, 06 기, 17 산

1) 동영상의 작업상황에 대한 핵심위험요인(위험의 point)을 3가지 쓰시오.
2) 동영상의 작업상황에 대한 재해방지대책(안전대책)을 3가지 쓰시오.

[해답]

1) 핵심위험요인(위험의 point)
   ① 같은 번호이면서 각각 다른 세 종류의 NFB가 있으므로 다시 확인하지 않을 경우 잘못 투입하여 사고가 발생한다.
   ② 단자부에 접촉하여 감전된다.
   ③ 맨손으로 전원을 투입하고 있으므로 충전부에 접촉하여 감전된다.

2) 재해방지대책(안전대책)
   ① 확실한 지시가 아닐 경우 반드시 확인한 후 작업을 실시하도록 한다.
   ② 절연장갑을 착용하고 작업하도록 한다.
   ③ 각 차단기 별로 회로명을 확실하게 표기하여 오작동을 방지한다.
   ④ 시건장치(잠금장치) 및 표찰을 사용하여 관계자 이외의 오작동을 방지한다.

04 밀폐공간에서 작업을 하는 경우에는 밀폐공간 보건작업 프로그램을 수립하여 시행하여야 한다. 밀폐공간 보건작업 프로그램에 포함되는 내용 3가지를 쓰시오 단, 그 밖에 밀폐공간 작업근로자의 건강장해 예방에 관한 사항은 제외한다.

> 04 기, 06 기, 17 산

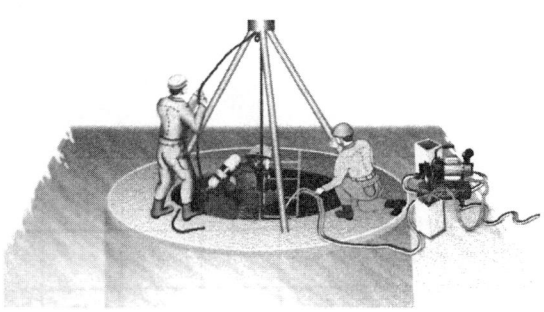

해답
1) 사업장 내 밀폐공간의 위치 파악 및 관리 방안
2) 밀폐공간 내 질식·중독 등을 일으킬 수 있는 유해·위험 요인의 파악 및 관리방안
3) 제2항에 따라 밀폐공간 작업 시 사전확인이 필요한 사항에 대한 확인 절차
4) 안전보건교육 및 훈련
5) 그 밖에 밀폐공간 작업 근로자의 건강장해 예방에 관한 사항

[주] 밀폐공간 보건작업 프로그램 수립·시행 등 : 안전보건규칙 제619조

길잡이

1) 밀폐 공간 작업시 안전작업수칙
    ① 작업시작전 유해가스농도 및 산소농도를 측정할 것.
    ② 작업시작전 및 작업중에 적정한 공기상태가 유지되도록 환기를 실시할 것.
    ③ 환기 곤란시는 공기호흡기 또는 송기마스크 등 호흡용 보호구를 착용할 것.
    ④ 해당 작업장과 외부의 감시인 사이에 상시연락을 취할 수 있는 설비를 설치할 것.
2) 밀폐공간 작업시 착용보호구
    ① 송기마스크
    ② 안전모
    ③ 안전화
3) 밀폐공간 작업시 갖추어 두어야할 대피용 기구(안전보건규칙 제625조)
    ① 송기마스크
    ② 사다리
    ③ 섬유로프
4) 밀폐공간작업 중 작업자가 순간적으로 정신을 잃어 7~8분 이내에 사망하였을 때 작업장의 산소농도 : 약 8% 정도

05 동영상화면은 사출성형기 금형작업 중에 작업자의 손이 금형에 끼이는 사고가 발생하는 장면을 보여주고 있다. 동영상에서 발생한 1) 재해형태와 2) 산업안전보건법상의 방호장치 2가지를 쓰시오.
➡ 17 산

해답
1) 재해형태 : 협착
2) 사출성형기 등의 방호장치
   ① 게이트가드식(gate guard) 방호장치
   ② 양수조작식 방호장치

길잡이
1) 사출성형기 금형작업 중 감전사고 발생시 재해발생 원인
   ① 작업시 전원을 차단하지 않았다.
   ② 절연고무장갑 등 보호구를 착용하지 않고 맨손으로 작업하였다.
   ③ 수공구 등을 사용하지 않고 손으로 청소를 하였다.
   ④ 작업지휘자를 배치하지 않았다.
2) 사출성형기 금형작업시 감전방지대책
   ① 작업시작 전에 전원을 차단할 것.
   ② 절연고무장갑 등 보호구를 착용할 것.
   ③ 수공구 등을 사용하여 청소할 것.
   ④ 작업지휘자를 배치한 후 작업할 것.

06 동영상은 교류아크용접기를 사용하여 용접작업 중에 감전사고가 발생한 사례를 보여주고 있다. 다음 물음에 답하시오.
➡ 04 산, 05 산, 07 산, 17 산
1) 기인물이 무엇인지 쓰시오.
2) 작업자가 착용해야 할 보호구 명칭을 2가지 쓰시오.

해답
1) 기인물 : 교류아크용접기
2) 착용 보호구 명칭
   ① 용접용 보안면(또는 차광 보안경)
   ② 용접용 안전장갑

길잡이
1) 교류아크용접작업시 작업(사용)전 점검사항
   ① 방호장치인 자동전격장치의 동작의 이상 유무
   ② 홀더 절연물의 손상 유무
   ③ 용접기 외함의 접지단자 및 2차측 귀선의 접지상태 여부
   ④ 용접기의 용접용 케이블 접속부의 접속 및 절연상태 여부
   ⑤ 용접용 케이블의 피복 손상 유무
   ⑥ 1차배선과 용접기 단자와의 접속상태 여부
   ⑦ 전원개폐기에 사용하는 퓨즈의 적정 여부 및 과열에 의한 변색 여부
2) 교류아크용접작업 중 불꽃 등에 의한 화상을 방지하기 위한 보호구
   ① 보안면   ② 절연장갑
   ③ 안전화   ④ 발덮개
   ⑤ 가죽제 앞치마
3) 교류아크용접기의 방호조치 : 자동전격방지장치

07 동영상의 화면은 건물 옥상(또는 공장 지붕) 철골상에 패널(panel) 설치 중에 작업자가 실족하여 추락하는 장면을 보여주고 있다. 재해원인과 안전대책을 각각 2가지씩 쓰시오.

08 동영상은 철골에 작업발판을 설치하는 중에 작업자가 작업발판 위를 지나가다가 땅에 떨어지는 사고 장면을 보여주고 있다. 1) 사고유형과 2) 기인물을 쓰시오.

➡ 08 산, 17 산

해답

1) 재해원인
   ① 안전방망(추락방호망) 미설치
   ② 안전대 부착설비 미설치 및 안전대 미착용

2) 안전대책
   ① 안전방망(추락방호망) 설치
   ② 안전대 부착설비 설치 및 안전대 착용 철저

해답

1) 사고유형 : 추락
2) 기인물 : 작업발판

> **길잡이**
>
> ▶ 작업발판의 구조(안전보건규칙 제56조)
>   1) 발판재료는 작업시의 하중을 견딜 수 있도록 견고한 구조로 할 것.
>   2) 작업발판의 폭은 40cm 이상으로 하고 발판재료간의 틈은 3cm 이하로 할 것.
>   3) 추락의 위험성이 있는 장소에는 안전난간을 설치할 것.
>   4) 작업발판의 지지물은 하중에 의하여 파괴될 우려가 없는 것을 사용할 것.
>   5) 작업발판 재료는 뒤집히지 아니하도록 둘 이상의 지지물에 연결하거나 고정시킬 것.
>   6) 작업발판을 작업에 따라 이동시킬 때에는 위험방지에 필요한 조치를 할 것.

09 동영상 화면은 보안면을 보여주고 있으며 다음 [표]는 보안면의 채색투시부의 차광도에 따른 투과율(%)을 나타낸 것이다. ( )안에 알맞은 수치를 쓰시오.

차 광 도	투과율(%)
밝 음	(①) ± 7
중간 밝기	(②) ± 4
어 두 움	(③) ± 4

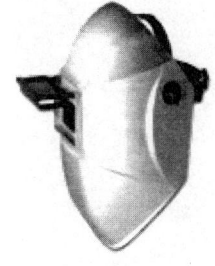 

 ① 50
② 23
③ 14

▶ 일반보안면의 등급기호 및 형태 07 산

등급기호	형 태
4A	헤드기어의 머리 윗부분에 챙이 없는 형식
4B	헤드기어와 머리 윗부분에 챙이 있는 형식
4C	헤드기어와 머리 윗부분 및 턱 부분에 챙이 없는 형식

산업안전산업기사 실기 작업형 — 2018년 제1회

01 동영상은 작업자가 고장 난 인쇄기 롤러를 운전 중에 점검·정비하는 장면을 보여주고 있다. 위험요인과 안전대책을 각각 2가지씩 쓰시오.

해답

1) 위험요인
   ① 전원을 차단하지 않고(기계를 정지시키지 않고) 점검작업을 하고 있기 때문에 롤러에 손이 말려 들어갈 수 있다.
   ② 장갑을 끼고 작업을 하고 있기 때문에 롤러에 손이 말려들어갈 수 있다.

2) 안전대책
   ① 전원을 차단한 후(기계를 정지시킨 후)에 점검작업을 한다.
   ② 장갑을 벗고 점검작업을 한다.

02 동영상은 A작업자가 변압기의 2차전압을 측정하기 위해 유리창 너머의 B작업자에게 신호를 주고 전원을 켠 후, 다시 차단하라고 신호를 보내고 기기를 만지다가 감전사고가 발생되는 장면을 보여주고 있다. 재해발생원인을 3가지만 쓰시오.

해답

1) 작업자가 절연용 고무장갑, 절연용 안전화 등 절연용 보호구를 착용하지 않았다.
2) 작업자 간에 신호전달이 원활히 이루어지지 않았다.
3) A작업자가 전원차단신호를 보낸 후 전원차단을 확인하지 않고 기기를 만졌다.(안전확인 소홀)

길잡이

▶ 동영상과 같은 작업상황에서의 재해방지대책
   1) 절연용 보호구(절연용 고무장갑 및 안전화 등) 착용한 후 작업하도록 한다.

2) 작업 전에 신호방법을 정하여 신호전달이 정확하고 원활히 이루어지도록 한다.
3) 제어실(test room)과 작업장 간에 대화가 가능하도록 대화창을 설치하거나 무전기 등의 연락설비를 사용하도록 한다.
4) 전원차단 신호를 보낸 후에는 전원차단을 확인하는 등 안전확인을 철저히 하도록 한다.

길잡이

▶ 방독마스크의 흡수관의 종류 및 흡수제 주성분

종류	표지 기호	색	대응독물	주성분
보통 가스용	A	흑색·회색	염소 및 할로겐류, 포스겐, 유기 및 산성가스	활성탄, 소다라임
산성 가스용	B	회색	염산, 할로겐화수소, 산, 탄산가스, 이산화질소, 산화질소	소다라임, 알칼리제제
유기 가스용	C	흑색	유기가스 및 증기, 이황화탄소	활성탄
일산화 탄소용	E	적색	TEL, 일산화탄소	호프카라이트, 방습제
소방용	F	적색·백색	화재시와 연기용	종합제제
연기용	G	흑색·백색	아연 및 금속흄, 기름 연기	활성탄, 여층
암모니아용	H	녹색	암모니아	큐프라마이트
아황산용	I	등색	아황산 및 황산 미스트	산화 금속, 알칼리제제
청산용	J	청색	청산 및 청화물 증기	산화 금속, 알칼리제제
황화 수소용	K	황색	황화수소	금속 염류, 알칼리제제

03 할로겐가스용 방독마스크의 흡수관(정화통)에 사용하는 흡수제의 주성분을 2가지 쓰시오.

해답
1) 활성탄
2) 소다라임

04 이동식 크레인을 사용하여 작업시 운전자가 준수해야 하 사항을 3가지만 쓰시오.

해답
1) 일정한 신호방법을 정하고 신호자의 신호에 따라 작업을 하여야 한다.
2) 운전자는 운전 도중에 운전위치를 이탈하여서는 아니된다.
3) 작업 종료시에는 동력 차단 및 정지 조치를 확실하게 하여야 한다.

05 동영상은 방열복 및 방열장갑 등을 보여주고 있다. 방열복의 성능시험항목을 3가지만 쓰시오.

해답
1) 난연성 시험
2) 절연저항 시험
3) 열전도율 시험
4) 내열시험
5) 내한시험
6) 광선시감투과율 시험
7) 열충격시험
8) 표면마모저항 시험
9) 안면렌즈의 내충격시험

06 동영상의 화면은 지게차의 화물운반작업 장면을 보여주고 있다. 동영상에서와 같이 지게차의 주행 운반작업 중 재해를 발생시킬 수 있는 위험요인(불안전한 요소)을 3가지만 찾아서 쓰시오.

해답 1) 지게차의 주행통로에 다른 작업자가 작업을 하고 있어서 지게차와 접촉사고를 일으킬 수 있다.
2) 화물의 과적으로 전방의 시야를 가리고 있어서 화물의 낙하에 의한 사고 및 접촉사고를 일으킬 수 있다.
3) 난폭운전 및 과속으로 주행하고 있기 때문에 지게차가 전도·전락될 수 있다.

07 물 등의 도전성이 높은 액체가 있는 습윤한 장소에서 이동용 전선을 사용할 때에 사용 전 점검사항 3가지를 쓰시오.

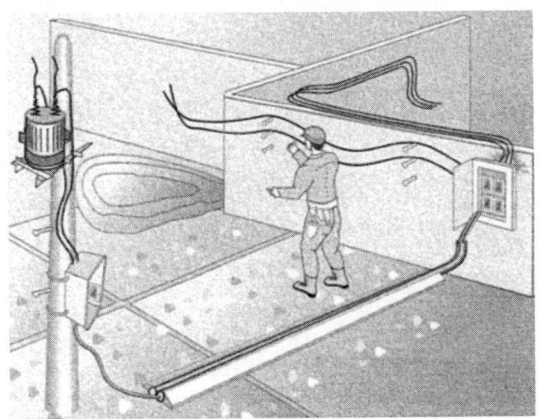

해답 1) 절연저항치 측정
2) 전선의 피복상태 및 외장의 손상 유무 점검
3) 전선 접속부위의 절연상태 점검

08 동영상은 인화성 액체가 들어 있는 200L용 드럼통이 적치된 저장창고에서 작업자가 인화성물질이 든 운반용 캔(40L 용)을 운반하던 중 휴식을 취하려고 드럼통 옆에서 웃옷을 벗는 순간 "펑" 소리와 함께 폭발사고가 발생한 상황이다. 동영상에서 폭발의 원인이 되는 발화원의 명칭과 발화원이 발생되는 원인을 2가지 쓰시오.

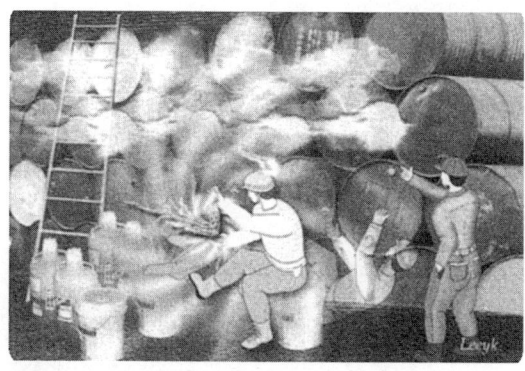

해답
1) 발화원 : 정전기
2) 발화원이 발생되는 원인
   ① 작업복이 정전작업복이 아니기 때문에 작업복을 벗을 때에 정전기가 발생하였다.
   ② 안전화의 바닥과 작업면 바닥 사이의 마찰에 의해서 정전기가 발생하였다.

길잡이
1) 동영상의 작업상황에서 폭발재해를 발생시키는 위험 point 및 대책
   ① 위험의 Point : 인화성 액체에서 발생한 기화증기가 정전기에 의한 불꽃방전으로 인화 폭발하였다.
   ② 대책 : 인화성 물질 등의 저장창고에서 작업시는 인체의 제전조치를 한후 작업을 실시할 것
2) 인화성 및 폭발성 물질 저장고 문 앞에서 신발에 물을 묻히는 이유 : 신발과 바닥면의 마찰 등에 의한 정전기의 대전을 방지하기 위해서이다.(2007. 10. 17 기사·작업형 출제)

09 동영상은 항타기에 의한 말뚝박기 작업 장면을 보여주고 있다. 항타기, 항발기를 조립할 때 사용 전 점검사항을 3가지만 쓰시오.

해답
1) 본체의 연결부의 풀림 또는 손상의 유무
2) 권상용 와이어로프·드럼 및 도르래의 부착상태의 이상 유무
3) 권상장치의 브레이크 및 쐐기장치 기능의 이상 유무
4) 권상기의 설치상태의 이상 유무
5) 버팀의 방법 및 고정상태의 이상 유무

[주] 항타기 또는 항발기 조립시 점검사항 : 안전보건규칙 제207조

01 동영상은 운전 중의 인쇄롤러를 전면에서 양손으로 걸레를 잡고 닦고 있는 중에 손이 롤러기에 말려 들어가는 사고장면을 보여주고 있다. 롤러기에 형성되는 1) 위험점의 종류와 2) 위험점의 정의를 쓰시오.

> **길잡이**
> ▶ 위험점의 종류
> 1) **협착점**(Squeeze point) : 고정부와 왕복운동을 하는 운동부 사이에 형성되는 위험점(예 : 프레스, 성형기, 절곡기 등)
> 2) **끼임점**(Shear point) : 고정부와 회전 또는 직선운동과 함께 형성하는 부분 사이에 형성되는 위험점(예 : 연삭숫돌과 작업대, 반복 동작되는 링크기구, 교반기의 교반날개 와 몸체 사이)
> 3) **절단점**(Cutting point) : 회전하는 운동부분 자체와 운동하는 기계자체와의 위험이 형성되는 점(예 : 둥근톱날, 띠톱기계의 날, 밀링커터 등)
> 4) **물림점**(Nip point) : 회전하는 두 개의 회전체에 물려들어갈 위험성이 형성되는 점(중심점+회전운동)(예 : 롤러, 기어와 피니언 등)

해답
1) 위험점의 종류 : 물림점
2) 물림점의 정의 : 회전하는 두 개의 회전체에 물려들어갈 위험성이 형성되는 위험점

02 동영상 화면은 DMF(Di Methyl Formamide)를 취급하는 장면이다. 동영상을 참고하여 DMF에 대한 물질안전보건자료를 게시 또는 비치하고 정기 또는 수시로 점검·관리하여야 하는 장소 3가지를 쓰시오.

03 아파트 공사 현장에서 승강기 설치전 작업자가 개구부 피트 내에서 작업중에 승강기 개구부로 추락하여 사망한 사고가 발생하였다. 핵심위험요인을 3가지만 쓰시오.   ▶ 07/산

1) 대상 화학물질 취급 작업공정 내
2) 안전사고 또는 직업병 발생 우려가 있는 장소
3) 사업장내 근로자가 가장 보기 쉬운 장소

[주] 물질안전보건자료의 작성·비치에 관한 기준 : 고용노동부 고시

> **길잡이**
> ▶ 물질안전보건자료 작성시 기재사항(법 제41조)
>   1) 대상화학물질의 명칭
>   2) 구성성분의 명칭 및 함유량
>   3) 안전·보건상의 취급주의 사항
>   4) 건강유해성 및 물리적 위험성
>   5) 그 밖에 고용노동부령으로 정하는 사항(시행령 92조의 4)
>   ① 물리화학적 특성
>   ② 독성에 관한 정보
>   ③ 폭발·화재시의 대처방법
>   ④ 응급조치 요령
>   ⑤ 그 밖에 고용노동부장관이 정하는 사항

1) 작업발판 미고정 및 안전난간 미설치
2) 안전대 부착설비, 지지로프 미설치 및 안전대 미착용
3) 추락방지망 미설치

> **길잡이**
> ▶ 작업발판 끝이나 개구부에서 추락방지대책(안전보건규칙 제43조)
>   1) 안전난간, 울타리, 수직형 추락방망 설치
>   2) 덮개설치 및 개구부 표시
>   3) 추락방호망 설치
>   4) 안전대 착용

04 동영상은 A작업자가 한손은 배전반 덮개를 잡고 한 손으로는 드라이버를 이용해 나사를 조이는 중에 잠시 후 동료작업자가 옆에 있는 배전반의 전원을 투입하는 순간 A작업자가 감전되어 쓰러지는 장면을 보여주고 있다. 동영상 화면에서 위험요인 2가지를 쓰시오.

해답
1) 작업자가 절연고무장갑을 착용하지 않았다.
2) 개폐기함에 잠금장치 및 통전금지 표지판을 설치하지 않았다.

> 길잡이
> ▶ 전기작업시 착용보호구
> 1) 절연안전모
> 2) 절연장갑(절연고무장갑)
> 3) 절연화
> 4) 절연복

05 동영상은 작업자가 철골을 조립하는 작업장면을 보여주고 있다. 철골작업 시 작업을 중지해야 할 기후조건 3가지를 쓰시오. ▶ 07/산

해답
1) 풍속이 초당 10m 이상인 경우
2) 강우량이 시간당 1mm 이상인 경우
3) 강설량이 시간당 1cm 이상인 경우

[주] 철골작업의 제한 : 안전보건규칙 제383조

> 길잡이
> ▶ 고소에서 철골조립 작업시 위험요인 및 안전대책 04/산, 05/산
> 1) 위험요인
>   ① 추락방지망(안전방망) 미설치
>   ② 안전대부착설비 또는 지지로프 미설치 및 안전대 미착용
>   ③ 작업발판 및 안전난간 미설치
> 2) 안전대책
>   ① 추락방지망(안전방망)을 설치할 것
>   ② 안전대 부착설비 또는 지지로프를 설치하고 안전대를 착용할 것.
>   ③ 작업발판 및 안전난간을 설치할 것.

06 동영상은 화학실험실에서 근로자가 실험 중에 위험물질이 든 병을 잠시 바닥에 놓아두고 이동하려다가 미끄러져 병을 발로 차서 병이 깨지는 장면을 보여주고 있다. 동영상에서와 같은 위험물질을 취급하는 실험실(또는 작업장)바닥이 갖추어야 할 조건을 2가지만 쓰시오.
▶ 08/산

07 동영상은 운전자가 화물자동차의 적재함을 올리고 실린더 유압장치를 정비하는 중에 다른 작업자가 운전석에 올라가 적재함을 내리는 장치를 조작하여 운전자가 적재함 사이에 끼이는 사고사례 발생장면을 보여주고 있다. 차량계 하역운반기계 수리 또는 부속장치의 장착 및 해체작업 시 위험방지 조치사항을 3가지 쓰시오.
▶ 08/산·기

해답
1) 바닥은 불침투성 재료로 미끄럽지 않아야 한다.
2) 이동통로에는 장애물이 없도록 하고 위험물질을 임시로 놓는 장소와 이동통로는 확실하게 구분시킨다.
3) 유해물질 누출시 확산되지 않도록 15cm 이상의 턱을 설치한다.

해답
1) 정비작업중임을 알리는 표지판을 설치하고 작업을 진행한다.
2) 다른 작업자에 의해 운전되는 것을 방지하기 위해 시동장치에 잠금장치를 하고 열쇠를 별도로 관리한다.
3) 작업지휘자 또는 감시인을 배치하여 정비작업 중에 다른 작업자의 출입을 금지시킨다.

길잡이

▶ 유독성 물질 취급장 착용보호구 08/기
 1) 고무장갑 및 고무장화
 2) 불침투성 보호막
 3) 방독마스크 또는 송기마스크

길잡이

1) 차량계 하역운반기계(지게차, 구내운반차, 화물자동차)의 수리 또는 부속장치의 장착 및 해체작업시 작업지휘자가 준수해야 할 사항(안전보건규칙 제176조) 07/산
 ① 작업순서를 결정하고 작업을 지휘할 것.
 ② 안전지주 또는 안전블록 등의 사용상황 등을 점검할 것
2) 화물자동차를 사용하는 작업을 행하게 하는 때의 작업시작 전 점검사항 (안전보건규칙 별표3)
 ① 제동장치 및 조종장치의 기능
 ② 하역장치 및 유압장치의 기능
 ③ 바퀴의 이상 유무

08 동영상은 작업자가 절연장갑 및 용접용 보안면을 착용하고 교류아크용접기를 사용하여 용접작업을 하는 장면을 보여주고 있다. 용접작업시 작업시작 전 점검사항을 2가지만 쓰시오. ▶ 07/산, 08/산

09 동영상의 사진은 용접용 보안면을 보여주고 있다.
1) 용접용보안면의 등급을 구분하는 기준을 쓰시오.
2) 용접용보안면의 투과율의 종류 3가지를 쓰시오.

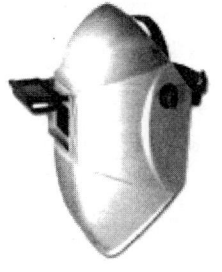 

해답
1) 방호장치인 자동전격장치의 동작의 이상 유무
2) 홀더 절연물의 손상유무
3) 용접기 외함의 접지단자 및 2차측 권선의 접지상태 여부
4) 용접기의 용접용 케이블 접속부의 접속 및 절연상태 여부
5) 용접용 케이블의 피복 손상유무
6) 1차배선과 용접기 단자와의 접속상태 여부
7) 전원개폐기에 사용하는 퓨즈의 적정 여부 및 과열에 의한 변색 여부

해답
1) 용접용 보안면의 등급 : 차광도번호로 표시
2) 용접용 보안면의 투과율의 종류
   ① 자외선 최대분광투과율
   ② 시감투과율
   ③ 적외선투과율

주 용접용 보안면의 성능기준 : 보호구 안전인증고시 별표11

 길잡이

▶ 용접용보안면의 성능시험방법(보호구 안전인증고시 별표 11의 2)
1) 절연시험
2) 내식성시험
3) 각주 굴절력시험
4) 구면굴절력 및 난시굴절력 시험
5) 투과율 시험
6) 시감투과율차이시험
7) 내충격성시험
8) 내노후성시험
9) 내발화성 및 관통시험
10) 낙하시험
11) 차광속도시험
12) 차광능력시험

산업안전산업기사 실기 작업형
2018년 제3회

01 동영상 화면은 철골작업을 하는 장면을 보여주고 있다. 철골작업시 작업을 중지해야 할 기후조건을 3가지 쓰시오.
➡ 00/기, 02/산, 05/기, 07/산, 08/산

해답
1) 풍속이 초당 10m 이상인 경우
2) 강우량이 시간당 1mm 이상인 경우
3) 강설량이 시간당 1cm 이상인 경우

〔주〕 철골작업의 제한 : 안전보건규칙 제383조

02 보호장구 화면에서 추락발생시 안전그네와 연결하여 사용하는 (1)보호구의 명칭 (2) 정의 (3) 안전블록이 부착된 안전대의 구조 2가지를 쓰시오.
➡ 04/기, 09/기

해답
(1) 명칭 : 안전블록
(2) 정의 : 안전그네와 연결하여 추락발생시 추락을 억제할 수 있는 자동잠김장치가 갖추어져 있고 죔줄이 자동적으로 수축되는 장치
(3) 안전블록이 부착된 안전대의 구조
① 안전블록을 부착하여 사용하는 안전대는 신체지지의 방법으로 안전그네만을 사용할 것
② 안전블록은 정격 사용길이가 명시될 것
③ 안전블록의 줄은 합성섬유로프, 웨빙(webbing), 와이어로프이어야 하며, 와이어로프인 경우 최소지름이 4mm 이상일 것

주 안전대의 성능기준 : 보호구안전인증 고시 별표9

 길잡이
▶ 안전블록의 구조
  1) 자동잠김장치를 갖출 것
  2) 안전블록의 부품은 부식방지처리를 할 것

03 동영상은 작업발판에서 작업하던 작업자가 추락하는 사고발생장면을 보여주고 있다. 높이 2m 이상인 작업장소에 설치하는 작업발판의 설치기준을 3가지 쓰시오
▶ 09/기

해답
1) 발판재료는 작업할 때의 하중을 견딜 수 있도록 견고한 것으로 할 것
2) 작업발판의 폭은 40cm 이상으로 하고, 발판재료간의 틈은 3cm 이하로 할 것
3) 추락의 위험성이 있는 장소에는 안전난간을 설치할 것(작업의 성질상 안전난간을 설치하는 것이 곤란할 때 및 작업의 필요상 임시로 안전난간을 해체함에 있어서 안전방망을 치거나 근로자로 하여금 안전대를 사용하도록 하는 등 추락에 의한 위험방지 조치를 할 때에는 제외)
4) 작업발판의 지지물은 하중에 의하여 파괴될 우려가 없는 것을 사용할 것
5) 작업발판의 재료는 뒤집히거나 떨어지지 아니하도록 2 이상의 지지물에 연결하거나 고정시킬 것
6) 작업발판을 작업에 따라 이동시킬 때에는 위험방지에 필요한 조치를 할 것

주 작업발판의 구조 : 안전보건규칙 제56조

04 동영상은 컨베이어의 구동체인의 안전커버(덮개)를 벗기고 수리작업장면을 보여주고 있다. 컨베이어 등을 사용하여 작업 시 작업시작 전 점검사항을 3가지 쓰시오. ➡ 07/기, 09/기

05 동영상에서와 같이 밀폐공간에 근로자를 종사하도록 하는 경우 밀폐공간 작업프로그램의 수립·시행내용을 3가지 쓰시오. ➡ 04/기, 06/기, 07/산, 08/산

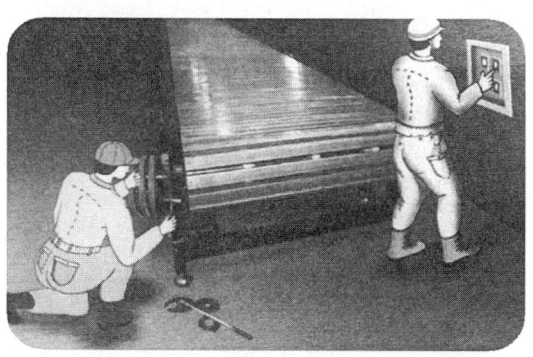

해답
1) 원동기 및 풀리기능의 이상 유무
2) 이탈 등의 방지장치 기능의 이상 유무
3) 비상정지장치 기능의 이상 유무
4) 원동기·회전축·기어 및 풀리 등의 덮개 또는 울 등의 이상 유무

〔주〕 작업시작 전 점검사항 : 안전보건규칙 별표 3

> **길잡이**
> ▶ 컨베이어의 방호장치(안전보건규칙 제191조 ~ 제195조)
>   1) 이탈 및 역주행 방지장치 : 정전·전압강하 등에 따른 화물 또는 운반구의 이탈 및 역주행을 방지하는 장치
>   2) 덮개 또는 울 : 컨베이어 등으로부터 화물의 낙하로 인한 위험을 방지하기 위해 설치
>   3) 비상정지장치 : 컨베이어 등에 근로자의 신체의 일부가 말려들 우려가 있는 경우 및 비상시에 설치
>   4) 건널다리 : 운전 중인 컨베이어 등의 위로 근로자를 넘어가도록 하는 경우 위험을 방지하기 위해 설치

해답
1) 사업장 내 밀폐공간의 위치 파악 및 관리 방안
2) 밀폐공간 내 질식·중독 등을 일으킬 수 있는 유해·위험 요인 파악 및 관리 방안
3) 밀폐공간 작업 시 사전확인이 필요한 사항에 대한 확인 절차
4) 안전보건교육 및 훈련
5) 그 밖에 밀폐공간 작업 근로자의 건강장해 예방에 관한 사항

〔주〕 밀폐공간 작업 프로그램의 수립시행 : 안전보건규칙 제619조

> **길잡이**
> 1) 밀폐공간에서 작업시작 전 확인사항(안전보건규칙 제619조 제2항)
>   ① 작업일시, 기간, 장소 및 내용 등 작업정보
>   ② 관리감독자, 근로자, 감시인 등 작업자 정보
>   ③ 산소 및 유해가스 농도의 측정결과 및 후속조치 사항
>   ④ 작업 중 불활성가스 또는 유해가스의 누출·유입·발생 가능성 검토 및 후속조치 사항
>   ⑤ 작업 시 착용하여야 할 보호구의 종류

⑥ 비상연락체계
2) 밀폐공간 작업 시 관리감독자의 직무수행내용(안전보건규칙 별표2) 07/기
① 산소가 결핍된 공기나 유해가스에 노출되지 않도록 작업 시작 전에 해당 근로자의 작업을 지휘하는 업무
② 작업을 하는 장소의 공기가 적절한지를 작업 시작 전에 측정하는 업무
③ 측정장비·환기장치 또는 공기호흡기 또는 송기마스크를 작업 시작 전에 점검하는 업무
④ 근로자에게 공기호흡기 또는 송기마스크의 착용을 지도하고 착용상황을 점검하는 업무

06 동영상은 산소결핍장소에서 작업하는 중에 사고가 발생하는 장면을 보여주고 있다. 적정공기에 대한 다음 (   )안에 알맞은 수치를 쓰시오.

"적정공기"란 산소농도의 범위가 (①)%이상 (②)% 미만, 탄산가스의 농도가 (③)%미만, 일산화탄소의 농도가 (④)ppm미만, 황화수소의 농도가 (⑤)ppm 미만인 수준의 공기를 말한다.

해답
① 18   ② 23.5
③ 1.5   ④ 30
⑤ 10

주 밀폐공간작업시 용어의 정의 : 안전보건규칙 제618조

 길잡이

1) 산소결핍장소에 필요한 비상시 피난용구 05/산, 07/기
① 로프 및 구명밧줄
② 도르래
③ 호흡용 보호구
④ 피재자 구조용 발판
⑤ 안전벨트(안전대)
2) 산소결핍장소에서 작업시 안전수칙 07/기, 08/기
① 작업시작전 유해가스농도 및 산소농도를 측정할 것
② 작업시작전 및 작업중에 적정한 공기상태(산소농도18% 이상 ~ 23.5% 미만)가 유지되도록 환기를 실시할 것.
③ 환기가 곤란할 때는 공기호흡기 또는 송기마스크 등 호흡용 보호구를 착용할 것
④ 해당 작업장과 외부의 감시인 사이에 상시 연락을 취할 수 있는 설비를 설치할 것

07 동영상은 공기압축기(air compressor)로 기계에 칩등을 청소하던 중에 눈에 이물질이 들어가는 사고발생장면을 보여주고 있다. 동영상의 작업상황에서 착용해야 할 보호구 2가지를 쓰시오.

08 동영상은 스팀배관을 맨손으로 점검하던 중에 뜨거운 스팀이 누출되는 사고가 발생한 장면을 보여주고 있다. 1) 재해발생원인과 2) 재해유형을 쓰시오.

▶ 07/기, 08/기

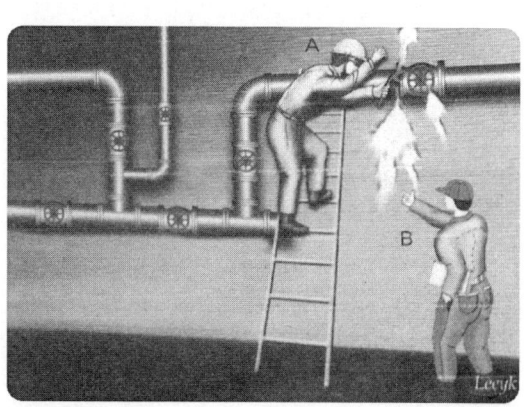

해답
1) 보안경
2) 방진마스크

해답
1) **재해발생원인** : 작업시 안전장갑 등의 보호구를 착용하지 않고 맨손으로 스팀배관을 점검하였다.
2) **재해유형** : 이상온도 노출·접촉(화상)

길잡이

▶ 상기 동영상의 작업상황에서의 위험요인 08/기
1) 작업자가 딛고 선 사다리가 불안정하여 떨어질 위험이 있다.
2) 보안경 미착용으로 플랜지부에 분출된 고압증기로 눈 손상의 위험이 있다.
3) 작업자세가 불안정하여 몸의 균형을 잃고 사다리에서 떨어질 위험이 있다.
4) 작업지휘자 또는 감시인을 배치하지 않았다.

09 동영상 화면은 작업자가 스프레이건을 이용하여 페인트 작업을 하는 장면을 보여주고 있다. 이와 같이 페인트 등 도료 및 유기용제를 취급하는 작업장에서 유해물질의 유해·위험요인을 3가지만 쓰시오.

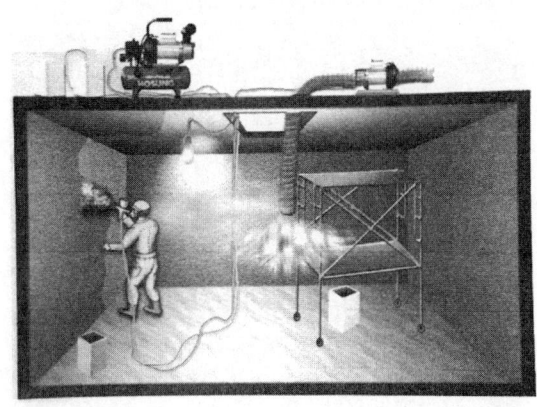

해답
1) 도료 및 유기용제에서 가연성 증기가 발생되어 화재·폭발을 일으킨다.
2) 유독가스가 발생되어 중독 및 질식사고를 일으킨다.
3) 바닥에 흘린 도료·용제 등에 의해 미끄러져 넘어지거나 도료의 빈 통 등에 걸려 넘어지거나 기계에 부딪힌다.

01 동영상은 작업자가 전신주 위에 설치된 변압기의 볼트를 조이기 위해 전주에 올라서서 전주에 박혀있는 발판(볼트)을 딛고 볼트조임 작업을 하다가 추락하는 사고장면을 보여주고 있다. 위험요인 2가지를 쓰시오. ▶ 14/1(기)

02 동영상은 고압변전설비(66,000V) 부근에서 공놀이를 하다가 공이 울타리 안쪽에 위치한 변압기 상단의 충전부에 떨어져 공을 주우러 가려하고 있다. 이 동영상에서 예상되는 재해의 종류를 쓰시오. ▶ 15/2(산),17/1(산)

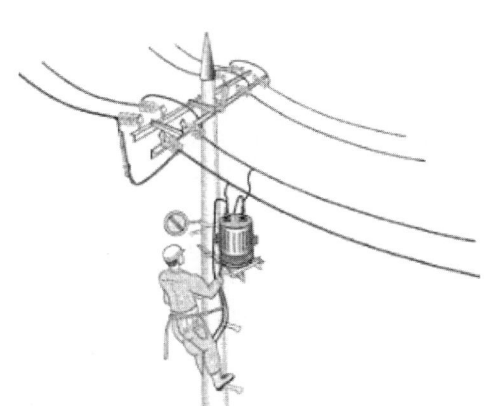

해답 재해의 종류 : 감전

해답
1) 작업자가 딛고 선 발판이 불안정하여 추락위험이 있다.
2) 작업자가 안전대를 전주에 걸지 않고 작업자세도 불안정하여 위험하다.

길잡이
▶ 전선의 활선여부 확인 방법
1) 검전기로 확인한다.
2) 테스터의 지시치를 확인한다.
3) 접지봉에 의해 접촉 확인한다.

길잡이
1) 동영상에서 위험의 포인트
  ① 문이 열려있으므로 공을 주우러 고압설비 내에 들어가 감전된다.
  ② 공을 잡으려고 뛰어오를 때 균형을 잃어 울타리에 부딪친다.
  ③ 고압설비가 스파크 되어 눈을 다친다.
2) 동영상에서 재해방지대책
  ① 고압변전설비 출입구에 잠금장치를 하여 관계자 외의 출입을 금지시킨다.
  ② 고압변전설비 부근에서 공놀이를 하지 못하도록 경고표지판을 부착한다.
  ③ 공을 꺼낼 때는 전원차단 및 정전확인 등 안전조치 후 공을 꺼내도록 한다.
  ④ 고압변전설비의 위험에 대한 안전교육을 실시한다.

03 동영상의 화면도는 크롬(Cr) 도금작업을 하는 장면을 보여주고 있다. 다음 물음에 답하시오.

(1) 크롬 및 크롬화학물 등의 분진 흄(fume) 등을 장시간 흡입하여 발생되는 직업병을 기술하시오.
(2) 동영상 화면의 크롬 도금작업장에 설치하는 국소배기장치의 후드 설치기준을 3가지만 쓰시오.

▶ 크롬 도금작업시 착용보호구
1) 보안경
2) 방진마스크

해답
1) 직업병 : 비중격천공증(코 내부의 물렁 뼈에 구멍이 생기는 병)
2) 국소배기장치의 후드 설치기준(안전보건규칙 제72조)
   ① 유해물질이 발생하는 곳마다 설치할 것
   ② 유해인자의 발생형태 및 비중·작업방법 등을 고려하여 해당 분진 등의 발산원을 제어할 수 있는 구조로 설치할 것
   ③ 후드형식은 가능하면 포위식 또는 부스식 후드를 설치할 것
   ④ 외부식 또는 레시버식 후드를 설치할 때에는 해당 분진 등의 발산원에 가장 가까운 위치에 설치할 것

04 동영상은 탁상용 그라인더로 둥근 봉을 연마하는 작업장면을 보여주고 있다. 다음 물음에 답하시오.

(1) 동영상의 작업상황에 대한 위험 point(핵심위험요인)를 3가지만 쓰시오.
(2) 동영상의 그라인더 작업 중 둥근 봉이 튕겨 작업자를 가격하였다. 1) 기인물, 2) 가해물을 쓰시오.

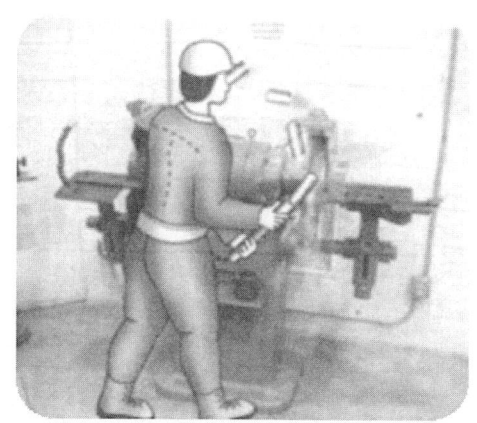

해답

1) 위험 point
   ① 손의 균형을 잃어 둥근 봉이 튕겨날아가 얼굴 또는 손발을 다친다.
   ② 칩이 튀어 눈을 다친다.
   ③ 숫돌이 파손되어 얼굴이나 몸을 다친다.
   ④ 지석의 파편이 튀어나와 맞는다.
   ⑤ 손의 균형이 깨져 그라인더에 다친다.
   ⑥ 그라인더 지석이 파손되어 날아가 주변의 사람이 다친다.
   ⑦ 마찰열로 뜨겁게 된 둥근 봉이 손에서 떨어져 발을 다친다.
   ⑧ 뒤로 돌아서다가 주변의 물건에 걸려 넘어진다.

2) 기인물과 가해물
   ① 기인물 : 그라인더(연삭기)
   ② 가해물 : 둥근 봉

05 동영상은 인화성 액체가 들어있는 200L용 드럼통이 적치된 저장창고에서 작업자가 인화성 물질이 든 운반용 캔(40L용)을 운반하던 중 휴식을 취하려고 드럼통 옆에서 웃옷을 벗는 순간 '펑' 소리와 함께 폭발사고가 발생한 상황이다. 인화성 물질의 증기, 가연성 가스 및 분진 등이 존재하여 폭발 또는 화재가 발생할 우려가 있을 경우의 예방대책을 쓰시오.

▶ 14/3(산)

> **길잡이**
> 1) 동영상의 작업상황에서 폭발재해를 발생시키는 위험 포인트 및 대책
>   ① 위험 포인트 : 인화성 액체에서 발생한 기화증기가 정전기에 의한 불꽃방전으로 인화 폭발하였다.
>   ② 대책 : 인화성 물질 등의 저장창고에서 작업시는 인체의 제전조치를 한 후 작업을 실시할 것
> 2) 인화성 및 폭발성 물질 저장고 문 앞에서 신발에 물을 묻히는 이유 : 신발과 바닥면의 마찰 등에 의한 정전기의 대전을 방지하기 위해서이다. [07/3(기)]
> 3) 발화원과 발화원의 발생원인 [18/1(산)]
>   ① 발화원 : 정전기
>   ② 발화원이 발생되는 원인
>   ㉠ 작업복이 정전작업복이 아니기 때문에 작업복을 벗을 때 정전기가 발생하였다.
>   ㉡ 안전화의 바닥과 작업면 바닥 사이의 마찰에 의해서 정전기가 발생하였다.

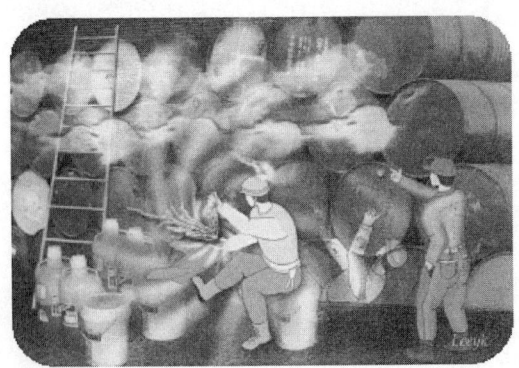

해답
1) 통풍, 환기 및 제진 등의 필요한 조치를 할 것
2) 불꽃 또는 아크를 발생하거나 고온으로 될 우려가 있는 화기 또는 기계·기구 및 공구 등을 사용하지 않을 것
3) 폭발·화재를 미리 감지할 수 있는 가스검지 경보장치를 설치하고 그 성능이 발휘될 수 있도록 할 것

06 동영상은 작업자(일반 캡모자와 면장갑 착용)가 교류아크 용접기를 이용하여 용접을 한번 한 후 슬러지를 털어낸 뒤 다시 용접을 하기 위해 아크불꽃을 내는 순간 감전되어 쓰러지는 장면을 보여주고 있다. 다음 물음에 답하시오.

(1) 사고발생의 요인이 되는 기인물을 쓰시오.
(2) 교류아크 용접작업시 눈과 감전사고를 방지하기 위하여 착용해야 할 보호구의 종류 2가지를 쓰시오.

> **길잡이**
> 1) 교류아크용접작업시 작업(사용)전 점검사항
>   ① 방호장치인 자동전격장치의 동작의 이상 유무
>   ② 홀더 절연물의 손상 유무
>   ③ 용접기 외함의 접지단자 및 2차측 귀선의 접지상태 여부
>   ④ 용접기의 용접용 케이블 접속부의 접속 및 절연상태 여부
>   ⑤ 용접용 케이블의 피복 손상 유무
>   ⑥ 1차배선과 용접기 단자와의 접속상태 여부
>   ⑦ 전원개폐기에 사용하는 퓨즈의 적정 여부 및 과열에 의한 변색 여부
> 2) 교류아크용접작업 중 불꽃 등에 의한 화상을 방지하기 위한 보호구
>   ① 보안면
>   ② 절연장갑
>   ③ 안전화
>   ④ 발덮개
>   ⑤ 가죽제 앞치마
> 3) 교류아크용접기의 방호장치 : 자동전격방지장치

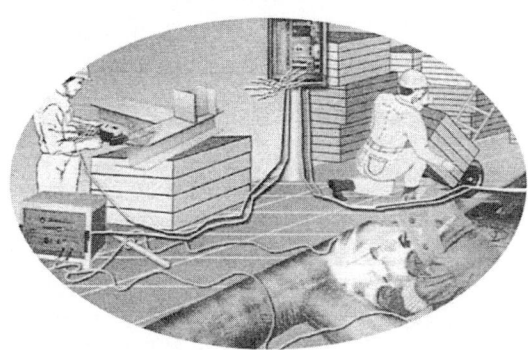

해답
1) 기인물 : 교류아크용접기
2) 보호구 : 용접용 보안면, 용접용 장갑

07 동영상은 이동식 크레인을 이용하여 배관을 위로 인양하는 작업장면을 보여주고 있다. 배관인양시 화물의 낙하·비래 위험을 방지하기 위한 사전점검 및 조치사항 3가지를 쓰시오. ▶ 14/3(기)

해답
1) 인양도중에 화물이 빠지지 않도록 화물을 양쪽 끝부분 두 군데를 묶어서(2줄걸이) 수평으로 보조로프를 사용하여 흔들거리지 않게 인양한다.
2) 와이어로프 및 훅의 해지장치의 안전상태를 점검한다.
3) 작업반경 내에 출입을 금지시킨다.

길잡이
▶ 동영상의 작업상황에서의 위험요인
1) 화물의 운반시 흔들림을 방지하기 위한 보조(유도)로프를 사용하지 않았다.
2) 무전기 등을 사용하여 신호하지 않고 일정한 신호방법을 미리 정하여 두지 않아서 신호전달이 제대로 이루어지지 않았다.
3) 신호수가 안전모 등 보호구를 착용하지 않았다.
4) 화물의 이동경로에 강구조물이 위치하는 이동경로 설정이 잘못되었다.
5) 화물을 확실하게 체결하지 않아 화물이 낙하할 위험이 있다.

08 동영상은 경사진 박공지붕의 설치작업 중에 사고가 발생하는 장면(작업자 ○명은 지붕 위에 앉아서 빵을 먹으며 휴식을 취하고 있으며, 작업자 뒤편에 쌓여져 있는 패널이 휴식중인 작업자 뒤로 무너져 작업자가 앞으로 쓰러지는 사고장면)을 보여주고 있다. 동영상의 사고 사례에서 1) 재해발생원인과 2) 재해방지대책을 각각 2가지씩 쓰시오.

해답
1) 재해발생원인
① 작업발판을 설치하지 않았다.
② 안전대 부착설비 미설치 및 안전대를 착용하지 않았다.
③ 추락방지망을 설치하지 않았다.
④ 박공지붕판을 한 곳에 과적하여 쌓아놓았다.
⑤ 위험한 장소에서 휴식을 취하고 있다.

2) 재해방지대책
① 작업발판을 설치한 후 작업을 실시한다.
② 안전대 부착설비 및 지지로프를 설치하고 안전대를 착용한다.
③ 추락방지망(안전방망)을 설치한다.
④ 박공지붕판을 한 곳에 과적하여 쌓아놓지 않는다.
⑤ 위험한 장소에서 휴식을 취하지 않도록 한다.

09 동영상 화면에 보여주고 있는 방음보호구의 종류와 기호를 쓰시오.

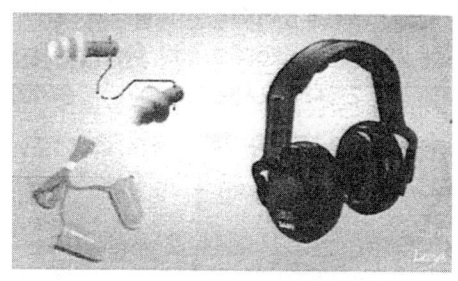

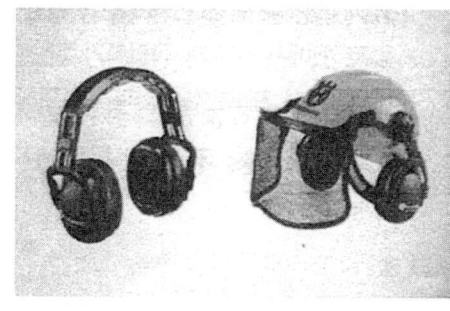

해답 방음보호구의 종류, 등급, 기호, 성능

종류	등급	기호	성능
귀마개	1종	EP-1	저음부터 고음까지 차음하는 것
	2종	EP-1	주로 고음을 차음하여 회화음 영역인 저음은 차음하지 않는 것
귀덮개	-	EM	저음부터 고음까지 차단하는 것

산업안전산업기사 실기 작업형 — 2019년 제2회

01 동영상은 슬라이싱 머신(slicing machine)에 의해 무채를 썰어내는 작업중 갑자기 기계가 멈추어서 작업자가 기계를 점검하는 장면을 보여주고 있다. 다음 물음에 답하시오.

(1) 동영상의 작업상황에 대한 위험 포인트(핵심위험요인)를 2가지 쓰시오.
(2) 슬라이싱 머신에 설치하는 방호장치로서 기계의 뚜껑이 열리게 되면 기계가 작동하지 않게 되는 것으로서 기계의 오작동 방지 또는 안전을 위해 관련장치 간에 전기적 또는 기계적으로 연락을 취하게 되어 기계의 각 작동부분이 정상적으로 작동하기 위한 조건이 만족되지 않으면 자동적으로 그 기계가 작동할 수 없도록 하는 방호장치의 명칭을 쓰시오.

 1) 위험 포인트
① 방호장치(인터록 또는 연동장치) 미설치로 기계 점검 중 손을 다칠 수 있다.
② 기계를 완전히 정지시키지 않은 상태에서 기계를 점검하여 손을 다칠 수 있다.
2) 방호장치 명칭 : 인터록 또는 연동장치

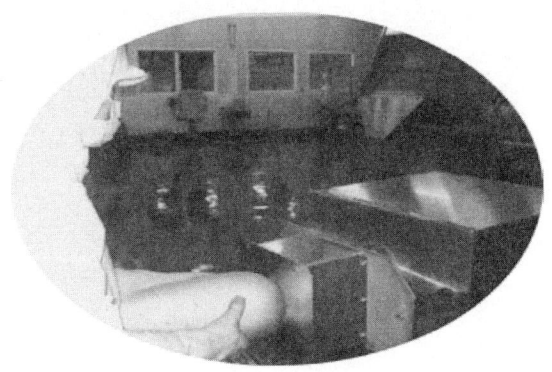

02 굴착작업 시 지반의 붕괴 등에 위험방지를 위해 흙막이 지보공을 설치한다. 흙막이 지보공을 설치한 때에 정기점검 사항을 4가지 쓰시오.

해답
1) 부재의 손상, 변형, 부식, 변위 및 탈락의 유무와 상태
2) 버팀대의 긴압의 정도
3) 부재의 접속부, 부착부 및 교차부의 상태
4) 침하의 정도

[주] 흙막이 지보공 설치 시 정기점검사항(붕괴 등의 위험방지) : 안전보건규칙 제347조

03 동영상 화면은 작업자가 사출성형기에 끼인 이물질을 제거하기 위해 잡아당기다가 감전으로 뒤로 넘어지는 사고발생 장면을 보여주고 있다. 동영상에서와 같이 사출성형기의 청소작업 시 사고방지를 위한 예방대책을 3가지만 쓰시오.

해답
1) 작업시작 전에 전원을 차단할 것
2) 작업시 절연용 고무장갑 등 보호구를 착용할 것
3) 금형 청소작업 시에는 수공구 등을 사용하여 청소할 것

> **길잡이**
> ▶ 사출성형기 금형청소 시 재해발생원인(위험요인)
> 1) 작업시 전원을 차단하지 않았다.
> 2) 절연고무장갑 등 보호구를 착용하지 않고 맨손으로 작업하였다.
> 3) 수공구 등을 사용하지 않고 손으로 청소를 하였다.
> 4) 작업지휘자를 배치하지 않았다.

04 동영상은 건물의 해체작업을 하고 있는 장면을 보여주고 있다. 동영상에서와 같이 해체작업을 하는 때에 작업계획서에 포함되는 사항을 2가지만 쓰시오.

해답
1) 해체의 방법 및 해체순서 도면
2) 가설비, 방호설비, 환경설비 및 살수·방화설비 등의 방법
3) 사업장 내 연락방법
4) 해체물의 처분계획
5) 해체작업용 기계·기구 등의 작업계획서
6) 해체작업용 화약류의 사용계획서
7) 그밖에 안전·보건에 관한 사항

[주] 건물 등의 해체작업 시 작업계획서 내용 : 안전보건규칙 별표4 제10호

05 동영상은 에어배관의 필터를 떼어내고 점검, 청소를 하기 위해 배관플랜지를 푸는 작업 중(파이프렌치 등 전용용구가 아닌 일반펜치로 작업함)에 고압의 증기가 터져나와 작업자가 눈에 재해를 당하는 장면을 보여주고 있다. 에어배관작업(점검, 청소 등) 시 위험요인을 2가지만 쓰시오.

해답
1) 배관 내에 남은 압력을 제거하지 않은 상태에서 배관플랜지를 푸는 작업을 하였다.
2) 보안경을 착용하지 않고 작업을 하였기 때문에 고압증기에 의한 눈을 다치는 사고가 발생하였다.

길잡이
1) **행동목표** : 상기 동영상의 작업상황에 대하여 위험예지 훈련을 실시할 경우의 행동목표
 ① 배관 내의 점검, 청소를 하기 위해 플랜지를 풀 때는 주밸브를 잠그고 남은 압력이 빠진 것을 확인한 후 작업을 실시하자.
 ② 배관 내의 점검, 청소 시에는 보안경을 착용하자.
2) **동영상 작업 상황에서의 기인물과 가해물**
 ① 기인물 : 배관 플랜지
 ② 가해물 : 증기

06 동영상은 작업자가 베레스트 탱크 내에서 슬러지 제거작업 중에 가스질식으로 의식을 잃는 사고가 발생한 상황이다. 다음 물음에 답하시오.

(1) 동영상에서와 같은 작업상황에서 작업을 할 때에 안전작업수칙을 3가지 쓰시오.
(2) 동영상에서 사고방지에 필요한 비상시 피난용구를 4가지만 쓰시오.

④ 안전대(안전벨트)
⑤ 피해자 구조용 발판

> **길잡이**
> ▶ 동영상의 작업상황에서의 착용보호구 [14/1(산)]
> 1) 송기마스크
> 2) 공기호흡기

해답 1) 안전작업수칙
① 작업 전 산소농도 및 유해가스 농도를 측정한다.
② 작업시작 전 및 작업 중에 당해 작업장을 적정한 공기상태가 유지되도록 환기하여야 한다(환기곤란 시 송기마스크를 착용할 것).
③ 작업지휘자(관리감독자) 등 작업 감시자를 배치한다.

2) 비상시 피난용구
① 로프 및 구명밧줄
② 도르래
③ 호흡용 보호구

07 동영상은 전선의 활선 여부를 측정하는 장면을 보여주고 있다. 전선의 활선 여부를 확인할 수 있는 방법을 3가지 쓰시오.

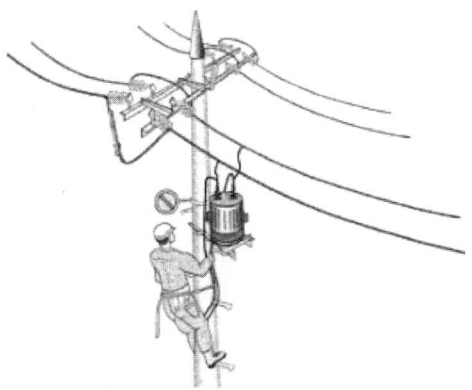

해답
1) 검전기로 확인한다.
2) 테스터 지시치를 확인한다.
3) 접지봉에 의해 접촉을 확인한다.

08 동영상의 사진은 고무제 안전화를 보여주고 있다. 고무제 안전화의 종류 2가지를 사용장소에 따라 구분하여 쓰시오.

해답
1) 일반용 : 일반작업장
2) 내유용 : 탄화수소류의 윤활유 등을 취급하는 작업장

09 동영상은 작업자가 가동 중인 컨베이어의 구동체인의 커버를 벗기고 점검작업을 하던 중에 작업자의 손이 벨트에 끼이는 사고발생 장면을 보여주고 있다. 1) 기인물과 2) 사고원인을 쓰시오.

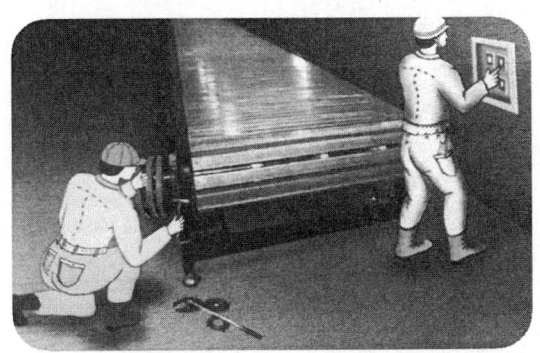

해답
1) **기인물** : 컨베이어
2) **사고원인** : 컨베이어의 전원을 차단하지 않은 채로 점검하였다.

> 길잡이
> ▶ 컨베이어의 작업시작 전 점검사항
> 1) 원동기 및 풀리 기능의 이상 유무
> 2) 이탈 등의 방지장치 기능의 이상 유무
> 3) 비상정지장치 기능의 이상 유무
> 4) 원동기, 회전축, 기어 및 풀리 등의 덮개 또는 울 등의 이상 유무

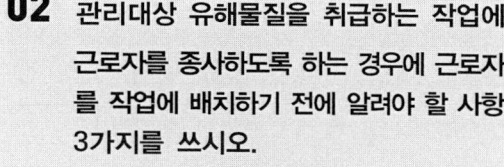

01 동영상 화면은 비계 위에 설치된 작업발판 위에서 작업하던 작업자가 바닥으로 추락하는 사고장면을 보여주고 있다. 1) 기인물과 2) 가해물을 쓰시오.

해답
1) 기인물 : 작업발판
2) 가해물 : 바닥

> **길잡이**
> ▶ 작업발판의 구조(설치기준)
> 1) 발판재료는 작업시의 하중을 견딜 수 있도록 견고한 것으로 할 것
> 2) 작업발판의 폭은 40cm 이상으로 하고, 발판재료 간의 틈은 3cm 이하로 할 것
> 3) 추락의 위험성이 있는 장소에는 안전난간을 설치할 것
> 4) 작업발판의 지지물은 하중에 의하여 파괴될 우려가 없는 것을 사용할 것
> 5) 작업발판 재료는 뒤집히거나 떨어지지 아니하도록 2이상의 지지물에 연결하거나 고정시킬 것
> 6) 작업발판을 작업에 따라 이동시킬 때에는 위험방지에 필요한 조치를 할 것

02 관리대상 유해물질을 취급하는 작업에 근로자를 종사하도록 하는 경우에 근로자를 작업에 배치하기 전에 알려야 할 사항 3가지를 쓰시오.

해답
1) 관리대상 유해물질의 명칭 및 물리적, 화학적 특성
2) 인체에 미치는 영향과 증상
3) 취급상의 주의사항
4) 착용하여야 할 보호구와 착용방법
5) 위급상황 시의 대처방법과 응급조치 요령
6) 그밖에 근로자의 건강장해 예방에 관한 사항

[주] 관리대상 유해물질의 유동성 등의 주지 : 안전보건규칙 제449조

> **길잡이**
> ▶ 허가대상 유해물질의 제조, 사용 시 유해성 등의 주지사항(안전보건규칙 제460조)
> 1) 물리적, 화학적 특성
> 2) 발암성 등 인체에 미치는 영향과 증상
> 3) 취급상의 주의사항
> 4) 착용하여야 할 보호구와 착용방법
> 5) 위급상황 시의 대처방법과 응급조치 요령
> 6) 그밖에 근로자의 건강장해 예방에 관한 사항

03 이동식 사다리를 설치하여 사용함에 있어서 준수할 사항 3가지를 쓰시오.

 1) 길이가 6m를 초과해서는 안 된다.
2) 다리의 벌림은 벽 높이의 1/4 정도가 적당하다.
3) 벽면 상부로부터 최소한 60cm 이상의 연장길이가 있어야 한다.

 이동식 사다리 규격 : 고용노동부 고시

> **길잡이**
> ▶ 사다리식 통로 등의 구조(사다리식 통로 등의 설치시 준수사항)(안전보건규칙 제24조)
> 1) 견고한 구조로 할 것
> 2) 심한 손상, 부식 등이 없는 재료를 사용할 것
> 3) 발판의 간격은 일정하게 할 것
> 4) 발판과 벽과의 거리는 15cm 이상의 간격을 유지할 것
> 5) 폭은 30cm 이상으로 할 것
> 6) 사다리가 넘어지거나 미끄러지는 것을 방지하기 위한 조치를 할 것
> 7) 사다리의 상단은 걸쳐놓은 지점으로부터 60cm 이상 올라가도록 할 것
> 8) 사다리식 통로의 길이가 10m 이상인 경우에는 5m이내마다 계단참을 설치할 것
> 9) 사다리식 통로의 기울기는 75° 이하로 할 것(다만, 고정식 사다리식 통로의 기울기는 90° 이하로 하고, 그 높이가 7m 이상인 경우에는 바닥으로부터 높이가 2.5m 되는 지점부터 등받이울을 설치할 것
> 10) 접이식 사다리기둥은 사용 시 접히거나 펼쳐지지 않도록 철물 등을 사용하여 견고하게 조치할 것

04 동영상 화면은 이동식 크레인으로 배관을 인양하여 도중에 사고가 발생하는 장면(배관을 와이어로프가 아닌 끈으로 가운데 한군데만 묶어서 위로 끌어올리다가 다시 작업자들 머리부분까지 내려와 밑에 있던 2명의 작업자가 배관을 손으로 지지하던 중에 배관이 순간 흔들거리면서 날아와 작업자 1명을 쳐버리는 사고 장면)을 보여주고 있다. 위험요인 3가지를 쓰시오.

> **길잡이**
> ▶ 재해예방대책
> 1) 크레인의 작업반경 내의 관계근로자 이외의 자의 출입을 금지시킨다.
> 2) 작업지휘자 또는 신호수를 배치하여 작업지휘자의 지휘 및 신호수의 신호에 따라 운전작업을 하도록 한다.
> 3) 배관을 양끝부분의 2군데를 묶어(2줄걸이) 흔들거리지 않게 수평으로 인양한다.
> 4) 보조(유도)로프를 사용하여 화물의 흔들거림을 방지한다.

해답
1) 화물의 운전 시 흔들림을 방지하기 위한 보조(유도)로프를 사용하지 않았다.
2) 무전기 등을 사용하여 신호하지 않고 일정한 신호방법을 미리 정하여 두지 않아서 신호전달이 제대로 이루어지지 않았다.
3) 신호수가 안전모 등 보호구를 착용하지 않았다.
4) 화물의 이동경로에 강구조물이 위치하는 등 이동경로 설정이 잘못되었다.
5) 화물을 확실하게 체결하지 않아 화물이 낙하할 위험이 있다.

05 동영상은 목재가공용 둥근톱기계를 사용하여 작업하는 장면을 보여주고 있다. 목재가공용 둥근톱기계의 1) 방호장치와 2) 자율안전확인대상 목재가공용 덮개 및 분할날에 추가 표시사항 2가지를 쓰시오.

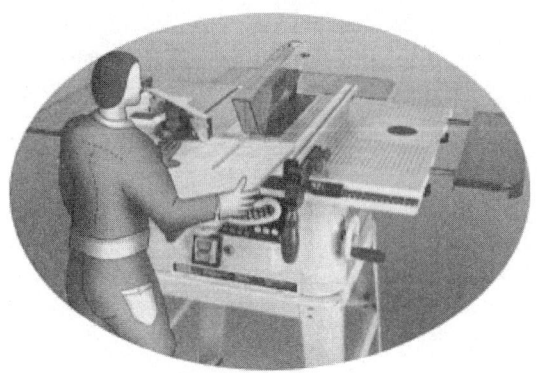

해답
1) 방호장치
   ① 톱날접촉예방장치
   ② 반발예방장치
2) 추가 표시사항
   ① 덮개의 종류
   ② 둥근톱의 사용가능 치수

> **길잡이**
> ▶ 목재가공용 둥근톱기계의 보조장치 및 안전장치 종류
> 1) 톱날 덮개
> 2) 분할날
> 3) 평행조정기
> 4) 밀대
> 5) 직각정규

06 로봇의 작동범위 내에서 해당로봇의 수리, 검사, 조정, 청소 등 작업을 하는 경우 조치사항 2가지를 쓰시오.

해답
1) 로봇의 수리, 점검(검사), 청소 등의 작업 시에는 로봇의 운전을 확실하게 정지시킬 것
2) 로봇의 작동스위치를 열쇠로 잠그고 작동스위치에 작업 중이라는 표지판을 부착할 것

> **길잡이**
> 1) 로봇의 운전 중 위험방지 조치사항(안전보건규칙 제223조)
>   ① 높이 1.8m 이상의 울타리를 설치할 것
>   ② 울타리 설치곤란 시 안전매트 또는 광전자식 방호장치 등 감응형 방호장치를 설치할 것
> 2) 로봇의 작동을 중단하고 점검시 위험 포인트
>   ① 로봇이 작동을 정지하고 있지만 언제 작동을 개시할지 알지 못한다.
>   ② 작업자가 위험구역 내에 들어가 있기 때문에 로봇의 팔에 작업자가 다친다.
>   ③ 로봇이 작업자의 등 뒤에 있어서 갑자기 로봇이 작동할 때 작업자가 다친다.
>   ④ 안전방책(안전울)에 출입문(또는 체인)이 없어서 자유롭게 출입이 가능하므로 관계자 외의 자가 로봇에 다칠 수 있다.
>   ⑤ 차광판이 설치되어 있지 않아 주변 작업자에게 해를 끼친다.

07 항타기·항발기 작업에 대한 다음 물음에 답하시오.

(1) 항타기·항발기 작업 시 가공전선의 충전전로에 근로자의 신체 등이 접촉 또는 접근함으로 인하여 감전의 위험이 발생할 우려가 있을 때에 조치사항을 3가지만 쓰시오.
(2) 항타기·항발기의 사용최대하중이 1.2톤일 경우 권상용 와이어로프의 절단하중을 구하시오.

해답

1) 항타기·항발기 작업시 감전위험방지 조치사항
  ① 항타기·항발기를 충전전로의 충전부로부터 300cm 이격시킬 것(50kV 초과 시 10kV 추가할 때마다 10cm씩 추가)
  ② 감전의 위험을 방지하기 위한 방책을 설치할 것
  ③ 당해 충전전로의 절연용 방호구를 설치할 것
  ④ 방책 및 절연용 방호구를 설치하는 것이 현저히 곤란한 때에는 감시인을 두고 작업을 감시하도록 할 것

2) 안전계수 $= \dfrac{\text{절단하중}}{\text{최대사용하중}}$

  절단하중 $=$ 안전계수 $\times$ 최대사용하중
  $= 5 \times 1.2 = 6$톤

08 동영상은 작업자가 반면형 방진마스크를 착용하고 석면분진이 휘날리는 작업장에서 브레이크 라이닝 작업을 하고 있다. 석면을 취급하는 작업장에서 장기간 작업 시 발생할 수 있는 1) 직업병의 종류 3가지와 2) 질병에 걸리는 사유를 쓰시오.

해답
1) 석면에 의한 직업병의 종류
　① 석면폐증
　② 폐암
　③ 악성중피종
2) 질병에 걸리는 사유 : 전면형 방진마스크를 착용하여야 하는데 반면형 마스크를 착용하여 석면분진이 호흡기를 통해 침투하여 질병에 걸림

09 동영상은 아파트 공사현장에서 건설용 승강기를 운행하는 장면을 보여주고 있다. 화면에서 건설용 승강기 운행 시 위험요인을 3가지 쓰시오.

해답
1) 작업중 안전모 등 보호구 미착용
2) 개구부를 개방한 채 운행(화물의 낙하 위험)
3) 승강기 위치를 확인하기 위해 탑승대기 중인 작업자가 문짝 밖으로 머리를 내밀고 있음
4) 승강기에 적재하중을 초과하는 화물을 적재하였음

실기 작업형

산업안전산업기사 — 2020년 제1회

01 동영상은 작업자가 지게차 포크 위에 올라가 전신주 형강의 교체작업장면을 보여주고 있다. 전신주 형강 교체작업 시 작업자가 불안전행동 3가지를 쓰시오.

해답
1) 안전모, 절연용 안전장갑 등 안전보호구를 착용하지 않았다.
2) 안전한 작업발판을 설치하여 작업을 하지 않고 지게차 포크 위에서 작업하였다.
3) 지게차에는 운전자 이외는 탑승하지 않아야 하는데 포크에 작업자를 탑승시킨 후 운행하였다.

02 동영상은 고압(1만볼트)으로 인가된 배전반의 점검, 수리작업 장면을 보여주고 있다. 위험요인 3가지를 쓰시오.

해답
1) 절연용보호구(절연안전모, 절연고무장갑, 절연화 등)를 착용하지 않아 감전의 위험이 있다.
2) 충전부에 절연용 방호구를 설치하지 않았다.
3) 작업지휘자를 배치하지 않았다.

길잡이
1) 배전반 점검·수리작업 시 안전작업수칙
   ① 절연용 보호구를 착용하도록 할 것
   ② 충전부에 절연용 방호구를 설치하는 등 감전위험 방지를 조치할 것
   ③ 작업지휘자를 지정하여 작업을 지휘하도록 할 것
2) 배전반 점검·수리작업 시 재해원인분석
   ① 기인물 : 배전반
   ② 가해물 : 전기 또는 전류
   ③ 재해형태 : 감전

03 동영상은 사출성형기의 금형을 손으로 청소하다가 감전사고가 발생하는 장면을 보여주고 있다. 1) 기인물과 2) 가해물을 쓰시오.

04 동영상은 박공지붕 설치작업 도중에 휴식을 취하던 중 추락사고가 발생하는 장면을 보여주고 있다. 1) 재해발생원인과 2) 재해방지대책을 각각 3가지만 쓰시오.

 1) 기인물 : 사출성형기
2) 가해물 : 금형

> **길잡이**
> 1) 사출성형기 금형청소 시 감전사고의 발생원인
>   ① 작업시 전원을 차단하지 않았다.
>   ② 절연고무장갑 등 보호구를 착용하지 않고 맨손으로 작업하였다.
>   ③ 수공구 등을 사용하지 않고 손으로 청소를 하였다.
>   ④ 작업지휘자를 배치하지 않았다.
> 2) 사출성형기 금형청소 시 감전방지대책
>   ① 작업시작 전에 전원을 차단할 것
>   ② 절연고무장갑 등 보호구를 착용할 것
>   ③ 수공구 등을 사용하여 청소할 것
>   ④ 작업지휘자를 배치한 후 작업할 것

 1) 재해발생원인
① 작업발판을 설치하지 않았다.
② 안전대부착설비 미설치 및 안전대를 착용하지 않았다.
③ 추락방지망을 설치하지 않았다.
④ 박공지붕판을 한곳에 과적하여 쌓아놓았다.
⑤ 위험한 장소에서 휴식을 취하고 있었다.
2) 재해방지대책
① 작업발판을 설치한 후 작업을 실시한다.
② 안전대부착설비 및 지지로프를 설치하고 안전대를 착용한다.
③ 추락방지망(안전방망)을 설치한다.
④ 박공지붕판을 한곳에 과적하여 쌓아놓지 않는다.
⑤ 위험한 장소에서 휴식을 취하지 않도록 한다.

05 동영상 화면은 자동차부품(브레이크 라이닝)을 화학약품을 사용하여 세척하는 작업과정(세정제가 바닥에 흩어져 있으며, 고무장화 등을 착용하지 않고 작업을 하고 있음)을 보여주고 있다. 착용해야 할 보호구 3가지를 쓰시오.

해답
1) 보안경
2) 고무장화 및 고무장갑
3) 보호의

06 동영상은 크레인에 의해 철재파이프를 운반하는 도중에 매달린 철재파이프가 심하게 흔들리면서 작업자와 부딪치는 사고장면을 보여주고 있다. 1) 재해형태와 2) 재해형태의 정의를 쓰시오.

해답
1) **재해형태** : 충돌
2) **충돌(부딪힘, 접촉)** : 재해자 자신의 움직임, 동작으로 인하여 접촉 또는 부딪히거나, 물체가 고정부에서 이탈하지 않은 상태로 움직임(규칙, 불규칙) 등에 의하여 접촉·충돌한 경우

> **길잡이**
> 1) **낙하(떨어짐)·비래** : 구조물, 기계 등에 고정되어 있던 물체가 중력, 원심력, 관성력 등에 의하여 고정부에서 이탈하거나 또는 설비 등으로부터 물질이 분출되어 사람을 가해하는 경우
> 2) **동영상의 사고장면에 대한 사고발생원인(위험요인)**
> ① 화물운반시 흔들림을 방지하기 위한 보조(유도)로프를 사용하지 않았다.
> ② 크레인의 작업반경 내에 출입금지조치를 하지 않았다.

07 동영상은 밀폐공간(산소결핍장소)에서 작업하는 장면을 보여주고 있다. 밀폐공간에서 작업을 할 때에는 작업시작 전 및 작업 중에 당해 작업장을 적정한 공기 형태로 유지하도록 환기하여야 하는데 적정공기에 대한 다음 ( ) 안에 알맞은 내용을 쓰시오.

(1) 산소농도의 범위 : (①)
(2) 탄산가스의 농도 : (②)
(3) 황화수소의 농도 : (③)
(4) 일산화탄소의 농도 : (④)

해답
1) 18% 이상 23.5% 미만
2) 1.5% 미만
3) 10ppm 미만
4) 30ppm 미만

길잡이
▶ 밀폐공간에서 작업시 착용보호구 [00(산), 06(산), 08(기), 17(기)]
1) 송기마스크(또는 공기호흡기)
2) 안전모
3) 안전화

08 동영상은 컨베이어의 작업장면을 보여주고 있다. 경사진 컨베이어에서 작업자 A는 물건(파지상자)을 컨베이어에 올리고 작업자 B(창모자를 쓰고 있음)는 컨베이어 중간쯤에서 컨베이어 위로 올라가 뒤돌아서서 올라오는 물건을 받다가 물건이 발에 걸려 넘어지는 사고가 발생하였다. 경사로 컨베이어 작업시 문제점(위험요인)을 2가지만 쓰시오.

해답
1) 컨베이어 위에 올라가서 작업을 하고 있기 때문에 미끄러져 넘어져 다칠 수 있다.
2) 작업자 상호간에 일정한 신호방법이 없다.
3) 안전모 등 보호구를 착용하지 않았다.

길잡이
▶ 컨베이어의 방호장치(안전보건규칙)
1) 이탈 및 역주행 방지장치 : 컨베이어·이송용 롤러 등(이하 '컨베이어 등'이라 함)을 사용하는 때에는 정전·전압강하 등에 의한 화물 또는 운반구의 이탈 및 역주행을 방지하는 장치를 갖출 것. 단, 무동력 상태 또는 수평상태로만 사용하여 근로자에게 위험을 미칠 우려가 없는 때에는 제외한다.
2) 비상정지장치 : 근로자의 신체가 말려드는 등 위험시와 비상시에는 즉시 운전을 정지시킬 수 있는 비상정지장치를 설치할 것
3) 덮개 또는 울 : 컨베이어 등으로부터 화물의 낙하로 인하여 근로자에게 위험을 미칠 우려가 있을 때에는 당해 컨베이어 등에 덮개 또는 울을 설치하는 등 낙하방지를 위한 조치를 할 것

09 동영상은 프레스기에 금형을 교체하는 장면을 보여주고 있다. 프레스기 금형교체 작업 시 위험요인 3가지를 쓰시오.

해답
1) 공구를 사용하지 않고 손을 사용하여 금형을 교체하였다.
2) 인터록 등 안전장치를 설치하지 않았다.
3) 안전모, 안전화 등 보호구를 착용하지 않았다.
4) 전원을 차단하지 않았다.

산업안전산업기사 실기 작업형
2020년 제2회

01 동영상 화면은 작업자가 환기팬을 수리하기 위해 싱크대 위에 올라가 드라이버로 환기팬을 떼어내는 중 싱크대 위에서 바닥으로 떨어지는 장면을 보여주고 있다. 다음 물음에 답하시오.

(1) 다음의 재해원인분석을 하시오.
① 기인물 :
② 가해물 :
③ 재해형태 :
(2) 위험요인을 3가지만 쓰시오.

2) 위험요인(위험 포인트)
① 싱크대를 헛디뎌서 추락한다.
② 발이 스위치에 접촉되어 스위치가 ON의 상태가 되어 팬이 회전하여 손을 다친다.
③ 환기팬을 해체할 때 힘을 지나치게 넣어 뒤쪽으로 전락한다.
④ 환기팬이 누전되어 있어 감전되고 그 쇼크 때문에 뒤쪽으로 전락한다.
⑤ 싱크대에 물이 묻어 있어 미끄러져 앞으로 넘어지면서 유리에 머리를 부딪힌다(재해상태 : 충돌).
⑥ 환기팬을 해체할 때 먼지가 눈에 들어간다.

해답 1) 다음의 재해원인분석
① 기인물 : 싱크대
② 가해물 : 바닥
③ 재해형태 : 추락

02 동영상은 탁상용 그라인더로 둥근봉을 연마하는 작업장면을 보여주고 있다. 다음 물음에 답하시오.

(1) 동영상의 작업상황에 대한 위험포인트(핵심위험요인)를 3가지만 쓰시오.
(2) 동영상의 그라인더 작업 중 둥근봉이 튕겨 작업자를 가격하였다. 기인물과 가해물을 쓰시오.

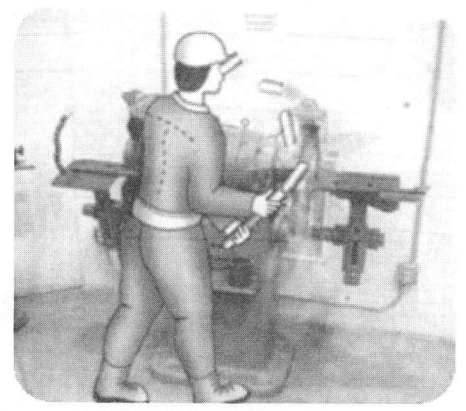

해답

1) 위험 포인트
   ① 손의 균형을 잃어 둥근 봉이 튕겨 날아가 얼굴 또는 손발을 다친다.
   ② 칩이 튀어 눈을 다친다.
   ③ 숫돌이 파손되어 얼굴이나 몸을 다친다.
   ④ 지석의 파편이 튀어나와 맞는다.
   ⑤ 손의 균형이 깨져 그라인더에 다친다.
   ⑥ 그라인더 지석이 파손되어 날아가 주변의 사람이 다친다.
   ⑦ 마찰열로 뜨겁게 된 둥근봉이 손에서 떨어져 발을 다친다.
   ⑧ 뒤로 돌아서다가 주변의 물건에 걸려 넘어진다.

2) 재해원인분석
   ① 기인물 : 그라인더
   ② 가해물 : 둥근봉

03 동영상은 작업자 2명이 정지 중인 공조기의 V벨트를 교환하는 작업장면을 보여주고 있다. 1) V벨트 교환작업 시 안전작업수칙 3가지와 2) 동영상에 나타난 기계설비의 위험점을 쓰시오.

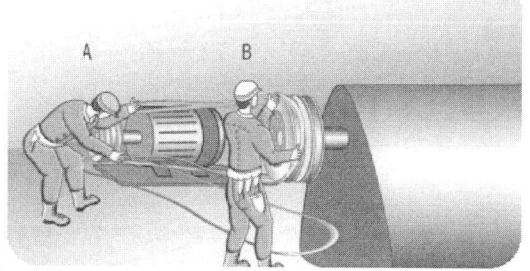

해답

1) V벨트 교환 시 안전작업수칙
   ① 전원을 확실하게 차단한 후 2인의 신호에 맞추어 작업을 하도록 할 것
   ② V벨트 교환작업 중이라는 표지판을 설치한 후 작업을 실시할 것
   ③ 벨트를 벗기거나 끼울 때는 천대장치를 사용할 것

2) 위험점 : 접선물림점

> **길잡이**
> ▶ 상기 동영상의 작업상황에 나타난 위험요인 (위험포인트)
> 1) A가 V벨트를 당기고 있을 때 B의 왼손이 말려든다.
> 2) B가 V벨트를 풀리에 걸 때 손이 끼인다.
> 3) B가 손을 벨트 사이에 넣고 있으므로 풀리에 끼인다.
> 4) 필요한 벨트 이외의 벨트가 널려 있어 걸려 넘어진다.

04 동영상은 중앙제어실에서 스피커를 통해 지시된 MCC패널차단기의 전원을 투입하는 장면을 보여주고 있다. MCC패널차단기 전원 투입 시 재해방지대책 3가지를 쓰시오.

해답
1) 확실한 지시가 아닐 경우 반드시 확인한 후 작업을 실시하도록 한다.
2) 절연장갑을 착용하고 작업하도록 한다.
3) 각 차단기 별로 회로명을 확실하게 표기하여 오작동을 방지한다.
4) 시건장치(잠금장치) 및 표찰을 사용하여 관계자 이외에 오작동을 방지한다.

05 동영상의 화면은 크롬(Cr) 도금작업을 하는 장면을 보여주고 있다. 다음 물음에 답하시오.

(1) 크롬 및 크롬화합물 등의 분진, 흄(fume) 등을 장시간 흡입하여 발생되는 직업병을 기술하시오.
(2) 동영상 화면의 크롬 도금작업장에 설치하는 국소배기장치의 후드설치기준을 3가지만 쓰시오.
(3) 크롬 도금작업장에 적합한 국소배기장치의 후드 형식을 쓰시오.

해답
1) **직업병** : 비중격천공증(코 내부의 물렁뼈에 구멍이 생기는 병)
2) **국소배기장치의 후드설치기준**
 ① 유해물질이 발생하는 곳마다 설치할 것
 ② 유해인자의 발생형태 및 비중, 작업방법 등을 고려하여 당해 분진 등의 발산원을 제어할 수 있는 구조로 설치할 것
 ③ 후드 형식은 가능한 한 포위식 또는 부스식 후드를 설치할 것
 ④ 외부식 또는 레시버식 후드를 설치할 때에는 당해 분진 등의 발산원에 가장 가까운 위치에 설치할 것
3) **후드의 형식** : 포위식(밀폐형) 및 부스형 후드

06 액화석유가스(LPG)에 대한 물음에 답하시오.

(1) LPG저장소에 설치하는 가스누설검지경보장치의 1) 검지센서의 설치위치 2) 경보장치의 설정치를 쓰시오.
(2) LPG가 대기 중에 유출되어 순간적으로 다량의 가연성 혼합기체가 형성되어 점화원에 의해 폭발이 일어난 경우의 폭발을 무엇이라고 하는가?

07 동영상 화면은 대형관을 연결하기 위해 작업자 혼자서 아크용접 작업을 하는 장면을 보여주고 있으며 용접작업 장소 주위에는 인화성 물질 통이 쌓여 있다. 다음 물음에 답하시오.

(1) 아크용접 작업시 눈 장해를 일으키는 유해광선의 종류를 쓰시오.
(2) 동영상에 나타나는 작업상황의 위험요인을 1) 작업현장과 2) 작업자의 측면으로 구분하여 쓰시오.

해답
1) 가스누설검지경보장치
  ① 검지센서의 설치위치 : 바닥에 인접한 곳(LPG는 공기보다 무거움)
  ② 경보장치 설정치 : LPG 폭발 하한 값의 25% 이하
2) 증기운 폭발

해답
1) 유해광선 : 자외선 및 적외선
2) 위험요인
  ① 용접장소 주위에 인화성물질이 쌓여있어 화재의 위험이 있다.
  ② 작업자 단독작업으로 작업장의 상황파악이 용이하지 않으며 용접봉이 균열되거나 코드피복이 파손되어 감전될 수 있다.

> **길잡이**
> ▶ **증기운 폭발**(UVCE : Unconfined Vapour Cloud Explosion) : 다량의 가연성 가스 또는 기화하기 쉬운 가연성 액체가 지표면에 유출되어 다량의 가연성 혼합기체가 형성되어 점화원에 의해 발생되는 폭발

08 동영상은 박공지붕 설치작업 도중에 휴식을 취하던 중 추락사고가 발생하는 장면을 보여주고 있다. 1) 재해발생원인과 2) 재해방지대책을 각각 3가지씩만 쓰시오.

해답
1) 재해발생원인(위험요인)
  ① 작업발판을 설치하지 않았다.
  ② 안전대부착설비 미설치 및 안전대를 착용하지 않았다.
  ③ 추락방지망을 설치하지 않았다.
  ④ 박공지붕판을 한곳에 과적하여 쌓아놓았다.
  ⑤ 위험한 장소에서 휴식을 취하고 있었다.

2) 재해방지대책
  ① 작업발판을 설치한 후 작업을 실시한다.
  ② 안전대부착설비 및 지지로프를 설치하고 안전대를 착용한다.
  ③ 추락방지망(안전방망)을 설치한다.
  ④ 박공지붕판을 한곳에 과적하여 쌓아놓지 않는다.
  ⑤ 위험한 장소에서 휴식을 취하지 않도록 한다.

09 동영상은 아파트공사 현장에서 작업자가 떨어지는 사고장면을 보여주고 있다. 사고발생원인 3가지를 쓰시오.

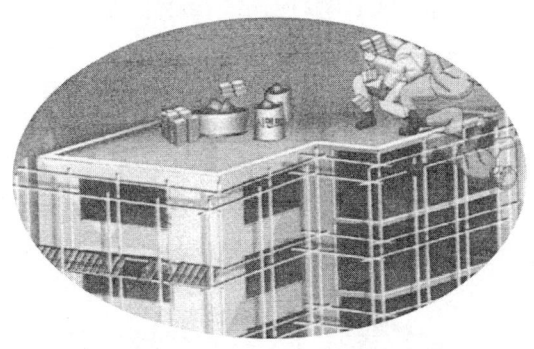

해답
1) 추락방호망 미설치
2) 안전난간 미설치
3) 안전대부착설비 미설치 및 안전대 미착용

산업안전산업기사 실기 작업형

2020년 제3회

01 동영상에서와 같이 이동식 크레인을 이용하여 작업을 할 때에 작업시작 전 점검사항을 3가지 쓰시오.

해답
1) 권과방지장치 그 밖의 경보장치의 기능
2) 브레이크, 클러치 및 조정장치의 기능
3) 와이어로프가 통하고 있는 곳 및 작업장소의 지반상태

[주] 작업시작 전 점검사항 : 안전보건규칙 별표3

02 동영상은 폭발성 물질저장고 문 앞에서 작업자가 신발에 물을 묻히는 장면을 보여주고 있다. 다음 물음에 답하시오.

(1) 신발에 물을 묻히는 이유를 간략히 설명하시오.
(2) 소화방법을 쓰시오.

해답
1) **이유** : 폭발성 물질은 정전기 같은 발화원에 의해 폭발, 화재의 위험이 있기 때문에 신발과 바닥면의 마찰 등에 의한 정전기의 대전을 방지하기 위해서이다.
2) **소화방법** : 다량의 주수에 의한 냉각소화

03 동영상은 작업자가 지하맨홀에 들어가 폐수를 처리하는 작업장면을 보여주고 있다. 사고방지를 위해 착용해야 할 보호구를 2가지 쓰시오. 단, 작업자가 안전모는 착용하고 있다.

04 동영상은 건물지붕의 슬레이트를 교체하는 작업장면을 보여주고 있다. 1) 사고요인과 2) 안전대책을 각각 2가지씩 쓰시오.

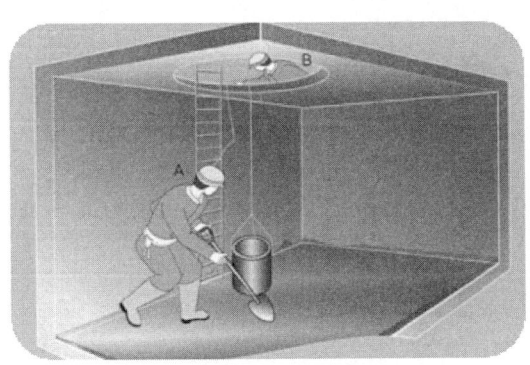

 1) 송기마스크
2) 공기호흡기

> **길잡이**
> ▶ 밀폐공간(산소결핍장소)에서 작업 시 피난용구 및 보호구 [07/2(산), 09/2(산)]
> 1) 호흡용 보호구(송기마스크 또는 공기호흡기 등)
> 2) 로프 및 구명밧줄
> 3) 구조용 발판
> 4) 안전대

 1) 사고요인
① 추락방지망(안전방망) 미설치
② 안전대부착설비 및 안전대 미착용
2) 안전대책(해결책)
① 추락방지망을 설치할 것
② 안전대부착설비를 설치하고 안전대를 착용할 것

05 동영상은 교류아크 용접기를 사용하여 용접작업 중에 감전사고가 발생한 사고사례 장면을 보여주고 있다. 다음 물음에 답하시오.

(1) 기인물은 무엇인지 쓰시오.
(2) 교류아크용접 작업 시 착용해야 할 보호구의 명칭을 2가지만 쓰시오.

해답
1) 기인물 : 교류아크용접기
2) 교류아크용접용 보호구
  ① 용접용 보안면(차광 및 화상방지)
  ② 절연장갑(화상 및 감전방지)
  ③ 안전화(화상, 낙하, 감전방지)
  ④ 보안경(차광)
  ⑤ 가죽앞치마
  ⑥ 각반 및 팔가림

06 동영상은 비계 위에 작업발판을 설치하는 작업장면을 보여주고 있다. 작업발판 설치기준 3가지를 쓰시오.

해답
1) 발판재료는 작업시의 하중을 견딜 수 있도록 견고한 구조로 할 것
2) 작업발판의 폭이 40cm 이상으로 하고 발판재료 간의 틈은 3cm 이하로 할 것
3) 추락의 위험성이 있는 장소에는 안전난간을 설치할 것
4) 작업발판의 지지물은 하중에 의하여 파괴될 우려가 없는 것을 사용할 것
5) 작업발판 재료는 뒤집히지 않도록 2개 이상의 지지물에 연결하거나 고정시킬 것
6) 작업발판을 작업에 따라 이동시킬 때에는 위험방지에 필요한 조치를 할 것

주 작업발판의 구조 : 안전보건규칙 제56조

07 동영상 화면은 도로상에 설치된 이동전선(가설전선)의 점검작업(이동전선은 전원을 인가한 상태이며, 작업자는 안전화 및 안전모를 착용하고 있으나 맨손으로 작업을 하고 있음)을 하는 상황을 나타내고 있다. 감전사고방지대책을 3가지만 쓰시오. ▷ 04/3(기), 05/1(산), 10/2(산)

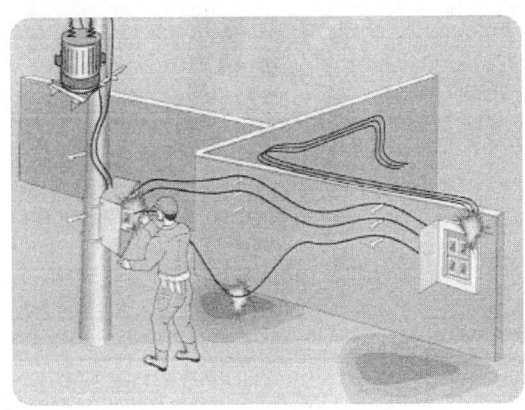

해답
1) 이동전선의 절연성능이 유지되도록 충분한 절연조치를 할 것
2) 절연용 고무장갑 등 절연용 보호구를 착용할 것
3) 감전방지용 누전차단기를 설치할 것
4) 전선점검 시는 정전조치 후 점검을 실시할 것

08 동영상에서와 같이 화물자동차 등 차량계 하역운반기계의 수리 또는 부속장치의 장착 및 해체작업 시 작업지휘자가 준수해야 할 사항을 2가지 쓰시오.

해답
1) 작업순서를 결정하고 작업을 지휘할 것
2) 안전지주 또는 안전블록 등의 사용상황 등을 점검할 것

🖐 길잡이

▶ 화물자동차를 사용하는 작업을 행하게 하는 때의 작업시작 전 점검사항 [안전보건규칙 별표3]
1) 제동장치 및 조정장치의 기능
2) 하역장치 및 유압장치의 기능
3) 바퀴의 이상 유무

09 동영상은 섬유기계의 점검 중 사고가 발생하는 장면(실을 감는 섬유기계가 실이 끊어지며 갑자기 정지하자 작업자가 그 원인을 찾기 위해 회전하는 대형회전체의 문을 열고 허리까지 내부로 집어넣고 내부를 점검할 때 갑자기 기계가 작동하여 작업자의 몸이 회전체에 끼이는 장면)이다. 위험요인 2가지를 쓰시오.

해답
1) 섬유기계의 전원을 차단하지 않고 기계를 정지시키지 않은 채로 내부를 점검하고 있기 때문에 사고의 위험이 크다.
2) 장갑을 착용하고 있어서 롤러에 끼일 위험이 있다.
3) 감시인을 배치하지 않았다.

길잡이
1) 상기 동영상에서의 기계설비의 위험점 : 끼임점
2) 섬유기계 내부 점검시 안전대책
   ① 섬유기계의 전원을 차단하여 기계를 정지시킨 후 내부점검을 한다.
   ② 점검시 장갑 착용을 금지한다.
   ③ 감시인 또는 작업지휘자를 배치한다.

산업안전산업기사 실기 작업형 — 2020년 제4회

01 동영상은 운전 중인 인쇄롤러를 전면에서 양손으로 걸레를 잡고 닦고 있는 장면을 보여주고 있다. 다음 물음에 답하시오.

(1) 롤러기에 형성되는 위험점의 명칭을 쓰고, 그 위험점의 정의를 쓰시오.
(2) 동영상의 롤러기 청소작업 중 발생되는 재해형태(사고유형)을 쓰고, 그 재해형태의 정의를 쓰시오.

[해답]
1) ① **위험점의 명칭** : 물림점
   ② **물림점의 정의** : 회전하는 두 개의 회전체에 물려들어갈 위험성이 형성되는 점
2) ① **재해형태** : 협착
   ② **협착의 정의** : 물건에 끼워진 상태 또는 말려든 상태

02 동영상은 드릴작업 장면을 보여주고 있다. 동영상에 나타난 드릴작업 시의 문제점(위험요인)을 3가지만 쓰시오.

[해답]
1) 공작물(일감)을 기기에 고정시키지 않고 손으로 잡고 작업을 하고 있어 드릴에 손을 다친다.
2) 보안경을 착용하지 않아 쇳가루가 눈에 들어가 눈을 다친다.
3) 작업복 중 팔에 씌운 토시가 드릴에 말려들어갈 위험이 있다.
4) 드릴작업을 하는 작업장 주변의 정리정돈이 불량하다.

03 동영상은 스팀배관의 보수를 위해 누출 부위를 맨손으로 점검하던 중에 뜨거운 스팀이 누출되는 사고발생 장면으로 보여주고 있다. 동영상에서와 같은 재해를 산업재해 기록·분류에 관한 기준에 따라 분류할 때에 해당하는 재해발생형태를 쓰시오.

 재해발생형태(재해유형) : 이상온도 노출·접촉

> 길잡이
> ▶ 이상온도 노출·접촉 : 고온·저온환경 또는 물체에 노출·접촉된 경우

04 동영상은 프레스 작업장면을 보여주고 있다. 프레스 작업시 착용보호구 2가지를 쓰시오.

1) 보안경
2) 안전화
3) 안전모

> 길잡이
> ▶ 프레스기의 방호장치
> 1) 급정지장치가 부착되어 있지 않을 경우에 유효한 방호장치
>   ① 수인식 방호장치
>   ② 손쳐내기식 방호장치
>   ③ 게이트가드식 방호장치
>   ④ 양수기동식 방호장치
> 2) 급정지기구가 부착되어 있어야만 유효한 프레스기의 방호장치
>   ① 양수조작식 방호장치
>   ② 감응식 방호장치

1. 산업안전산업기사 실기 작업형 **147**

05 동영상은 운전자가 화물자동차의 적재함을 올리고 실린더 유압장치를 점검하는 중에 다른 작업자가 운전석에 올라가 적재함을 내리는 장치를 조작하여 운전자가 적재함 사이에 끼이는 사고장면을 보여주고 있다. 다음 물음에 답하시오.

1) 기인물 :
2) 재해원인 :

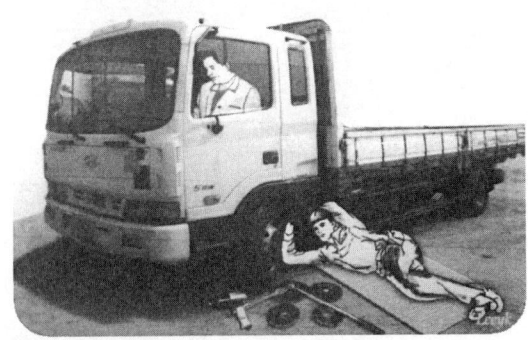

해답
1) 기인물 : 자동차
2) 재해원인 : 안전지지대 또는 안전블록을 설치하지 않았다.

길잡이
▶ 상기 동영상 작업상황에서의 위험방지 조치사항 (안전대책) [08/3(기)]
1) 정비작업중임을 알리는 표지판을 설치하고 작업을 진행한다.
2) 다른 작업에 의해 운전되는 것을 방지하기 위해 시동장치에 잠금장치를 하고 열쇠를 별도로 관리한다.
3) 작업지휘자 또는 감시인을 배치하여 정비작업 중에 다른 작업자의 출입을 금지시킨다.
4) 정비작업 전에 안전지지대 또는 안전블록을 설치한다.

06 동영상은 전주에 올라가 전주 위에 설치된 형강에 볼트를 조이는 작업장면을 보여주고 있다. 위험요인 3가지를 쓰시오.

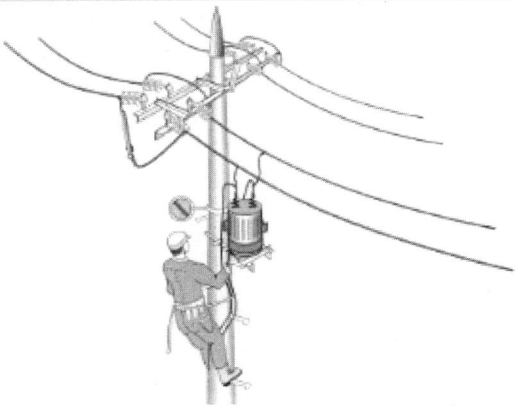

해답
1) 발걸이 못(발판볼트)이 불안정하여 전주에서 빠져서 작업자가 추락한다.
2) 안전대를 전주에 고정하지 않아서 추락할 수 있다.
3) 절연장갑을 착용하지 않아 감전의 위험이 있다.

Guide 위험요인을 찾는 문제는 동영상의 작업상황과 사고발생 장면을 자세히 관찰하면 충분히 찾아낼 수 있습니다.

07 동영상은 벨트컨베이어 운전 중에 작업자가 조명 등의 전구를 갈아 끼우던 중 사고가 발생하는 장면을 보여주고 있다. 1) 재해형태와 2) 위험요인 2가지를 쓰시오.

해답
1) 재해형태 : 전류접촉(감전)
2) 위험요인
   ① 절연장갑을 착용하지 않아 감전의 위험이 있다.
   ② 전원을 차단하지 않고 작업을 하다가 감전될 수 있다.

08 동영상은 탱크로리로부터 유해물질인 화학약품을 취출하여 저장조에 주입하는 장면을 보여주고 있다. 유해물질을 취급 시 작업장의 바닥기준 2가지를 쓰시오.

해답
1) 작업장 바닥은 불침투성 재료로 사용한다.
2) 누출된 유해물질이 확산되지 않도록 작업장 주변에 높이 15cm 이상 턱을 설치한다.

09 동영상은 크레인으로 배관을 운반하는 도중에 매달린 물체(배관)가 흔들리며 H 빔(골조)에 부딪치는 장면과 신호수의 불안전한 행동(안전모 등 보호구 미착용 상태, 신호방법 불량 등)을 보여주고 있다. 위험요인을 3가지만 쓰시오.

해답
1) 작업자(또는 신호수)가 안전모를 착용하지 않아 화물이 떨어져 머리를 다칠 수 있다.
2) 화물이 작업자 머리 위로 이동하는 등 화물의 이동경로 설정이 잘못되었다.
3) 화물을 가운데 한곳만 묶어서 인양하던 중에 화물이 낙하할 위험이 있다.

길잡이
▶ 상기 동영상의 작업상황에서의 안전대책
1) 안전모, 안전화 등 보호구를 착용할 것
2) 화물의 이동경로를 안전한 곳으로 할 것
3) 화물 양끝을 묶어서(2줄걸이) 수평으로 흔들거리지 않게 인양할 것

산업안전산업기사 실기 작업형
2021년 제1회

01 동영상은 작업자가 인쇄용 롤러를 전면에서 양손으로 걸레를 잡고 청소하는 중에 손이 롤러에 말려들어가는 사고장면을 보여주고 있다. 동영상에서와 같이 청소를 할 경우에 위험요인 3가지를 쓰시오.

> **길잡이**
> ▶ 동영상에서와 같이 청소작업을 할 경우 안전작업수칙
> [03/(기), 06/(산), 08/(가)]
> 1) 전원을 차단하여 인쇄용 롤러의 운전을 정지시킨 후 청소작업을 한다.
> 2) 체중을 걸친 상태로 롤러를 손으로 눌러서 청소를 하지 않도록 한다.
> 3) 롤러기에는 급정지장치 등 방호장치를 설치하고 작업시 작 전에 방호장치의 기능을 점검하도록 한다.
> 4) 롤러기의 청소 등 작업시는 장갑의 착용을 금하고, 걸레 등을 사용할 때에는 롤러기에 말려들어가지 않도록 주의한다.
> 5) 롤러기의 청소, 점검 등 작업시에는 감시인을 배치한다.

해답
1) 전원을 차단하지 않은 상태에서 걸레작업을 하고 있다.
2) 체중을 앞으로 걸친 상태에서 손으로 눌러서 청소작업을 하고 있다.
3) 급정지장치 등 방호장치를 설치하지 않았다.
4) 장갑을 착용한 상태에서 작업을 하고 있다.
5) 작업지휘자 등 감시인을 배치하지 않았다.

02 동영상은 화학실험실에서 근로자가 실험 중에 위험물질이 든 병을 잠시 바닥에 놓아두고 이동하려다가 미끄러져 병을 발로 차서 병이 깨지는 장면을 보여주고 있다. 동영상에서와 같은 위험물질을 취급하는 실험실(또는 작업장) 바닥이 갖추어야 할 조건을 2가지만 쓰시오.

03 동영상은 작업자가 목장갑만을 끼고(안면보호구 미착용) 아세틸렌 가스용접작업 중에 산소통 호스를 잡아당겨서 호스가 뽑혀 산소가 분출하고 불꽃이 튀는 사고장면을 보여주고 있다. 위험요인 2가지만 쓰시오.

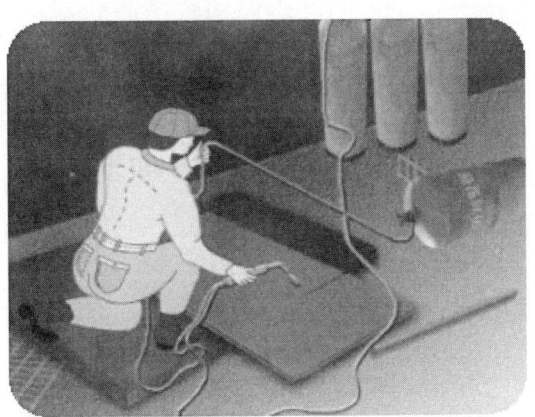

해답
1) 바닥은 불침투성 재료로 미끄럽지 않아야 한다.
2) 이동통로에는 장애물이 없도록 하고 위험물질을 임시로 놓는 장소와 이동통로는 확실하게 구분시킨다.
3) 누출 시 액체 확산을 방지하기 위해 15cm 이상 방유턱을 설치한다.

해답
1) 작업자가 용접용 보안면과 용접용 장갑 등 보호구를 착용하지 않았다.
2) 작업자가 단독작업으로 양손을 사용해서 작업을 하고 있기 때문에 위험을 내포하고 있고 작업장 주변상황파악이 용이하지 않다.
3) 작업자가 손으로 호스를 잡아당기는 등 불안전한 행동을 하고 있다.
4) 아세틸렌 용기는 세워서 보관해야 하는데 눕혀져 있다.

04 동영상은 탁상용 그라인더로 둥근봉을 연마하는 작업장면을 보여주고 있다. 다음 물음에 답하시오.

(1) 동영상의 작업상황에 대한 위험 포인트(핵심위험요인)를 3가지만 쓰시오.
(2) 동영상의 그라인더 작업 중 둥근봉이 튕겨 작업자를 가격하였다. 기인물과 가해물을 쓰시오.

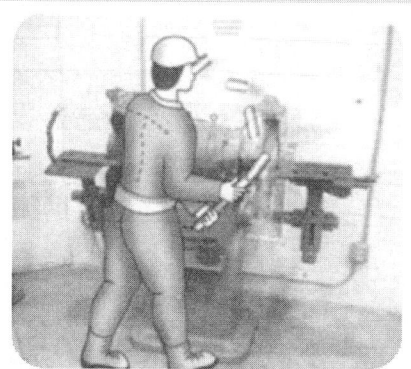

해답
1) 위험요인
   ① 공작물을 바이스에 고정하지 않고 작업을 하였다.
   ② 연삭기 숫돌부위에 덮개를 설치하지 않았다.
   ③ 연마작업 시 보안경을 착용하지 않았다.
2) 재해원인분석
   ① 기인물 : 연삭기
   ② 가해물 : 봉강

길잡이
▶ 작업자가 봉강 연마작업 중 봉강이 튕겨서 작업자의 머리를 강타하는 사고가 발생하였을 때 경우 방호장치
1) 연마작업 시 파편이나 칩의 비래에 의한 위험방지를 위해 설치하는 장치 : 칩 비산방지 투명판
2) 연마작업 시 숫돌과 가공면과의 각도 : 15 ~ 30°

05 동영상은 프레스기로 판재에 구멍을 뚫는 작업장면을 보여주고 있다. 다음 물음에 답하시오.

(1) 동영상의 작업상황에서 발생할 수 있는 재해형태를 쓰시오.
(2) 프레스기에 급정지기구가 부착되어 있지 않을 경우에 유효한 프레스기의 방호장치의 명칭을 3가지만 쓰시오.

해답
1) 재해형태 : 끼임(협착)
2) 프레스기에 급정지기구가 부착되어 있지 않을 경우 방호장치
   ① 수인식 방호장치
   ② 손쳐내기식 방호장치
   ③ 게이트가드식 방호장치
   ④ 양수기동식 방호장치

길잡이
▶ 프레스기에 급정지기구가 부착되어 있는 방호장치
1) 양수조작식 방호장치
2) 감응식 방호장치

06 동영상은 밀폐공간에서 작업자 A가 그라인더 작업 중에 다른 작업자 B가 국소배기장치 전선코드를 실수로 뽑아버리는 장면을 보여주고 있다. 위험요인을 3가지만 쓰시오.

07 동영상 화면은 승강기 개구부 부근에서 작업 중이던 작업자가 개구부로 추락하는 장면을 보여주고 있다. 위험 포인트를 3가지만 쓰시오.

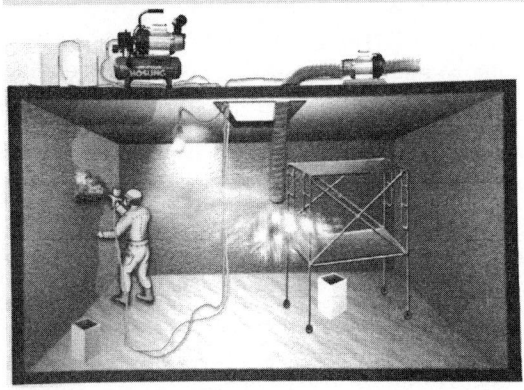

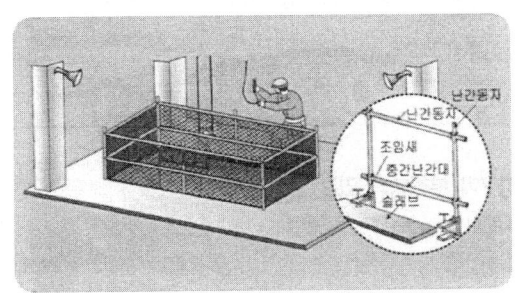

해답
1) 밀폐공간에서 작업을 할 때에 국소배기장치 전선코드에 환기 중 또는 작업 중임을 표시하는 표지판을 설치하지 않았다.
2) 작업지휘자 또는 감시인을 배치하지 않았다.
3) 밀폐공간에서 작업 시 필요한 송기마스크, 공기호흡기 등 보호구를 착용하지 않았다.

해답
1) 안전난간, 울타리, 수직형 추락방망 미설치
2) 추락방호망 미설치
3) 안전대 미착용

08 동영상은 고압(1만 볼트)으로 인가된 배전반을 점검하던 중에 사고가 발생되는 장면을 보여주고 있다. 다음 물음에 답하시오.

(1) 재해형태와 가해물을 쓰시오.
(2) 위험요인 2가지를 쓰시오.

해답
1) 재해형태와 가해물
   ① 재해형태(사고유형) : 감전
   ② 가해물 : 전기 또는 전류
2) 위험요인
   ① 전원을 차단하지 않은 채 점검작업을 하였다.
   ② 절연장갑을 착용하지 않았다.

09 동영상의 화면은 전로를 개로하여 해당 전로에 대한 수리작업 장면을 보여주고 있다. 정전작업 중의 조치사항(실무사항) 3가지를 쓰시오.

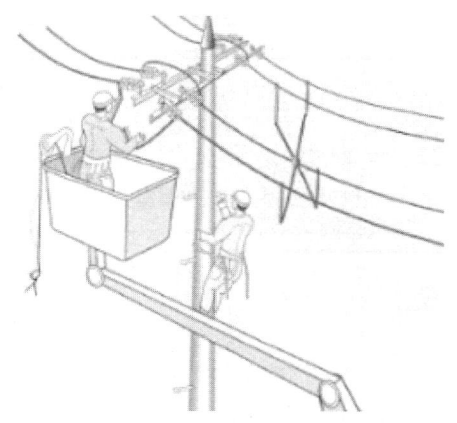

해답
1) 작업지휘자에 대한 지휘
2) 개폐기의 관리
3) 단락접지의 수시확인
4) 근접활선에 대한 방호상태의 관리

길잡이
▶ 정전작업 시 조치사항

단계	실무 조치사항
작업전	① 작업지휘자에 의한 작업내용의 주지철저 ② 개로개폐기의 시건 또는 표시 ③ 잔류전하의 방전 ④ 검전기에 의한 정전확인 ⑤ 단락접지 ⑥ 일부정전작업 시 정전선로 및 활선선로의 표시 ⑦ 근접활선에 대한 방호
작업중	① 작업지휘자에 의한 지휘 ② 개폐기의 관리 ③ 단락접지의 수시확인 ④ 근접활선에 대한 방호상태의 관리
작업종료후	① 단락접지기구의 철거 ② 표지의 철거 ③ 작업자에 대한 위험이 없는 것을 확인 ④ 개폐기를 투입해서 송전 재개

산업안전산업기사 실기 작업형 — 2021년 제2회

01 동영상은 작업자가 장갑을 끼고 둥근톱 기계로 목재를 자르는 작업장면과 사고발생장면(작업자가 옆눈질을 하는 등)을 보여주고 있다. 둥근톱기계 작업 시 올바른 작업방법 2가지를 쓰시오.

해답
1) 장갑착용을 하지 않고 보안경 및 방진마스크 등 보호구를 착용한다.
2) 톱날접촉 예방장치(보호덮개) 등 방호장치를 설치한다.
3) 옆 눈질을 하는 등 불안전한 행동을 하지 말고 집중하여 작업한다.

02 동영상은 30°정도 경사진 컨베이어 벨트가 작동하고 있으며 작업자는 작동 중인 컨베이어 위에 1명과 아래쪽 작업상 바닥에 1명이 있고 컨베이어 오른쪽에 쌓여져 있는 포대를 컨베이어 벨트 위로 올리는 작업 중에 사고가 발생하는 장면(벨트 양 끝부분에 양발을 벌리고 작업하던 작업자가 밑으로 떨어지는 장면)을 보여주고 있다. 산업안전보건기준에 관한 규칙에 의한 컨베이어 방호장치 3가지를 쓰시오.

해답
1) 이탈방지장치 및 역주행방지장치
2) 비상정지장치
3) 덮개 또는 울

[주] 1) 이탈 등의 방지 : 안전보건규칙 제191조
2) 비상정지장치 : 안전보건규칙 제192조
3) 낙하물에 의한 위험방지 : 안전보건규칙 제193조

03 동영상은 작업자가 인쇄롤러기를 전면에서 양손으로 걸레를 잡고 청소하는 중에 손이 롤러기에 말려들어가는 사고장면을 보여주고 있다. 다음 물음에 답하시오.

(1) 위험점을 쓰시오.
(2) 재해원인을 3가지 쓰시오.

해답
1) 위험점 : 물림점
2) 재해원인
   ① 전원을 차단하지 않고 청소작업을 하고 있다.
   ② 장갑을 착용하고 있다.
   ③ 방호장치 없이 청소작업을 하였다.
   ④ 체중을 걸친 상태로 롤로를 손으로 눌러서 청소작업을 하고 있다.

길잡이
▶ 동영상의 청소작업 시 안전작업수칙
   [03/(기), 06/(산), 08/(기)]
1) 전원을 차단하여 인쇄용 롤러의 운전을 정지시킨 후 청소작업을 한다.
2) 체중을 걸친 상태로 롤러를 손으로 눌러서 청소를 하지 않도록 한다.
3) 롤러기에는 급정지장치 등 방호장치를 설치하고 작업시작 전에 방호장치의 기능을 점검하도록 한다.
4) 롤러기의 청소 등 작업 시는 장갑의 착용을 금하고 걸레 등을 사용할 때에는 롤러기에 말려들어가지 않도록 주의한다.
5) 롤러기의 청소, 점검 등 작업 시에는 감시인을 배치한다.

04 동영상은 고압(1만볼트)으로 인가된 배전반을 점검하던 중에 사고가 발생하는 장면을 보여주고 있다. 불안전한 행동 2가지를 쓰시오.

해답
1) 전원을 차단하지 않고 점검작업을 하였다.
2) 절연장갑 등 절연용 보호구를 착용하지 않았다.

길잡이
▶ 상기 동영상에서의 안전작업수칙
1) 충전부에 절연용 방호구를 설치하는 등 감전위험 방지 조치를 할 것
2) 절연용 보호구(절연안전모, 절연고무장갑, 절연화 등)를 착용할 것
3) 작업지휘자를 지정하여 작업을 지휘하도록 할 것

05 동영상은 작업자가 면장갑을 착용하고 방진마스크, 보안경 등은 착용하지 않은 상태로 탁상용 그라인더로 둥근봉을 연마하는 작업장면을 보여주고 있다. 연삭기 작업의 문제점을 3가지 쓰시오.

06 동영상은 사출성형기의 금형 청소작업 중에 사고가 발생한 재해사례(사출성형기의 금형에 잔류물을 제거하다가 손이 금형에 눌리는 사고장면)를 보여주고 있다. 1) 재해발생형태와 2) 방호장치 2가지를 쓰시오.

해답
1) 연삭기 작업 시 장갑을 착용하고 작업을 하고 있다.
2) 연삭기에 덮개 등 방호장치를 설치하지 않았다.
3) 보안경, 방진마스크 등 보호구를 착용하지 않았다.

해답
1) **재해발생형태** : 끼임(협착)
2) **방호장치**
① 게이트가드식
② 양수조작식

▶ 상기 동영상에서의 안전대책
1) 연삭기 작업 시는 장갑을 착용하지 않을 것
2) 연삭기 덮개 등 방호장치를 설치하도록 할 것
3) 보안경 등 보호구를 착용하도록 할 것

▶ 동영상의 작업상황에서 감전방지대책 [04/(기), 07/(산)]
1) 작업시작 전에 전원을 차단하여 기계를 정지시킨 후에 청소작업을 할 것
2) 절연고무장갑 등 절연용 보호구를 착용할 것
3) 수공구 등을 사용하여 청소할 것(금형에서 이물질을 제거할 때에는 전용공구를 사용할 것)
4) 감시인(또는 작업지휘자)을 배치할 것

07 동영상은 유해물질을 취급하는 작업장면을 보여주고 있다. 산업안전보건법상의 관리대상 유해물질을 취급하는 작업장의 보기 쉬운 곳에 게시하여야 하는 사항 3가지를 쓰시오.

해답
1) 관리대상 유해물질의 명칭
2) 인체에 미치는 영향
3) 취급상 주의사항
4) 착용하여야 할 보호구
5) 응급조치와 긴급방재요령

[주] 관리대상 유해물질의 게시사항 : 안전보건규칙 제442조

08 동영상은 지게차의 작업장면을 보여주고 있다. 산업안전보건법상의 지게차 작업 시작 전 점검사항 3가지를 쓰시오.

해답
1) 제동장치 및 조종장치 기능의 이상 유무
2) 하역장치 및 유압장치 기능의 이상 유무
3) 바퀴의 이상 유무
4) 전조등, 후미등, 방향지시기 및 경보장치 기능의 이상 유무

09 동영상은 신축 중인 아파트 옥상에서 작업자가 벽돌운반 작업 중 사고(안전난간 및 안전방망 미설치, 안전대 미착용, 10개 정도의 벽돌을 가슴에 안고 일어서다가 발밑에 있는 벽돌을 잘못 디뎌 넘어지면서 옥상 아래로 추락함)가 발생한 상황을 보여주고 있다. 다음 물음에 답하시오.

(1) 동영상의 작업상황에서 사고발생 원인을 3가지 쓰시오.
(2) 사고방지를 위해 설치해야 할 것을 1가지만 쓰시오(단, 안전난간 및 안전대부착설비는 설치한 것으로 가정한다).

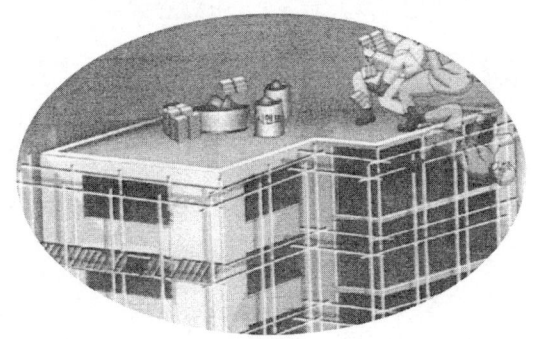

해답
1) 사고발생원인
   ① 옥상 주변에 안전난간 미설치
   ② 추락방호망 미설치
   ③ 안전대부착설비 미설치 및 안전대 미착용
   ④ 작업장 주변의 정리정돈 불량
   ⑤ 작업자의 작업방법 불량(불안전한 행동)
2) **사고방지대책** : 추락방호망(안전방망)

01 동영상은 작업자가 프레스기 외관을 점검하고 있는 장면을 보여주고 있다. 프레스기의 작업시작 전 점검사항 3가지를 쓰시오.

해답
1) 클러치 및 브레이크
2) 크랭크축, 플라이휠, 슬라이드, 연결봉 및 연결나사의 풀림 여부
3) 1행정 1정지기구, 급정지장치 및 비상정지장치의 기능
4) 슬라이드 또는 칼날에 의한 위험방지기구의 기능
5) 프레스의 금형 및 고정볼트 상태
6) 방호장치의 기능
7) 전단기(煎斷機)의 칼날 및 테이블의 상태

[주] 작업시작 전 점검사항 : 안전보건규칙 별표3

02 동영상은 항타기·항발기 장비로 지반을 굴착하여 콘크리트 말뚝세우기 작업 중에 항타기 붐대가 활선전로에 접촉되면서 스파크가 발생하는 장면을 보여주고 있다. 산업안전보건법령상 항타기·항발기의 사용 전 점검사항 3가지를 쓰시오.

해답
1) 본체의 연결부의 풀림 또는 손상의 유무
2) 권상용 와이어로프, 드럼 및 도르래의 부착상태의 이상 유무
3) 권상장치의 브레이크 및 쐐기장치 기능의 이상 유무
4) 권상기의 설치상태의 이상 유무
5) 버팀의 방법 및 고정상태의 이상 유무

[주] 항타기·항발기 조립 시 점검 : 안전보건규칙 제207조

03 동영상은 건설현장에서 작업자(안전모는 착용했지만 안전대는 미착용)가 강관 비계를 조립하던 중에 발판이 설치되지 않는 비계 위에서 떨어지는 사고장면을 보여주고 있다. 동영상에서와 같이 비계 위에서 작업할 경우 안전을 위해서 조치하여야 할 사항 2가지를 쓰시오.

해답
1) (비계를 조립하여) 작업발판 설치
2) 추락방호망 설치
3) 안전대 착용

[주] 추락의 방지 : 안전보건규칙 제42조

▶ 작업발판 및 통로의 끝이나 개구부에서 추락위험방지 조치사항
1) 안전난간, 울타리, 수직형 추락방망 설치
2) (개구부에) 덮개설치 및 개구부임을 표시
3) 추락방호망 설치
4) 안전대 착용

04 동영상은 밀폐된 공간에서 작업자(안전모 미착용)가 그라인더(덮개가 없음)로 연마작업을 하던 중 다른 작업자가 외부에 설치된 환풍기를 발로차서 전원공급이 차단되어 내부 작업자가 의식을 잃고 쓰러지는 장면을 보여주고 있다. 적정공기에 대한 다음 ( ) 안에 알맞은 내용 또는 수치를 쓰시오.

적정공기란 산소농도의 범위가 (①)% 이상 (②)% 미만, 탄산가스의 농도가 (③)% 미만, 일산화탄소의 농도가 (④)ppm 미만, 황화수소의 농도가 (⑤)ppm 미만인 수준의 공기를 말한다.

해답
1) 18   2) 23.5   3) 1.5
4) 30   5) 10

[주] 용어의 뜻(정의) : 안전보건규칙 제618조

▶ 탱크내부에서 연삭작업시 위험요인
1) 연삭작업시 분산된 분진이 눈에 들어간다.
2) 연삭작업시 비산된 분진을 흡입하게 된다.
3) 밀폐된 공간에서 작업을 하다가 산소결핍으로 질식한다.
4) 외부와 차단된 공간에서 작업하다가 환기팬이 정지되어 작업자가 질식한다.
5) 환기덕트가 고정되어 있지 않기 때문에 벗어난다.
6) 배관밸브가 열려진 상태이기 때문에 유체가 탱크 안으로 유입된다.
7) 연삭작업시 소음 때문에 난청이 된다.
8) 탱크 내부가 어두워 주위 물건에 걸려 넘어진다.
9) 사다리를 잡고 올라가다가 넘어져 추락한다.

05 동영상은 작업자 2명이 드럼통을 차에서 내려 저장창고까지 운반하던 중에 한 작업자가 허리를 다쳐 넘어지는 사고장면을 보여주고 있다. 동영상에서와 같이 드럼통 운반 시 위험요인 2가지를 쓰시오.

06 동영상은 파지압축장에서 작업자 2명(1명은 안전모를 쓰지 않음)이 컨베이어를 이용하여 파지를 이송하는 작업 중에 사고가 발생하는 장면을 보여주고 있다. 동영상의 작업상황에서 작업자의 불안전한 행동 3가지를 쓰시오.

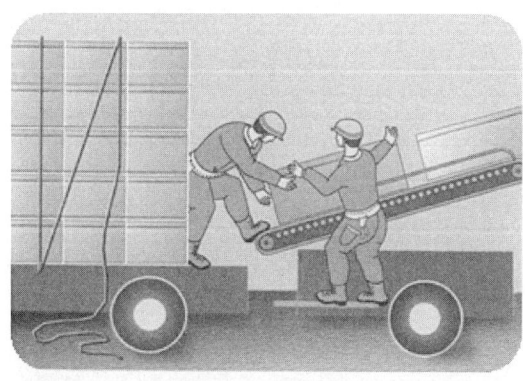

해답
1) 중량물을 2명이 공동작업을 하지 않고 혼자서 운반작업을 하고 있다.
2) 드럼통을 굴리면서 이동할 때 손이 미끄러져 드럼통에 얼굴을 부딪친다.
3) 드럼통을 운반할 때 적절한 운반보조 도구를 사용하지 않았다.
4) 두 사람이 접근해서 드럼통을 밀지 말고 엇갈리게 행동할 것
5) 드럼통의 마개를 확실히 조이고 드럼통을 넘어뜨려 기름이 새어 나왔을 때는 모래를 뿌려서 미끄러지지 않도록 한 뒤 작업을 할 것

해답
1) 안전모를 착용하지 않아서 전도 시 머리를 다칠 수 있다.
2) 컨베이어 위에 올라가 작업을 하다가 아래로 추락할 수 있다.
3) 화물이 작업자 머리 위로 통과하다가 작업자 머리로 떨어질 수 있다.

07 동영상은 작업발판용 목재토막을 가공대 위에 올려놓고 한 발로 목재를 고정한 채 전동톱으로 톱질을 하다가 작업발판의 흔들림으로 인해 작업자가 균형을 잃고 넘어지는 재해발생 장면을 보여주고 있다. 1) 재해발생형태와 2) 가해물을 쓰시오.

해답
1) 재해발생형태 : 전도
2) 가해물 : 바닥

08 동영상은 모터벨트를 걸레로 청소하던 중에 모터상부고정 외부덮개에 손이 끼이는 사고장면을 보여주고 있다. 동영상의 사고장면에서 1) 위험점 2) 위험점의 정의 3) 재해발생형태를 쓰시오.

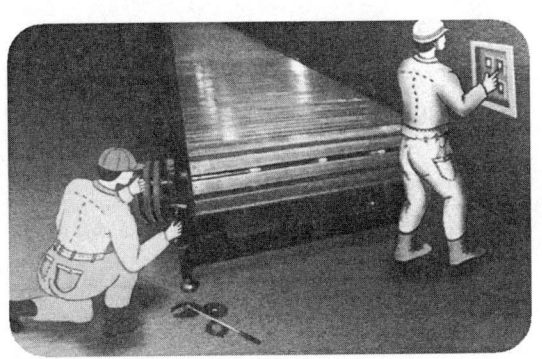

해답
1) 위험점 : 끼임점
2) 위험점의 정의 : 고정부와 회전부 사이에 형성되는 위험점
3) 재해발생형태 : 끼임(협착)

09 동영상은 분전반 콘센트에 휴대용 연삭기의 플러그를 꽂아 전원을 연결하여 철구조물의 연마작업을 하는 작업장면(작업자는 목장갑 착용, 보안경 미착용, 연삭기 덮개 없음)을 보여주고 있다) 위험요인 2가지를 쓰시오.

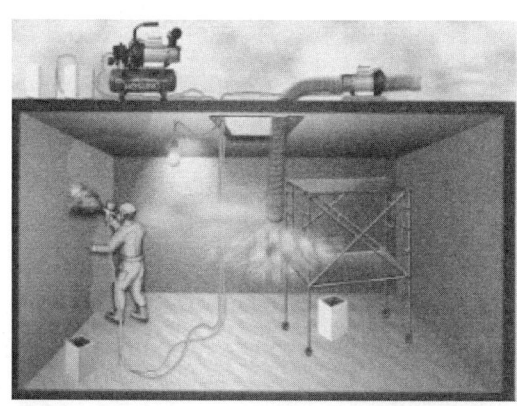

해답
1) 방진마스크, 보안경, 내전압용 절연장갑 등 보호구를 착용하지 않았다.
2) 휴대용 연삭기에 덮개를 설치하지 않았다.
3) 휴대용 연삭기의 측면을 사용하여 연마작업을 하였다.

산업안전산업기사 실기 작업형 2022년 제1회

01 동영상 화면은 천정크레인의 화물인양작업 중에 사고가 발생되는 장면(천정크레인에 의해 화물을 이동하던 중에 화물이 낙하하여 작업자가 깔리는 장면과 작업자 1명은 스위치를 조작하고 있으며, 유도로프는 없다)을 보여주고 있다. 다음 물음에 답하시오.

(1) 동영상에서 천정크레인에 필요한 방조장치를 1가지 쓰시오.
(2) 산업안전보건법상 안전검사 주기에 대한 ( ) 안에 알맞은 내용을 쓰시오.

안전검사주기에서 사업장에 설치가 끝난 날부터 (①)년 이내에 최초 안전검사를 실시하되, 그 이후부터 매 (②)년[건설현장에서 사용하는 것은 최초로 설치한 날부터 6개월]마다 안전검사를 실시한다.

해답
1) 해지장치
2) ① 3
   ② 2

길잡이
▶ 상기동영상의 작업상황에 대한 안전대책
1) 신호방법을 정하여 신호에 따라 작업하도록 할 것
2) 유도(보조)로프를 사용하여 화물의 흔들림을 방지할 것
3) 와이어로프가 훅으로부터 벗겨지는 것을 방지하기 위한 해지장치를 사용하도록 할 것

02 동영상은 프레스기의 광선식(감응식) 방호장치를 해제한 상태에서 프레스 작업을 한 후, 프레스 내에 금형재료 위를 손으로 청소하다가 페달을 밟아 프레스가 가동되어 손이 끼이는 사고 장면을 보여주고 있다. 다음 물음에 답하시오.

1) 작업자 측면에서 재해원인 2가지를 쓰시오.
2) 페달에 부착해야 하는 방호장치 명칭을 쓰시오.

03 동영상은 폐수처리로 하수처리장 내 밀폐공간에서 작업하던 중에 작업자가 갑자기 쓰러지는 장면을 보여주고 있다. 동영상의 작업에서 착용해야 하는 호흡용 보호구 2가지를 쓰시오.

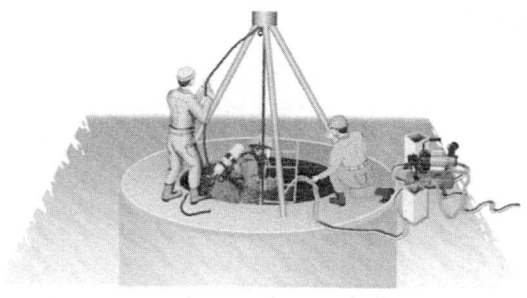

해답
1) 송기마스크
2) 공기호흡기

해답
1) 재해원인
 ① 광선식 방호장치를 해제하였다.
 ② 수공구(플라이어, 집게류 등)를 사용하지 않고 손으로 청소하였다.
2) 페달에 부착해야 하는 방호장치 : U자형 덮개

04 동영상은 2명의 작업자가 아파트 창틀 위에서 작업 중에 작업자 한명이 옆 처마로 이동 중에 창틀 위에 콘크리트 조각을 밟고 미끄러져 바닥으로 떨어지는 장면을 보여주고 있다. 동영상의 사고장면에서 기인물과 가해물을 쓰시오.

1) 기인물 : (창틀 위에) 콘크리트 조각
2) 가해물 : 바닥

> **길잡이**
> ▶ 동영상의 작업상황에 대한 안전수칙
> 1) 안전난간 설치
> 2) 추락보호망 설치
> 3) 안전대부착설비 설치 및 안전대 착용

05 동영상은 둥근톱기계(톱날접촉예방장치)를 이용하여 판재를 자르는 작업 중에 옆 눈질을 하는 등 부주의로 인해 사고가 발생되는 장면을 보여주고 있다. 동영상의 작업 상황에 대한 안전한 작업방법(안전대책) 3가지를 쓰시오.

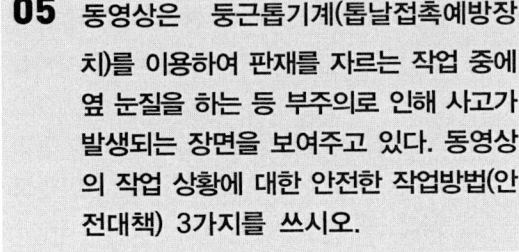

1) 톱날접촉예방장치 덮개를 설치할 것
2) 방진마스크, 보안경 등 보호구를 착용할 것
3) 장갑을 착용하지 말 것

> **길잡이**
> 1) 둥근톱기계의 방호장치
>   ① 톱니접촉예방장치 : 덮개
>   ② 반발예방장치 : 분할날, 반발방지기구(finger), 반발방지롤(roll)
> 2) 둥근톱니 기계의 안전 및 보조장치
>   ① 톱날 덮개 ② 분할날 ③ 밀대
>   ④ 직각정규 ⑤ 평형 조정기
> 3) 덮개하단과 테이블 및 가공재 상면의 간격
>   ① 덮개하단과 테이블 사이의 높이 : 25mm이내
>   ② 덮개하단과 가공재 상면의 간격 : 8mm이내

06 동영상은 자동차를 정비하기 위해 차량용 리프트로 차량을 들어올린 상태에서 한 작업자가 차량 밑에 들어가 샤프트 계통을 점검하는 중에 다른 한 작업자가 주변상황을 전혀 살피지 않고 차량에 올라 엔진에 시동을 걸어 차량 밑에서 작업하던 작업자의 팔이 회전하는 샤프트에 말려들어가는 사고 장면을 보여주고 있다. 동영상의 작업 상황에 대한 안전작업 수칙 3가지를 쓰시오.

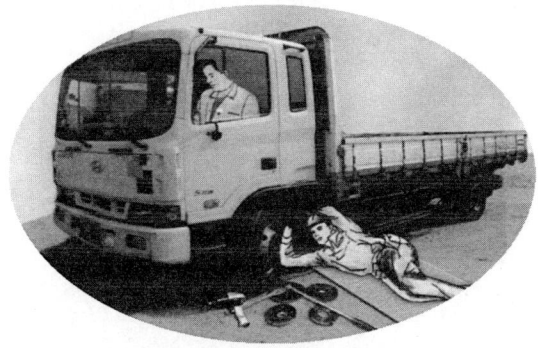

해답
1) 정비작업 중임을 나타내는 표지판을 설치할 것
2) 작업지휘자를 배치할 것
3) 차량 시동키를 빼두고 기동장치에 잠금장치를 설치할 것
4) 관계근로자가 아닌 사람의 출입을 금지할 것

07 동영상은 안전대를 착용하지 않은 작업자들이 교량하부를 점검하던 중에 추락하는 사고 장면(안전난간이 부실하고 추락보호망은 없음)을 보여주고 있다. 동영상의 작업 상황에 대한 위험요인 2가지를 쓰시오.

해답
1) 안전대 부착설비 미설치 및 안전대를 착용하지 않았다.
2) 추락 방호크망을 설치하지 않았다.
3) 안전난간 설치가 불량하다.

08 동영상은 안전대를 착용하지 않은 작업자가 이동식사다리 2개 사이에 걸친 작업발판 위에서 작업하던 중에 사다리와 작업발판이 흔들리면서 작업자가 떨어지는 사고장면을 보여주고 있다. 위험요인 2가지를 쓰시오.

해답
1) 다리 벌림을 조절하는 장치가 없는 이동식 사다리에 작업발판을 걸쳐서 사용하였다.
2) 이동식 사다리에 작업발판을 고정하지 않았다.
3) 안전대를 착용하지 않았다.

09 산업안전보건법상 차량계 하역운반기계, 차량계 건설기계 운전자가 운전위치를 이탈하는 경우 해당 운전자가 준수해야할 사항 2가지를 쓰시오.

해답
1) 포크 등의 장치를 가장 낮은 위치 또는 지면에 내려둘 것
2) 원동기를 정지시키고 브레이크를 확실히 거는 등 갑작스러운 주행이나 이탈을 방지하기 위한 조치를 할 것
3) 운전석을 이탈하는 경우에는 시동키를 운전대에서 분리시킬 것. 다만, 운전석에 잠금장치를 하는 등 운전자가 아닌 사람이 운전하지 못하도록 조치한 경우에는 그러하지 아니하다.

주 운전위치 이탈 시의 조치 : 안전보건규칙 제99조

산업안전산업기사 실기 작업형

2022년 제2회

01 동영상은 슬라이싱 머신(slicing machine)에 의해 무채를 썰어내는 작업 중 갑자기 기계가 멈추어서 작업자가 기계를 점검하는 장면을 보여주고 있다. 다음 물음에 답하시오.

(1) 동영상의 작업상황에 대한 위험 point(위험핵심요인)를 2가지 쓰시오.
(2) 슬라이싱 머신에 설치하는 방호장치로서 기계의 뚜껑이 열리게 되면 기계가 작동하지 않게 되는 것으로서 기계의 오작동 방지 또는 안전을 위해 관련 장치 간에 전기적 또는 기계적으로 연락을 취하게 되어 기계의 각 작동부분이 정상적으로 작동하기 위한 조건이 만족되지 않으면 자동적으로 그 기계가 작동할 수 없도록 하는 방호장치의 명칭을 쓰시오.

해답

1) 위험 point
① 방호장치(인터록 또는 연동장치) 미설치로 기계점검 중 손을 다칠 수 있다.
② 기계를 완전히 정지시키지 않은 상태에서 기계를 점검하여 손을 다칠 수 있다.

2) 방호장치 명칭 : 인터록 또는 연동장치

> **길잡이** 슬라이싱 머신 작업시 안전대책
> 1) 위험점에 시건장치 설치
> 2) 덮개 설치
> 3) 울 설치

02 동영상은 벨트 컨베이어 위에 올라서서 작업하는 장면을 보여주고 있다. 동영상의 작업상황에서 위험요인 2가지를 쓰시오.

해답
1) 작업자가 컨베이어 난간에 서서 작업하다가 넘어져서 밑으로 떨어질 수 있다.
2) 비상정지장치 등 방호장치를 설치하지 않았다.

> **길잡이**
> ▶ 컨베이어의 방호장치
> 1) 덮개 또는 울
> 2) 이탈방지장치 또는 역주행방지장치
> 3) 비상정지장치

03 동영상은 작업자가 분전반 작업(스위치가 ON으로 되어 있는 분전반을 맨손으로 드라이버를 사용하여 작업을 하고 있음) 중에 문틈에 손가락을 넣고 작업을 하다가 다른 작업자가 문을 닫아버려서 손을 다치는 사고가 발생하는 장면을 보여주고 있다. 동영상 화면에서 위험요인을 2가지 쓰시오.

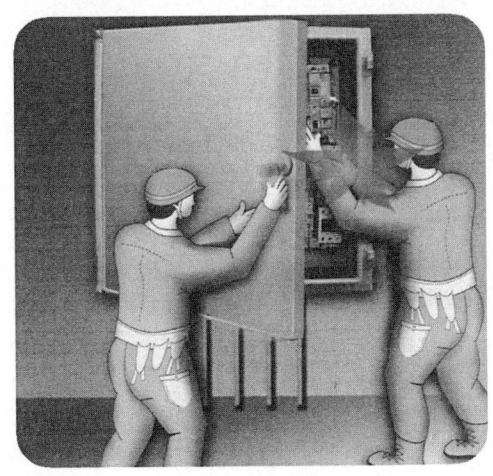

해답
1) 작업 중임을 나타내는 표지판을 설치하지 않았다.
2) 전원을 차단 후 작업하지 않았고 절연장갑을 착용하지 않았다.

> **길잡이**
> ▶ 분전반(panel board)
> 1) 분기 회로용의 배전관으로 과전류차단기·주개폐기·분기개폐기 등을 수납한 것
> 2) 건물 등에서 배전반으로부터 각 층으로 분기한 분기간선에서 부하로 분기하는 곳에 설치하는 곳으로 과전류, 단락사고 등을 최소범위로 방지한다.

04 동영상은 작업자가 몸을 기울인 채 손으로 프레스기의 이물질을 제거하던 중 실수로 페달을 밟아 손을 다치는 사고가 발생한 장면을 보여주고 있다. 프레스기의 이물질 제거시 사고방지를 위한 조치사항을 2가지만 쓰시오.

해답
1) 이물질 제거 시는 손을 사용하지 말고 플라이어(pliers : 집게) 등의 수공구를 사용할 것
2) 프레스기의 정지 시에는 페달에 U자형 덮개를 씌울 것

> **길잡이**
> ▶ 상기 동영상에서의 위험요인(불안전요소)
> 1) 청소 시(또는 점검 시) 작업자의 실수로 인해 슬라이드가 하강하여 손을 다칠 수 있다.
> 2) 페달에 U자형 덮개를 씌우지 않았다.

05 동영상은 작업자가 이동식 사다리 위에 슬라가 전용공구를 사용하지 않고 맨손으로 스팀배관을 점검하던 중에 뜨거운 스팀이 누출되어 사고가 발생하는 사고장면을 보여주고 있다. 위험요인 3가지 쓰시오.

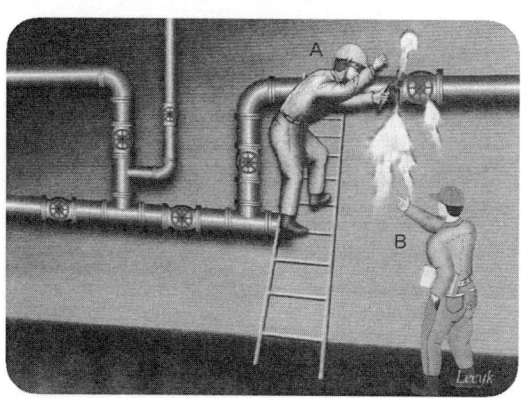

해답
1) 안전장갑 등을 착용하지 않고 맨손으로 스팀배관을 점검하다가 손에 화상을 입을 수 있다.
2) 보안경을 착용하지 않아 이물질(스팀 등)이 눈에 들어가 눈에 손상을 입을 수 있다.
3) 작업자가 딛고 선 사다리가 불안정하여 작업자가 사다리에서 떨어질 수 있다.

06 동영상은 교류아크용접작업을 실시하는 장면이다. 동영상에서와 같은 교류아크 용접기를 사용하여 작업을 할 때에 작업(사용) 전 점검사항을 2가지만 쓰시오.

해답
1) 방호장치인 자동전격장치의 동작 이상 유무
2) 홀더 절연물의 손상 유무
3) 용접기 외함의 접지단자 및 2차측 귀선의 접지상태 여부
4) 용접기의 용접용 케이블 접속부의 접속 및 절연상태 여부
5) 용접용 케이블의 피복 손상 유무
6) 1차배선과 용접기 단자와의 접속상태 여부
7) 전원개폐기에서 사용하는 퓨즈의 적정 여부 및 과열에 의한 변색 여부

07 동영상은 박공지붕 설치작업 도중에 휴식을 취하던 중 추락사고가 발생하는 장면을 보여주고 있다. (1) 재해발생원인과 (2) 재해방지대책을 각각 3가지씩만 쓰시오.

해답
1) **재해발생원인**
① 작업발판을 설치하지 않았다.
② 안전대부착설비 미설치 및 안전대를 착용하지 않았다.
③ 추락방지망을 설치하지 않았다.
④ 박공지붕판을 한곳에 과적하여 쌓아 놓았다.
⑤ 위험한 장소에서 휴식을 취하고 있었다.

2) **재해방지대책**
① 작업발판을 설치한 후 작업을 실시한다.
② 안전대부착설비 및 지지로프를 설치하고 안전대를 착용한다.
③ 추락방지망(안전방망)을 설치한다.
④ 방공지붕판을 한곳에 과적하여 쌓아 놓지 않는다.
⑤ 위험한 장소에서 휴식을 취하지 않도록 한다.

08 동영상 화면은 선반작업 장면(작업자가 한 손은 기계 위에 올려놓고, 한 손은 샌드페이퍼를 잡고 있으며, 작업 중에 옆을 보는 등 불안전한 행동을 하는 장면)을 보여주고 있다. 위험점의 명칭과 정의를 쓰시오.

1) 위험점의 명칭 : 회전말림점
2) 회전말림점의 정의 : 회전축, 커플링 등과 같이 회전하는 물체에 장갑 및 작업복 등이 말려들 위험이 형성되는 점

> 길잡이
> ▶ 동영상의 작업상황에서의 재해발생요인
> 1) 손을 기계 위에 올려놓고 작업을 하고 있기 때문에 손이 미끄러져 회전물에 말려들어간다.
> 2) 샌드페이퍼를 회전물에 감아 손으로 잡고 있기 때문에 작업복과 손이 감겨 들어간다.
> 3) 작업자가 옆눈질을 하는 등 작업에 집중하지 못하여 실수로 작업복과 손이 회전물에 말려들어간다.

09 동영상은 건설용 리프트가 화물을 운반하는 장면을 보여주고 있다. 건설용 리프트의 방호장치 3가지를 쓰시오.

1) 권과방지장치
2) 과부하방지장치
3) 비상정지장치

[주] 리프트의 방호장치 : 안전보건규칙 제151조

> 길잡이
> ▶ 리프트 사용시 작업시작 전 점검사항(안전보건규칙 별표3)
> 1) 방호장치, 브레이크 및 클러치의 기능
> 2) 와이어로프가 통하고 있는 곳의 상해

산업안전산업기사 실기 작업형 — 2022년 제3회

01 이동식 크레인을 사용하여 작업을 하는 때에 작업시작 전 점검사항 3가지를 쓰시오.

해답
1) 권과방지장치 그밖에 경보장치의 기능
2) 브레이크, 클러치 및 조종장치의 기능
3) 와이어로프가 통하고 있는 곳 및 작업 장소의 지반상태

[주] 작업시작 전 점검사항 : 안전보건규칙 별표3

02 동영상은 작업자가 베레스트 탱크 내에서 슬러지 제거 작업 중에 가스질식으로 의식을 잃는 사고가 발생하는 상황을 보여주고 있다. 사고발생원인(유해요인) 2가지를 쓰시오.

해답
1) 작업 전에 산소농도 및 유해가스 농도를 측정하지 않았다.
2) 작업 중에 당해 작업장을 적정한 공기상태가 유지되도록 환기를 하여야 하는데 하지 않았다.
3) 공기호흡기 또는 송기마스크를 착용하지 않았다.

03 산업안전보건법상 화학설비와 그 부속설비의 개조·수리 및 청소 등을 위하여 해당설비를 분해하거나 해당설비의 내부에서 작업을 하는 경우 준수사항 2가지를 쓰시오.

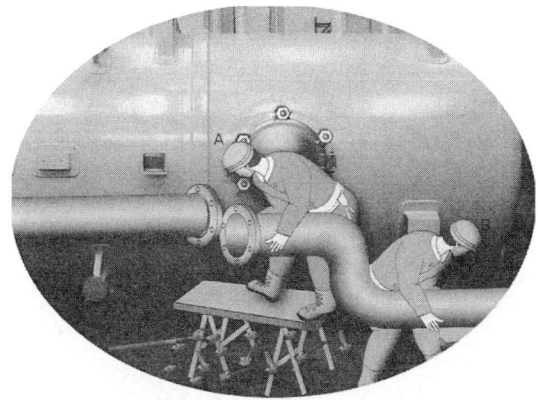

해답
1) 작업책임자를 정하여 해당 작업을 지휘하도록 할 것
2) 작업장소에 위험물 등이 누출되거나 고온의 수증기가 새어나오지 않도록 할 것
3) 작업장 및 그 주변의 인화성 액체의 증기나 인화성 가스의 농도를 수시로 측정할 것

[주] 화학설비와 그 부속설비의 개조·수리 등 : 안전보건규칙 제278조

04 동영상은 김치공장에서 배추를 씻는 장면을 보여주고 있으며 다음 내용은 산업안전보건법상 근골격계 질환 예방관리 프로그램을 수립하여 시행하여야 할 경우이다. ( ) 안에 알맞은 내용을 쓰시오.

(1) 근골격계 질환으로 산업재해보상보험법 시행령에 따라 업무상 질병으로 인정받은 근로자가 연간 (①)명 이상 발생한 사업장 또는 (②)명 이상 발생한 사업장으로서 발생비율이 그 사업장 근로자 수의 (③)% 이상인 경우
(2) 근골격계 질환 예방과 관련하여 노사 간 이견이 지속되는 사업장으로서 고용노동부장관이 필요하다고 인정하여 근골격계 질환 예방관리 프로그램을 수립하여 시행할 것을 명령한 경우

해답
1) 10
2) 5
3) 10

05 동영상은 작업자가 목장갑을 끼고 교류 아크용접기 케이블 리드 단자 쪽을 만지다가 쓰러지는 사고장면과 구조자가 절연장갑을 착용한 후 전원을 차단하는 장면을 보여주고 있다. 다음 물음에 답하시오.
(1) 재해발생 형태를 쓰시오.
(2) 불안전한 행동 1가지를 쓰시오.

1) 재해발생형태 : 감전(전류접촉)
2) 불안전한 행동 : 전원차단 미실시 및 절연장갑 미착용

▶ 아크용접작업시 작업자의 감전위험 부위
1) 왼손에 안전장갑(절연장갑)을 착용하지 않아 감전될 수 있다.
2) 케이블이 손상·노출되어서 신체에 접촉되어 감전될 수 있다.
3) 용접봉 홀더의 통전부분이 노출되어서 용접봉에 신체 일부가 접촉되어 감전될 수 있다.
4) 전원스위치 개폐시 접촉불량으로 인해 감전될 수 있다.

06 동영상은 고압변전설비(66kV) 부근에서 공놀이를 하다가 공이 울타리 안쪽에 위치한 변압기 상단의 충전부에 떨어져 공을 주우러 가는 장면이다. 동영상에서 예상되는 재해(감전)를 방지할 수 있는 대책을 3가지만 쓰시오.

1) 고압변전설비 출입구에 잠금설치를 하여 관계자 외의 출입을 금지시킨다.
2) 고압변전설비 부근에서 공놀이 등을 하지 못하도록 경고표지판을 부착한다.
3) 고압변전설비의 위험에 대한 안전교육을 실시한다.
4) 공을 꺼낼 때는 관계자에 의하여 전원차단 및 정전확인 등 안전조치 후 공을 꺼내도록 한다.

07 동영상은 변압기를 유기화합물에 담가서 절연처리를 하고 건조작업을 하는 장면을 보여주고 있다. 산업안전보건법상 관리대상 유해물질을 취급하는 작업장의 보기 쉬운 장소에 게시하여야 할 사항 3가지를 쓰시오.

해답
1) 관리대상 유해물질의 명칭
2) 인체에 미치는 영향
3) 취급상 주의사항
4) 착용하여야 할 보호구
5) 응급조치와 긴급방재요령

[주] 관리대상유해물질의 명칭 등의 게시 : 안전보건규칙 제442조

08 동영상의 컨베이어에 대한 다음 물음에 답하시오.
(1) 컨베이어 등으로부터 화물의 낙하물에 의한 위험방지 조치사항을 2가지 쓰시오.
(2) 컨베이어 등에 근로자의 신체 일부가 말려드는 등 위험시 및 비상시에 방호조치 사항을 쓰시오.
(3) 운전 중인 컨베이어 등의 위로 근로자를 넘어가도록 하는 경우에 위험방지를 위하는 설치하는 방호장치를 쓰시오.

해답
1) 덮개 또는 울 설치
2) 비상정지장치 설치
3) 건널다리 설치

09 동영상은 타워크레인에 의해 화물을 인양하는 작업장면을 보여주고 있다. 다음 내용은 타워크레인의 작업종료 후 안전조치에 관한 사항이다. ( ) 안에 맞는 설명은 O, 틀린 설명은 × 표시를 하시오.

(1) 운전자는 매달은 화물을 지상에 내리고 훅(hook)을 가능한 한 높이 올린다. (①)
(2) 바람이 심하게 불면 지브가 흔들려 훅 등이 건물 또는 족장 등에 부딪힐 우려가 있으므로 지브의 최소작업반경이 유지되도록 트롤리를 가능한 한 운전석에서 "최대한 먼" 위치로 이동시킨다. (②)
(3) 타워크레인의 운전정지 시에는 선회치차(slewing gear)의 회전을 자유롭게 한다. 따라서 운전자가 운전석을 떠날 때는 항상 선회기어 브레이크를 풀어 놓아 자유롭게 선회될 수 있도록 한다. (③)
(4) 타워크레인의 운전정지 시에는 선회치차(slewing gear)의 회전을 자유롭게 한다. 따라서 운전자가 운전석을 떠날 때는 항상 선회기어 브레이크를 잠궈 놓아 자유롭게 선회될 수 "없도록" 한다. (④)
(5) 선회기어 브레이크는 단지 콘트롤 레버가 "0" 점의 위치에 있을 때만 작동되므로 운전을 마칠 때는 모든 제어장치를 "0" 점 또는 중립에 위치시키며 모든 동력스위치를 끄고 잠근 후 운전석을 떠나도록 한다. (⑤)

1) O
2) ×
3) O
4) ×
5) O

산업안전산업기사 실기 작업형 — 2023년 제1회

01 동영상은 자동차를 정비하기 위하여 작업자 A가 잭으로 들어올린 자동차 밑에 들어가 샤프트 계통을 점검하던 중 작업자 B가 자동차에 올라 엔진을 시동하여 작업자 A의 팔이 샤프트에 말려드는 사고 발생 장면을 보여주고 있다. 동영상의 자동차 정비중 발생한 재해에 대해서 1) 가해물과 2) 재해발생원인을 쓰시오.

02 동영상은 낡고 둥근 의자에 올라서서(의자가 매우 흔들거림) 가정용 배절반 점검작업 중에 차단기를 직접 손으로 만지다가 감전되어 의자에서 떨어지는 사고장면을 보여주고 있다. 배전반 점검작업 중 사고발생의 원인이 되는 불안전한 행동 2가지를 쓰시오.

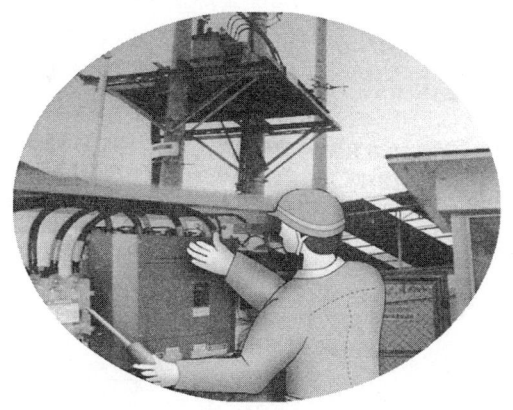

해답
1) 가해물 : 자동차
2) 재해발생원인 : 안전지주 또는 안전블록 등을 사용하지 않았다.

해답
1) 흔들거리는 불안정한 낡고 둥근 의자에 올라가 불안정한 자세로 점검하고 있다.
2) 절연용 보호구(절연용 고무장갑 등)를 착용하지 않았다.

03 산업안전보건법상 교류아크용접기에 자동전격방지기를 설치하여야 할 장소 3곳을 쓰시오.

해답
1) 선박의 이중 선체 내부, 밸러스트 탱크(ballast tank ; 평형수 탱크), 보일러 내부 등 도전체에 둘러싸인 장소
2) 추락할 위험이 있는 높이 2m 이상의 장소로 철골 등 도전성이 높은 물체에 근로자가 접촉할 우려가 있는 장소
3) 근로자가 물, 땀 등으로 인하여 도전성이 높은 습윤상태에서 작업하는 장소

[주] 교류아크용접기 : 안전보건규칙 제306조

길잡이 교류아크용접용 보호구
1) 보호면(핸드실드형, 헬멧형 : 차광 및 화상방지)
2) 보안경(차광보호구)
3) 절연장갑(화상 및 감전방지)
4) 가죽제 앞치마(작업자의 가슴에서 대퇴부까지 보호)
5) 각반 및 팔가림
6) 안전화(화상방지, 낙화방지, 감전방지)

04 동영상은 화물(박스 3개)로 인해 시야가 확보되지 않는 지게차에 유도자가 문에 매달린 채 지게차를 후진하라고 유도하다가 뒷바퀴가 바닥에 있는 나무조각에 걸려 덜컹거리는 순간 유도자가(안전모 미착용) 지게차에서 바닥으로 떨어지는 사고장면을 보여주고 있다. 동영상의 화물 적재 및 운행상황에 대한 불안전한 행동 및 위험요인 3가지를 쓰시오.

해답
1) 유도자가 지게차에 탑승한 불안정한 상태에서 지게차를 유도하다가 추락하였다.
2) 지게차에 시야가 확보되지 않을 정도로 화물을 과적하였다.
3) 유도자가 안전모 등 보호구를 착용하지 않았다.

05 동영상은 화학실험실에서 근로자가 실험 중에 위험물질이 든 병을 잠시 바닥에 놓아두고 이동하려다가 미끄러져 병을 발로 차서 병이 깨지는 장면을 보여주고 있다. 동영상에서와 같은 위험물질을 취급하는 실험실(또는 작업장) 바닥이 갖추어야 할 조건을 2가지만 쓰시오.

1) 바닥은 불침투성 재료로 미끄러지지 않아야 한다.
2) 이동통로에는 장애물이 없도록 하고, 위험물질을 임시로 놓은 장소와 이동통로는 확실하게 구분시킨다.

길잡이 화학약품에 의한 세척작업시 착용보호구
1) 고무장갑 및 고무장화
2) 방독마스크
3) 불침투성 보호복

---

06 동영상은 사출성형기 V형 금형작업 중 사고가 발생하는 사례(안전모와 장갑을 착용한 작업자가 사출성형기 작업 후 개방하여 잔류물을 정리하기 위해 볼트를 손으로 빼려다가 잘되지 않아 제어판을 손으로 두드리고 다시 볼트를 빼려다가 손이 눌리는 사고장면)를 보여주고 있다. 다음 물음에 답하시오.
1) 재해발생 형태 :
2) 기인물 :

1) **재해발생 형태** : 끼임
2) **기인물** : 사출성형기

07 동영상 화면은 이동식 크레인으로 비계를 인양하는 작업장면(비계를 가운데 한 군데만 묶어서 보조로프도 없이 화물이 흔들리며 건축 중인 철골에 부딪쳐 작업자 위로 화물이 낙하하는 장면과 신호수와 운전자 간에 신호방법이 맞지 않는 장면)을 보여주고 있다. 산업안전보건법상 크레인을 사용하는 작업시 관리감독자의 유해·위험방지를 위한 직무수행내용 3가지를 쓰시오.

08 동영상은 파지압축장에서 작업자 2명이 컨베이어 위에서 한 작업자가 너클 크레인(knuckle crane ; 집게차)으로 파지를 집어서 다른 작업자(안전모 미착용) 머리 위로 통과시키다가 파지를 떨어트려 작업자가 파지를 맞는 사고장면을 보여주고 있다. 동영상의 작업상황에서 작업자의 불안전한 행동 3가지를 쓰시오.

해답
1) 작업방법과 근로자 배치를 결정하고 그 작업을 지휘하는 일
2) 재료의 결함유무 또는 기구 및 공구의 기능을 점검하고 불량품을 제거하는 일
3) 작업 중 안전대 또는 안전모의 착용상황을 감시하는 일

[주] 관리감독자의 유해·위험방지를 위한 직무수행 내용 : 안전보건규칙 [별표2]

해답
1) 너클 크레인의 작업반경(낙하물 위험구간)에서 작업을 하고 있다.
2) 작업지휘자(또는 신호수)를 배치하지 않았다.
3) 안전모를 착용하지 않았다.

09 동영상의 사진 속에 나오는 기계·기구 및 설비 등의 방호장치 명칭을 1가지씩만 쓰시오.

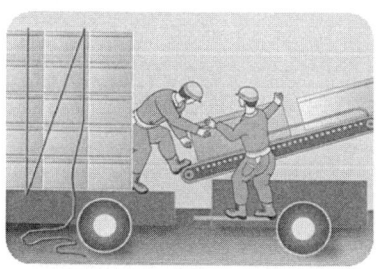

해답
1) 컨베이어 : 건널다리
2) 휴대용연삭기 : 덮개
3) 사출성형기 : 덮개

산업안전산업기사 실기 작업형 2023년 제2회

01 동영상은 천정크레인의 화물(철판)인양 작업 중에 화물을 떨어뜨려 작업자가 깔리는 사고장면을 보여주고 있다. 다음 물음에 답하시오.
1) 동영상의 작업상황에서 천정크레인에 필요한 방호장치를 쓰시오.
2) 크레인은 사업장에 설치가 끝난 날부터 (①)년 이내에 최초 안전검사를 실시하고, 그 이후부터 (②)년마다 안전검사를 실시한다. ( ) 안에 알맞은 수치를 쓰시오.

[해답]
1) 해지장치
2) ① 3   ② 2
[주] 안전검사의 주기와 합격표시 및 표시방법 : 시행규칙 제126조

02 동영상은 운전 중인 인쇄롤러의 전면에서 양손으로 걸레를 잡고 닦는 중에 롤러에 손이 끼이는 사고장면을 보여주고 있다. 동영상의 사고발생 위험요인 2가지를 쓰시오.

[해답]
1) 기계설비 점검시 장갑을 착용하고 있어 회전체에 작업자의 손이 끼인다.
2) 기계설비의 전원을 확실하게 차단하지 않은 상태에서 점검하여 작업자의 손이 회전체에 끼인다.

03 지게차 운전자가 운전석 이탈 시 조치사항 2가지를 쓰시오.

해답
1) 원동기를 정지시키고 브레이크를 확실히 거는 등 갑작스러운 주행이나 이탈을 방지하기 위한 조치를 할 것
2) 운전석을 이탈하는 경우는 시동키를 운전대에서 분리시킬 것. 다만, 운전석에 잠금장치를 하는 등 운전자가 아닌 사람이 운전하지 못하도록 조치한 경우는 그러하지 아니하다.

[주] 운전위치 이탈 시의 조치 : 안전보건규칙 제99조

04 동영상은 석면의 취급(사용) 작업과정 장면을 보여주고 있다. 석면분진에 장시간 노출 시 발생위험이 높은 질병을 3가지 쓰시오.

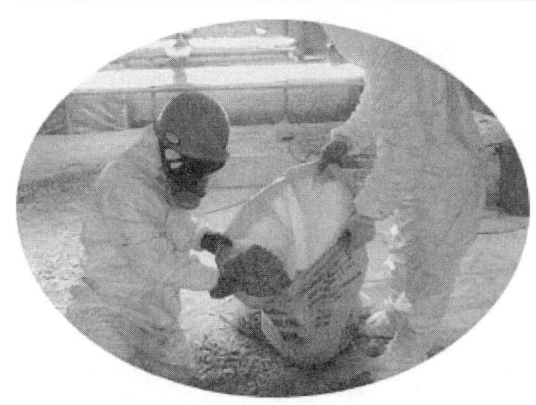

해답
1) 석면폐증
2) 폐암
3) 악성 중피종(中皮腫)

> **길잡이** 석면의 제조·사용작업시 작업수칙(안전보건규칙 제482조)
> 1) 진공청소기 등을 이용한 작업장 바닥의 청소방법
> 2) 작업자의 왕래와 외부기류 또는 기계진동 등에 의한 분진의 흩날림을 방지하기 위한 조치
> 3) 분진이 쌓일 염려가 있는 깔개 등을 작업장 바닥에 방치하는 행위를 방지하기 위한 조치
> 4) 분진이 확산되거나 작업자가 분진에 노출될 위험이 있는 경우에는 선풍기 사용금지에 관한 사항
> 5) 용기에 석면을 넣거나 꺼내는 작업
> 6) 석면을 담은 용기의 운반
> 7) 여과집진방식 집진장치의 여과재 교환
> 8) 당해 작업에 사용된 용기 등의 처리
> 9) 이상 상태가 발생한 경우의 응급조치
> 10) 보호구의 사용, 점검, 보관 및 청소
> 11) 그 밖에 석면분진의 발산을 방지하기 위한 필요한 조치

05 동영상은 컨베이어의 작업장면을 보여주고 있다. 경사진 컨베이어에서 작업자 A는 물건(밀가루 포대)을 컨베이어에 올리고 작업자 B(창모자를 쓰고 있음)는 컨베이어 중간쯤에서 컨베이어 위에 올라가 뒤돌아서서 올라오는 물건을 받다가 발에 걸려 넘어지는 사고가 발생하였다. 동영상의 작업상황에서 사고방지를 위해 설치하여야 하는 방호장치 2가지를 쓰시오.

해답
1) 이탈방지장치
2) 비상정지장치

주 컨베이어의 방호장치 : 안전보건규칙 제191조 제192조 제193조

길잡이 상기 동영상의 작업상황에서의 위험요인 (문제점)
1) 작업 전에 두 작업자 간에 신호방법을 정하지 않아서 컨베이어 작업 중에 호흡이 일치하지 않는다.
2) 작업자 B가 컨베이어 위에 올라가 작업하므로 실수로 미끄러져 넘어질(전도) 위험이 있다.
3) 안전모를 착용하지 않고 창모자를 쓰고 있기 때문에 전도 시 머리를 다칠 수 있다.

06 동영상은 승강기 설치작업 중(작업자가 안전모 이외의 보호구를 착용하고 있지 않으며, 작업자가 딛고 있는 발판이 흔들거림)에 개구부에서 떨어지는 사고장면을 보여주고 있다. 동영상의 작업상황에 대한 위험요인 3가지를 쓰시오.

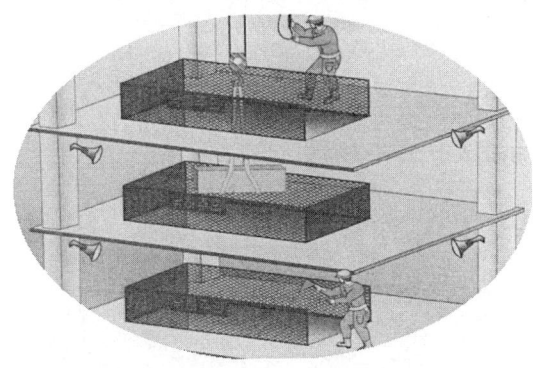

해답
1) 작업자가 불안정한 작업발판 위에서 작업하고 있다.
2) 추락방호망을 설치하지 않았다.
3) 안전대를 착용하지 않았다.

07 동영상은 작업자(안전모 이외의 보호구 미착용)가 연삭작업 중에 다른 작업자가 와서 콘센트를 만지다가 감전사고가 발생되는 장면을 보여주고 있다. 동영상에서의 위험요인 2가지를 쓰시오.

해답
1) 방진마스크(또는 보안경)를 착용하지 않았다.
2) 절연용 장갑을 착용하지 않았다.

08 동영상은 바닥에 물기가 많은 작업장(전선이 어지럽게 설치되어 있음)에서 연삭기로 연삭작업을 하는 장면을 보여주고 있다. 동영상의 작업상황에서 위험요인 3가지를 쓰시오.

해답
1) 보안경을 착용하지 않았다.
2) 방진마스크를 착용하지 않았다.
3) 연삭기 측면을 사용하고 있다.

09 동영상은 양중기를 사용하여 화물을 인양하는 작업장면을 보여주고 있다. 다음 물음에 답하시오.
1) 동영상에 보이는 양중기 운반구의 명칭을 쓰시오.
2) 사업주는 해당 양중기의 운반구에 근로자를 탑승시켜서는 안 된다. 다만, 추락위험을 방지하기 위한 조치를 한 경우에는 예외적으로 탑승시킬 수 있다. 운반구에 근로자를 탑승시킬 수 있는 추락위험방지 조치사항 2가지를 쓰시오.

해답
1) 곤돌라
2) 추락방지 조치사항
   ① 운반구가 뒤집히거나 떨어지지 않도록 필요한 조치를 할 것
   ② 안전대나 구명줄을 설치하고, 안전난간을 설치할 수 있는 구조인 경우이면 안전난간을 설치할 것

산업안전산업기사 실기 작업형 — 2023년 제3회

01 동영상의 화면은 크랭크 프레스기로 판재에 구멍을 뚫는 작업장면을 보여주고 있다. 다음 물음에 답하시오.
1) 프레스기에 급정지기구가 부착되어 있지 않을 경우에 유효한 프레스기의 방호장치의 명칭을 3가지만 쓰시오.
2) 급정지기구가 부착되어 있어야만 유효한 프레스기의 방호장치 명칭을 2가지 쓰시오.

해답
1) 급정지기구가 부착되어 있지 않아도 유효한 방호장치
   ① 수인식 방호장치
   ② 손쳐내기식 방호장치
   ③ 게이트가드식 방호장치
   ④ 양수기동식 방호장치

2) 급정지기구가 부착되어 있어야만 유효한 방호장치
   ① 양수조작식 방호장치
   ② 감응식 방호장치

02 압력용기의 급격한 압력상승을 방지하기 위해 설치하는 방호장치 2가지를 쓰시오.

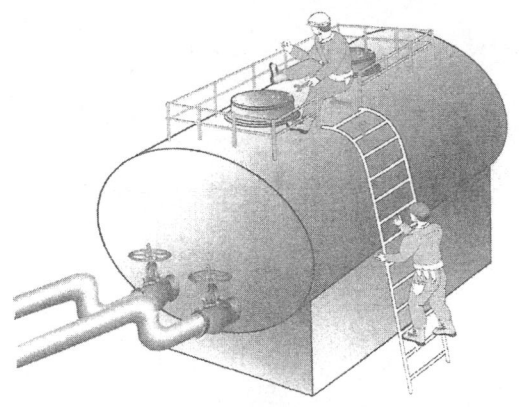

 해답
1) 안전밸브
2) 파열판
3) 통기밸브

03 동영상은 박공지붕 설치작업 도중에 휴식을 취하던 중 쌓아놓은 자재가 무너져서 추락사고가 발생되는 장면을 보여주고 있다. 1) 재해발생원인과 2) 재해방지 대책을 각각 3가지씩 쓰시오.

04 동영상은 둥근톱 기계의 목재가공 작업장면을 보여주고 있다. 1) 둥근톱 기계의 방호장치 2가지와 2) 둥근톱 기계 방호장치의 자율안전 확인 표시 외 추가표시사항 2가지를 쓰시오.

해답 1) 재해발생원인
① 작업발판을 설치하지 않았다.
② 안전대 부착설비 미설치 및 안전대를 착용하지 않았다.
③ 추락방지망을 설치하지 않았다.
④ 박공지붕판을 한곳에 과적하여 쌓아 놓았다.
⑤ 위험한 장소에서 휴식을 취하고 있었다.

2) 재해방지대책
① 작업발판을 설치한 후 작업한다.
② 안전대 부착설비 및 지지로프를 설치하고 안전대를 착용한다.
③ 추락방지망(안전방망)을 설치한다.
④ 박공지붕판을 한곳에 과적하여 쌓아놓지 않는다.
⑤ 위험한 장소에서 휴식을 취하지 않도록 한다.

해답 1) 둥근톱 기계의 방호장치
① 톱날접촉예방장치(덮개)
② 반발예방장치(분할날, 반발방지기구, 반발방지롤)

2) 둥근톱 기계의 방호장치의 자율안전 확인 표시 외 추가표시사항
① 제조자명
② 제품명
③ 형식 또는 모델명
④ 규격 또는 등급
⑤ 제조번호 및 제조년월
⑥ 자율안전확인번호

05 동영상의 화면은 대형 관의 플랜지 부위를 아크용접기에 의해 용접하는 장면(작업자 혼자서 왼손으로는 플랜지 회전스위치를 조정하면서 오른손으로 용접하고 있으며, 작업자 주위에는 인화성 물질로 보이는 용기(통) 등이 쌓여 있음)을 보여주고 있다. 위험요인을 작업현장 측면에서 각각 기술하시오.

06 동영상은 마스크를 착용한 작업자가 스프레이건을 이용하여 기계부품에 페인트 작업을 하는 장면을 보여주고 있다. 동영상의 작업상황에서 착용해야 할 마스크의 명칭과 마스크에 사용하는 흡수제의 종류 2가지를 쓰시오.

해답 1) 마스크의 종류 : 방독마스크
2) 흡수제의 종류
① 활성탄
② 큐프라마이트
③ 호프카라이트

해답 1) 작업자의 위험요인 : 작업자가 양손을 사용하여 작업을 하고 있기 때문에 사고발생의 위험성이 크며, 단독작업으로 작업장의 상황파악이 어렵다.
2) 작업현장의 위험요인 : 용접작업장의 주위에 인화성 물질이 쌓여 있으므로 화재의 위험성이 있다.

07 고소작업대를 이동하는 경우 준수사항 3가지를 쓰시오.

해답
1) 작업대를 가장 낮게 내릴 것
2) 작업대를 올린 상태에서 작업자를 태우고 이동하지 말 것. 다만, 이동 중 전도 등의 위험예방을 위하여 유도하는 사람을 배치하고 짧은 구간을 이동하는 경우는 그러하지 아니하다.
3) 이동통로의 요철상태 또는 장애물의 유무 등을 확인할 것

[주] 고소작업대 설치 등의 조치 : 안전보건규칙 제186조

길잡이 고소작업대를 사용하는 경우 준수사항
(안전보건규칙 제186조)
1) 작업자가 안전모, 안전대 등의 보호구를 착용하도록 할 것
2) 관계자가 아닌 사람이 작업구역에 들어오는 것을 방지하기 위하여 필요한 조치를 할 것
3) 안전한 작업을 위하여 적정수준의 조도를 유지할 것
4) 전로에 근접하여 작업을 하는 경우는 작업감시자를 배치하는 등 감전사고를 방지하기 위하여 필요한 조치를 할 것
5) 작업대를 정기적으로 점검하고 붐대, 작업대 등 각 부위의 이상 유무를 확인할 것
6) 전환스위치는 다른 물체를 이용하여 고정하지 말 것
7) 작업대는 정격하중을 초과하여 물건을 싣거나 탑승하지 말 것
8) 작업대의 붐대를 상승시킨 상태에서 탑승자는 작업대를 벗어나지 말 것. 다만, 작업대에 안전대 부착설비를 설치하고 안전대를 연결하였을 때는 그러하지 아니하다.

08 동영상은 스팀배관에서 스팀이 누출되어 보수작업 중에 안전장갑 등 보호구를 착용하지 않아 스팀에 화상을 입는 사고 발생 장면이다. 동영상의 작업상황에 대한 위험요인 3가지를 쓰시오.

해답 위험요인
① 보온재를 벗길 때 보온재 분진이 눈에 들어간다.
② 고온의 물질(스팀)이 통과하기 때문에 작업자가 쇠에 손을 덴다.
③ 스팀을 계속 보내기 때문에 화상을 입는다.
④ 벗겨낸 보온재에 스쳐 손을 베인다.

길잡이 안전대책
1) 보안경, 안전장갑 등 보호구를 착용할 것
2) 사다리를 설치하여 사다리 위에서 작업하도록 할 것
3) 작업 중에는 스팀의 공급을 중지시킬 것

09 송전선로의 아래에 신축한 가옥의 지붕 위에서 송전선로와 가옥의 이격거리를 계측하고 있다. 1) 위험요인과 2) 안전대책을 각각 3가지씩 쓰시오.

해답
1) 위험요인
   ① 사다리를 오르내릴 때 사다리가 미끄러져 굴러떨어진다.
   ② 지붕 위에서 발이 미끄러져 굴러떨어진다.
   ③ 측정봉이 넘어지려고 할 때 몸의 균형을 잃고 미끄러져서 굴러떨어진다.
   ④ 비 때문에 누전전류가 측정봉으로 흘러 감전된다.
   ⑤ 돌풍이 불어 균형을 잃고 굴러떨어진다.
2) 안전대책
   ① 사다리 밑부분이 미끄러지지 않도록 미끄럼방지 발판을 설치할 것
   ② 지지로프 설치 및 안전대를 착용할 것
   ③ 절연장갑을 착용할 것

산업안전산업기사 실기 작업형
2024년 제1회

01
동영상은 국소배기장치 (후드,덕트, 공기청정장치, 팬, 배기덕트,배기구 등으로 구성)를 보여주고 있다. 산업안전보건법상 급기·배기환기장치를 설치한 경우 국소배기장치를 설치하지 않아도 되는 특례 1가지를 쓰시오

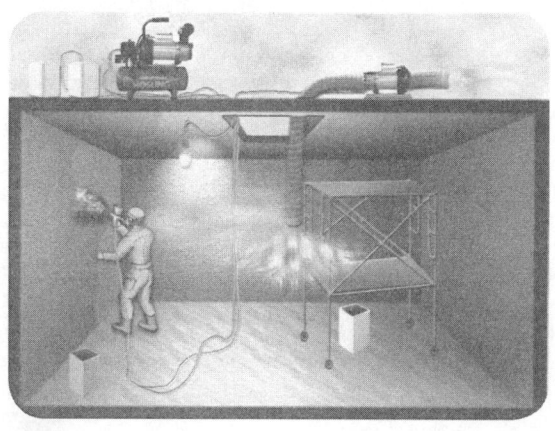

관리대상 유해물질의 발산 면적이 넓어 설비를 설치하기 곤란한 경우

주) 국소배기장치의 설비 특례 : 안전보건 규칙 제 425조

1) 법규문제로 금번 시험에 처음 출제된 문제입니다
2) [해답] 내용을 충분히 이해한 후에 암기바랍니다

02
동영상은 슬라이싱 머신(slicing machine; 무채써는 기계)에 의해 무채를 썰어내는 작업 중 갑자기 기계가 멈추어서 작업자가 기계를 점검하던 중 사고가 발생하는 장면을 보여주고 있다. 1) 재해발생원인과 2) 안전대책을 각각 2가지씩 쓰시오

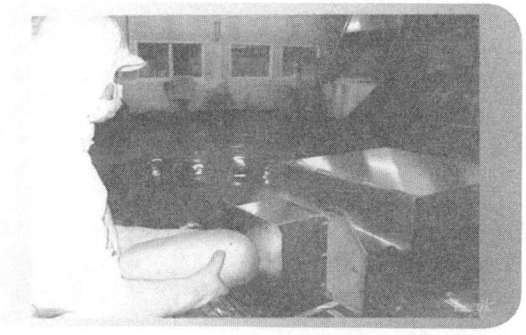

1) 재해 발생 원인
   ① 점검 작업 시 기계의 운전을 정지시키지 않았다
   ② 방호장치(인터록, 연동장치)를 설치하지 않았다
   ③ 덮개 또는 물을 설치하지 않았다
2) 안전대책
   ① 점검 할 때는 운전을 정지시킬 것
   ② 위험점에 시험장치 또는 인터록(연동장치)등 방호장치를 설치할 것
   ③ 덮개 또는 물 등을 설치할 것

> **길잡이**
> ▶ 무채를 썰어내는 부분에 형성되는 위험점 : 절단점

1) 출제율이 매우 높은 문제입니다
2) 재해발생원인(위험요인), 안전대책, 위험점 모두 잘 알아두어야 합니다

03

동영상은 화학설비를 수리하는 작업장면을 보여주고 있다
화학설비와 그 부속설비의 개조·수리 및 청소 등을 위하여 해당 설비를 분해하거나 해당 설비의 내부에서 작업을 하는 경우에는 준수사항을 2가지만 쓰시오.

해답

1) 작업책임자를 정하여 해당 작업을 지휘하도록 할 것
2) 작업장소에 위험물 등이 누출되거나 고온의 수증기가 새어나오지 않도록 할 것
3) 작업장 및 그 주변의 인화성 액체의 증기나 인화성 가스의 농도를 수시로 측정할 것

(주) 화학설비와 그 부속설비의 개조·수리 등 : 안전보건규칙 제278조

> 문장이 긴 내용을 암기 할 때는 핵심내용을 정하여 암기하고 앞 뒤 로 살을 붙이는 연습을 하십시오

04

동영상은 화물자동차를 리프트로 들어올린 상태에서 작업자가 차량 밑으로 들어가 샤프트 계통을 점검 중에 다른 사람이 차량에 올라 시동을 거는 바람에 차량 밑에서 작업하던 작업자의 팔이 차량의 회전축에 말려드는 사고 장면을 보여주고 있다. 동영상의 사고 장면에서 위험요인(사고발생요인, 작업 중 미준수 사항)3가지를 쓰시오

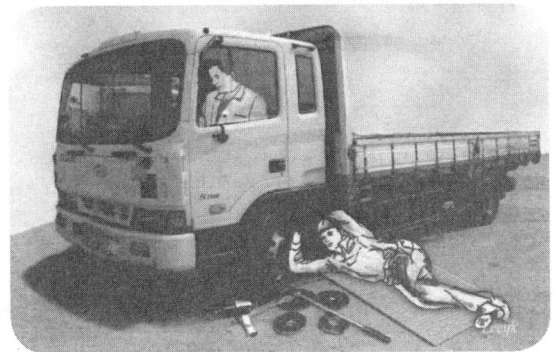

해답

1) 기동장치에 잠금장치를 하지 않고 그 열쇠를 별도로 관리하지 않았다
2) 정비작업중임을 나타내는 표지판을 설치하지않았다
3) 작업지휘자 또는 공통작업자를 배치하지 않았다
4) 관계근로자외의 자의 출입금지조치를 하지 않았다

1) 화물자동차, 버스, 승용차 밑에서 상기 문제에서와 같은 유형의 작업 중에 사고가 발생되는 장면도 출제가 됩니다
2) 위험요인 쓰는 문제는 동영상의 작업상황이나 사고발생장면을 잘 살펴야합니다

05

동영상은 형강을 묶었던 와이어로프를 작업자 A·B가 빼내는 작업장면을 보여주고 있다. 동영상에서와 같은 작업상황에서 사고발생시 1) 가해물과 2) 안전한 작업방법을 2가지 쓰시오.

1) 가해물 : 와이어로프
2) 작업방법
   ① 와이어로프가 물려 있는 형강 사이에 지렛대를 넣어 형강이 무너져 내리지 않을 정도로 들어올려 와이어로프를 빼내도록 할 것.
   ② 작업자 AB간에 호흡을 일치시켜 작업하도록 할 것.

가해물은 작업자에게 직접 접촉되어 위해를 가한 것입니다

06

동영상은 작업자가 프레스기에 의한 철판 절단 작업 중에 프레스기에 손이 끼이는 사고장면을 보여주고 있다. 해당 동영상에서 보이는 1) 재해의 위험점과 2) 위험점의 정의를 쓰시오

1) 위험점 : 협착점
2) 협착점의 정의 : 고정부와 왕복운동을 하는 운동부 사이에 형성되는 위험점을 의미한다

길잡이

▶ 위험점의 분류
1) 협착점(Squeeze point) : 고정부와 왕복운동을 하는 운동부 사이에 형성되는 위험점으로 덮개, 울 등의 방호조치가 필요하다.
   (예) 프레스, 성형기, 절곡기 등

2) 끼임점(Shear point) : 고정부와 회전 또는 직선운동과 함께 형성하는 부분 사이에 형성되는 위험점
(예) 연삭숫돌과 작업대, 반복 동작되는 링크기구, 교반기의 교반날개와 몸체사이
3) 절단점(Cutting point) : 회전하는 운동부분 자체와 운동하는 기계자체와의 위험이 형성되는 점.
(예) 둥근톱날, 띠톱기계의 날, 밀링커터 등
4) 물림점(Nip point) : 회전하는 두 개의 회전체에 물려들어갈 위험성이 형성되는 점 (중심점+회전운동)
(예) 롤러, 기어와 피니언 등

1) 중요도가 높은 문제입니다
2) [길잡이]의 위험점의 분류에 대한 내용도 모두 숙지하여야합니다

07

동영상은 파이프에 크롬(Cr) 도금 작업을 하는 장면을 보여주고 있다. 동영상의 작업자가 착용해야하는 호흡용보호구에 사용되는 흡수제의 종류 2가지를 쓰시오

해답

흡수제(제독제)의 종류
1) 활성탄
2) 소다라임
3) 실리카겔

길잡이

1) 방독마스크(호흡용 보호구)의 흡수제 주성분

종류	대응 독물	주성분
보통가스용 (할로겐가스용)	염소 및 할로겐류, 포스겐, 유기 및 산성가스	활성탄, 소다라임
유기가스용	유기가스 및 증기, 이황화탄소	활성탄
일산화탄소용	TEL, 일산화탄소	호프카라이트, 방습제
암모니아용	암모니아	큐프라마이트
아황산용	아황산 및 황산미스트	산화금속 알칼리제제

2) 크롬 등의 분진, 흄 등 장시간흡입시 발생되는 직업병 : 비중격천공증(코 내부의 물렁뼈에 구멍이 생기는 병)
3) 크롬도금장에 적합한 국소배기장치 후드의 형식
  ① 포위식(밀폐형) 후드
  ② 부스형(booth) 후드
4) 크롬도금작업시 착용보호구 : 방독마마스크, 보안경, 고무장갑 및 고무장화, 불침투성 보호의

[길잡이] 내용 모두 실기 작업형 시험이 출제 되었던 내용들입니다

08

동영상은 달비계 위에서 작업하는 장면을 보여주고 있다 달비계에 사용할 수 있는 달기체인의 기준 3가지를 쓰시오

해답

1) 달기 체인의 길이가 달기 체인이 제조된 때의 길이의 5%를 초과한 것
2) 링의 단면지름이 달기 체인이 제조된 때의 해당 링의 지름의 10%를 초과하여 감소한 것
3) 균열이 있거나 심하게 변형된 것

[주] 달비계에 사용하는 달기체인의 금지사항 : 안전보건규칙 제63조 제②항 2호

길잡이

▶ 달비계에 사용하는 와이어로프의 사용금지사항
(안전보건규칙 제63조 제①항 2호)
1) 이음매가 있는 것
2) 와이어로프의 한 꼬임[스트랜드(strand)를 말함]에서 끊어진 소선(素線)[필러(pillar)선은 제외]의 수가 10% 이상(비자전로프의 경우에는 끊어진 소선의 수가 와이어로프 호칭지름의 6배 길이 이내에서 4개 이상이거나 호칭지름 30배 길이 이내에서 8개 이상)인 것
3) 지름의 감소가 공칭지름의 7%를 초과하는 것
4) 꼬인 것
5) 심하게 변형되거나 부식된 것
6) 열과 전기충격에 의해 손상된 것

1) 달비계에 사용하는 달기체인의 사용 금지사항과 와이어로프의 사용 금지사항 모두 출제율이 매우 높은 내용입니다
2) 상기 달기체인 및 와이어로프 사용 금지사항은 양중기 및 항타기와 항받기에서도 똑같이 적용됩니다

09

동영상은 사출성형기 V형 금형 작업중에 재해가 발생되는 장면(안전모와 장갑을 착용한 작업자가 사출성형기 금형 작업후에 사출성형기를 개방하여 잔류물을 정리하다가 손이 제어판에 눌리는 장면)을 보여주고 있다. 1) 재해발생형태와 2) 산업안전보건법상의 사출성형기 방호장치의 방식 2가지를 쓰시오

1) 재해발생형태 : 끼임
2) 방호장치 방식
① 게이트 가드식
② 양수조작식

[주] 사출성형기 등의 방호장치 : 안전보건규칙 제 121조

길잡이

▶ 사출성형기의 금형 점검작업시 감전재해 방지대책
1) 점검작업 시작 전에 전원을 차단할 것
2) 작업시 절연고무장갑 등 보호구를 착용할 것
3) 이물질의 제거 등 청소는 수공구를 사용할 것

산업안전산업기사 실기 작업형 — 2024년 제2회

01

산업안전보건법상 대기압탱크에 관련된 다음 질문에 답하시오

1) 동영상에서와 같이 인화성 액체를 저장 취급하는 대기압 탱크에 설치하는 설비의 명칭을 쓰시오
2) 동영상에 설치한 설비는 정상 운전시에 대기압탱크 내부가 (　) 되지 않도록 충분한 용량의 것을 사용하여야 하며 철저하게 유지 보수하며 한다
(　)속에 알맞은 내용을 쓰시오

해답

1) 통기설비 (통기관 또는 통기밸브)
2) 진공 또는 가압

주) 통기설비 : 안전보건규칙 제 268조

02

산업안전보건법을 밀폐공간에서 근로자에게 작업을 하도록 하는 경우 사업주가 수립 시행하여야하는 밀폐공간 작업 프로그램 내용 3가지를 쓰시오. 단, 그 밖에 밀폐공간 작업 근로자의 건강 장해 예방에 관한 사항은 제외한다

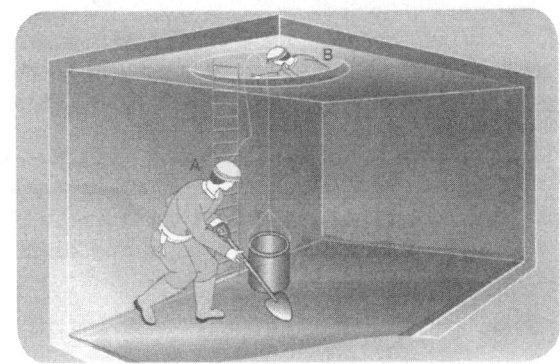

해답

1) 사업장 내 밀폐공간의 위치 파악 및 관리 방안
2) 밀폐공간 내 질식·중독 등을 일으킬 수 있는 유해·위험 요인의 파악 및 관리 방안
3) 밀폐공간 작업 시 사전 확인이 필요한 사항에 대한 확인 절차
4) 안전보건교육 및 훈련

주) 밀폐공간 작업프로그램의 수립·시행 : 안전보건규칙 제 619 조

- 밀폐공간에서 작업시 비상시 근로자를 피난·구출하기 위해 필요한 기구(안전보건규칙 625조)
  1) 공기호흡기 또는 송기마스크
  2) 사다리
  3) 섬유로프

밀폐공간 작업프로그램의 내용 4가지와 피난용기구 3가지 출제율은 보통입니다

03

동영상 화면도는 사출성형기의 금형을 손으로 청소하다가 감전사고가 발생한 장면을 보여주고 있다. 재해발생원인을 3가지만 쓰시오.

1) 작업시 전원을 차단하지 않았다.
2) 절연고무장갑 등 보호구를 착용하지 않고 맨손으로 작업하였다.
3) 수공구 등을 사용하지 않고 손으로 청소를 하였다.
4) 작업지휘자를 배치하지 않았다.

▶사출성형기 금형 청소시 감전방지대책
  1) 작업시작 전에 전원을 차단할 것.
  2) 절연고무장갑 등 보호구를 착용할 것.
  3) 수공구 등을 사용하여 청소할 것.
  4) 작업지휘자를 배치한 후 작업할 것.

재해발생원인(위험요인)을 반대로 쓰면 방지대책이 됩니다.
그동안 출제가 많이 된 기출문제입니다. 완벽하게 쓸 수 있도록 암기하여야 합니다

04

동영상은 마스크를 착용하지 않은 작업자가 실험실에서 맨손으로 황산(H_2SO_4)을 비커에 따르다가 손에 묻히고 황산갈색병을 잠시 바닥에 놓아두고 이동하다가 미끄러져 병을 발로차서 깨트리는 장면을 보여주고 있다
산업안전보건법상 유해물질을 취급하는 작업장의 바닥이 갖추어야 할 조건 2가지를 쓰시오

1) 불침투성 재료를 사용할것
2) 청소하기 쉬운 구조로 할것

주) 작업장의 바닥 : 안전보건규칙 제 431조

1) 유해물질의 인체 흡수경로
  ① 호흡기
  ② 소화기
  ③ 피부
2) 위험물 취급작업시 착용보호구
  ① 고무장갑 및 고무장화
  ② 방독마스크
  ③ 불침투성 보호복

05

동영상은 계단에 설치되어 있는 안전난간을 보여주고 있다 산업안전보건법상 근로자의 추락 등의 위험을 방지하기 위하여 설치하는 안전난간의 구조에 관한 다음 ()안에 알맞은 수치(또는 용어)를 쓰시오(단, 단위 및 범위 등을 확실히 기재하여야한다)

1) 상부 난간대는 바닥면등으로부터 (①) 지점에 설치할 것
   ① 상부산간대를 120cm 이하에 설치하는 경우 : 중간난간대를 상부난간대와 바닥면 등의 중간에 설치할 것
   ② 상부 난간대를 120cm 이상지점에 설치하는 경우 : 중간난간대를 (②)으로 균등하게 설치하고 난간의 상하간격은 60cm 이하가 되도록 할 것
2) 발끝막이판은 바닥면 등으로부터 (③)의 높이를 유지할 것
3) 난간대는 지름(④)의 금속제 파이프나 그 이상의 강도가 있는 재료일 것

해답
① 90cm 이상
② 2단 이상
③ 10cm 이상
④ 2.7cm 이상

주 안전난간의 구조 및 설치요건 : 안전보건규칙 제 13조

06

동영상은 파지 압축장에서 작업자 2명이 컨베이어 위에서 작업을 하고 있는데 너클 크레인(Knuckle Crane)의 집게로 파지를 들어서 옮기다가 평지에서 작업하던 작업자 2명(안전모 미착용)의 머리위로 파지를 떨어뜨려 작업자가 맞는 장면을 보여주고 있다 동영상의 작업상황에서 불안전한 행동 2가지를 쓰시오

해답
1) 낙하물 위험구역에서 작업을 하고 있다
2) 안전모 등 보호구를 착용하지 않았다

 동영상에서 불안전행동(사고발생원인중 걱정원인)을 찾는 문제는 위험요인을 색출하는 문제입니다. 동영상에서 사고가 발생되는 장면을 자세히 관찰하여 정답을 써야합니다

07

동영상은 고압변전설비(66kV) 부근에서 공놀이를 하다가 공이 울타리 안쪽에 위치한 변압기 상단의 충전부에 떨어져 공을 주우러 가는 장면이다. 동영상에서 예상되는 재해(감전)를 방지할 수 있는 대책을 3가지만 쓰시오.

▶ 06, 3 기, 08, 1 산)

해답

1) 고압변전설비 출입구에 잠금설치를 하여 관계자 외의 자는 출입을 금지시킨다.
2) 고압변전설비 부근에서 공놀이 등을 하지 못하도록 경고표지판을 부착한다.
3) 고압변전설비의 위험에 대한 안전교육을 실시한다.
4) 공을 꺼낼 때는 관계자에 의하여 전원 차단 및 정전 확인 등 안전조치 후 공을 꺼내도록 한다.

08

산업용로봇의 교시 등의 작업은 하는 경우에 해당로봇이 예기치 못한 작동 또는 오조작에 의한 위험을 방지하기 위하여 관련 지침을 정하여 그 지침에 따라 작업을 시켜야 한다 로봇 작업 시 지침에 포함시켜야 할 사항 3가지를 쓰시오. 단, 그 밖의 예기치 못한 작동 또는 오조작에 의한 위험을 방지하기 위하여 필요한 조치는 제외

해답

1) 로봇의 조작방법 및 순서
2) 작업 중의 매니퓰레이터의 속도
3) 2명 이상의 근로자에게 작업을 시킬 경우의 신호방법
4) 이상을 발견한 경우의 조치
5) 이상을 발견하여 로봇의 운전을 정지시킨 후 이를 재가동시킬 경우의 조치

[주] 산업용로봇의 교시 등 : 안전보건규칙 제 222조

> **길잡이**
> ▶로봇의 교시 등 : 매니퓰레이터(manipulator; 로봇 팔)의 작동순서, 위치·속도의 설정·변경 또는 그 결과를 확인하는 것

09

동영상은 기계·기구 및 설비 사진 3장을 보여주고 있다
1) 컨베이어
2) 회전축
3) 휴대용 연삭기
다음 물음에 답하시오

> 1) 컨베이어를 안전하게 넘어가기 위한 방호장치 명칭을 쓰시오
> 2) 회전축과 휴대용연삭기에 공통으로 적용가능한 방호장치를 쓰시오

해답

1) 건널다리
2) 덮개

주) 1) 컨베이어 등 통행의 제한 : 안전보건규칙 제195조
 2) 원동기·회전축등의 위험방지 : 안전보건규칙 제87조
 3) 연삭숫돌의 덮개 : 안전보건규칙 제122조

산업안전산업기사 실기 작업형 — 2024년 제3회

01
산업안전보건법상 근로자가 상시 작업자는 장소의 작업면 조도기준 4가지를 쓰시오. 단, 갱내작업장과 감광재료를 취급하는 작업장은 제외

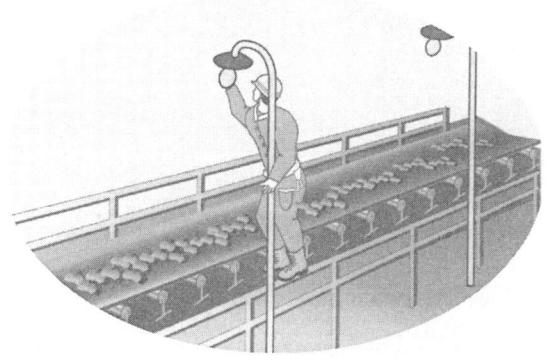

해답

1) 초정밀작업 : 750 Lux 이상
2) 정밀작업 : 300 Lux 이상
3) 보통작업 : 150 Lux 이상
4) 그 밖의 작업 : 75 Lux 이상

주) 조도기준 : 안전보건규칙 제 8조

02
산업안전보건법상 작업발판 및 통로의 끝이나 개구부에서의 추락 위험방지 조치사항 3가지를 쓰시오

해답

1) 안전난간, 울타리, 수직경형추락방향 또는 덮개 등 (이하 난간 등) 설치
2) (난간 등 설치 곤란시) 추락방호망 설치
3) (추락방호망 설치 곤란시) 안전대 착용

주) 개구부 등의 방호조치 : 안전보건규칙 제43조

> **길잡이**
> ▶ 추락하거나 넘어질 위험이 있는 장소 또는 기계·설비·선박블록 등에서 작업 시 위험방지 조치사항(안전보건규칙 제42조)
>   1) 작업 발판설치
>   2) (작업발판 설치곤란시) 추락방호망설치
>   3) (추락방호망 설치 곤란시) 안전대 착용

03

동영상은 지게차로 화물을 실은 팔레트(pallet)를 높게 적재한 채 주행하는 장면을 보여주고 있다. 동영상의 작업상황에서 불안전한 행동 및 위험 요인 3가지를 쓰시오. 단, 작업장 정리정돈 및 작업지휘자 배치에 관련된 것은 제외 할 것

해답

1) 정해진 하중이나 높이를 초과하는 적재를 하였다
2) 유도자가 지게차에 매달린채 유도하다가 바닥에 떨어지는 등 유도자의 유도 위치가 부적합하다
3) 지게차 운전자의 시야가 확보되지 않아 통행자와 충돌한다

04

동영상은 공사현장이 가설배전반에서 전원을 끌어내 강재의 연마 (그라인더) 작업을 하는 장면을 보여 주고 있다. 동영상의 작업상황에서 불안전한 행동 및 상태 2가지를 쓰시오

해답

1) 스위치 커버가 파손되어 있어 스위치 조작 시 감전된다.
2) 배전반에 펜치나 드라이버가 놓여 있어 개폐시 단락된다.
3) 그라인더의 누전전류에 작업자가 감전된다.
4) 눈에 이물질이 들어간다.
5) 작업 중 발생하는 분진으로 호흡기 장애를 일으킨다.
6) 스위치를 개폐할 때 바람에 문이 닫히면서 손이 끼인다.

05

동영상은 밀폐공간 (산소결정장소)에서 작업하는 정면을 보여주고 있다 밀폐공간 내에서 작업 시 착용하는 호흡용 보호구 2가지를 쓰시오

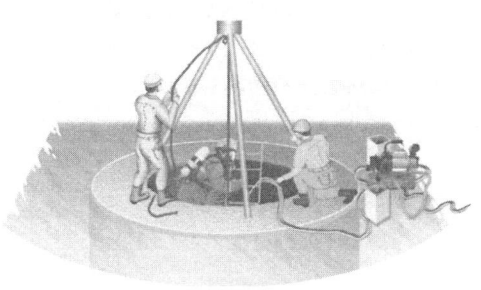

해답

1) 송기 마스크
2) 공기 호흡기

> **길잡이**
> 1) 밀폐공간 내에서 작업 시 착용보호구
>   ① 송기마스크
>   ② 안전모
>   ⑧ 안전화
> 2) 밀폐공간내에서 작업시 비치해야할 대피용 기구(안전보건규칙 제 625조)
>   ① 공기호흡기 또는 송기마스크
>   ② 사다리
>   ⑥ 섬유로프

06

동영상은 금속절단기의 작업장면을 보여주고 있다. 금속절단기의 방호장치인 날접촉예방장치가 갖추어야 할 조건 3가지를 쓰시오

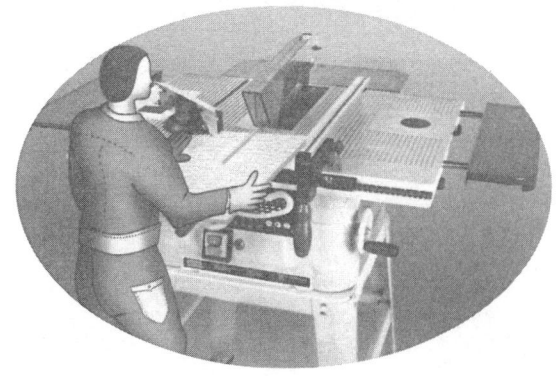

해답

1) 작업부분은 제외가 톱날전체를 덮을 것
2) 가공물등의 비산을 방지할 수 있는 충분한 강도를 갖출 것
3) 가드와 함께 움직이며 가공물을 절단가는 톱날기에는 조정식 가이드를 설치할 것
4) 둥근 톱날의 경우 회전날이 뒤, 옆, 밑등은 통한 신체일부의 접근을 차단할 수 있을 것
위험기계 · 기구 방호조치기준

주 납접촉예방장치 설치조건 : 위험기계 · 기구 방호조치기준 (고용노동부고시 제2020-38호)

07

동영상은 작업자가 분전반 작업(스위치가 ON 으로 되어 있는 분전반을 맨손으로 드라이버 를 사용하여 작업을 하고 있음) 중에 문틈에 손가락을 넣고 작업을 하다가 다른 작업자가 문을 닫아 버려서 손을 다치는 사고가 발생하 는 장면을 보여주고 있다. 동영상 화면에서 위 험요인을 2가지 쓰시오. (4점)

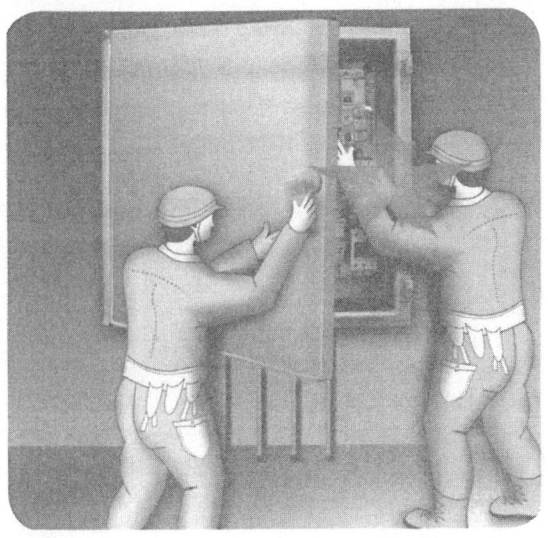

해답

1) 작업중임을 나타내는 표지판을 설치하지 않았다. (작업중 표지판 미설치)
2) 전원을 차단 후 작업하지 않았고 절연장갑 을 착용하지 않았다. (전로 미차단 및 절연 용 보호구 미착용)

길잡이

▶ 분전반(panel board)
1) 분기 회로용의 배전반으로 과전류차단기·주개폐 기·분기개폐기 등을 수납한 것
2) 건물 등에서 배전반으로부터 각 층으로 분기한 분 기 간선에서 부하로 분기하는 곳에 설치하는 곳으 로 과전류, 단락사고 등을 최소범위로 방지한다.

08

동영상은 컨베이어의 작업장면을 보여주고 있 다. 경사진 컨베이어에서 작업자 A는 물건(밀 가루 포대)을 컨베이어에 올리고 작업자 B(창 모자를 쓰고 있음)는 컨베이어 중간쯤에서 컨 베이어 위에 올라가 뒤돌아서서 올라오는 물 건을 받다가 물건이 발에 걸려 넘어지는 사고 가 발생하였다. 해당 영상의 컨베이어에 적용 가능한 방호장치 3가지를 쓰시오

해답

1) 비상 정지 장치
2) 덮개 또는 울
3) 건널다리
4) 이탈 및 역주행방지장치

[주] 컨베이어 방호장치 등 : 안전보건규칙 제191조, 제192 조, 제193조, 제195조

길잡이

▶ 상기 동영상의 작업상황에서의 위험요인 (작업시 문제점)
1) 작업 전에 두 작업자간의 신호방법을 정하지 않아 서 컨베이어 작업중에 호흡이 일치하지 않는다.
2) 작업자 B가 컨베이어 위에 올라가 작업하므로 실수 로 미끄러져 넘어질(전도) 위험이 있다.
3) 안전모를 착용하지 않고 창모자를 쓰고 있기 때문 에 전도시 머리를 다칠 수 있다.

09

동영상은 작업자가 프레스기에 의해 작업하는 장면 (프레스기의 양수조작상치를 양손으로 누르고 있으며 가운데 방호장치를 확대하여 같이 A표시를 함)을 보여주고 있다. 다음 물에 답하시오

1) 화면에서 A방호장치의 명칭을 쓰시오
2) 해당 A장치의 내측거리를 쓰시오

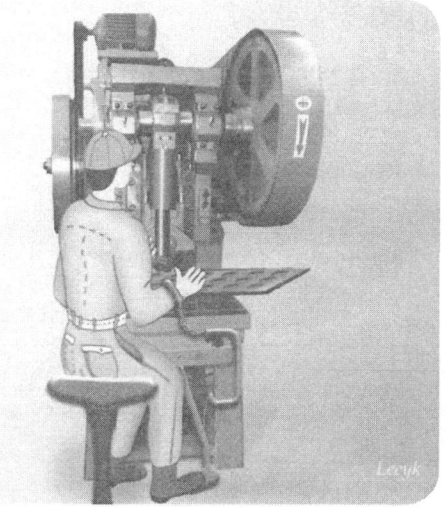

1) 비상정지장치 또는 급정지장치
2) 300mm 이상

산업안전산업기사 실기(2025)
필답형+작업형 4주완성

초판 1쇄 발행 2023년 04월 10일
초판 2쇄 발행 2024년 03월 20일
초판 3쇄 발행 2025년 03월 20일

지은이 | 경국현
펴낸이 | 이주연
펴낸곳 | **명인북스**
등 록 | 제 409-2021-000031호

주 소 | 인천시 서구 완정로65번안길 10, 114동 605호
전 화 | 032-565-7338
팩 스 | 032-565-7348
E-mail | phy4029@naver.com
정 가 | 35,000원

ISBN 979-11-988678-5-8(13530)

이 책에서 내용의 일부 또는 도해를 다음과 같은 행위자들이 사전 승인없이 인용할 경우에는 저작권법 제93조 「손해배상청구권」에 적용 받습니다.
① 단순히 공부할 목적으로 부분 또는 전체를 복제하여 사용하는 학생 또는 복사업자
② 공공기관 및 사설교육기관(학원, 인정직업학교), 단체 등에서 영리를 목적으로 복제 · 배포하는 대표, 또는 당해 교육자
③ 디스크 복사 및 기타 정보 재생 시스템을 이용하여 사용하는 자

※ 파본은 구입하신 서점에서 교환해 드립니다.